Fundamente der Mathematik

Niedersachsen

Gymnasium G9 · Klasse 8

Herausgegeben von
Dr. Andreas Pallack

Cornelsen

Begleitmaterialien zum Lehrwerk

für Schülerinnen und Schüler

Arbeitsheft Klasse 8
978-3-06-008013-7

Arbeitsheft Klasse 8
mit CD-ROM
978-3-06-008014-4

für Lehrerinnen und Lehrer

Serviceband Klasse 8
978-3-06-041309-6

Lösungsheft Klasse 8
978-3-06-041325-6

Autoren: Dr. Frank Becker, Prof. Dr. Ralf Benölken, Dr. Detlef Dornieden, Dr. Lothar Flade, Daniel Geukes, Klara Götte, Anna-Kristin Kracht, Brigitta Krumm, Dr. Hubert Langlotz, Anne Mentzendorff, Thorsten Niemann, Dr. Andreas Pallack, Melanie Quante, Dr. Ulrich Rasbach, Nadeshda Rempel, Reinhard Schmidt, Christian Theuner, Dr. Christian Wahle, Florian Winterstein, Anne-Kristina Wolff, Dr. Wilfried Zappe

Berater: Günter Kämpfert, Stefan Schlie, Ulrike Siebert

Herausgeber: Dr. Andreas Pallack

Redaktion: Nils Dörffer, Matthias Felsch, Torsten Gebauer, Dr. Sonja Thiele

Illustration: Gudrun Lenz, Niels Schröder

Technische Zeichnungen: Christian Böhning

Umschlaggestaltung und Zwischentitel: hawemannundmosch, Berlin

Layoutkonzept: klein & halm GbR

Bildrecherche: Stephanie Charlotte Benner

Technische Umsetzung: zweiband.media, Berlin

www.cornelsen.de

1. Auflage, 1. Druck 2015

Alle Drucke dieser Auflage sind inhaltlich unverändert und können im Unterricht nebeneinander verwendet werden.

Druck: Mohn Media Mohndruck, Gütersloh

ISBN 978-3-06-008008-3

PEFC
PEFC/04-31-1033

PEFC zertifiziert
Dieses Produkt stammt aus nachhaltig bewirtschafteten Wäldern und kontrollierten Quellen.

www.pefc.de

Inhaltsverzeichnis

Bauplan zu „Fundamente der Mathematik“

Aktivieren

Dein Fundament:
An die Auftaktseite des Kapitels schließt sich eine Doppelseite mit Wiederholungsaufgaben zur Vorbereitung auf das neue Kapitel an.
Die Lösungen dazu findest du im Anhang.

Lösungen ↗ S. 212

Rechenausdrücke bilden und beschreiben

1. Schreibe als Rechenaufgabe und berechne die Lösung.
   a) Die Summe der Zahlen –7 und 28 b) 9 vermindert um das Produkt aus 3 und 5
   c) Das Vierfache der Summe aus 12 und 8 d) Die Hälfte der Summe aus 13, 14 und 15

2. In der Zahlenfolge $1 \xrightarrow{+4} 5 \xrightarrow{+4} 9 \xrightarrow{+4} 13 \xrightarrow{+4} \ldots$ werden die Zahlen in jedem Schritt um 4 erhöht. Die dritte Zahl der Zahlenfolge ist 9. Gib die fünfte und die neunte Zahl an.

3. Gegeben ist die Zahlenfolge 1; 2; 4; 7; 11; …
   a) Gib an, wie die Zahlenfolge gebildet sein könnte.
   Nutze dazu die Pfeildarstellung: $1 \xrightarrow{?} 2 \xrightarrow{?} 4 \xrightarrow{?} 7 \xrightarrow{?} 11 \xrightarrow{?} \ldots$
   b) Gib die nächsten beiden Zahlen der Zahlenfolge an.

Aufbauen

Einstiegsaufgaben:
Jedes Unterkapitel beginnt mit einer Aufgabe, die dich in das neue Thema hineinführt.

2.6 Volumen eines Prismas

■ Daniel und Falk grübeln, wie sie das Volumen des Körpers berechnen können.
„Wir bräuchten ein zweites gleich großes Prisma. Dann wäre es ganz einfach“, schlägt Falk vor.
„Stimmt! Dann könnten wir die Körper zusammensetzen und mit der Formel …“
Welche Idee haben die beiden Jungen und wie könnte Daniels Antwort weitergehen? ■

Wissenskästen:
Hier findest du wichtigen Merkstoff.

Wissen: Klammern auflösen
Steht ein Pluszeichen vor einer Klammer, so darf man die Klammer weglassen.

$$3x + (y - 2x) = 3x + y - 2x$$

Steht ein Minuszeichen vor einer Klammer, so lässt man das Minus und die Klammer weg und kehrt alle Plus- und Minuszeichen in der Klammer um.

$$a - (-b + c) = a + b - c$$

Beispiel:
Neues wird an Beispielaufgaben mit Musterlösungen erklärt.

Beispiel 2: Löse die Klammer auf.
a) $x - (-y + z)$ b) $3a - (2b - c)$ c) $-3x - (-5y - 2z)$

Lösung:
a) $-y$ wird zu $+y$ und $+z$ wird zu $-z$. Lass das Minus vor der Klammer und die Klammer weg. $x - (-y + z) = x + y - z$
b) $2b$ bedeutet $+2b$ und wird zu $-2b$. $-c$ wird zu $+c$. Lass das Minus vor der Klammer und die Klammer weg. $3a - (2b - c) = 3a - 2b + c$
c) $-5y$ wird zu $+5y$ und $-2z$ wird zu $+2z$. Lass das Minus vor der Klammer und die Klammer weg. $-3x - (-5y - 2z) = -3x + 5y + 2z$

Basisaufgaben:
Du kannst die Aufgaben nutzen, um dein neu erworbenes Wissen und Können sofort auszuprobieren.

Basisaufgaben

5. Löse die Klammern auf und fasse zusammen.
   a) $5u + (7v + 2u)$ b) $a + (-3a - b)$ c) $x - (2x + y)$ d) $5u - (6v + 3u)$
   e) $-3x - (7y - 2x)$ f) $4a^2 - (a^2 + a)$ g) $2xy - (x + 2xy)$ h) $(a + b) - (2a - 2b)$

Weiterführende Aufgaben:
Die Aufgaben werden anspruchsvoller. Zwei der Aufgaben sind besonders gekennzeichnet: Stolperstelle und Ausblick

Etwas schwierigere Aufgaben sind mit einem blauen Kreis ● gekennzeichnet.

Löst Aufgaben mit 👥 in Partnerarbeit, Aufgaben mit 👥👤 in Gruppenarbeit.

10. a) Ein Trapez hat einen Flächeninhalt von 12 cm². Die zueinander parallelen Seiten sind 4 cm und 2 cm lang. Wie lang ist die Höhe?
    b) Zeichne ein Trapez mit den Maßen aus a) in dein Heft. Vergleiche deine Zeichnung mit denen der Mitschüler.
    c) Vergleiche die Flächeninhalte der folgenden Trapeze.

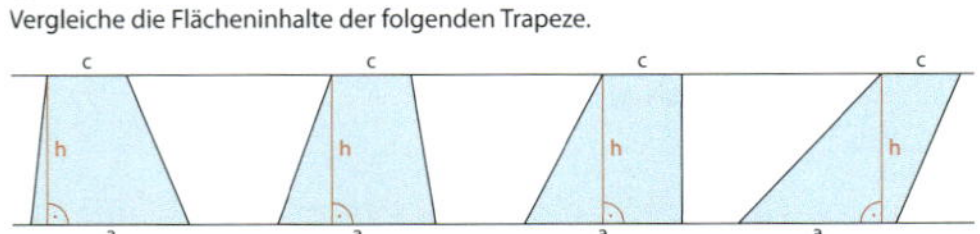

11. Leon soll in den Hausaufgaben Umfang und Flächeninhalt eines Trapezes berechnen. Die zueinander parallelen Seiten des Trapezes haben die Längen 6 cm und 4 cm, der Abstand beträgt 3 cm.
    Ist es möglich Flächeninhalt und Umfang mit diesen Angaben zu bestimmen? Gib falls möglich Lösungen an und vergleiche sie mit den Mitschülern.

● 12. Ausblick: Im Bild siehst du einen Quader, der aus drei Bausteinen zusammengesetzt ist.
    a) Wie kann man den Körper verändern, sodass der Querschnitt die Form eines Trapezes hat? Zeichne das Trapez in dein Heft.
    b) Welches Volumen hat dein Körper aus a)?

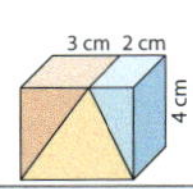

7. **Stolperstelle:** Marla hat ein Säckchen mit Murmeln. Sie behauptet:
„Wenn ich von meinen Murmeln 5 Murmeln wegnehme und anschließend 8 Murmeln hinzufüge, habe ich doppelt so viele Murmeln wie jetzt."
a) Stelle zu dem Sachverhalt als Modell eine Gleichung auf.
b) Bestimme eine Lösung im Modell.
c) Überprüfe mit der Lösung Marlas Behauptung und nimm Stellung dazu.

● 8. **Ausblick:** Lies die Beiträge aus dem News-Ticker einer Fußball-Website.

a) Finde mithilfe einer Gleichung heraus, wie viele Spiele der VfL Wolfsburg gewonnen hat.
b) Bestimme die Anzahl der Siege, Unentschieden und Niederlagen des VfB Stuttgart.
c) Kann die Nachricht zum Hamburger SV stimmen?

Stolperstelle:
Bei diesen Aufgaben sollst du typische Fehler erkennen.

Ausblick:
Die letzte Aufgabe in der Lerneinheit ist die schwierigste. Viel Spaß beim Knobeln.

1.8 Vermischte Aufgaben

1. Stelle eine Gleichung auf und berechne die gesuchte Seitenlänge.
a)

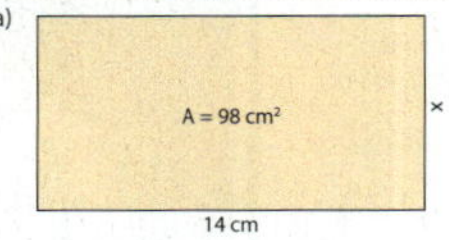

b)

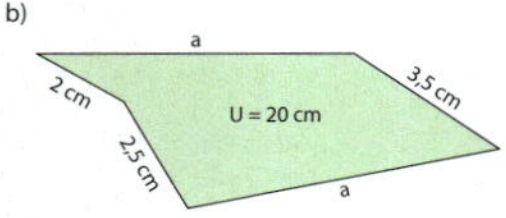

2. a) Beschreibe die folgenden Terme in Worten.
Beispiel: $2x - 5$ Das Doppelte einer Zahl, vermindert um 5
① $6 - x$ ② $3x + 4$ ③ $2x : 5$ ④ $18x - 3x$ ⑤ $5 \cdot (x + 16)$
b) Der Wert der Terme soll jeweils 10 betragen. Berechne die unbekannte Zahl x.

Vermischte Aufgaben:
Für diese Aufgaben benötigst du das Wissen aus allen Lerneinheiten des Kapitels.
Eine besondere Aufgabe ist die „Blütenaufgabe". Hier kannst du selbst entscheiden, in welcher Reihenfolge du die Teilaufgaben lösen willst.

Sichern

144 **Prüfe dein neues Fundament** 4. Lineare Funktionen

Lösungen ↗ S. 220

1. Prüfe, ob die Zuordnung eine Funktion ist.
a) *Sprunghöhe beim Hochsprung → Schüler, die diese Höhe gesprungen sind*
b) *Anzahl Eiskugeln → Preis*

2. Stelle für die Funktion eine Wertetabelle für $x = -2$ bis $x = 4$ auf und zeichne den Funktionsgraphen.
a) $f(x) = 1{,}5x + 1$ b) $f(x) = -2x + 1$ c) $g(x) = 0{,}5x - 1$

Prüfe dein neues Fundament:
Hier kannst du dein Wissen selbstständig überprüfen, auch in Vorbereitung auf Tests und Klassenarbeiten. Die Lösungen der Aufgaben findest du im Anhang.

70 **Zusammenfassung** 2. Flächeninhalt und Volumen

Flächeninhalt eines Dreiecks

Flächeninhalt A eines Dreiecks:
$A = \frac{g \cdot h}{2}$

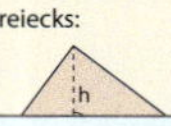

Berechne den Flächeninhalt eines Dreiecks mit g = 5 m, h = 2,4 m.

Zusammenfassung:
Die letzte Seite eines Kapitels enthält kurz und knapp das Wichtigste aus dem Kapitel. Sie dient dem schnellen Nachschlagen des gelernten Stoffes.

Zusätzliches

168 **Streifzug** 5. Lineare Gleichungssysteme

Lineare Gleichungssysteme mit CAS oder GTR lösen

■ Wie viel kosten ein Croissant und eine Tasse Kaffee?

„2 Croissant, ein Kaffee, das sind 4,20 €, bitte."
„3 Croissant und 2 Kaffee, das macht 6,90 €."

Prüfe, ob Malte mit seinem CAS richtig gerechnet hat. Erkläre seine Eingabe und die Ausgabe des CAS. ■

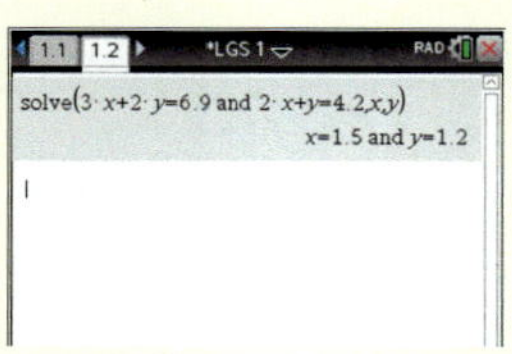

Streifzüge:
An manchen Stellen des Schülerbuchs befinden sich Sonderseiten, die Ergänzungen zum regulären Lernstoff beinhalten.

1. Gleichungen

Im Hafen gib es 80 Liegeplätze für Boote. Wenn x die Anzahl der Boote ist, die im Hafen liegen, dann gibt 80 – x die Anzahl der freien Plätze im Hafen an.

Nach diesem Kapitel kannst du …

- Terme mit Variablen aufstellen und vereinfachen,
- Gleichungen durch Probieren lösen,
- Gleichungen durch Umformen lösen,
- Gleichungen als Modelle für reale Probleme benutzen,
- Verhältnisgleichungen aufstellen und lösen.

Lösungen ↗ S. 212

Rechenausdrücke bilden und beschreiben

1. Schreibe als Rechenaufgabe und berechne die Lösung.
a) Die Summe der Zahlen −7 und 28
b) 9 vermindert um das Produkt aus 3 und 5
c) Das Vierfache der Summe aus 12 und 8
d) Die Hälfte der Summe aus 13, 14 und 15

2. In der Zahlenfolge $1 \xrightarrow{+4} 5 \xrightarrow{+4} 9 \xrightarrow{+4} 13 \xrightarrow{+4} \dots$ werden die Zahlen in jedem Schritt um 4 erhöht. Die dritte Zahl der Zahlenfolge ist 9. Gib die fünfte und die neunte Zahl an.

3. Gegeben ist die Zahlenfolge 1; 2; 4; 7; 11; …
a) Gib an, wie die Zahlenfolge gebildet sein könnte.
Nutze dazu die Pfeildarstellung: $1 \xrightarrow{?} 2 \xrightarrow{?} 4 \xrightarrow{?} 7 \xrightarrow{?} 11 \xrightarrow{?} \dots$
b) Gib die nächsten beiden Zahlen der Zahlenfolge an.

4. Gib an, wie die Zahlenfolge gebildet sein könnte. Gib die nächsten beiden Zahlen an.
a) 1; 3; 9; 27; …
b) 4; 3; 5; 4; 6; 5; 7; …
c) 4; 5; 10; 11; 22; 23; 46; …

5. Schreibe die Rechenaufgabe als Text. Gib auch das Ergebnis an.
a) $(-7 + 3) : 2$
b) $4{,}1 \cdot 3 - 7$
c) $5 \cdot (3{,}3 + 7{,}7)$
d) $\frac{1}{2} \cdot (-12 \cdot 9)$

6. Die Aufgabe $6 : 3 + 4$ kann man auch so schreiben: $6 \xrightarrow{:3} ■ \xrightarrow{+4} ■$
Stelle die Aufgaben in analoger Weise dar und gib jeweils das Ergebnis an.
a) $5 \cdot 3 - 7$
b) $15 + 3 - 0{,}5$
c) $8 : 0{,}5 - 7$
d) $(5 + 4 + 3) : 2$

7. Übertrage in dein Heft und vervollständige.
a) $■ \xrightarrow{\cdot 2} ■ \xrightarrow{-2} ■ \xrightarrow{+4} 12$
b) $■ \xrightarrow{:2} 8 \xrightarrow{?} 14 \xrightarrow{-7} ■$
c) $18 \xrightarrow{?} 3 \xrightarrow{+5} ■ \xrightarrow{-9} ■$

8. Bestimme die gedachte Zahl.
a) Das Dreifache der gedachten Zahl ist 12.
b) Vermindert man das Doppelte der gedachten Zahl um 7, so erhält man 21.
c) Das Fünffache der gedachten Zahl, vermehrt um 12, ergibt 22.

Grundrechenoperationen sicher ausführen

9. Berechne.
a) $124 : 2$
b) $-17 + 23$
c) $-1{,}2 - 0{,}8$
d) $23 : 23$
e) $-17 : 17$
f) $-5{,}2 + 5{,}2$

10. Setze für ■ eine Zahl so ein, dass die Rechnung stimmt.
a) $246 - ■ = 231$
b) $■ + 19 = 49$
c) $■ - 1{,}3 = 2$
d) $1{,}6 + ■ = 3$

11. Setze für ▲ eine Zahl so ein, dass die Rechnung stimmt.
a) $24 \cdot ▲ = 96$
b) $▲ : 5 = 7$
c) $▲ \cdot \frac{1}{2} = 5$
d) $8 : ▲ = 16$
e) $2 \cdot ▲ + 4 = 26$
f) $3 \cdot (▲ + 0{,}5) = 15$
g) $▲ : 2 + 4 = 16$
h) $7 + ▲ : 7 = 8$

12. Zeige mithilfe der Umkehroperation, dass die Aufgabe richtig gelöst ist.
a) $23 + 17 = 40$
b) $45 - 17 = 28$
c) $235 \cdot 2 = 470$
d) $144 : 4 = 36$

13. Ermittle von den Zahlen 6; $\frac{1}{2}$ und 0,6 jeweils
a) das Doppelte,
b) das Dreifache,
c) die Hälfte,
d) das Zehnfache.

Formeln nutzen

14. Berechne von einem Rechteck mit den Seitenlängen $a = 3\,cm$ und $b = 2\,cm$ den Umfang u mit der Formel $u = 2 \cdot a + 2 \cdot b$ und den Flächeninhalt A mit der Formel $A = a \cdot b$.

15. Berechne von einem Quader mit den Kantenlängen $a = 2\,cm$, $b = 3\,cm$ und $c = 4\,cm$
a) das Volumen, b) den Oberflächeninhalt, c) die gesamte Kantenlänge.

16. Ein Rechteck hat die Länge $a = 4\,cm$. Berechne die Breite b und den Umfang u des Rechtecks mit dem angegebenen Flächeninhalt A.
a) $A = 36\,cm^2$ b) $A = 16\,cm^2$ c) $A = 44\,cm^2$ d) $A = 400\,mm^2$ e) $A = 4\,dm^2$

17. Berechne die Länge der zweiten Seite des Rechtecks.
a) $A = 4\,cm^2$ b) $u = 10\,cm$ c) $A = 28\,cm^2$ d) $u = 18\,cm$

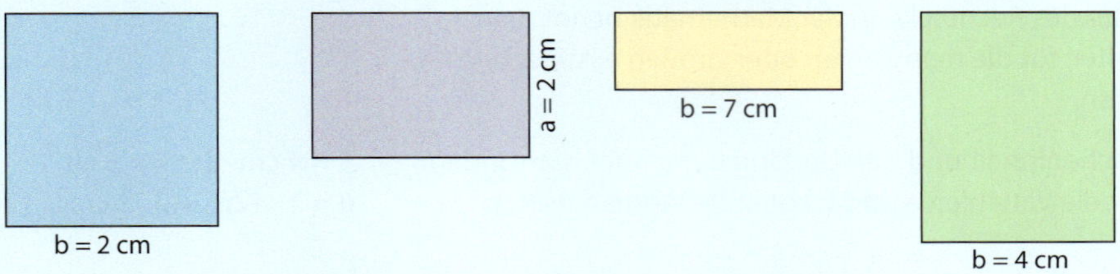

18. Berechne von einem Quader mit den Kantenlängen a, b und c die Kantenlänge c, wenn gilt: $a = 3\,cm$; $b = 2\,cm$; Volumen $V = 6\,cm^3$.

19. Bestimme für das Dreieck ABC mit $\alpha = 30°$ und $\beta = 90°$ die Größe des Winkels γ.

Vermischtes

20. Löse die Aufgaben mithilfe des Dreisatzes.
a) 3 Schreibhefte kosten 3,60 €. Wie viel kosten 5 Hefte?
b) 5 Flaschen Wasser gleicher Sorte kosten 7,00 €. Wie viel kosten 12 Flaschen Wasser?
c) Für 100 km benötigt ein PKW 7,2 Liter Benzin. Wie viel Liter Benzin benötigt der PKW bei gleichem Verbrauch für 35 km?
d) Mit einer Tankfüllung legt Herr Karge bei einem Verbrauch von 7,2 ℓ je 100 km 690 km zurück. Wie viel Liter fasst der Tank? Runde auf volle Liter.
e) Ermittle 2,5 % von 440 €.

21. Die blauen Dosen auf der Waage sind alle gleich schwer. Gib an, wie viel Gramm eine blaue Dose wiegt.

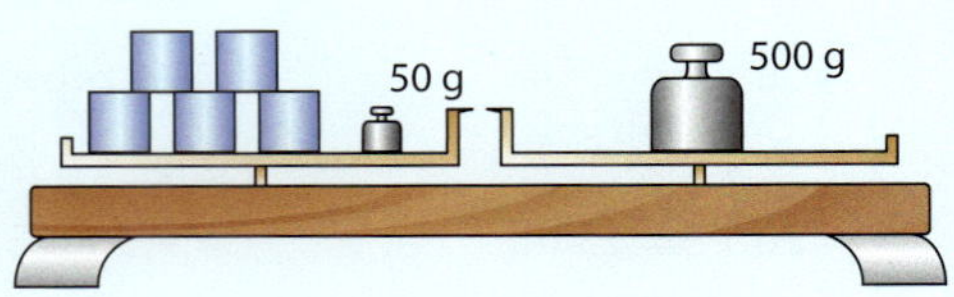

22. Die roten Dosen auf der Waage sind alle gleich schwer. Gib an, wie viel Gramm eine rote Dose wiegt.

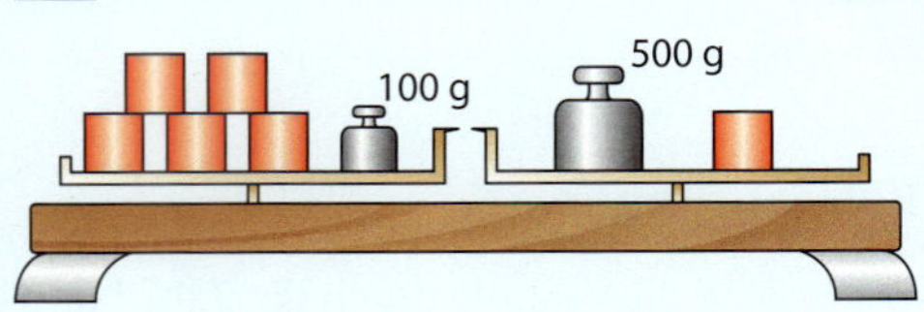

23. Britta kauft 3 Stück Streuselkuchen und 4 Stück Mohnkuchen. Dafür bezahlt sie 8,80 €. Ein Stück Streuselkuchen kostet 10 ct weniger als ein Stück Mohnkuchen. Wie viel kostet ein Stück Streuselkuchen?

1.1 Variablen und Terme

■ Daniel und Arzu rätseln. Sie wollen herausfinden, mit welchen Buchstaben die Zeichen ●, ■, ▼ und ◖ so zu ersetzen sind, dass sinnvolle deutsche Wörter entstehen. Finde verschiedene Möglichkeiten. ■

Den Flächeninhalt eines Rechtecks berechnet man mit **a · b** („Länge mal Breite").
Den Umfang eines Rechtecks berechnet man mit **2 · a + 2 · b** („ 2-mal Länge plus 2-mal Breite").

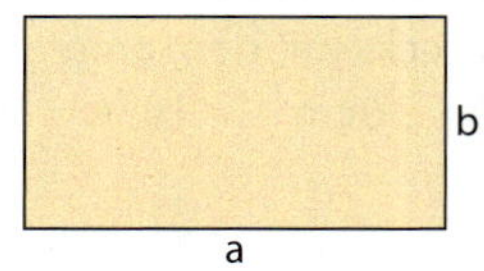

Hinweis:
Das lateinische Wort **varius** bedeutet verschieden.

Die Buchstaben **a** und **b** sind **Platzhalter** für die Länge und die Breite des Rechtecks. In der Mathematik nennt man Platzhalter, für die man Zahlen oder Größen einsetzen kann, **Variablen**.

Den Flächeninhalt und den Umfang berechnet man, indem man für die Variablen a und b konkrete Werte einsetzt.

$A = 4\text{ cm} \cdot 2\text{ cm} = 8\text{ cm}^2$
$u = 2 \cdot 4\text{ cm} + 2 \cdot 2\text{ cm} = 12\text{ cm}$

Hinweis:
Auch Rechenausdrücke ohne Variablen nennt man Terme, z. B. $(5 - 3) \cdot 7$

Wissen: Term, Wert eines Terms
Jeder sinnvolle Rechenausdruck, der aus Zahlen, Größen oder Variablen mit den vier Grundrechenarten gebildet wird, ist ein **Term**.
Beispiele: $8 - x$ $7 + y$ $2 \cdot (a + b)$ $a \cdot b \cdot c$
Setzt man für die Variablen konkrete Zahlen oder Größen ein, kann man den **Wert eines Terms** berechnen.

Werte von Termen berechnen

Hinweis:
Tritt in einem Term eine Variable mehrfach auf, müssen in die Variable gleiche Zahlen eingesetzt werden.

Hinweis zu 1:
Hier findest du die Lösungen.

Beispiel 1: Setze die angegebenen Zahlen in den Term ein und berechne den Wert des Terms.
a) $a = 4$ in $5 \cdot a + 3$ b) $b = 2{,}5$ in $3 \cdot b + b$ c) $x = \frac{1}{2}$ und $y = -1$ in $2 \cdot (x + y)$

Lösung:
a) Setze im Term $5 \cdot a + 3$ für a den Wert 4 ein.
Ersetze **a** durch **4.**
$5 \cdot 4 + 3$
$= 20 + 3 = 23$

b) In $3 \cdot b + b$ kommt die Variable b doppelt vor.
Ersetze beide **b** durch **2,5.**
$3 \cdot 2{,}5 + 2{,}5$
$= 7{,}5 + 2{,}5 = 10$

c) Für x wird $\frac{1}{2}$ und für y wird -1 eingesetzt.
Setze **−1** in Klammern.
$2 \cdot \left(\frac{1}{2} + (-1)\right)$
$= 2 \cdot \left(-\frac{1}{2}\right) = -1$

Basisaufgaben

1. Ersetze die Variable durch die Zahl 7 und berechne den Wert des Terms.
a) $9 - y$ b) $x \cdot 5$ c) $3 + 5 \cdot x$ d) $(12 + 2) : a$ e) $\frac{1}{2} \cdot (b + 3)$
f) $x + 8 + x$ g) $z \cdot z$ h) $3 \cdot a + 2 \cdot a$ i) $56 : a + a$ j) $3 + z - 2 \cdot z$

2. Setze für die Variable nacheinander die Zahlen 4; −2; 0,5 und $\frac{1}{4}$ ein und berechne den Wert des Terms.

a) $8 + x$ b) $10 - x + 1$ c) $5 \cdot (y + 1)$ d) $(1 + a) \cdot 2$ e) $(c - 1) \cdot (c + 1)$

3. Berechne die Werte der Terme.

	a = 5; b = 3	a = −2; b = 4	a = −2,5; b = −1	a = $\frac{1}{4}$; b = −3
$2 \cdot a - b$				
$-3 \cdot (b + a)$				
$a \cdot b - 2 \cdot a$				
$(a + b) \cdot (a - b)$				

4. a) Berechne mit den angegebenen Formeln den Umfang und den Flächeninhalt des abgebildeten Rechtecks.

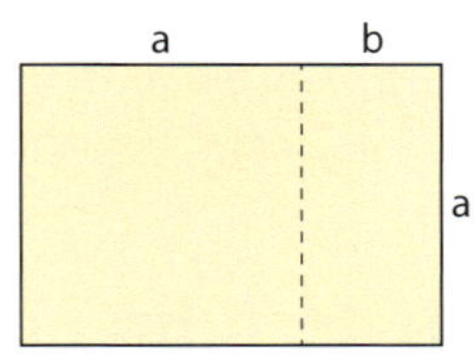

	a = 6 cm; b = 2 cm	a = 5 cm; b = 2,5 cm
$u = 4 \cdot a + 2 \cdot b$		
$A = a \cdot (a + b)$		

b) Erkläre, welche Werte für die Variablen a und b eingesetzt werden dürfen.

Terme mit einer Variablen aufstellen

Bei vielen Aufgaben in der Mathematik muss man eine Situation durch einen Term mit einer Variablen ausdrücken.

Strategie zur Lösung:

① Führe ein paar Berechnungen für ausgewählte Beispiele durch. Diese kannst du in einer Tabelle notieren.
② Finde heraus, welche Zahl oder Größe sich verändert.
③ Ersetze die sich verändernden Zahlen oder Größen durch eine Variable.

Beispiel: Simon denkt sich eine Zahl. Er multipliziert die Zahl mit 5. Dann addiert er 3 und subtrahiert die gedachte Zahl.

Zahl	Rechnung	Ergebnis
1	$1 \cdot 5 + 3 - 1$	= 7
2	$2 \cdot 5 + 3 - 2$	= 11
3	$3 \cdot 5 + 3 - 3$	= 15
4	$4 \cdot 5 + 3 - 4$	= 19
	↓ ↓	
x	$x \cdot 5 + 3 - x$	

Basisaufgaben

5. Schreibe als Term mit einer Variablen.

a) Das Doppelte einer Zahl
b) Das Fünffache einer Zahl
c) Die Summe aus einer Zahl und 7
d) 6 addiert zum Fünffachen einer Zahl

6. a) Ordne jedem Text den passenden Term zu.

Ben kauft mehrere Hefte zu 45 Cent.
① $2 \cdot m$
② $x \cdot 0{,}45$
Katrin ist doppelt so alt wie Max.
Jana hat 3 € mehr als Julia.
③ $x + 3$ €
④ $16 \cdot n$
In der Aula gibt es 16 Plätze in jeder Reihe.

b) Gib die Bedeutung der Variablen und die Bedeutung des Terms an.

7. In der Tabelle sind die ersten drei Figuren einer Figurenfolge zu sehen.

Figur					
x (Nummer der Figur)	1	2	3	4	5
Anzahl der Punkte					

a) Ergänze im Heft die fehlenden Figuren und bestimme die Anzahl der Punkte.
b) Gib einen Term für die Anzahl der Punkte einer beliebigen Figur Nr. x an.

8. Bei einem Tennisturnier erhält der Gewinner einen Gutschein über 50 €, der Zweitplatzierte einen Gutschein über 25 €. Jeder Teilnehmer erhält ein T-Shirt im Wert von 7 €.
a) Berechne die Gesamtkosten für die Preise, wenn 8 Spieler (16 Spieler) am Turnier teilnehmen.
b) Gib einen Term an, mit dem man die Gesamtkosten für x Spieler berechnen kann.

Weiterführende Aufgaben

9. In der zweiten Spalte der Tabelle stehen die Werte des Terms $2 \cdot x + 1$, wenn man für x die Zahlen 1, 2, 5 und 10 einsetzt.

x	$2 \cdot x + 1$	C	D	E	F
1	$2 \cdot 1 + 1 = 3$	6	3	4	4
2	$2 \cdot 2 + 1 = 5$	12	4,5	6	7
5	$2 \cdot 5 + 1 = 11$	30	9	12	16
10	$2 \cdot 10 + 1 = 21$	60	16,5	22	31

① $(x + 1) \cdot 2$
② $6 \cdot x$
③ $1{,}5 \cdot x + 2{,}5$
④ $2{,}5 \cdot x + 1{,}5 - x$
⑤ $(6 \cdot x + 2) : 2$

a) Ordne den Spalten C, D, E und F je einen der Terme auf den Karten zu.
b) Ein Term passt zu keiner Spalte. Berechne für diesen Term die passenden Werte.

10. **Stolperstelle:** Thomas hat in den Term Zahlen eingesetzt und den Termwert berechnet. Erkläre seine Fehler und korrigiere sie.

a) $x = -4$ in $6 - x$
$6 - 4 = 2$

b) $y = 3$ in $4 \cdot y - y$
$4 \cdot 3 - y = 12 - y$

c) $a = 2; b = 3$ in $2 \cdot b + a$
$2 \cdot 2 + 3 = 4 + 3 = 7$

11. Schreibe als Term mit einer Variablen. Überlege, ob du Klammern setzen musst.
a) Das Fünffache einer um 3 verminderten Zahl
b) Die Summe aus dem Doppelten und dem Dreifachen einer Zahl
c) Das Produkt aus einer Zahl und der Summe aus dieser Zahl und 8

12. Beschreibe den Term mit Worten. Die Variable steht für eine Zahl.
Beispiel: $3 \cdot x + 4$ Die Summe aus dem Dreifachen einer Zahl und 4
a) $4 \cdot x$ b) $a + 2$ c) $7 + 2 \cdot y$ d) $6 \cdot (x + 4)$ e) $9 \cdot a - a$

13. Welche Bedeutung hat hier die Verwendung von x?
a) Ich habe x-mal versucht, dich anzurufen.
b) Er wählte eine x-beliebige Karte aus.
c) Der Detektiv ist auf der Suche nach Mister X.
d) Der Wert des Gemäldes stieg in den vergangenen Jahren um das x-Fache.

14. Zoe und Till besuchen einen Freizeitpark. Jede Fahrt mit der Achterbahn kostet 2,50 €, der Eintritt zum Park für jeden 4 €.

a) Gib einen Term an, mit dem man für eine Person die Kosten für den Eintritt und eine beliebige Anzahl an Fahrten berechnen kann.

b) Zoe fährt dreimal und Till viermal mit der Achterbahn. Berechne mit dem Term aus a), wie viel jeder insgesamt bezahlen musste.

15. Inka und Max sollen für den Spieleabend Essen von einer Trattoria besorgen. Inka kauft einige Pizzastücke zu je 1,50 €. Max kauft ausschließlich Foccaciastücke zu einem Preis von 2,30 € und eine große Flasche Limonade für 3,90 €.

a) Berechne die Gesamtpreise, wenn Inka und Max jeweils 3 Stücke (4 Stücke) kaufen.

b) Gib für Inka und Max jeweils einen Term an, mit dem man den Preis ihres Einkaufs berechnen kann. Erkläre dein Vorgehen und die Bedeutung der Variablen.

c) Berechne mit den Termen aus b), wie viel Inka und Max bezahlen müssen, wenn sie jeweils 6 Stücke kaufen.

● **16.** Eine Kerze ist zum Anfang 30 cm lang. Jede Stunde brennt sie 1,5 cm ab.

a) Gib einen Term an, mit dem man die Gesamtlänge der Kerze nach einer beliebigen Anzahl von Stunden berechnen kann.

b) Berechne mit dem Term aus a), wie lang die Kerze nach 2 Stunden (5 Stunden, 4,5 Stunden, 22 Stunden) ist.

c) Erkläre, welche Werte für die Variable x sinnvoll in den Term eingesetzt werden können.

17. Ein neu gepflanzter Baum ist 2 m hoch. Ein Landschaftsgärtner misst drei Jahre lang die Höhe des Baumes und notiert die Ergebnisse in einer Tabelle.

Jahr n	0	1	2	3
Höhe Baum	2,00 m	2,06 m	2,12 m	2,18 m

a) Gib einen Term an, mit dem man die Höhe des Baumes nach n Jahren berechnen kann.

b) Berechne mit dem Term aus a), wie hoch der Baum in 7 Jahren (12 Jahren, 15 Jahren) ist.

● **18.** Die Abbildung zeigt die ersten drei Figuren einer Figurenfolge.

Figur 1

Figur 2

Figur 3

a) Stelle einen Term mit der Variablen n auf, der die Anzahl der Streichhölzer für die n-te Figur angibt. Erstelle zunächst eine Tabelle.

b) Berechne die Anzahl der Streichhölzer für Figur 40, Figur 60 und Figur 80.

c) Erkläre, warum es keine Figur mit 45 Streichhölzern geben kann.

● **19.** **Ausblick:** Gib jeweils den Wert der Variablen an, sodass der Term den Wert 10 hat.

a) $2 \cdot b$ b) $3 \cdot x + 4$ c) $3 + y - 5$ e) $(4 - a) \cdot 2$ e) $\frac{z}{2} - 2$ f) $(2 + 4 \cdot a) : 3$

1.2 Äquivalente Terme und Termumformungen

■ Peter stellt seine Hausaufgaben vor: „Zufällig habe ich Zahlen gewählt, bei denen immer dasselbe herauskommt." Ist das wirklich Zufall? ■

eingesetzte Zahl	$x - 1 + 3 \cdot x$	$x \cdot 4 - 1$
3	11	11
7	27	27
–10	–41	–41
$\frac{1}{2}$	1	1

Äquivalente Terme

In den drei Termen der Tabelle wurden für x nacheinander die Zahlen 1, 2 und 3 eingesetzt.

Bei $3 \cdot x + 4$ und $2 \cdot (x + 2) + x$ sieht man, dass sich beim Einsetzen derselben Zahl auch derselbe Termwert ergibt. Dies ist sogar für jede beliebige Zahl der Fall. Solche Terme heißen **gleichwertig** oder **äquivalent**.

$3 \cdot 1 + 4 = 7$

	$3 \cdot x + 4$	$2 \cdot (x + 2) + x$	$9 - 2 \cdot x$
$x = 1$	7	7	7
$x = 2$	10	10	5
$x = 3$	13	13	3

Der Term $9 - 2 \cdot x$ ist nicht äquivalent zu den ersten beiden Termen, da die Termwerte nicht für jede Zahl übereinstimmen. Zum Beispiel sind die Werte bei $x = 2$ und $x = 3$ verschieden.

Wissen: Äquivalente Terme
Zwei Terme sind **äquivalent (gleichwertig)**, wenn man beim Einsetzen derselben Zahlen für die Variablen in beide Terme stets denselben Wert erhält.

Basisaufgaben

1. Die beiden Terme sind äquivalent. Setze fünf verschiedene Zahlen in die Variable ein und zeige, dass die Termwerte übereinstimmen.
   a) $2 \cdot x + 5$ und $5 + x \cdot 2$
   b) $3 \cdot a + 4 \cdot a$ und $7 \cdot a$
   c) $7 \cdot a + 2 - 5 \cdot a$ und $2 \cdot (a + 1)$
   d) $10 - 20 \cdot b$ und $(2{,}5 - 5 \cdot b) \cdot 4$

2. Einer der Terme ist nicht äquivalent zu den anderen. Finde ihn. Erkläre deinen Lösungsweg.

a)	$3 \cdot x + 6$	$3 \cdot (x + 2)$	$3 \cdot x + 2$	$(2 + x) \cdot 3$
b)	$-2 \cdot (-1 + x)$	$-2 - 2 \cdot x$	$-2 \cdot (x - 1)$	$2 - 2 \cdot x$
c)	$a + b + a + b$	$2 \cdot a + 2 \cdot b$	$2 + a + 2 + b$	$2 \cdot (a + b)$

Erinnere dich:
Für gleiche Variablen müssen gleiche Zahlen eingesetzt werden, für verschiedene Variablen können verschiedene Zahlen eingesetzt werden.

3. Prüfe, ob die Terme äquivalent sein können, indem du verschiedene Zahlen für die Variablen einsetzt.
   a) $2 \cdot x + 3$ und $2 \cdot (x + 3)$
   b) $-2 \cdot a + 4 \cdot a - 10$ und $2 \cdot (a - 5)$
   c) $4 \cdot b + a$ und $a - 4 \cdot (1 - b) + 4$
   d) $3 \cdot a \cdot (a - b)$ und $a \cdot (3 \cdot b - a)$

4. Alina überlegt: „Wenn ich in zwei Termen dieselbe Zahl einsetze und die Termwerte sind nicht gleich, dann können die Terme nicht äquivalent sein. Aber wenn ich zeigen will, dass zwei Terme äquivalent sind, dann muss ich ja …"
   Ergänze Alinas Gedanken.

Vielfache von Variablen zusammenfassen

Wissen: Termumformungen
Um Terme zu vereinfachen, kann man sie durch **Termumformungen** in äquivalente Terme umwandeln.

Dabei verwendet man die Regeln und Gesetze wie beim Rechnen mit rationalen Zahlen.

$a + b = b + a$	$a \cdot b = b \cdot a$	(Kommutativgesetz der Addition/Multiplikation)
$a + (b + c) = (a + b) + c$	$a \cdot (b \cdot c) = (a \cdot b) \cdot c$	(Assoziativgesetz der Addition/Multiplikation)
$a \cdot (b + c) = a \cdot b + a \cdot c$	$a \cdot b + a \cdot c = a \cdot (b + c)$	(Distributivgesetz: Ausmultiplizieren/Ausklammern)

Vielfache von Variablen kann man nach dem Distributivgesetz zusammenfassen:

$2 \cdot x + 3 \cdot x = (2 + 3) \cdot x = 5 \cdot x$ $\qquad$ $4 \cdot y - 6 \cdot y = (4 - 6) \cdot y = -2 \cdot y$

Den „Malpunkt" zwischen dem **Koeffizienten** und der Variablen kann man auch weglassen. Statt $2 \cdot x$ schreibt man oft $2x$.

$2 \cdot x = 2x$ (2: Koeffizient, x: Variable)

Hinweis:
„Malpunkte" kann man bei Variablen oder Klammern weglassen, wenn dadurch keine Missverständnisse entstehen können.
Zum Beispiel:
$a \cdot b = ab$
$2 \cdot (x + 1) = 2(x + 1)$
$(y + 1) \cdot (y - 1)$
$= (y + 1)(y - 1)$

Wissen: Vielfache von Variablen zusammenfassen
Vielfache von gleichen Variablen werden addiert oder subtrahiert, indem man ihre Koeffizienten addiert oder subtrahiert.

$2x + 3x = 5x$ $\qquad$ $4y - 6y = -2y$

Beispiel 1: Fasse den Term so weit wie möglich zusammen.
a) $8x - 4x + 5x$ b) $4y - y$ c) $3a + 4 - 5a + 2$

Lösung:
a) und b) Subtrahiere und addiere die Koeffizienten von gleichen Variablen.

$8 - 4 + 5 = 9$

a) $8x - 4x + 5x = 9x$

Denke dir den Koeffizienten 1.

b) $4y - y = 4y - 1y = 3y$

c) Stelle vorher so um, dass Teilterme mit und ohne Variable nebeneinander stehen.

$3a + 4 - 5a + 2$
$= 3a - 5a + 4 + 2$
$= \quad -2a \quad + 6$

Basisaufgaben

5. Fasse den Term so weit wie möglich zusammen.
a) $5x + 3x$ b) $7y - 2y$ c) $-18b + 3b$ d) $-0{,}7x - 1{,}4x$
e) $4y + 2y + 6y$ f) $a + a + a$ g) $4x - 0{,}5x - x$ h) $\frac{1}{2}x + \frac{5}{8}x - \frac{1}{8}x$

6. Fasse den Term so weit wie möglich zusammen.
a) $7x + 3 + 4x$ b) $6 + 6a - 3a + 3$ c) $4z + 6 - 9z - 1$ d) $5 + x - 6 + x$
e) $1{,}4y + 2{,}8 - 0{,}9y$ f) $2b + 6b + 2 - b$ g) $a + 27 - a + 3$ h) $x + 3x - 5 - 9x - 8$

Erinnere dich:
Addition- und Subtraktionsschritte dürfen vertauscht werden.
Zum Beispiel:
$69 + 87 - 9$
$= 69 - 9 + 87$
$= 60 + 87 = 147$

7. a) Setze für die Variable die Zahl -2 ein und berechne jeweils den Wert des Terms.
① $4x - 3x$ ② $5{,}5a + 2{,}5a$ ③ $-y + 5 - 6y + 3$ ④ $4x - 4 - 3x + 9x$
b) Vereinfache die Terme in a) durch Termumformungen.
c) Setze in die vereinfachten Terme aus b) die Zahl -2 ein und berechne die Termwerte.
d) Vergleiche die Termwerte aus a) und c). Vergleiche auch den Rechenaufwand.

Weiterführende Aufgaben

Hinweis zu 8:
Hier findest du die Lösungen zu ① bis ③.

8. a) Berechne die Werte der Terme für die vorgegebenen Werte der Variablen.

	x = 2	x = 0,5	x = −0,5	x = −2
① **8x − 4**				
② **−1 + 4x − 3 + 4x**				
③ **4 · (1 − 2x)**				
④ **2x + x · 6 − 2 · 2**				

b) Erkläre anhand der Tabelle, welche Terme äquivalent sein können.

c) Bestätige durch Termumformungen, dass die in b) genannten Terme äquivalent sind.

9. Stolperstelle: Finde die Fehler und korrigiere sie. Erläutere, wie die Fehler entstanden sind.

a) ① $3 + x + 4x = 7x$ ② $9x - x = 9$ ③ $9x - 9 + 1 = x + 1$

b) Maria behauptet: „Wenn ich 1 oder 2 für x in die Terme 4x − 2 und x · (x + 1) einsetze, stimmen die Termwerte überein. Die Terme sind äquivalent."

10. Welche Malpunkte darf man weglassen? Erkläre.

a) $3{,}5 \cdot a$ b) $2 \cdot 2 \cdot x$ c) $5 \cdot x + 5 \cdot 3$ d) $3 \cdot \frac{1}{4} \cdot x$ e) $2 \cdot 2 \cdot x + 2 \cdot 3$

11. Stelle einen möglichst einfachen Term auf, der den Umfang der Figur angibt.

a)

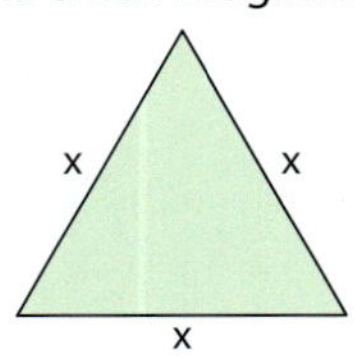

b)

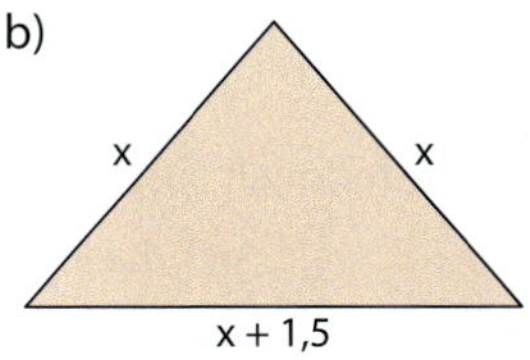

c)

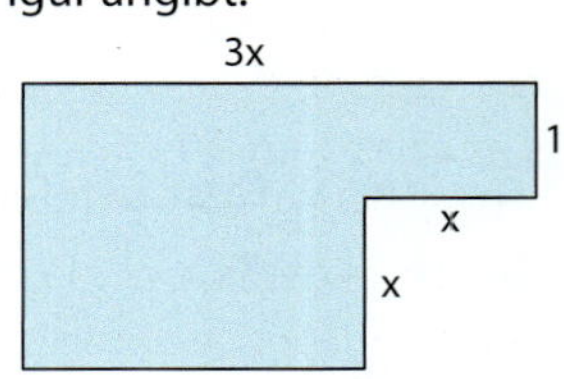

12. Multipliziere aus.

Beispiel: $2 \cdot (3x + 5) = 2 \cdot 3x + 2 \cdot 5 = 6x + 10$

a) $2 \cdot (b + 3)$ b) $-2 \cdot (3 + 7x)$ c) $\frac{1}{2} \cdot (-6x + 9)$ d) $4 \cdot (2x + 3y)$ e) $(8 - 2x) \cdot (-0{,}5)$

● **13.** Den Umfang eines Rechtecks kann man mit den Termen 2a + 2b oder (a + b) · 2 berechnen.

a) Setze die Werte von a und b in beide Terme ein und berechne jeweils den Termwert.
① a = 4 cm; b = 3 cm   ② a = 2,5 cm; b = 6 cm

b) Begründe, dass die beiden Terme äquivalent sind, ① durch Umformung eines Terms mithilfe von Rechengesetzen, ② anhand der Abbildung.

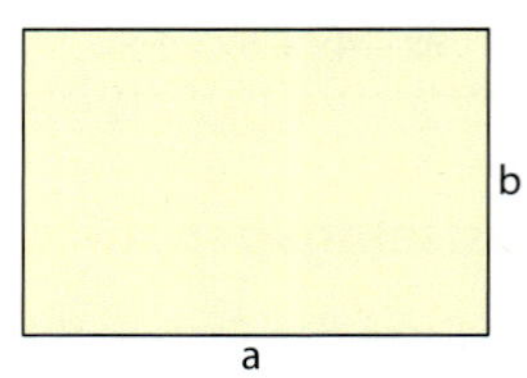

● **14. Ausblick:** Die Abbildung zeigt die ersten drei Figuren einer Figurenfolge.

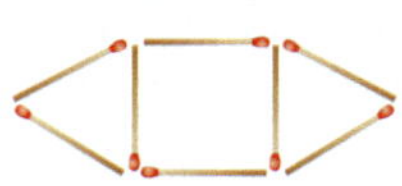
Figur 1

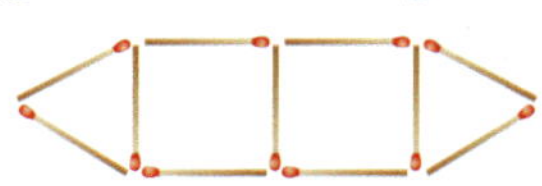
Figur 2

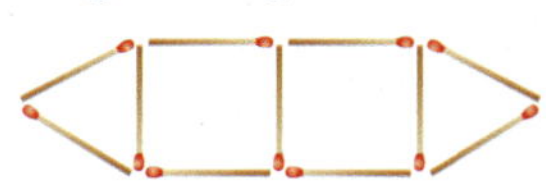
Figur 3

a) Welche der Terme geben die Anzahl der Streichhölzer der n-ten Figur an? Begründe.
① $3 + 3n + 2$ ② $2 + 4n + 2$ ③ $8 + 3 \cdot (n - 1)$ ④ $5 + 3n$

b) Berechne die Anzahl der Streichhölzer für Figur 40 (Figur 60) mit einem der Terme.

c) Gibt es eine Figur mit 35 Streichhölzern (51 Streichhölzern)? Begründe jeweils.

1.3 Gleichungen

■ Anna behauptet, dass sie Zahlen erraten kann. Sie fordert Henri auf, sich eine Zahl zu merken, diese Zahl zu verdoppeln und zum Ergebnis 4 zu addieren. Nun soll Henri sein Ergebnis mitteilen. Henri gibt 10 an. Darauf nennt Anna die Zahl, die sich Henri gemerkt hat. Prüfe, ob sich Henri eine der Zahlen 2, 3 oder 4 gemerkt hat. Wie könnte Anna die gesuchte Zahl ermittelt haben? ■

Bei einem Sparplan zahlt man monatlich einen festen Geldbetrag auf ein Sparkonto ein. Auf einem Sparkonto liegen 60 €. Jeden Monat kommen 20 € hinzu. Das gesparte Geld (in €) kann man durch den Term $60 + 20x$ beschreiben. x gibt die Anzahl der Monate an.

In wie viel Monaten liegen auf dem Konto 100 €? Zur Lösung der Frage setzt man den Term gleich 100.

Es entsteht die **Gleichung** $60 + 20x = 100$.

Die **Lösung der Gleichung** ist $x = 2$, da beim Einsetzen von 2 in die Gleichung eine **wahre Aussage** entsteht.
Setzt man andere Zahlen für x ein, entsteht eine **falsche Aussage**. Diese Zahlen sind keine Lösung der Gleichung.

x	60 + 20x = 100	
1	$60 + 20 \cdot 1 = 100$ $80 = 100$	falsche Aussage
2	$60 + 20 \cdot 2 = 100$ $100 = 100$	wahre Aussage
3	$60 + 20 \cdot 3 = 100$ $120 = 100$	falsche Aussage

Wissen: Gleichungen, Lösung einer Gleichung
Zwei Terme, die durch ein Gleichheitszeichen verbunden sind, nennt man **Gleichung**.
Lösung der Gleichung ist jede Zahl, die beim Einsetzen eine wahre Aussage ergibt.

Beispiel: $x = 2$ ist Lösung der Gleichung $3x + 4 = 10$, da $3 \cdot 2 + 4 = 10$ eine wahre Aussage ist.

Hinweis:
Gleichungen ohne Variablen sind entweder wahre oder falsche Aussagen.

Gleichungen durch Probieren lösen

Beispiel 1: Prüfe durch Einsetzen, ob 1, 2, 3 oder 4 Lösungen der Gleichung $x \cdot x + 6 = 5x$ sind.

Lösung:
Setze 1, 2, 3 und 4 auf beiden Seiten der Gleichung ein und rechne aus.

Für $x = 2$ und $x = 3$ entsteht eine wahre Aussage. Also sind 2 und 3 Lösungen der Gleichung.

Für $x = 1$ und $x = 4$ entsteht eine falsche Aussage. Also sind 1 und 4 sind keine Lösungen der Gleichung.

x	x · x + 6 = 5x	
1	$1 \cdot 1 + 6 = 5 \cdot 1$ $7 = 5$	falsche Aussage
2	$2 \cdot 2 + 6 = 5 \cdot 2$ $10 = 10$	wahre Aussage
3	$3 \cdot 3 + 6 = 5 \cdot 3$ $15 = 15$	wahre Aussage
4	$4 \cdot 4 + 6 = 5 \cdot 4$ $22 = 20$	falsche Aussage

Basisaufgaben

1. Prüfe durch Einsetzen, ob 4 eine Lösung der Gleichung ist.
a) $4x + 14 = 40$ b) $x + 24 = 7x$ c) $3 \cdot (2y - 9) = -3$ d) $-6 = x \cdot (1 - x)$

2. Finde eine Lösung der Gleichung, indem du die Zahlen 1, 2, 3, … einsetzt.
a) $13x = 39$ b) $4a + 5 = 25$ c) $1 = 0{,}5x - 3$ d) $-1{,}5 - 2{,}5x = -9$
e) $2 \cdot (x + 1) = 12$ f) $14 - x = x + 6$ g) $11b - 22 = 48 - 3b$ h) $2y + 1 = 3 \cdot (y - 2)$

3. Prüfe, welche ganzen Zahlen von – 4 bis 4 Lösungen der Gleichung sind.
a) $3x - 12 = 0$ b) $21 = 2y + 23$ c) $a \cdot a = a + a$ d) $(x - 2) \cdot (x + 4) = 0$

4. Bestimme, welche Lösung zu welcher Gleichung gehört.

① $2x + 5 = 17$
② $85 = 25 + 20x$
③ $-3 - 6x = 9$
④ $6x + 0{,}5 + 3x = 14$
⑤ $-3x + 8 = 5x - 24$
⑥ $3x + 16 = -14$

$x = 4$ $x = 6$ $x = -10$ $x = 1{,}5$ $x = -2$ $x = 3$

Gleichungen durch Rückwärtsrechnen lösen

Erinnere dich:
Multiplikation
$5 \xrightarrow{\cdot 3} 15$
$5 \xleftarrow{:3} 15$
Division
(Umkehroperation)

Bestimme die Seitenlänge a des Rechtecks.

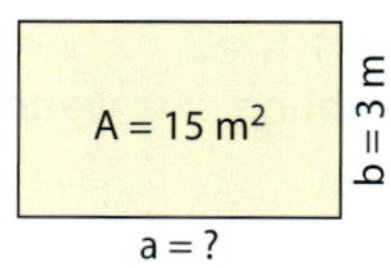

Mit der Flächeninhaltsformel „Länge mal Breite" kommt man auf die Gleichung $a \cdot 3\,m = 15\,m^2$.

Eine Lösung der Gleichung ergibt sich, indem
- man überlegt, welche Zahl mit 3 multipliziert als Ergebnis 15 hat: $a \cdot 3\,m = 15\,m^2$
- man mit der Umkehroperation rechnet und 15 durch 3 dividiert: $15\,m^2 : 3\,m = a$

Die Lösung ist $a = 5$ m.

Bei komplizierteren Gleichungen kann es schwieriger sein, durch Überlegen zu einer Lösung zu gelangen. Durch Rückwärtsrechnen mithilfe von Umkehroperationen lässt sich eine Lösung dann besser bestimmen.

Beispiel 2: Löse die Gleichung $6x + 7 = 31$ durch Rückwärtsrechnen. Prüfe die Lösung mithilfe einer Probe.

Lösung:
Stelle $6x + 7 = 31$ mit Pfeilen dar:
„Multipliziere die gesuchte Zahl mit 6, addiere dann 7. Das Ergebnis ist 31."

$x \xrightarrow{\cdot 6} ■ \xrightarrow{+7} 31$

$x = 4 \xleftarrow{:6} 24 \xleftarrow{-7} 31$

Rechne nun ausgehend von 31 rückwärts.
Die Umkehroperation zu + 7 ist – 7.
Also: $31 - 7 = 24$
Die Umkehroperation zu · 6 ist : 6.
Also: $24 : 6 = 4$

Lösung der Gleichung: $x = 4$

Die Lösung ist richtig, wenn beim Einsetzen in $6x + 7 = 31$ eine wahre Aussage entsteht.

Probe: $6 \cdot 4 + 7 = 31$
$31 = 31$ wahre Aussage

Hinweis:
Bei der Probe kontrolliert man durch Einsetzen, ob eine erhaltene Lösung richtig ist.

Basisaufgaben

5. Löse die Gleichung durch Rückwärtsrechnen. Mache hinterher die Probe.

a) $x + 9 = 52$ b) $b - 7 = 2$ c) $7x = -49$ d) $84 = 12x$
e) $3y + 2 = 41$ f) $-2a - 2 = 16$ g) $4 + 5a = 29$ h) $a : 4 + 20 = 45$

Hinweis zu 5:
Hier findest du die Lösungen.

6. Stelle eine passende Gleichung auf. Löse die Gleichung durch Rückwärtsrechnen.

a) Johan denkt sich eine Zahl. Er addiert 27 und erhält 60.
b) Elisa denkt sich eine Zahl. Verdreifacht sie die Zahl und addiert 22, so erhält sie 55.
c) Das Vierfache einer Zahl vermindert um 42 ergibt −22.

7. a) Übertrage das Pfeilbild zur Gleichung $(x - 2) \cdot 7 = 42$ in dein Heft.

$$x \xrightarrow{-2} \blacksquare \xrightarrow{\cdot 7} 42$$

b) Zeichne Pfeile in umgekehrter Richtung ein und berechne die Lösung mit den zugehörigen Umkehroperationen. Prüfe deine Lösung mit der Probe.

8. Löse die Gleichung durch Rückwärtsrechnen.

a) $(x + 1) \cdot 8 = 56$ b) $9 = (a - 3) \cdot 6$ c) $(y + 12) \cdot (-9) = 36$ d) $2 \cdot (6{,}5 + x) = 11$

Weiterführende Aufgaben

9. Gib eine Gleichung mit der Lösung $a = 3$ (der Lösung $b = -5$; der Lösung $c = 12{,}5$) an.

10. a) Die Gleichung zum Zahlenrätsel ① lautet $(x + 5) \cdot 4 = 48$. Erkläre, warum in der Gleichung Klammern stehen müssen.
b) Löse die Gleichung zu ① durch Rückwärtsrechnen.
c) Erstelle zum Zahlenrätsel ② eine passende Gleichung und bestimme die Lösung.

① Ich addiere zu einer Zahl 5 und multipliziere das Ergebnis mit 4. Ich erhalte 48.

② Ich subtrahiere von einer Zahl 5,5. Dann rechne ich mal 8. Das Ergebnis ist 100.

11. Leon, Paul und Ella sind zusammen 50 Jahre alt. Ella ist 2 Jahre jünger und Paul ist 4 Jahre älter als Leon. Erstelle eine Gleichung und bestimme das Alter der Geschwister. Verwende für das Alter von Leon die Variable x.

12. Stolperstelle: Mia löst die Gleichung $6x + 24 = 60$ durch Rückwärtsrechnen.
Rechnung: $60 : 6 = 10$ Lösung: $x = -14$ Probe: $6 \cdot (-14) + 24 = -60$
$10 - 24 = -14$
Erkläre, wo hier der Fehler liegt. Korrigiere die Lösung.

13. Ausblick: Die Gleichung $2 \cdot (2x + 10) = 32 + x$ soll durch systematisches Probieren gelöst werden. Bei $x = 1$ ist der Wert der rechten Seite größer, bei $x = 10$ ist der Wert der linken Seite größer. Daher liegt die Lösung zwischen 1 und 10.

a) Probiere im nächsten Schritt $x = 5$ aus. Fahre nach dem gleichen System fort, bis du die Lösung gefunden hast.

x	2 · (2x + 10)	32 + x
1	24	33
10	60	42
5	…	…

b) Löse $(4x - 3) \cdot 6 = 20x + 50$ durch systematisches Probieren. Beginne mit $x = 1$ und $x = 20$.

Hinweis zu 13:
Die Gleichung $2 \cdot (2x + 10) = 32 + x$ kann man nicht durch Rückwärtsrechnen lösen.

1.4 Äquivalenzumformungen

■ Die Waage ist im Gleichgewicht. Erkläre, ob sie bei den folgenden Aktionen weiterhin im Gleichgewicht bleibt:
① Auf beiden Seiten wird ein blauer Quader entfernt.
② Auf beiden Seiten wird die Anzahl der roten Kugeln verdoppelt.
③ Auf beiden Seiten wird die Anzahl der blauen und roten Objekte halbiert. ■

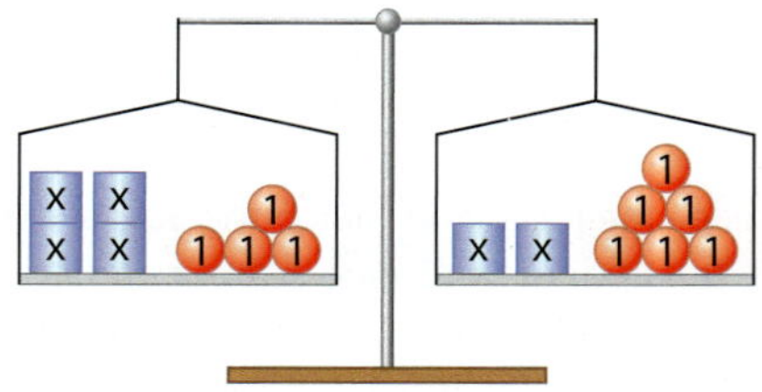

Beim Lösen der Gleichung $3x + 1 = x + 7$ hilft die Vorstellung einer **Waage im Gleichgewicht**. Die Variable x steht für ein unbekanntes, gleich schweres Gewicht. Jede Kugel wiegt 1 kg.

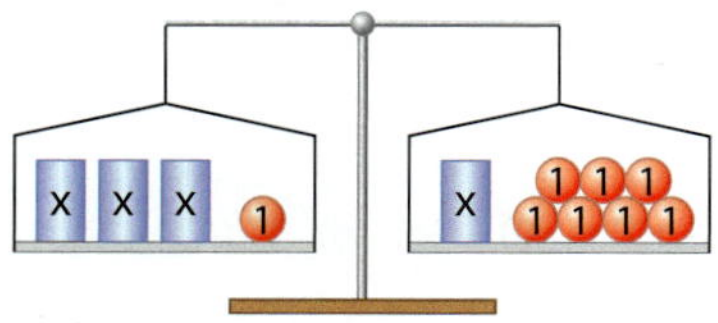

3 Gewichte und 1 kg sind genau so schwer wie 1 Gewicht und 7 kg.

$3x + 1 \quad = x + 7$

Nimmt man auf beiden Seiten 1 kg weg, bleibt die Waage im Gleichgewicht.

Rechne auf beiden Seiten der Gleichung „– 1“.

$3x + 1 - 1 = x + 7 - 1$

$3x \quad = x + 6$

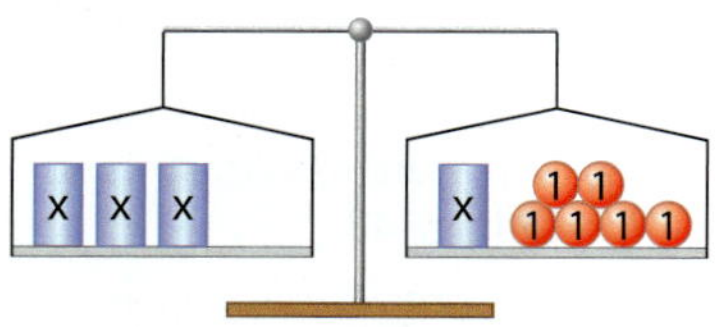

Nimmt man auf beiden Seiten ein Gewicht weg, bleibt die Waage im Gleichgewicht.

Rechne auf beiden Seiten der Gleichung „– x“.

$3x - x \quad = x + 6 - x$

$2x \quad = 6$

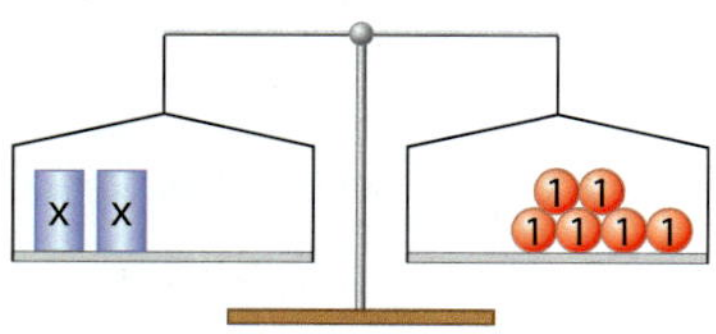

Halbiert man den Inhalt jeder Seite, bleibt die Waage ebenfalls im Gleichgewicht.

Teile beide Seiten der Gleichung durch 2.

$2x : 2 \quad = 6 : 2$

$x \quad = 3$

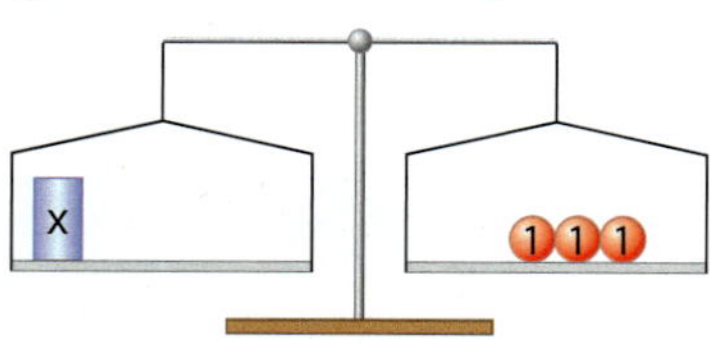

Man sieht nun, dass ein Gewicht 3 kg wiegt.

Die Lösung ist $x = 3$.

Die Änderungen auf der Waage entsprechen genau den Umformungen der Gleichung auf der rechten Seite. Waage und Gleichung blieben nach jeder Änderung im Gleichgewicht.
Das bedeutet, dass sich die Lösung durch die Umformung nicht ändert.
Jede Gleichung hat dieselbe Lösung, nämlich $x = 3$. Man sagt, die Gleichungen sind **äquivalent**.
Deswegen heißen diese Umformungen von Gleichungen **Äquivalenzumformungen**.

Wissen: Äquivalenzumformungen
Gleichungen kann man durch **Äquivalenzumformungen** in **äquivalente Gleichungen** (Gleichungen, die dieselben Lösungen haben) umwandeln.

Mögliche Äquivalenzumformungen:
- Addition oder Subtraktion einer Zahl oder eines Terms auf beiden Seiten der Gleichung.
- Multiplikation oder Division mit einer Zahl ungleich Null auf beiden Seiten der Gleichung.

Beim Lösen einer Gleichung formt man die Gleichung durch Äquivalenzumformungen so um, dass die Variable auf einer Seite der Gleichung allein steht.

Beispiel 1: Löse die Gleichung durch Äquivalenzumformungen. Mache hinterher die Probe.
a) $6 - 5x = 16$ b) $8x + 4 - 2x = 9 + 2x - 3$

Lösung:

a) **1. Sortieren:** Bringe alle Zahlen auf eine Seite der Gleichung. Rechne dazu „– 6". Auf der anderen Seite steht ein Term, der x enthält.

$6 - 5x = 16 \quad | -6$ (Auf beiden Seiten – 6)

$-5x = 10 \quad | :(-5)$ (Auf beiden Seiten : (– 5))

2. Isolieren: Stelle x „allein".

$x = -2$ (Lösung ablesen)

3. Probe: Setze $x = -2$ in die Ausgangsgleichung ein.

Probe: $6 - 5 \cdot (-2) = 16$
$16 = 16$ wahre Aussage

b) **0. Vereinfache** rechte und linke Seite.
1. Sortieren: Bringe alle Zahlen auf eine Seite. Bringe alle „x-Terme" auf die andere Seite.

$8x + 4 - 2x = 9 + 2x - 3 \quad |$ zusammenfassen
$6x + 4 = 6 + 2x \quad | -4$
$6x = 2 + 2x \quad | -2x$
$4x = 2 \quad | :4$

2. Isolieren: Stelle x „allein".

$x = 0{,}5$

3. Probe: Setze $x = 0{,}5$ in die Ausgangsgleichung ein.

Probe: $8 \cdot 0{,}5 + 4 - 2 \cdot 0{,}5 = 9 + 2 \cdot 0{,}5 - 3$
$7 = 7$ wahre Aussage

Basisaufgaben

1. Führe auf beiden Seiten der Gleichung die Rechenoperation hinter dem Strich aus.
a) $x + 7 = 16 \,|\, -7$ b) $5x = 20 \,|\, :5$ c) $12 = -8x \,|\, :(-8)$ d) $4x = 3x \,|\, -3x$

2. Vervollständige die Rechnung im Heft und löse die Gleichung.
a) $-5x + 24 = 49 \quad | -24$
____ = ____ $| :(-5)$
b) $4 = 0{,}5a - 6 \quad | +6$
____ = ____ $| :0{,}5$
c) $5x = 3x + 4 \quad | -3x$
____ = ____ $| :2$

3. Übertrage ins Heft und ergänze jeweils rechts hinter dem Strich die Rechenoperation.
a) $4x + 3 = 11$ | ■
$4x = 8$ | ■
$x = 2$

b) $8 - 4a = 24$ | ■
$-4a = 16$ | ■
$a = -4$

c) $15 = -41 + 8x$ | ■
$56 = 8x$ | ■
$7 = x$

d) $0{,}5 - 0{,}5y = -2{,}5$ | ■
$-0{,}5y = -3$ | ■
$y = 6$

e) $-2x + 7 = 0$ | ■
$7 = 2x$ | ■
$3{,}5 = x$

f) $5x + 9 = 8x$ | ■
$9 = 3x$ | ■
$3 = x$

g) $a + 1 = 9 - 3a$ | ■
$a = 8 - 3a$ | ■
$4a = 8$
$a = 2$

h) $-5 + 2x = 5x + 7$ | ■
$-5 = 3x + 7$ | ■
$-12 = 3x$ | ■
$-4 = x$

4. Löse die Gleichung schrittweise durch Äquivalenzumformungen. Mache hinterher die Probe.

a) $4x + 2 = 30$ b) $6x - 13 = 23$ c) $-7x - 3 = -52$ d) $73 = -5x + 18$

e) $0{,}5 + 0{,}5x = 2{,}5$ f) $4{,}5b + 6 = 24$ g) $7 = 1{,}1a + 1{,}5$ h) $1{,}2 - 2x = 0$

5. In der Bilderserie wird eine Gleichung gelöst.

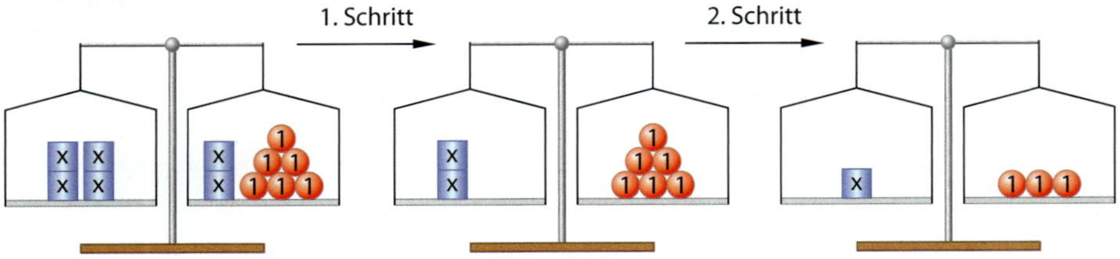

Schreibe zu jeder Waage eine Gleichung auf und gib für jeden Schritt an, welche Äquivalenzumformung durchgeführt wird.

6. Bestimme, wie schwer ein blaues Gewicht ist. Jede rote Kugel wiegt 1 kg.
Erläutere dein Vorgehen.

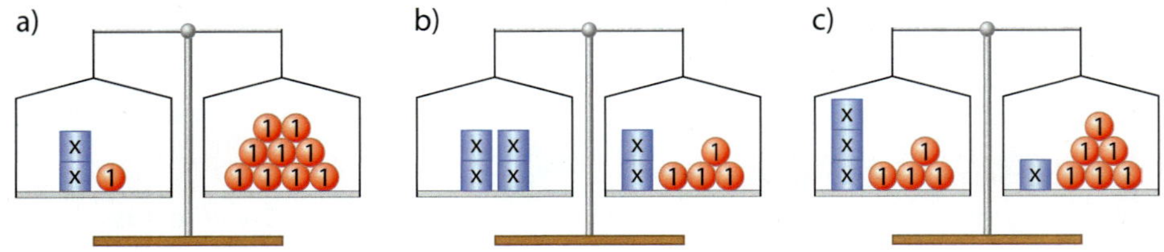

Hinweis zu 8:
Hier findest du die Lösungen.

7. Löse die Gleichung schrittweise durch Äquivalenzumformungen. Mache hinterher die Probe.

a) $3x + 14 = 5x$ b) $15b = 2b - 13$ c) $7x + 5 = 3x + 9$ d) $a + 5{,}5 = -3a - 4{,}5$

e) $2 - 11x = 2 + x$ f) $1{,}5x - 16 = x + 4$ g) $19y - 2 = -3y - 13$ h) $3{,}7z - 1{,}5 = 1{,}85 - 3z$

8. Vereinfache zuerst die Seiten der Gleichung und löse anschließend.

a) $3x + 14 - x = 26$ b) $18y - 15 + 3y = 12 - 3y + 21$

c) $6a - 21 + 4a + 11 = -2a + 12 + 7a + 8$ d) $x \cdot 0{,}25 + 2{,}5 + x = 7{,}5 + 0{,}75x - 10$

Weiterführende Aufgaben

9. a) Die Gleichung $8x + 13 = 53$ soll durch Rückwärtsrechnen gelöst werden. Vervollständige das Pfeilbild im Heft.

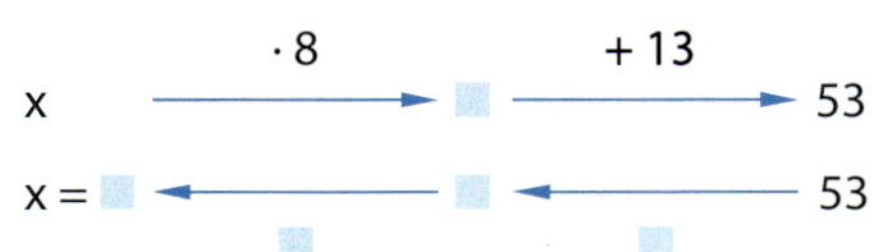

b) Löse die Gleichung $8x + 13 = 53$ durch Äquivalenzumformungen.

c) Vergleiche die beiden Lösungswege.

10. a) Vervollständige die unterschiedlichen Lösungswege im Heft.

Mark: 1) $23 - 7x = 2 \quad | -23$
$-7x = -21 \quad | :(-7)$
2) $4x + 6 = 5x + 8 \quad | -6$
$4x = 5x + 2 \quad | -5x$

Marie: 1) $23 - 7x = 2 \quad | +7x$
$23 = 2 + 7x \quad | -2$
2) $4x + 6 = 5x + 8 \quad | -4x$
$6 = x + 8 \quad | -8$

b) Wie würdest du in Aufgabe 1) und 2) jeweils rechnen? Begründe deine Meinung.

c) Löse die folgenden Gleichungen, indem du wie Mark oder wie Marie rechnest.

① $-11 = 5 - 3x$ ② $2x + 4 = 4x + 1$ ③ $x - 5 = 2x + 3$ ④ $-6 + 5x = -7x$

11. Stolperstelle: Finde und erkläre die Fehler. Löse die Gleichungen dann korrekt.

$8x = 20 \mid -8$
$x = 12$

$-3x = 2 + x \mid -x$
$-2x = 2 \quad \mid :(-2)$
$x = -1$

$x - 3 = 1 - 3x \mid +3$
$x = 1$

$4x + 4 = 8x \mid :4$
$x + 4 = 2x \mid -x$
$4 = x$

12. Als Hausaufgabe soll die Gleichung $3 \cdot (2x + 1) = -9$ gelöst werden.
Emilia und Fara haben unterschiedliche Ideen.

a) Berechne die Lösung, indem du einmal mit der Idee von Emilia und einmal mit der Idee von Fara rechnest. Erläutere, worin sich die Lösungswege unterscheiden.
b) Löse die folgenden Gleichungen auf beiden Wegen.
① $2 \cdot (x - 5) = 40$ ② $2 \cdot (z - 3) = 0$ ③ $-3 \cdot (4x + 1) = -39$ ④ $-8x = (2x + 4) \cdot 4$

● **13.** Multipliziere die Klammern aus und vereinfache. Löse dann die Gleichung.
a) $-2 \cdot (3 - x) + 6x = 40$ b) $2x + 4 \cdot (x + 1) = 3 + 4x$ c) $4 \cdot (c + 7) - 3 \cdot (2c + 3) = 25$

● **14.** In dem Beispiel rechts werden Brüche durch Multiplikation in ganze Zahlen umgeformt.
a) Setze das Beispiel fort und löse die Gleichung.
b) Löse, indem du zuerst in eine Gleichung mit ganzen Zahlen umformst.
① $\frac{3}{4}x + \frac{1}{4} = \frac{7}{4} - \frac{5}{4}x$ ② $-\frac{2}{5}x - \frac{1}{5} = \frac{4}{5}x + \frac{2}{5}$ ③ $\frac{2}{3}x - \frac{5}{6} = -\frac{1}{6}x + \frac{4}{3}$

Beispiel: $\frac{2}{7}x + \frac{1}{7} = -\frac{2}{7} + \frac{5}{7}x \mid \cdot 7$
$2x + 1 = -2 + 5x$

15. Gib zur Gleichung zwei äquivalente Gleichungen an. Erkläre deine Vorgehensweise.
a) $2x = 16$ b) $x + 3 = 15$ c) $2x + 4 = 3x - 10$ d) $-0{,}25m - 3 = 4$

16. Gib zwei Gleichungen mit der angegebenen Lösung an.
a) $x = 4$ b) $n = -4$ c) $m = \frac{1}{2}$ d) $x = -5{,}5$

17. Zeige, dass die beiden Gleichungen äquivalent sind.
a) $-4 = 2 + 3y$; $3y - 4 = 6y + 2$ b) $2x + 4 = 3$; $3x = x - 1$ c) $x - 4x = 5$; $x + 8 = 3 - 2x$ d) $0{,}5a + 2 = 4 - 0{,}5a$; $2a - 3a = 2a + 4 - 5a$

18. Löse das Zahlenrätsel. Stelle zunächst eine Gleichung auf. Mache hinterher die Probe.
a) Gesucht ist eine Zahl, deren Dreifaches zu 15 addiert 78 ergibt.
b) Das Sechsfache einer Zahl ist um 12 größer als das Vierfache der Zahl.
c) Subtrahiert man von der gesuchten Zahl 5 und multipliziert das Ergebnis mit 7, so erhält man das Sechsfache der Zahl.
d) Addiert man 5 zum Doppelten einer Zahl, so erhält man das gleiche Ergebnis, als wenn man die gesuchte Zahl von 5 subtrahiert und das Ergebnis verdreifacht.

19. Schreibe ein Zahlenrätsel zu der Gleichung und löse es.
a) $-3x + 7 = -20$ b) $8x + \frac{1}{2} = \frac{5}{2}$ c) $(x + 67) \cdot 3 = 450$ d) $2x - 6 = 54 - 4x$

20. Wie viele Streichhölzer sind jeweils in einer Schachtel? Es gilt:
1. Links und rechts vom Gleichheitszeichen liegen gleich viele Streichhölzer.
2. Jede Streichholzschachtel enthält die gleiche Anzahl an Streichhölzern.

Stelle eine Gleichung auf und berechne die Lösung.

a) 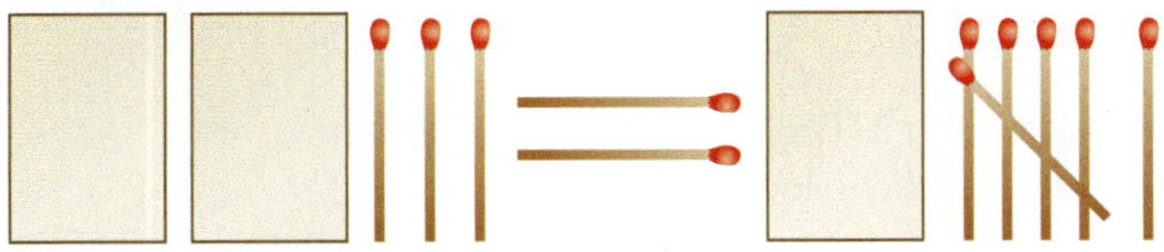

b) 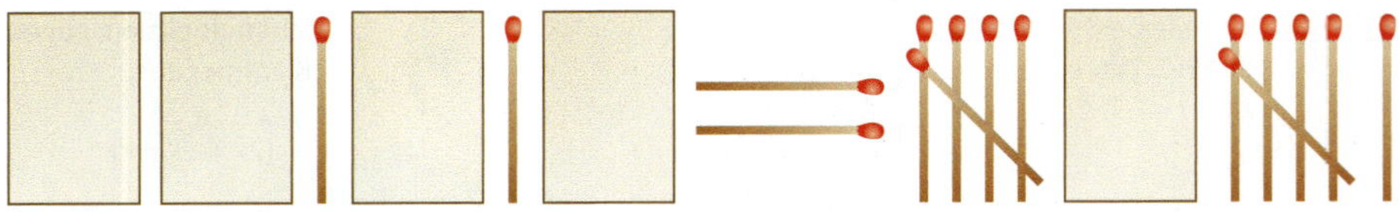

21. Der Wasserpegel eines Flusses liegt bei 8,19 m. Man rechnet damit, dass das Wasser jede Stunde um 6 cm steigt.
a) Stelle einen Term auf, mit dem man den Wasserpegel nach x Stunden berechnen kann.
b) Berechne, nach wie vielen Stunden der Wasserpegel die kritische Höhe von 8,70 m erreicht. Stelle eine Gleichung auf und löse sie.

● **22.** In einer Zahlenmauer ergibt jeweils die Summe der beiden unteren Steine den Wert des darüber liegenden Steins.
a) Ergänze in der Zahlenmauer ① in der mittleren Zeile jeweils Terme mit der Variablen x.
b) Berechne dann mithilfe einer Gleichung alle Zahlen, die in Zahlenmauer ① stehen.
c) Löse die Zahlenmauern ② und ③, indem du in der untersten Zeile eine Variable x ergänzt.

① 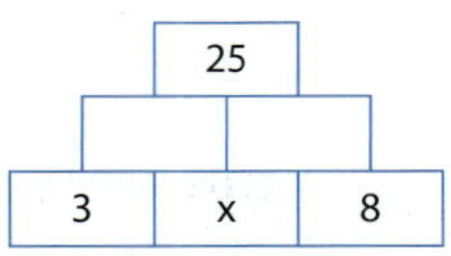

② 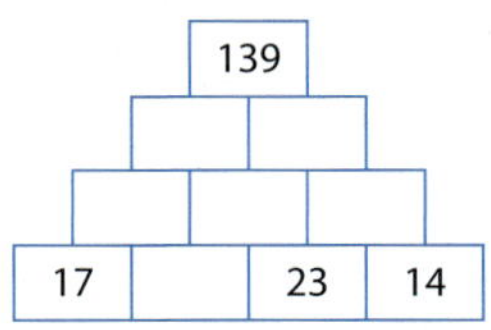

③ 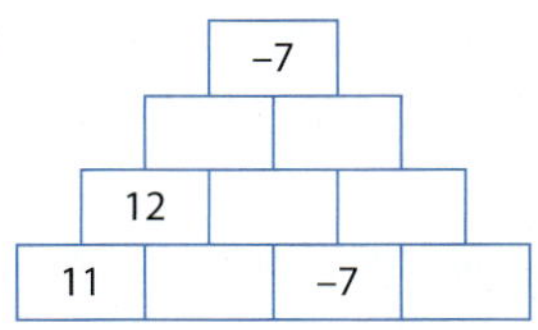

● **23. Ausblick:** Im Jahr 1858 kaufte der Schotte Henry Rhind in einem Antiquariat in Luxor einen alten Papyrus, der einige der ältesten mathematischen Aufzeichnungen der Welt enthielt. Unter anderem fand er darin eine Methode der Ägypter zum Lösen von Gleichungen.

Die Methode wird auch die „Methode des falschen Ansatzes" genannt.
Wähle einen (falschen) Ansatz. Mit $x = 2$ wird die Rechnung hier sehr einfach.
Vergleiche das falsche und das richtige Ergebnis.

$2x + \frac{1}{2}x = 20$
Lösung: $x = 2$
$2 \cdot 2 + \frac{1}{2} \cdot 2 = 5$
5 ist ein Viertel der eigentlichen Lösung.
Also ist die wahre Lösung $x = 2 \cdot 4 = 8$.

a) Löse mit der „Methode des falschen Ansatzes" die Gleichung $\frac{1}{3}x + x - \frac{1}{6}x = 21$.
Wähle den falschen Ansatz $x = 6$.
b) Untersuche, ob die Methode des falschen Ansatzes immer funktioniert. Versuche dazu Gegenbeispiele zu finden.

1.5 Sonderfälle beim Lösen von Gleichungen

■ Ordne jeder Waage das passende Zahlenrätsel zu und bestimme die Lösung.
„Das Doppelte einer Zahl ist gleich der Summe aus dem Doppelten dieser Zahl und 2."
„Das Doppelte einer Zahl ist gleich der Summe aus der Zahl und 2." ■

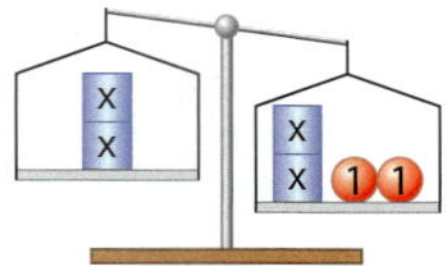

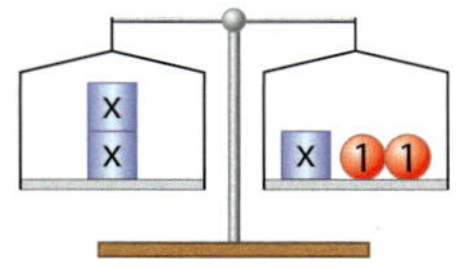

Beim Lösen von Gleichungen gibt es Sonderfälle. Eine Gleichung kann keine Lösung haben oder eine Gleichung kann unendlich viele Lösungen haben.

Sonderfall 1: $x + 3 = x + 5$

Egal, wie groß x ist, die Waage ist nie im Gleichgewicht.

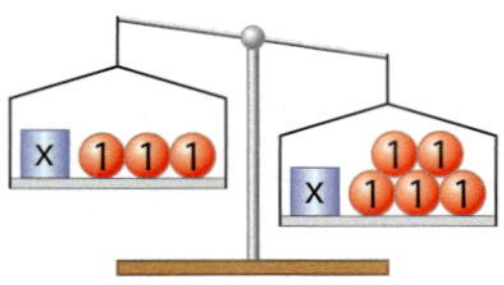

Beim Vereinfachen der Gleichung ergibt sich daher eine falsche Aussage.

$x + 3 = x + 5 \quad | -x$
$3 = 5$

Die Gleichung hat **keine Lösung**.

Sonderfall 2: $2x + 4 = 2x + 4$

Egal, wie groß x ist, die Waage ist immer im Gleichgewicht.

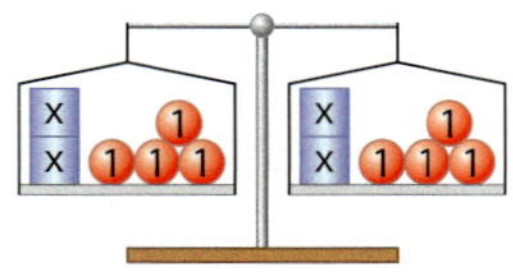

Beim Vereinfachen der Gleichung ergibt sich daher eine wahre Aussage.

$2x + 4 = 2x + 4 \quad | -2x$
$4 = 4$

Die Gleichung hat **unendlich viele Lösungen**.

Wissen: Gleichungen mit keiner Lösung oder unendlich vielen Lösungen
Ergibt sich beim Vereinfachen einer Gleichung durch Äquivalenzumformungen eine
– **wahre Aussage**, so hat die Gleichung **unendlich viele Lösungen**.
– **falsche Aussage**, so hat die Gleichung **keine Lösung**.

Die Lösungen einer Gleichung kann man auch zu einer Menge zusammenfassen. Man nennt sie **Lösungsmenge L**, die Lösungen stehen in geschweiften Klammern. Lösung der Gleichung $x + 4 = 12$ ist $x = 8$. Da es keine weitere Lösung gibt, ist die Lösungsmenge $L = \{8\}$. Hat eine Gleichung keine Lösung, schreibt man die Lösungsmenge als **leere Menge** $L = \{\ \}$. Bei unendlich vielen Lösungen umfasst die Lösungsmenge alle Zahlen, die in die Gleichung eingesetzt werden dürfen. Sind das beispielsweise alle rationalen Zahlen $\mathbb{Q}$, schreibt man $L = \mathbb{Q}$.

Beispiel 1: Löse die Gleichung.
a) $2x + 6 = x + 10 + x$
b) $5x + x + 4 = 1 + 3x + 3 + 3x$

Lösung:
a) Die Gleichung $6 = 10$ ist eine falsche Aussage.

Da bis zur Gleichung $6 = 10$ Äquivalenzumformungen angewendet wurden, müssen auch alle Gleichungen darüber falsche Aussagen ergeben, unabhängig davon, welche Zahl für x eingesetzt wird.

Daher gibt es keine Lösung, die Lösungsmenge ist leer.

$2x + 6 = x + 10 + x$	| zusammenfassen
$2x + 6 = 2x + 10$	| $-2x$
$6 = 10$	falsche Aussage

$L = \{\ \}$

b) Die Gleichung $4 = 4$ ist eine wahre Aussage.

$$5x + x + 4 = 1 + 3x + 3 + 3x \quad | \text{ zusammenfassen}$$
$$6x + 4 = 6x + 4 \quad | -6x$$
$$4 = 4 \quad \text{wahre Aussage}$$

Wegen der äquivalenten Umformungen sind auch alle Gleichungen darüber wahr. Also ergibt sich beim Einsetzen beliebiger Zahlen für x immer eine wahre Aussage.

Daher gibt es unendlich viele Lösungen, die Lösungsmenge besteht aus allen rationalen Zahlen.

$L = \mathbb{Q}$

Basisaufgaben

1. Entscheide, ob die Gleichung keine, genau eine oder unendlich viele Lösungen hat. Begründe deine Entscheidung.
   a) $x + 5 = 5 + x$ b) $x + 5 = x + 6$ c) $x + 5 = 6$

Hinweis zu 2: Auch 0 kann die Lösung einer Gleichung sein.

2. Vereinfache die Gleichung und gib an, ob es eine, keine oder unendlich viele Lösungen gibt.
   a) $11x - 3 = 11x + 4$ b) $4x + 3 = 3 + 4x$ c) $2a - 3 - 4a = 1 - 2a$
   d) $2x + 11 - 7x = x - 1 - 6x$ e) $2x + 12 - 3x = 4 - x + 8$ f) $2x + 2 = x + 2$

3. Bestimme, wie viele Lösungen die Gleichung hat. Gib auch die Lösungsmenge an.
   a) $5x + 7 = 4x + 7 + x$ b) $a + 3 + a = 2a + 2$ c) $3x + 4 + 7x = 1 - 5x + 3$
   d) $2a + 6 = 2a - 6$ e) $y - 7 = 7 - y$ f) $2z + 3 = 6 - 2z$

Weiterführende Aufgaben

4. Bestimme die Lösungsmenge.
   a) $t + 2t - 3t = 6 \cdot (t + 1)$ b) $2 \cdot (3x + 7) = 13 + 6x$ c) $2{,}5 \cdot (3 - x) = 10x + 7{,}5 - 2{,}5x$
   d) $2 \cdot (a - 1) = a - 3 + a + 1$ e) $3 \cdot (4 - 5x) = \frac{1}{2} \cdot (28 - 30x)$ f) $4 \cdot (1{,}5x - 7) = (12x - 56) \cdot \frac{1}{2}$

5. Kann das „Gleichheitszeichen" stimmen? Links und rechts vom Gleichheitszeichen sollen gleich viele Streichhölzer liegen und jede Schachtel soll gleich viele Streichhölzer enthalten.
   a)
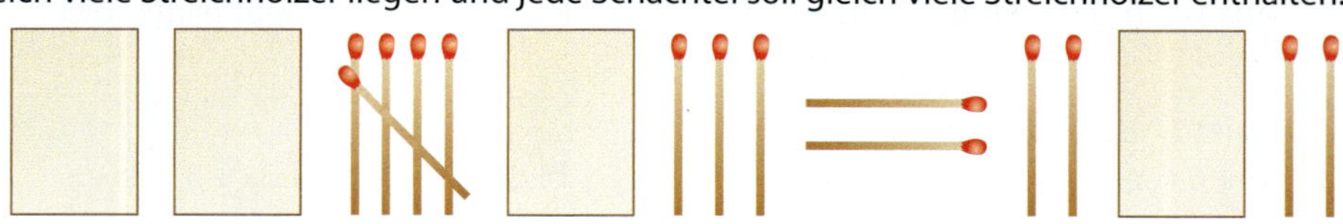
   b)
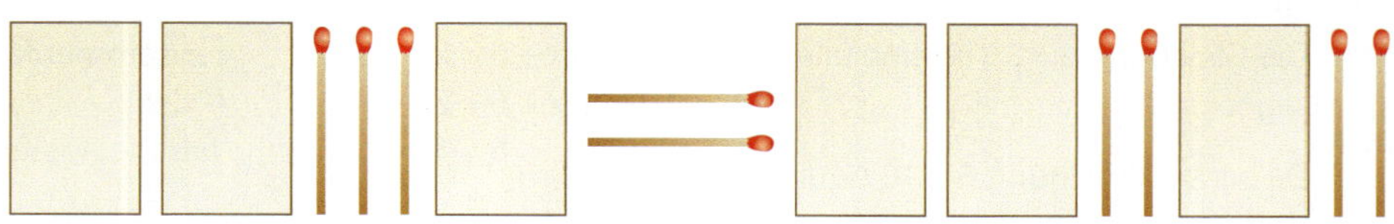

6. Ermittle mindestens eine Gleichung, die die angegebene Lösungsmenge hat.
   a) $L = \{4\}$ b) $L = \{\,\}$ c) $L = \{0\}$ d) $L = \mathbb{Q}$

7. Bestimme für das Kästchen ■ einen Term ein, sodass die Gleichung $-2x + 8 = -2x +$ ■
   a) keine Lösung, b) genau eine Lösung, c) unendlich viele Lösungen hat.

8. Stolperstelle: Die Gleichungen wurden nicht richtig gelöst. Erkläre die Fehler und korrigiere sie im Heft.

$5x + 7 = 2x + 7$ $5x = 2x$ *falsche Aussage* $L = \{\}$	$2x + 6x = 8x$ $8x = 8x$ $x = 1$ $L = \{1\}$	$2 - 4a = 2 + 4a$ *falsche Aussage* $L = \{\}$

9. Setze für das Kästchen ■ einen Term ein, sodass die Gleichung 2x + 5 = ■ die angegebene Lösungsmenge hat.

a) $L = \{1\}$ b) $L = \{\}$ c) $L = \mathbb{Q}$ d) $L = \left\{\frac{3}{4}\right\}$

● **10.** Bestimme für a und b Zahlen, sodass die Gleichung $a \cdot x = b$ die angegebene Lösungsmenge hat.

a) $L = \{1\}$ b) $L = \{0\}$ c) $L = \mathbb{Q}$ d) $L = \{\}$

11. Löse – wenn möglich – das Zahlenrätsel.

a) Subtrahiert man 8 von dem Doppelten einer Zahl, so erhält man dasselbe, als wenn man die Zahl mit 2 multipliziert und 1 addiert. Wie heißt die Zahl?
b) Addiert man zur Hälfte einer Zahl 30, so erhält man das Dreifache der um 320 verminderten Zahl. Wie heißt die Zahl?
c) Multipliziert man das Vierfache einer Zahl mit 2, so erhält man die Differenz aus dem Achtfachen der Zahl und 2. Wie heißt die Zahl?
d) Addiert man 6 zu dem Quotienten aus dem Neunfachen einer Zahl und 3, so erhält man die Summe aus dem Dreifachen der Zahl und 6. Wie heißt die Zahl?

● **12.** In einem alten Mathematikbuch findet man die hier abgedruckte Aufgabe. Kannst du herausfinden, wie viele Dukaten der Händler am Anfang hatte? Begründe mithilfe einer Gleichung.

> Ein reicher Händler gibt $\frac{1}{4}$ seiner Dukaten für neue Ware aus. Diese verkauft er andernorts und gewinnt $\frac{1}{3}$ seines Besitzes hinzu.
> Er besitzt dann genauso viele Dukaten wie am Anfang.

13. Multiplikation mit Null: In einer der beiden Rechnungen ist ein Fehler. Finde den Fehler. Mache dazu zunächst die Probe. Begründe dann, wo der Fehler liegt.

Carolin:
$2x + 3 = 1 \quad | -3$
$2x = -2 \quad | :2$
$x = -1$
$L = \{-1\}$

Max:
$2x + 3 = 1 \quad | -3$
$2x = -2 \quad | \cdot 0$
$0 = 0$
Es gibt unendlich viele Lösungen.
$L = \mathbb{Q}$

Tipp zu 13:
Bei der Lösungsmenge $L = \mathbb{Q}$ ist jede rationale Zahl x Lösung der Gleichung. Setze zur Probe mehrere Zahlen ein.

● **14. Division durch x:** Setze die Rechnungen von Carolin und Max fort und bestimme die Lösungsmenge. Prüfe die Ergebnisse mit einer Probe. Was stellst du fest? Erkläre und ziehe eine Schlussfolgerung.

Carolin: $2x = 4x \quad | -2x$

Max: $2x = 4x \quad | :x$

● **15. Ausblick:** Bestimme, welche rationalen Zahlen die Gleichung erfüllen.

a) $x - x = 0$ b) $x + x = 0$ c) $x : x = 0$ d) $x \cdot x = 0$
e) $x + x = 2x$ f) $x \cdot x = x$ g) $x \cdot (x + 1) = 0$ h) $x : x = 1$

Gleichungen mit einem CAS lösen

■ „Multipliziert man eine um 8 vergrößerte Zahl mit 6 und addiert dazu 2, so erhält man 80." Tim stellt zu der Aufgabe eine Gleichung auf und löst sie mit seinem CAS-Rechner. Prüfe, ob die Gleichung von Tim stimmt und ob der Rechner sie richtig gelöst hat. ■

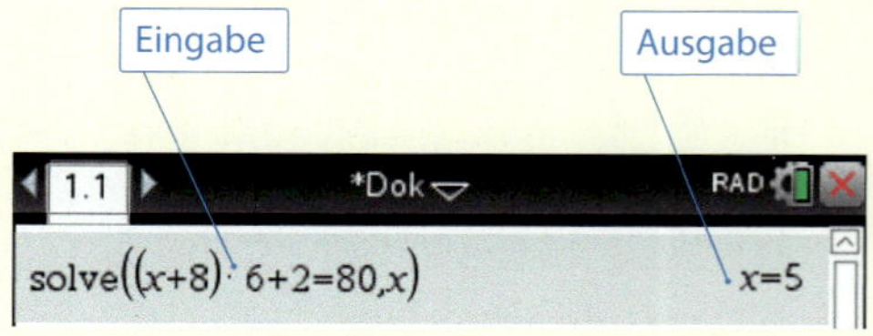

Ein Taschenrechner kann helfen, um Rechnungen mit Zahlen durchzuführen. Mit einem **Computer Algebra System (CAS)** kann man unter anderem auch Gleichungen lösen. Für das Lösen einer Gleichung mit einem CAS wird der Befehl **solve** (Löse) verwendet.

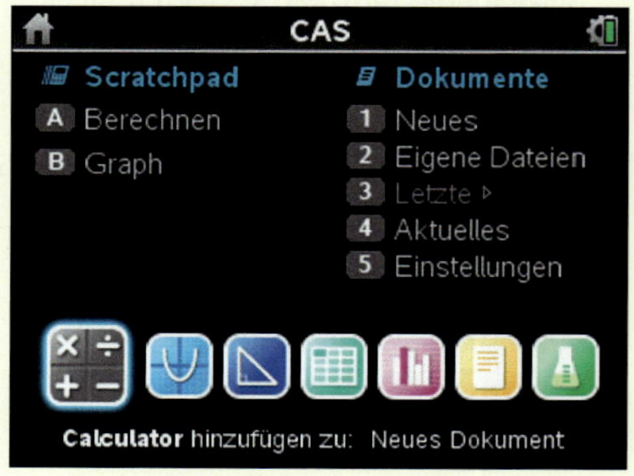

Hinweis:
Schließe jede vollständige Eingabe mit ENTER ab.
Braucht man z. B. beim Rechnen mit Größen einen Näherungswert, drückt man die die Tasten <CTRL> und <ENTER>.

Beispiel 1: Löse die Gleichung $4 \cdot (2 \cdot x - 1) = 8$ mit dem CAS-Rechner.

Lösung:
Rufe im *Calculator* den Befehl *solve* auf. Gib dann die Gleichung und die Variable ein, die berechnet werden soll.

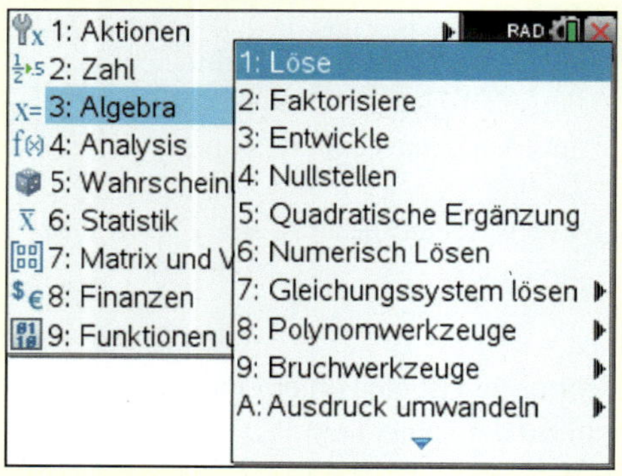

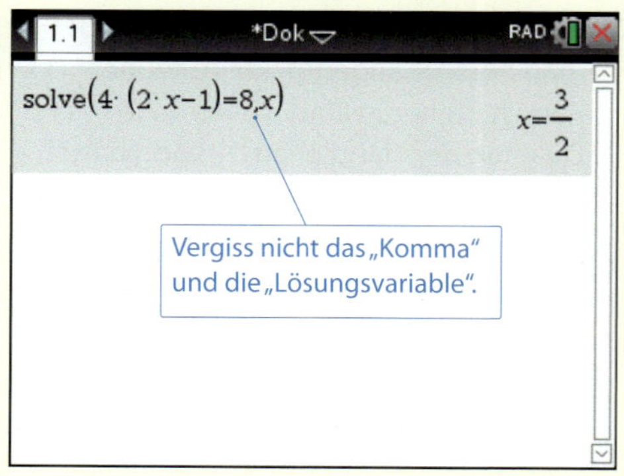

Schreibe die Gleichung und die Lösung ins Heft.

$4 \cdot (2 \cdot x - 1) = 8$

CAS: $x = \frac{3}{2}$

Aufgaben

CAS **1.** Löse mit deinem CAS die Gleichung $2 \cdot (2x - 3) = 7$.
Berechne die Lösung auch handschriftlich, ohne das CAS zu verwenden.

CAS **2.** Löse mit deinem CAS die Gleichung.

a) $3 \cdot x = 3 \cdot (3 \cdot x + 3)$
b) $\frac{3}{2} \cdot x + 6 = 0$
c) $-19 \cdot a + 20 = -75$
d) $\frac{1}{3} \cdot x - 2 = \frac{1}{2} \cdot \left(\frac{2 \cdot x}{5} - \frac{5}{3}\right)$
e) $3{,}4 - 0{,}2 \cdot x + 2{,}2 \cdot x = 2 \cdot (5{,}2 - 1{,}5 \cdot x)$

CAS **3.** Mit einem CAS kann man Gleichungen auch schrittweise lösen. In jedem Schritt setzt du die Gleichung in Klammern und schreibst dahinter die Rechenoperation, die du auch beim handschriftlichen Rechnen durchführst.

a) Löse die Gleichung $\frac{1}{3}x + 6 = 8$ zuerst handschriftlich.

b) Löse dann die Gleichung schrittweise mit dem CAS wie im Bild.

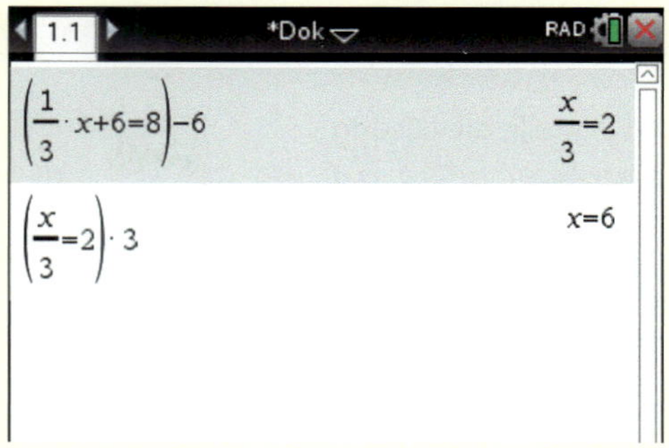

CAS **4.** Hier sind beim Umformen der Gleichung Fehler entstanden. Kontrolliere die Lösungsschritte mit dem CAS-Rechner. Gib auch die richtige Lösung an.

a) $3 \cdot x + 6 = 9 \mid :3$
$x + 2 = 9$

b) $3 \cdot x + 5 = 7 \mid -3$
$x + 5 = 4$

c) $2 \cdot x + 6 = 4 \cdot x \mid :2$
$x + 4 = 2 \cdot x$

d) $3 - 2 \cdot x = 15 \mid -3$
$2 \cdot x = 12$

e) $\frac{1}{2} - \frac{1}{4} \cdot x = 1 \mid \cdot 4$
$2 \cdot x - 1 = 1$

f) $2 \cdot x = 2 - 0{,}4 \cdot x \mid -2$
$0 \cdot x = 0{,}4 \cdot x$

CAS **5.** a) Schreibe die beiden Gleichungen auf, die in das CAS eingegeben wurden.
b) Löse die Gleichungen handschriftlich.
c) Erkläre, was die Anzeige des CAS-Rechners bedeutet.

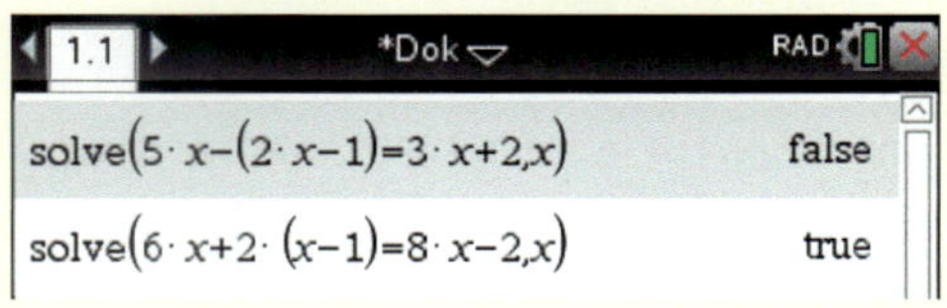

CAS **6.** a) Stelle eine Vermutung auf, was die Anzeige des CAS bedeutet.
b) Wie kannst du begründen, dass der CAS richtig gerechnet hat?
c) Welche Lösung erwartest du für $x^2 = 16$? Überprüfe mit dem CAS.

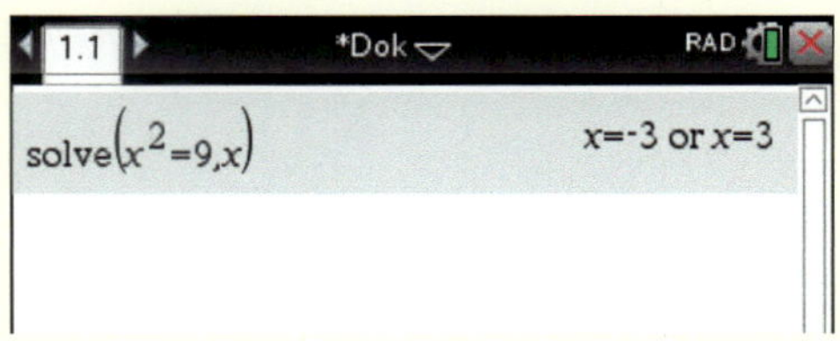

CAS **7.** Entscheide, ob die Gleichung schneller im Kopf oder mit dem CAS zu lösen ist. Gib die Lösung an.

a) $2x = 4$
b) $8 \cdot (a - 3) = 4 - 10a$
c) $x - 2 = x + 3$
d) $2 \cdot \frac{(3x + 7)}{5} = \frac{(1 - 2x) \cdot 5}{13}$
e) $0 \cdot y = 0$
f) $0 \cdot z = -1$
g) $-1 + x = 0$
h) $2\,(x - 1) = 2x - 2$

CAS **8.** **Forschungsauftrag:** Den Befehl *solve* kann man auch zum Umstellen von Formeln benutzen.
a) Vollziehe die Rechnung mit dem CAS und handschriftlich nach.
b) Welche Bedeutung hat die Formel in der Geometrie?
c) Stelle die Formel für den Flächeninhalt eines Trapezes $A_T = \frac{a + c}{2} \cdot h$ nach der Variablen c um.

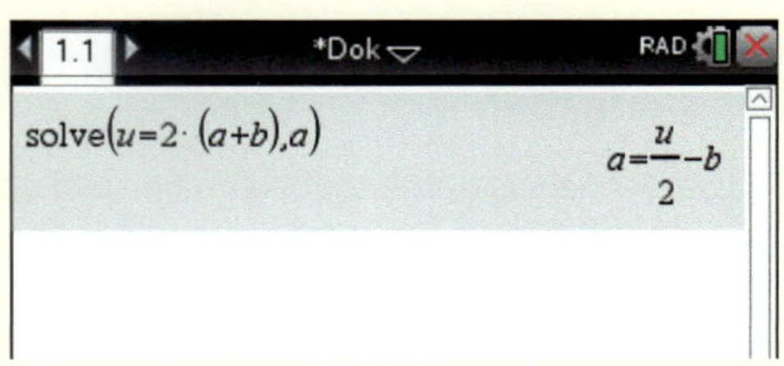

Hinweis:
Der CAS-Rechner unterscheidet nicht zwischen Groß- und Kleinschreibung von Variablen.

1.6 Mit Gleichungen modellieren

■ Beurteile die Lösung:

Informationen: Fußball 26 €, jeder zahlt gleich viel

Gesucht: Geldbetrag, den jeder zahlen muss

Rechnung: $3 \cdot g = 26$, also $g = \frac{26}{3} = 8\frac{2}{3}$.

Jeder zahlt $8\frac{2}{3}$ €. ■

Für viele Fragestellungen, die sich aus realen Sachverhalten ergeben, kann man eine Gleichung aufstellen und mit der Gleichung Lösungen finden. Die Gleichung nennt man dann ein **mathematisches Modell** für das **Problem**. Die Lösung der Gleichung ist eine **Lösung im Modell**.

Die Lösung im Modell muss man zurück in den realen Sachverhalt übertragen. Folgende Fragen können dabei helfen:
- Überlege, was das Ergebnis im realen Sachverhalt bedeutet.
- Überlege, ob das Ergebnis plausibel (sinnvoll) ist.
- Vergleiche, ob das Ergebnis ungefähr mit einem Schätzwert übereinstimmt.

Beispiel 1: Modellierungskreislauf

Problem: Kiko arbeitet auf einer Orangenplantage. Für jede Orangen bekommt er viel weniger als einen Cent nämlich genau $\frac{6}{100}$ Cent. Wie viele Orangen muss er pflücken, um seine Familie zu ernähren? Für seine Familie braucht er täglich etwa 7 €.

→

Modell bilden: Übersetze die reale Situation in eine Gleichung.

Variable x = „Anzahl Orangen"

Gleichung: $x \cdot \frac{6}{100}$ Cent = 700 Cent

oder $x \cdot \frac{6}{100} = 700$

↓

Lösung im Modell bestimmen:
Bestimme die Lösung der Gleichung.

$x \cdot \frac{6}{100} = 700 \quad | \cdot 100 \text{ und } : 6$

$x = \frac{700 \cdot 100}{6} = 11\,666\frac{2}{3}$

←

Lösung interpretieren und überprüfen:
Da x die „Anzahl Orangen" angibt, muss man $x = 11\,666\frac{2}{3}$ aufrunden auf „mindestens 11 667 Orangen" oder „etwa 12 000 Orangen täglich".

Überprüfung: $12\,000 \cdot \frac{6}{100}$ Cent = 720 Cent

Bei 12 000 Orangen verdient Kiko also etwas mehr als 7 €.

↑

Basisaufgaben

1. Berechne aus den Angaben im Beispiel oben, wie viele Orangen Kiko pflücken muss, um 1 Liter Orangensaft in Deutschland kaufen zu können.

2. Jonathan trainiert für einen 10 km-Lauf. In den letzten fünf Tagen ist er insgesamt 242 min gelaufen. Am Ruhetag danach vergleicht er die Laufzeiten mit dem ersten Tag. Am zweiten Tag ist er doppelt so lange gelaufen, am dritten drei Minuten länger, am vierten zwölf Minuten länger, am fünften eine Minute weniger. Wie viele Minuten ist er am ersten Tag gelaufen?

Weiterführende Aufgaben

3. Ein Vergnügungspark kostet 20 € Eintritt. Jeden Tag kommen 800 Besucher. Der Betreiber möchte seinen Umsatz steigern, indem er mehr Besucher anlockt. Dazu plant er die Preise zu senken.
Wie viele Besucher müssten zusätzlich kommen, wenn er den Eintrittspreis um
a) um 4 € senkt, b) um 2,50 € senkt?

4. Stell dir vor: Als Herr Meyer am Morgen den Sportteil seiner Zeitung las, bemerkte er, dass ein Teil des Zeitungsblattes abgerissen wurde. Kannst du herausfinden, wie lang die gefahrene Strecke ist?

> … gab es während des gesamten Rennens nur Führende. B. Peter führte ein Viertel der Strecke, für ein Drittel der Strecke übernahm K. Jens die Führung und zwei Fünftel der Strecke wurden von S. Henning angeführt. Nur der letzte Kilometer wurde vom Sieger Max Schmidt dominiert.

● **5.** Jede Seite eines Buches hat 80 Zeilen. Wenn jede Seite 12 Zeilen weniger hätte, so müsste das Buch 48 Seiten mehr haben. Wie viele Seiten hat das Buch?

Tipp zu 5:
Überlege zuerst, was du mit der Variablen bezeichnest.

6. Familie Peters möchte im Urlaub einen Mietwagen für einen Tageausflug buchen. Es liegen Angebote von zwei Autovermietungen vor.

	Grundpreis	Preis pro km
Bluecar	40 €	0,60 €
Rent a car	30 €	0,70 €

a) Bei welcher Kilometerzahl ist der Gesamtpreis bei beiden Angeboten gleich? Erstelle für beide Angebote als Modell eine Gleichung, die die Kosten in Abhängigkeit von den gefahrenen Kilometern beschreibt.
b) Beantworte mit den beiden Modellen die Frage, bei welcher Kilometerzahl welches Angebot günstiger ist.

7. **Stolperstelle:** Marla hat ein Säckchen mit Murmeln. Sie behauptet:
„Wenn ich von meinen Murmeln 5 Murmeln wegnehme und anschließend 8 Murmeln hinzufüge, habe ich doppelt so viele Murmeln wie jetzt."
a) Stelle zu dem Sachverhalt als Modell eine Gleichung auf.
b) Bestimme eine Lösung im Modell.
c) Überprüfe mit der Lösung Marlas Behauptung und nimm Stellung dazu.

● **8.** **Ausblick:** Lies die Beiträge aus dem News-Ticker einer Fußball-Website.

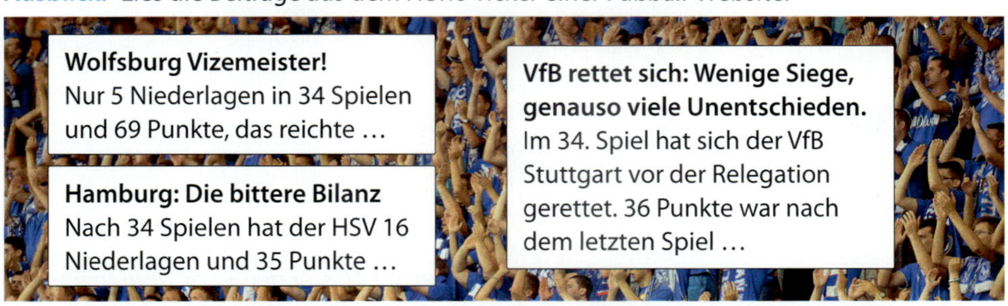

a) Finde mithilfe einer Gleichung heraus, wie viele Spiele der VfL Wolfsburg gewonnen hat.
b) Bestimme die Anzahl der Siege, Unentschieden und Niederlagen des VfB Stuttgart.
c) Kann die Nachricht zum Hamburger SV stimmen?

1.7 Verhältnisgleichungen

■ Fotos haben oft das Bildformat 3 : 4. Die Angabe bedeutet, dass Höhe und Breite dieser Fotos im Verhältnis 3 : 4 stehen.
Bestimme die Breite von dem Foto in diesem Format, wenn es 12 cm hoch ist. Beschreibe wie du vorgehst.
Wie breit wäre ein Foto mit gleicher Höhe im Format 16 : 9? ■

Wissen: Verhältnisgleichungen

Eine Gleichung heißt **Verhältnisgleichung**, wenn jede Seite der Gleichung aus einem Verhältnis von Zahlen, Variablen oder Größen besteht. Man sagt: „a verhält sich zu b wie c zu d."

$\frac{a}{b} = \frac{c}{d}$ (b, d ≠ 0)

Ein einfacher Weg zum Lösen einer Verhältnisgleichung ist das **„Multiplizieren über Kreuz"**.

$\frac{a}{12} = \frac{4}{3}$ $\frac{a}{12} \times \frac{4}{3}$

$a \cdot 3 = 12 \cdot 4$

Beispiel 1: Bei einem Motorradrennen wird das Preisgeld für Platz 1 und Platz 2 im Verhältnis 3 zu 2 vergeben.
Der Sieger erhält 6000 € vom gesamten Preisgeld.

a) Stelle eine Verhältnisgleichung dazu auf.
b) Berechne, wie viel Euro der Zweitplatzierte bekommt.

Lösung:

Stelle aus den Informationen zwei Verhältnisse auf, die denselben Wert haben.
Das Verhältnis „3 zu 2" entspricht dem Verhältnis des Preisgeldes für Platz 1 und 2.
Da das Preisgeld für Platz 2 gesucht ist, schreibst du den Nenner als Unbekannte z.

3 Anteile / 2 Anteile: $\frac{3}{2} = \frac{6000}{z}$: Preisgeld Platz 1 / Preisgeld Platz 2

Multipliziere über Kreuz. $\frac{3}{2} = \frac{6000}{z}$ | über Kreuz multiplizieren

Isoliere die Variable z. $3 \cdot z = 2 \cdot 6000$ | : 3

$z = 12000 : 3 = 4000$

Führe eine Probe durch. Probe: $\frac{3}{2} \cdot \frac{6000}{4000}$

$\frac{3}{2} = \frac{3}{2}$ wahre Aussage

Formuliere einen Antwortsatz. Der Zweitplatzierte erhält 4000 €.

Basisaufgaben

1. Es gibt Reinigungsmittel, die vor der Verwendung mit Wasser gemischt werden müssen. 125 mℓ Reinigungskonzentrat sollen im Verhältnis 3 zu 10 mit Wasser gemischt werden.
   a) Stelle eine Verhältnisgleichung zu dem Sachverhalt auf.
   b) Berechne, wie viel Wasser bei 125 mℓ Konzentrat zugefügt werden muss.

2. Begründe, welche Verhältnisgleichung zur Situation passt. Berechne auch die Lösung.

a) In Dänemark muss man mit dänischen Kronen (DKK) bezahlen. Herr Schulz hat beim Wechseln für 50 € 373 DKK bekommen. Nun möchte er wissen, wie viel Euro eine Jacke für 200 DKK kostet.

① $\frac{50}{x} = \frac{373}{200}$ ② $\frac{50}{373} = \frac{x}{200}$

③ $\frac{x}{373} = \frac{50}{200}$ ④ $\frac{50}{200} = \frac{373}{x}$

b) Für einen vollen Arbeitstag mit 8 Arbeitsstunden bekommt Franzi 92 €. Wie viel verdient sie, wenn sie in einer Woche 30 Stunden arbeitet?

① $\frac{x}{92} = \frac{30}{8}$ ② $\frac{x}{92} = \frac{8}{30}$

③ $\frac{92}{x} = \frac{8}{30}$ ④ $\frac{30}{92} = \frac{8}{x}$

3. Löse die Gleichung und führe eine Probe durch.

a) $\frac{x}{6} = \frac{4}{3}$ b) $\frac{21}{5} = \frac{7}{z}$ c) $\frac{3}{2} = \frac{y}{5}$ d) $\frac{7}{k} = \frac{14}{5}$

e) $\frac{x}{1{,}2} = \frac{3{,}6}{0{,}3}$ f) $\frac{0{,}1}{z} = \frac{1{,}4}{0{,}5}$ g) $\frac{\frac{1}{2}}{\frac{3}{4}} = \frac{x}{5}$ h) $\frac{7}{k} = 3$

Hinweis zu 3:
Hier findest du die Lösungen.

Weiterführende Aufgaben

4. **Stolperstelle:** Beschreibe die Umformungen, die in jedem Schritt gemacht wurden. Korrigiere dabei Fehler oder suche nach kürzeren Lösungswegen.

a)
$\frac{3}{x} = \frac{5}{7}$
$7x = 15$
$x = 2\frac{1}{7}$

b)
$\frac{a}{3} = \frac{12}{4}$
$4 \cdot a = 3 \cdot 12$
$a = \frac{36}{4} = 9$

c)
$\frac{12}{z} = \frac{3}{5}$
$\frac{12}{z} = 0{,}6$
$12 = 0{,}6 \cdot z$
$z = 20$

5. 25 kg Kartoffeln kosten 30 €. Wie viel Euro kosten 6 kg?

a) Setze die Rechnung von Sara und Zamira fort und berechne die Lösung.

Sara: (: 25 links und rechts)

25 kg	30 €
1 kg	
6 kg	

Zamira: $\frac{25}{6} = \frac{30}{x}$ | über Kreuz multiplizieren
$\_ = \_$

b) Beschreibe Gemeinsamkeiten und Unterschiede zwischen dem Lösungsweg „Dreisatz" und dem Lösungsweg „Verhältnisgleichung".

6. Der Kraftstoffverbrauch von Autos wird in „Liter pro 100 km" angegeben. Herr Held hat für 550 km 18,2 Liter Kraftstoff gebraucht. Stelle eine Verhältnisgleichung auf und berechne den Kraftstoffverbrauch auf 100 km.

● **7.** **Ausblick:** Ermittle Seitenlängen und Flächeninhalte der Quadrate (1 Kästchenlänge = 5 mm). Überprüfe, ob Seitenlänge und Flächeninhalt im gleichen Verhältnis stehen.

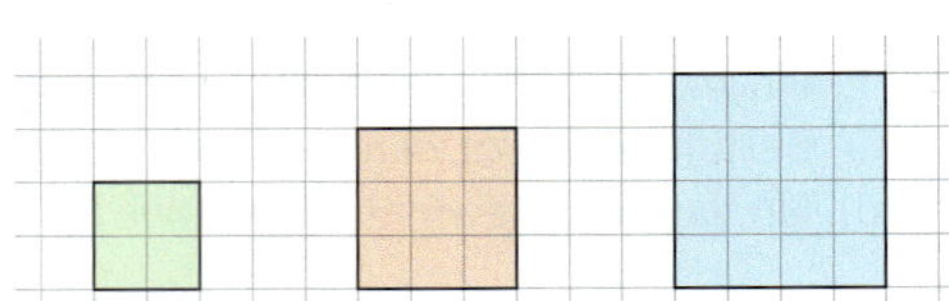

1.8 Vermischte Aufgaben

1. Stelle eine Gleichung auf und berechne die gesuchte Seitenlänge.

a)

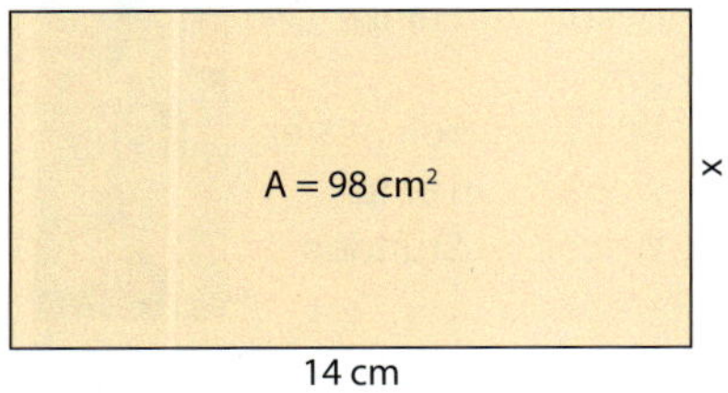

b)

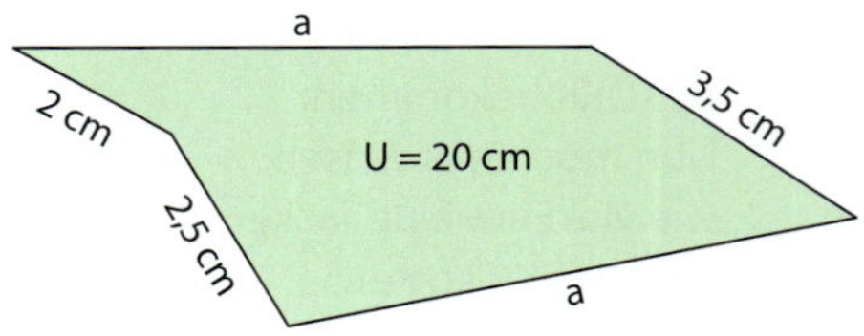

2. a) Beschreibe die folgenden Terme in Worten.
Beispiel: $2x - 5$ Das Doppelte einer Zahl, vermindert um 5
① $6 - x$ ② $3x + 4$ ③ $2x : 5$ ④ $18x - 3x$ ⑤ $5 \cdot (x + 16)$
b) Der Wert der Terme soll jeweils 10 betragen. Berechne die unbekannte Zahl x.

3. Wie muss a gewählt werden, damit die Gleichung $x - a + 4x = 10 + 5x$
a) keine, b) genau eine Lösung, c) unendlich viele Lösungen hat?

4. Die drei Pakete sind würfelförmig. Die Kantenlängen verdoppeln sich von Paket zu Paket. Die Kantenlänge des kleinen Pakets ist x cm.

Stelle einen Term für die Länge der Geschenkbänder aller drei Pakete auf. Die Länge der Schleife soll hierbei nicht mitgezählt werden.

Die Pakete wiegen zusammen 1 kg. Das mittelgroße Paket ist fünfmal so schwer wie das kleine. Wie schwer ist jedes Paket, wenn das große 760 g wiegt?

Schätze, wie viel Band für die Schleife des kleinen Pakets benötigt wird. Gib einen Term an, der x enthält.

Berechne die Kantenlängen der drei Pakete, wenn das Geschenkband des kleinen Pakets 40 cm lang ist (ohne Schleife).

5. Laras Mutter ist heute 42 Jahre alt. Vor halb so vielen Jahren, wie Lara heute alt ist, war ihre Mutter sechsmal so alt, wie Lara zu diesem Zeitpunkt. Wie alt ist Lara heute?

6. Bei einer Fernsehshow kann ein Kandidat Geld gewinnen. Im Falle eines Gewinns darf er zwischen zwei Geldumschlägen wählen, darin befinden sich folgende Geldbeträge:

Umschlag A
Das Fünfzigfache vom Alter des Kandidaten abzüglich 500 €.

Umschlag B
Das Dreißigfache vom Alter des Kandidaten und zusätzlich 500 €.

a) Stelle für die Umschläge A und B jeweils einen Term auf, mit dem man den gewonnenen Geldbetrag berechnen kann.
b) Für welchen Umschlag würdest du dich entscheiden? Für welchen Umschlag sollte sich ein 60 Jahre alter Kandidat entscheiden?
c) Bestimme, bis zu welchem Alter der blaue Umschlag mehr Geld enthält als der rote.
d) Ein Kandidat gewinnt 1250 €. Wie alt könnte er sein?

7. Ermittle mit einer Tabellenkalkulation die Lösungen der Gleichung $x \cdot x - 19 \cdot x + 66 = 0$ im Bereich der natürlichen Zahlen zwischen 0 und 21.

8. Tom sammelt Fußballbilder. Er hat schon 42 Bilder. Sein Onkel schenkt ihm zum Geburtstag mehrere Packungen, in denen je 6 Bilder sind. Als Tom durchzählt, stellt er fest, dass er nun dreimal so viele Bilder wie vorher hat. Berechne, wie viele Packungen Tom geschenkt bekommen hat.

9. a) Ein Grundstück ist 15m breit. Verlängert man die Länge um 5 m, dann hat das Grundstück einen Umfang von 80 m. Berechne, wie lang das ursprüngliche Grundstück war.
   b) Ein Grundstück hat eine Länge von 30 m. Verlängert man die Breite um 7 m, dann hat das Grundstück einen Flächeninhalt von 465 m^2. Berechne, wie breit das Grundstück vorher war.

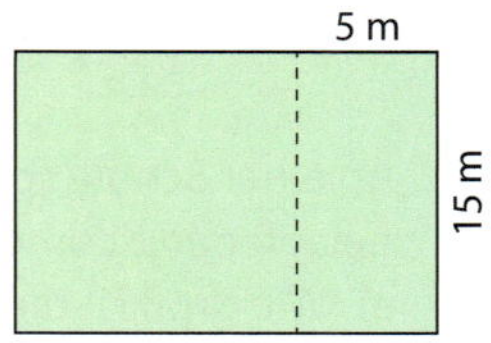

10. Auf dem Wochenmarkt hat die Fleischerei Wiechmann einen Würstchenstand. Die Standgebühr beträgt pro Tag 100 €. Der Stundenlohn des Würstchenverkäufers ist 13,50 €. Im Schnitt werden jede Stunde 20 Würstchen verkauft und an jeder Wurst macht die Fleischerei 1 € Gewinn.
Lohnt sich die Würstchenbude für die Fleischerei Wiechmann? Begründe.

11. Das Niedersachsenticket ist besonders für Gruppenreisen geeignet. Dem Ticket ist der Preis für ein bis maximal fünf Reisende zu entnehmen.

   a) Erkläre, ob der Preis für das Ticket mit dem Term $23 + 4 \cdot (n - 1)$ berechnet werden kann.
   b) Eine Gruppe aus 7 Reisenden (27 Reisenden) möchte mit dem Niedersachsenticket einen Ausflug machen. Berechne den Preis für die Reise.
   c) Ein Reisebüro berechnet für die Zugfahrt einer 8. Klasse den Preis 257 €. Wie viele Schüler sind in der Klasse?

12. Lies den Artikel rechts, der in den Nachrichten stand.
   a) Erkläre, wie die Firma zum Preisnachlass von 1,5 Cent pro Rolle gekommen ist.
   b) Erstelle einen neuen Vorschlag für den Preisnachlass, den die Firma den Ämtern anbieten sollte. Benutze dabei die folgenden Angaben:
      – Ein 8er-Paket Toilettenrollen hat die Maße 20 cm x 10 cm x 40 cm.
      – Die Ladefläche eines LKWs hat die Maße 2 m x 5 m x 4 m.
      – Die Lieferung einer LKW-Ladung Toilettenpapier kostet 800 €.

„Beschwerde – Papier zwei Zentimeter zu kurz“
Toiletten-Aufstand bei den Behörden im Regierungsbezirk Arnsberg (NRW):
„Wir lassen uns doch nicht besch…“
Der Vorfall: Alle 41 Ämter bezogen von einer Firma Toilettenpapier für die Dienstklos: zweilagig, je 250 Blatt, insgesamt 146 000 Rollen, jedes Blatt angeblich 14 cm lang.
Aber ein Beamter maß nach – nur 12 cm.
Beschwerde an die Firma – jetzt gibt der Hersteller einen Preisnachlass von 1,5 Cent pro Rolle (9 statt bisher 10,5).

Prüfe dein neues Fundament

Lösungen ↗ S. 213

1. Setze die angegebenen Zahlen in den Term ein und berechne den Wert des Terms.
a) $a = 7$ in $8 - 3a$ b) $b = -2$ in $(9 + 2b) \cdot b$ c) $a = -1$ und $b = 1{,}5$ in $a \cdot b - a$

2. Ordne den folgenden Aussagen den passenden Term zu und gib die Bedeutung der Variablen an.
a) Frau Meier sagt: „An jedem Werktag arbeite ich acht Stunden."
b) Herr Schulz sagt: „Ich schneide von einem 400 cm langen Holzbrett ein Stück ab."
c) Frau Müller sagt: „Eine Anzeige in einer Zeitung kostet 4 €, dazu jede Zeile 80 Cent."
① $400 - x$ ② $400 + 80x$ ③ $8x$ ④ $400 - 80x$ ⑤ $400 + x$ ⑥ $\frac{1}{8}x$

3. An einer Schule spendet ein Sponsor bei einem Sponsorenlauf 100 € und für jeden gelaufenen Kilometer zusätzlich 50 Cent.
a) Wie groß ist die Spende, wenn 182 km gelaufen werden?
b) Stelle einen Term für das gespendete Geld auf, wenn x Kilometer gelaufen werden.

4. Prüfe, ob die beiden Terme äquivalent sind. Begründe.
a) $2 \cdot (a + 2)$ und $4 + a + 1$ b) $-6b$ und $5b - 11b$ c) $3a - b$ und $(b - a) \cdot 3$

5. Vereinfache den Term so weit wie möglich.
a) $15a - 6a$ b) $3b + 2b + 7b$ c) $x - \frac{1}{2}x$ d) $4{,}5y - y + 5y$
e) $3x + 4 + 3x$ f) $-2a + 7 + 7a$ g) $y + 1 - 3y - 4$ h) $-9x + \frac{1}{2}x - 5 + 9x$

6. Je zwei Terme sind äquivalent. Ordne richtig zu.
① $x + 2x + x$ ③ $8x - 4x$ ⑤ $-x - 1 + 5x$ ⑦ $4x - 1$
② $4x - 4$ ④ $-4x$ ⑥ $4 \cdot (x - 1)$ ⑧ $4x - 8x$

7. Prüfe, welche ganzen Zahlen von −3 bis 3 Lösungen der Gleichung sind.
a) $5x + 12 = 2$ b) $a = a \cdot a$ c) $4b - 7 = 5 - 2b$ d) $x \cdot x - 3 = 2x$

8. Löse die Gleichung durch Rückwärtsrechnen. Mache hinterher die Probe.
a) $x + 19 = 61$ b) $8a - 1 = -9$ c) $y \cdot (-5) - 22 = 8$ d) $(x - 3) \cdot (-3) = -12$

9. Vervollständige die Rechnung im Heft und löse die Gleichung.

a)		b)		c)	
$10x + 65 = 5$	$\mid -65$	$-13 = -3x - 4$	$\mid +4$	$3a = -a + 6$	$\mid +a$
____ = ____	$\mid :10$	____ = ____	$\mid :(-3)$	____ = ____	$\mid :4$

10. Löse die Gleichung durch Äquivalenzumformungen. Mache hinterher die Probe.
a) $x + 7 = 19$ b) $2s + 3 = 5$ c) $5w + 10 = 7w$
d) $x + 2x + 3 = 4x - 1$ e) $3a - 6 = 8a + 10$ f) $-21 = 3 \cdot (2x - 1)$

11. Bestimme die Lösungsmenge der Gleichung.
a) $t + 2 = 2t - 1$ b) $x + 5 = x - 5$ c) $2t + 8t + 7 = 4t + 6t - 5$
d) $3x + 2 = x + 2x + 2$ e) $3x + 2x + 1 = 2x - 1$ f) $2b + 5b + 18 = 7 \cdot (b + 2) + 1$

12. Von einem 185 m langen Brett werden fünf gleich lange Bretter abgesägt.
Ein 35 cm langes Stück bleibt übrig. Wie lang ist jedes der fünf abgesägten Stücke?

13. Mona ist doppelt so alt wie Tom. Wenn man von Monas Alter 10 subtrahiert, erhält man dasselbe Ergebnis, wie wenn man zu Toms Alter 3 addiert. Wie alt ist Tom?

14. Für welche Zahl x haben die Figuren denselben Umfang?

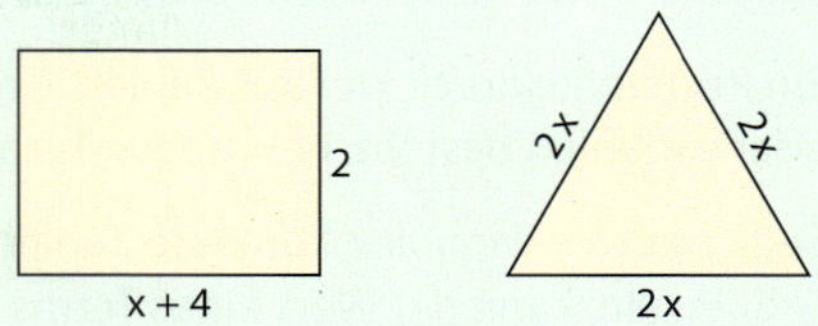

15. Ein gleichseitiges Dreieck wird zu einem gleichschenkligen Dreieck, indem man zwei Seiten um jeweils 6 cm verlängert. Das gleichschenklige Dreieck hat einen Umfang von 24 cm. Berechne die Seitenlänge des gleichseitigen Dreiecks.

16. Für einen Kiba werden Bananen- und Kirschnektar im Verhältnis 3 : 2 gemischt. Der Kiba enthält 160 mℓ Kirschnektar. Wie viel Milliliter Bananennektar enthält er?

17. Die Abbildung zeigt die ersten drei Figuren einer Figurenfolge.

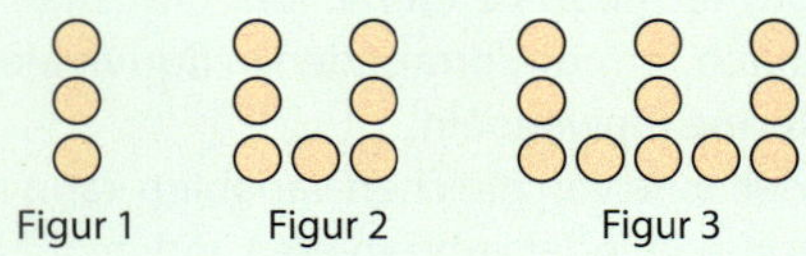

a) Erkläre, dass der Term $3n + (n - 1)$ die Anzahl der Punkte in Figur n angibt.
b) Vereinfache den Term aus a).
c) Berechne die Anzahl der Punkte in Figur 10.
d) Gibt es eine Figur mit 89 Punkten? Begründe.

Wiederholungsaufgaben

1. „Wofür verwendet ihr den größten Anteil eures Taschengeldes?" fragte die Klasse 7a auf dem Schulhof. Das Ergebnis ihrer Umfrage: Für Süßigkeiten und Getränke sagten 50 %, für „Klamotten" 25 %, für das Kino 15 % und 10 % sparten den größten Anteil.
a) Stelle das Ergebnis in einem Säulendiagramm dar.
b) Es wurden 200 Schüler gefragt. Bestimme, wie viele jeweils die einzelnen Antworten gaben.

2. Ein Auflauf wird um 10:51 in den Ofen geschoben und soll dort eine Stunde und 20 Minuten bleiben. Wann muss der Auflauf aus dem Ofen geholt werden?

3. Bestimme den Umfang und den Flächeninhalt des Rechtecks.

4. Bestimme die Anzahl der Symmetrieachsen der Figur.

Zusammenfassung

Variablen und Terme

Variablen sind Platzhalter, für die man Zahlen oder Größen einsetzen kann. Für Variablen werden häufig Buchstaben verwendet.

$9 - \blacksquare + 2$ — $\blacksquare$ ist Platzhalter.
$9 - x + 2$ — Variable x ist Platzhalter.

Ein Rechenausdruck, der aus Zahlen, Größen oder Variablen besteht, nennt man **Term**.

$a \cdot b$ $\quad x \cdot (y + z)$ $\quad l \cdot b \cdot h$ $\quad x + 5\,\text{kg}$

Setzt man für Variablen konkrete Zahlen oder Größen ein, kann der **Wert eines Terms** (oder **Termwert**) berechnet werden.

Term	x	Termwert
2x	18	$2 \cdot 18 = 36$
x + 5 kg	7 kg	7 kg + 5 kg = 12 kg

Äquivalente Terme und Termumformungen

Äquivalente Terme haben beim Einsetzen derselben Zahlen für die Variablen stets denselben Wert.

Die Terme $2 - x - 3 + 3x$ und $2x - 1$ sind äquivalent. Einsetzen von z. B. $x = 4$ ergibt:
$2 - 4 - 3 + 3 \cdot 4 = 7$ und $2 \cdot 4 - 1 = 7$

Um **Terme** zu **vereinfachen**, kann man sie durch Termumformungen in **äquivalente Terme** umwandeln.
Vielfache von gleichen Variablen kann man addieren oder subtrahieren, indem man ihre Koeffizienten addiert oder subtrahiert.

Den Term $2 - x - 3 + 3x$ kann man durch Vereinfachen zum äquivalenten Term $2x - 1$ umformen.

$$2 - x - 3 + 3x$$
$$= -x + 3x + 2 - 3$$
$$= 2x - 1$$

Gleichungen

Zwei Terme, die durch ein Gleichheitszeichen verbunden sind, nennt man **Gleichung. Lösung der Gleichung** ist jede Zahl, die beim Einsetzen eine wahre Aussage ergibt.

$3 + x = 5x + 7$ ist eine Gleichung.
Eine Lösung dieser Gleichung ist $x = -1$, denn es gilt: $3 + (-1) = 5 \cdot (-1) + 7$
$2 = 2$ (wahre Aussage)
Lösungsmenge $L = \{-1\}$

Es gibt Gleichungen,
- die **unendlich viele Lösungen** haben,

$3x + 3 = x + 3 + 2x \quad | -3$
$3x = 3x$ (Jede Zahl x ergibt eine wahre Aussage.)
Lösungsmenge $L = \mathbb{Q}$

- die **keine Lösung** haben.

$x + 3 = 2x - 2 - x \quad | -x$
$3 = -2$ (falsche Aussage für jede Zahl x)
Lösungsmenge $L = \{\,\}$

Gleichungen durch Äquivalenzumformungen lösen

Durch **Äquivalenzumformungen** kann man die **Variable** auf einer Seite der Gleichung **isolieren:**
- **Addition (Subtraktion)** derselben Zahl (desselben Terms) auf beiden Seiten der Gleichung;
- **Multiplikation (Division)** beider Seiten der Gleichung mit derselben (durch dieselbe) von Null verschiedenen Zahl.

$7x = 35 + 2x \quad | -2x$
$5x = 35 \quad | :5$
$x = 7$

Probe: $7 \cdot 7 = 35 + 2 \cdot 7$
$49 = 49$ wahre Aussage

Lösungsmenge $L = \{7\}$

2. Flächeninhalt und Volumen

Basaltsäulen sind erkaltetes Vulkangestein, das zu sechseckigen Säulen erstarrt ist.

Nach diesem Kapitel kannst du …

- den Flächeninhalt von Dreiecken, Parallelogrammen und Trapezen berechnen,
- den Flächeninhalt beliebiger Figuren berechnen oder mithilfe eines Modells annähern,
- Oberflächeninhalt und Volumen von Prismen berechnen.

Lösungen
↗ S. 214

Figuren erkennen

1. Welche Vierecke sind Parallelogramme, Trapeze, Rechtecke, Quadrate, Rauten und Drachenvierecke? Begründe jeweils deine Entscheidung.

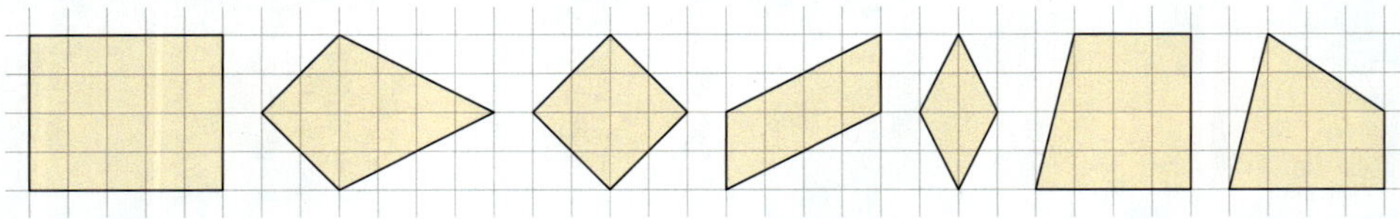

2. Übertrage die Strecke ins Heft und ergänze sie
a) zu einem Rechteck,
b) zu einem Quadrat,
c) zu einem Trapez.

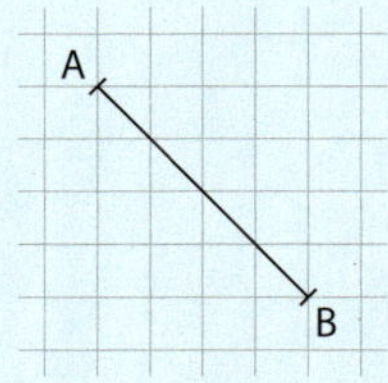

3. Trage die Punkte A (0|2), B (3|1), C (6|0), D (2|8) in ein Koordinatensystem ein.
a) Prüfe, ob der Punkt B auf der Geraden AC durch A und C liegt.
b) Beschreibe die Figuren, die entstehen, wenn du die Punkte verbindest.
c) Ergänze die Figur zum Quadrat ACED und gib die Koordinaten des Punktes E an.

4. Zeichne ein Viereck mit folgenden Eigenschaften. Wie nennt man solch ein Viereck?
a) Gegenüberliegende Seite sind parallel zueinander.
b) Es gibt drei rechte Winkel.
c) Zwei Seiten sind parallel zueinander.
d) Alle vier Seiten sind gleich lang.
e) Gegenüberliegende Seiten sind gleich lang.

Berechnungen am Rechteck

5. Berechne den Flächeninhalt der Figuren (alle Maße in cm).

a)
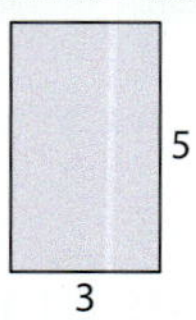

b)
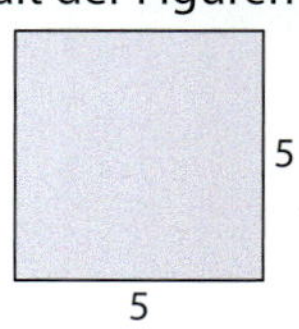

c)
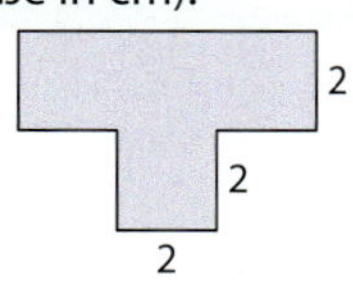

d)
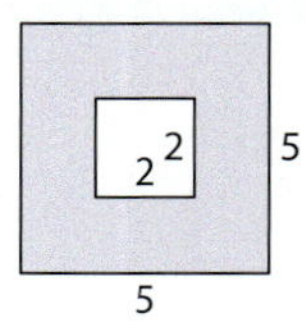

6. Ermittle die fehlende Seitenlänge.

a)
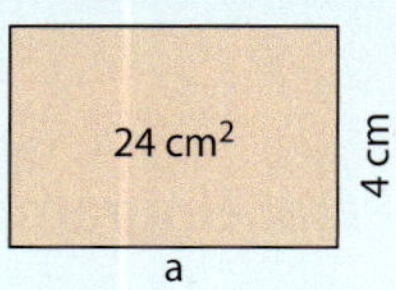

b)
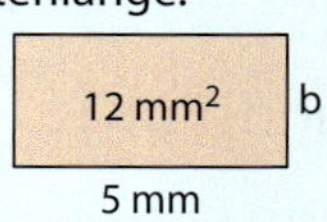

c)
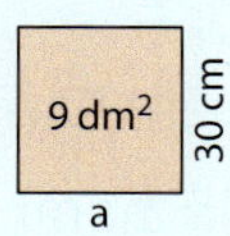

d)
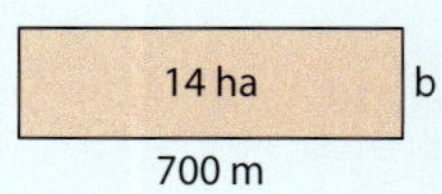

7. Ermittle in jeder Zeile die fehlenden Größen.

	Länge	Breite	Umfang des Rechtecks	Flächeninhalt des Rechtecks
	des Rechtecks			
a)	2 cm	3 cm		
b)		4 dm	180 cm	
c)	20 cm			4 dm²

Berechnungen am Quader

8. Ermittle in jeder Zeile die fehlenden Größen.

	Länge	Breite	Höhe	gesamte Kantenlänge des Quaders	Volumen des Quaders	Oberflächeninhalt des Quaders
	des Quaders					
a)	1 cm	2 cm	3 cm			
b)	3 cm		3 cm		$27\,cm^3$	
c)		1 cm	1 cm			$12\,cm^2$
d)	4 m		5 m	42 m		

9. Gustav will sich für sein neues Aquarium (50 cm lang, 30 cm breit und 35 cm hoch) Fische kaufen. Beim Kauf der Zierfische erfährt er, dass ein Fisch der gewünschten Art im Aquarium etwa 2 ℓ Wasser als Lebensraum benötigt.
Ermittle, wie viele Fische dieser Art Gustav in seinem Aquarium maximal halten sollte, wenn das Wasser eine Höhe von 28 cm hat.
Begründe deine Entscheidung.

Vermischtes

10. Stelle die Gleichung nach der in Klammern stehenden Variablen um.
a) $A = a \cdot b$ (b) b) $V = a \cdot b \cdot c$ (c) c) $u = 4 \cdot a$ (a)

11. Übertrage in dein Heft und ergänze zu einem Schrägbild eines Würfels bzw. eines Quaders.

a) 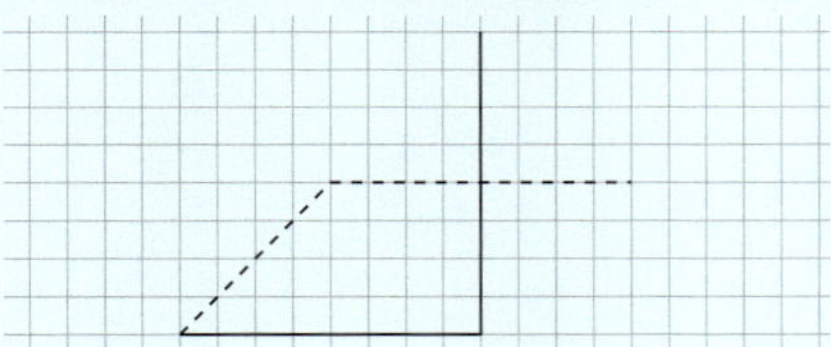

b) 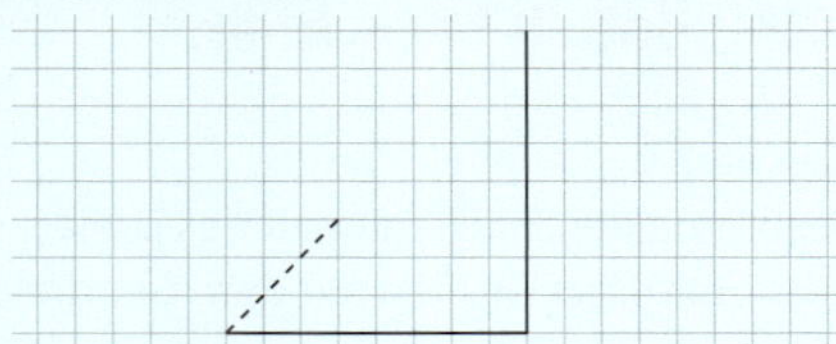

12. Übertrage in dein Heft und ergänze die Zeichnung zu einem Netz eines Quaders.

a) 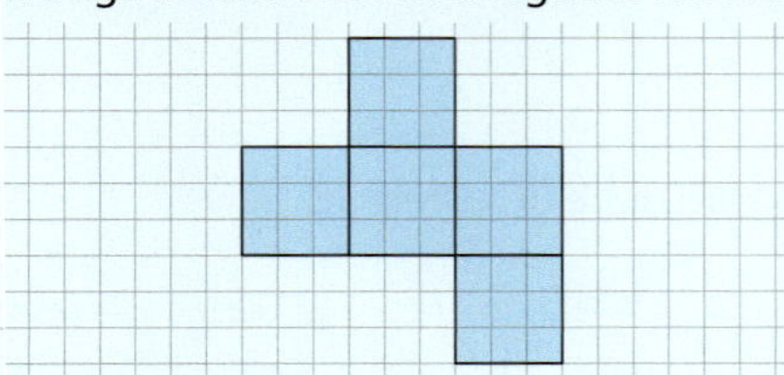

b) 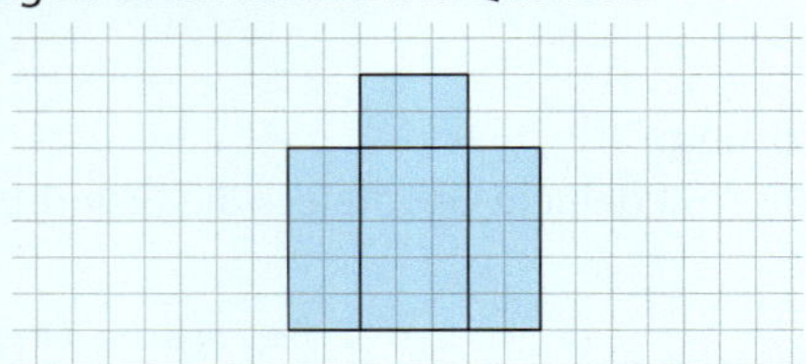

13. a) Ordne alle Flächeninhaltsangaben der Größe nach.
b) Ordne alle Volumenangaben der Größe nach.

$2\,m^3$ | $2\,m^2$ | 0,5 ha | $17\,dm^3$ | 1 hℓ | $2153\,cm^2$ | $0{,}025\,dm^3$ | 1,5 a | 0,5 ℓ | $0{,}02\,m^2$

2.1 Flächeninhalt eines Dreiecks

■ Falte ein rechteckiges Blatt Papier, sodass ein großes und zwei kleinere Dreiecke entstehen.

Schneide die beiden kleinen Dreiecke ab und lege sie zu einem großen Dreieck zusammen. Was fällt dir auf? Erkläre. ■

Stell dir vor, man zerlegt das Dreieck entlang der roten Linie in zwei Dreiecke und klappt diese Dreiecke nach hinten. Es entsteht ein Rechteck mit dem doppelten Flächeninhalt des ursprünglichen Dreiecks.

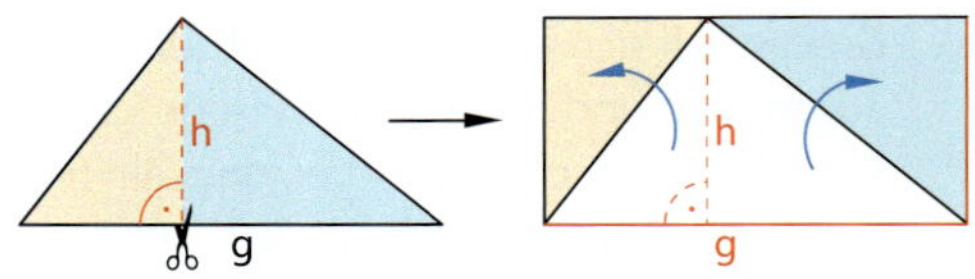

Wissen: Flächeninhalt eines Dreiecks

Der Flächeninhalt eines Dreiecks lässt sich berechnen, indem das Produkt aus der Länge einer Grundseite und der Länge der zugehörigen Höhe durch 2 dividiert wird.

Flächeninhalt = Grundseite · Höhe : 2

$A = \frac{g \cdot h}{2}$

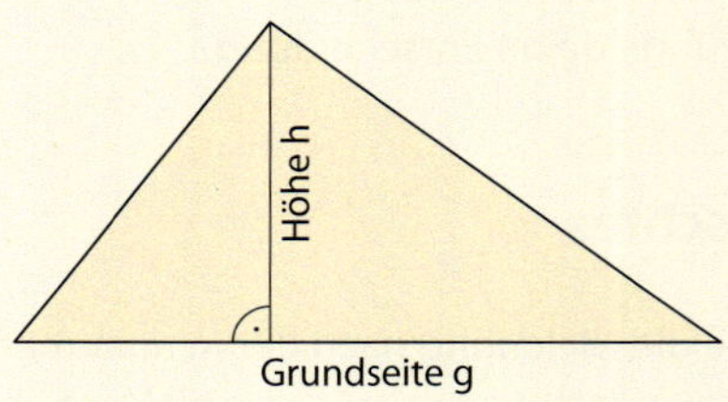

Flächeninhalt berechnen

Beispiel 1:

Bestimme den Flächeninhalt des Dreiecks.
Miss benötigte Größen mit dem Geodreieck.

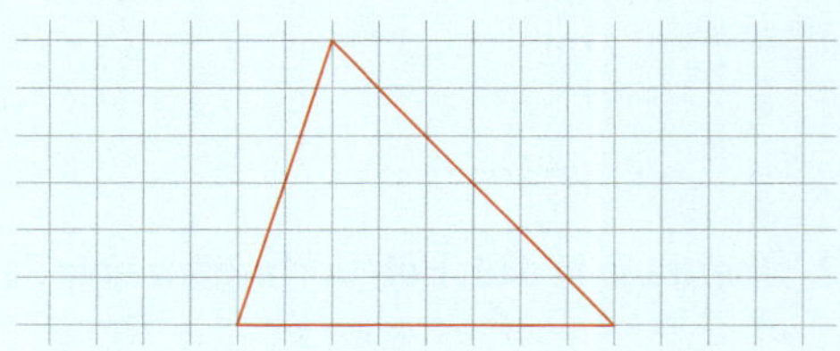

Lösung:

Miss mit deinem Geodreieck die Grundseite und die Höhe des Dreiecks.

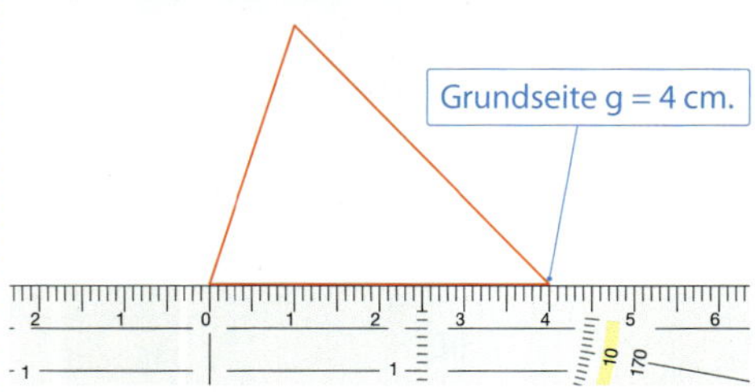

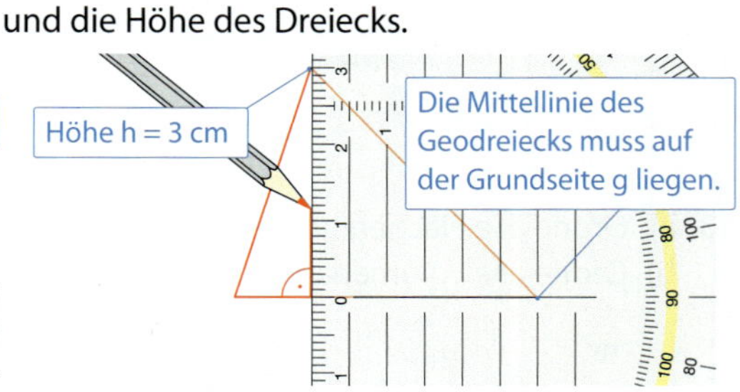

Berechne den Flächeninhalt mit der Formel Grundseite · Höhe : 2.

$A = \frac{4\,cm \cdot 3\,cm}{2} = \frac{12\,cm^2}{2} = 6\,cm^2$

Basisaufgaben

1. Berechne den Flächeninhalt des Dreiecks (alle Angaben in cm).

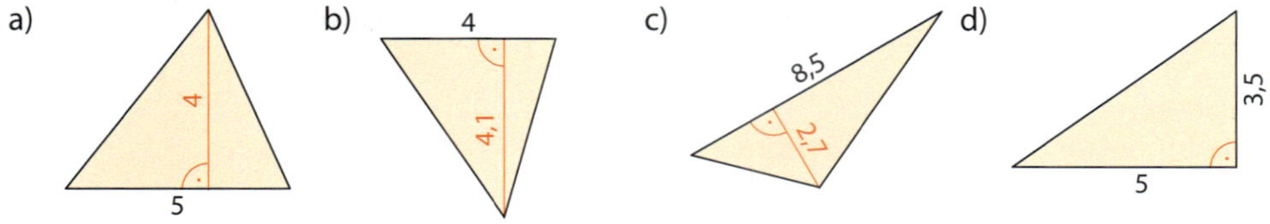

Hinweis zu 1:
Hier findest du die Lösungen im cm².

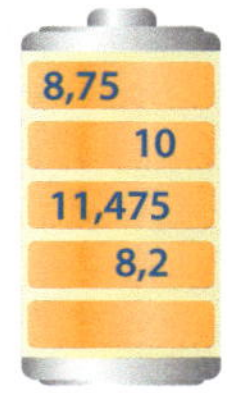

2. Übertrage das Dreieck in dein Heft. Miss die Grundseite und die Höhe mit dem Geodreieck. Berechne dann den Flächeninhalt.

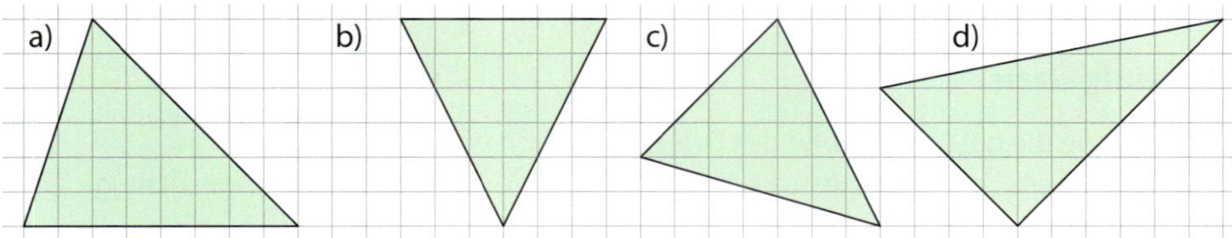

3. Berechne den Flächeninhalt des Dreiecks.

a) $g = 6\,cm$; $h = 12\,cm$ b) $g = 40\,m$; $h = 22\,m$ c) $g = 70\,mm$; $h = 90\,mm$
d) $g = 0{,}4\,m$; $h = 0{,}8\,m$ e) $g = 2{,}6\,km$; $h = 1{,}8\,km$ f) $g = 26\,cm$; $h = 1{,}2\,m$

4. a) Bestimme den Flächeninhalt des Dreiecks mit drei unterschiedlichen Rechnungen. Miss die benötigten Größen im Bild.

Grundseite	Höhe	Flächeninhalt
Seite a = … mm	h_a = … mm	A = … mm²
Seite b = … mm	h_b = … mm	A = … mm²
Seite c = … mm	h_c = … mm	A = … mm²

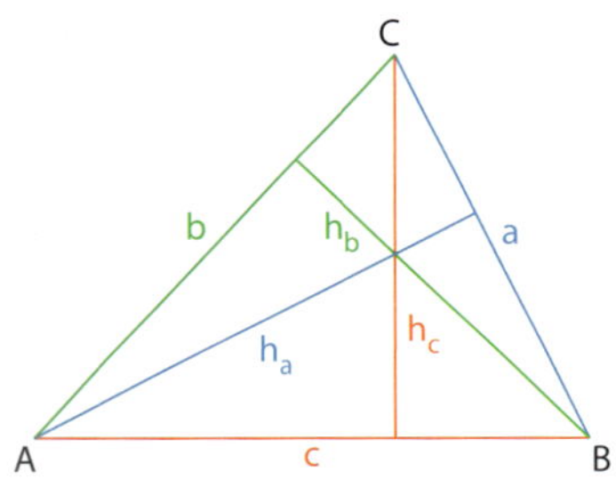

b) Was stellst du fest, wenn du die Ergebnisse vergleichst?
c) Begründe, welcher der drei Lösungswege am besten geeignet ist.

5. Berechne den Flächeninhalt des Dreiecks. Wähle dafür passende Größen aus.

a) $a = 5\,cm$ | $b = 4\,cm$ | $h_a = 2{,}4\,cm$ | $h_b = 3\,cm$

b) $b = 8\,m$ | $c = 6\,m$ | $h_b = 3{,}75\,m$ | $h_c = 5\,m$

c) $b = 4\,cm$ | $c = 5\,cm$ | $h_a = 4\,cm$ | $h_b = 3{,}1\,cm$

6. Herr Tschorn möchte über seiner Terrasse ein Sonnensegel aufspannen. An der Hauswand soll das Segel eine Länge von 6 m haben. Die Ecke, die am Baum abgespannt wird, soll 3 m Abstand zur Hauswand haben.

a) Berechne den Flächeninhalt des Sonnensegels.
b) Ein Quadratmeter Stoff für das Sonnensegel kostet 7 €. Berechne, wie viel das Sonnensegel kosten wird.

Grundseite oder Höhe berechnen

Beispiel 2: Ein Dreieck hat einen Flächeninhalt von $24\,cm^2$. Die Grundseite ist 8 cm lang. Berechne die zugehörige Höhe.

Lösung:
Die Formel für den Flächeninhalt eines Dreiecks lautet $A = \frac{g \cdot h}{2}$

Setze ein und berechne mit der Gleichung die Höhe h.

$\frac{8\,cm \cdot h}{2} = 24\,cm^2 \quad | \cdot 2$

$8\,cm \cdot h = 48\,cm^2 \quad | : 8\,cm$

$h = 48\,cm^2 : 8\,cm = 6\,cm$

Basisaufgaben

7. Berechne die gesuchte Größe des Dreiecks.
a) $A = 20\,cm^2$; $g = 5\,cm$; gesucht: h
b) $A = 36\,cm^2$; $h = 6\,cm$; gesucht: g

8. Berechne die fehlende Größe des Dreiecks.

	a)	b)	c)	d)	e)	f)
Grundseite g	6 cm	4 m	2,4 km		3,2 km	
Höhe h	4,2 cm		8,4 km	8 cm		125 cm
Flächeninhalt A		$32\,m^2$		$20\,cm^2$	$8{,}64\,km^2$	$2\,m^2$

Weiterführende Aufgaben

9. a) Übertrage das Dreieck in dein Heft. Zeichne die Höhe h_c ein.
b) Gilt die Formel für den Flächeninhalt eines Dreiecks auch dann, wenn die Höhe außerhalb des Dreiecks liegt? Prüfe, indem du den Flächeninhalt mit verschiedenen Grundseiten berechnest.

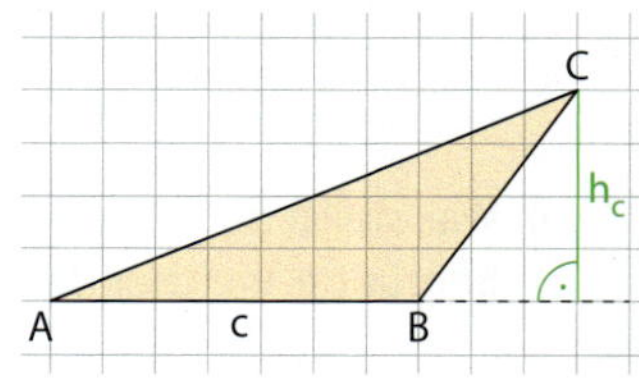

10. Zeichne das Dreieck in ein Koordinatensystem und ermittle den Flächeninhalt. Wähle als Achseneinteilung 2 Kästchen = 1 Einheit.
a) A (0|1), B (6|1), C (0|4)
b) A (3|0), B (8|0), C (6|5)
c) A (1|3), B (5|7), C (1|8)
d) A (9|1), B (7|9), C (5|5)

11. Stolperstelle: Welche Fehler wurden hier gemacht? Erkläre und ermittle die richtige Lösung.

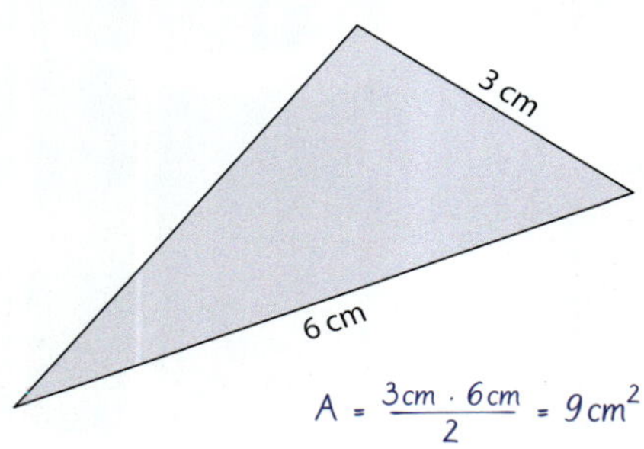

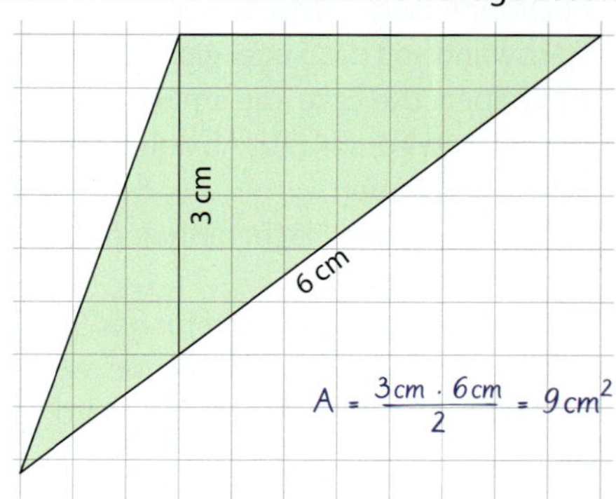

DGS **12.** a) Zeichne mit einem Geometrieprogramm ein Dreieck ABC und eine Gerade g, die durch den Punkt C verläuft und zu $\overline{AB}$ parallel ist. Zeichne auf g zwei weitere Punkte D und E.

b) Miss mit dem Programm die Flächeninhalte der Dreiecke ABC, ABD und ABE. Was stellst du fest? Erkläre.

c) Konstruiere drei unterschiedliche Dreiecke mit dem Flächeninhalt $12\,cm^2$.

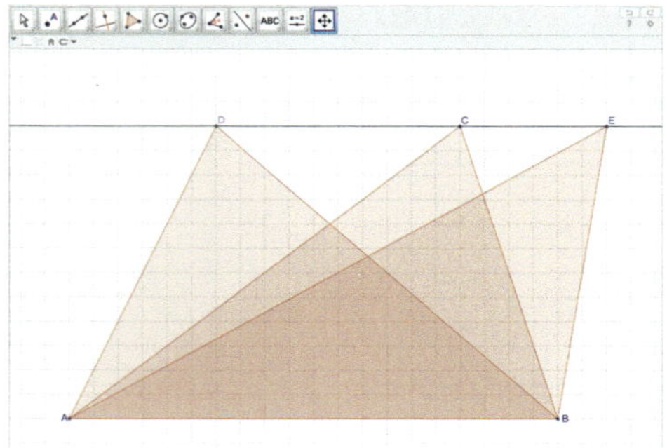

● **13.** Ermittle den Flächeninhalt aller Dreiecke, die durch die Diagonalen entstehen. Erkläre deine Lösung.

a)

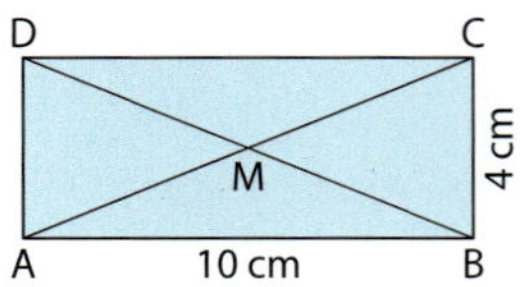

b)

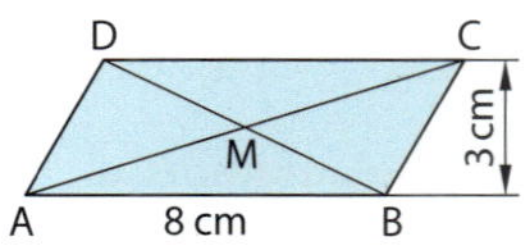

c)

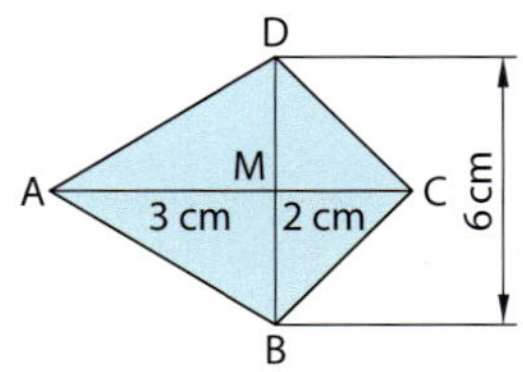

● **14.** Die Jolle Laser I hat folgende Bootsmaße:

Länge:	4,23 m
Breite:	1,37 m
Tiefgang:	0,80 m
Masthöhe:	5,37 m
Gewicht:	65 kg

Überschlage anhand der Maße und der Abbildung die Größe der Segelfläche und gib sie in m^2 an.

15. Berechne die Größe der Giebelfläche. Ermittle die Höhe mithilfe einer maßstäblichen Zeichnung.

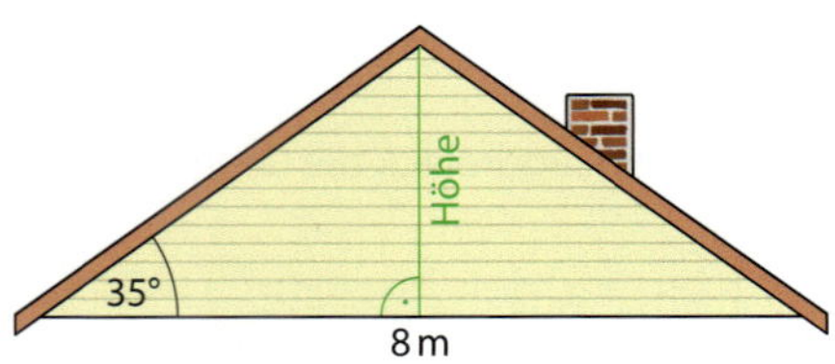

● **16.** **Ausblick:** Ein Dach soll neu gedeckt werden.

a) Berechne, wie groß die vier dreieckigen Dachflächen zusammen sind.

b) Ermittle die Gesamtkosten, wenn $1\,m^2$ 60 € zzgl. 19 % Mehrwertsteuer kostet.

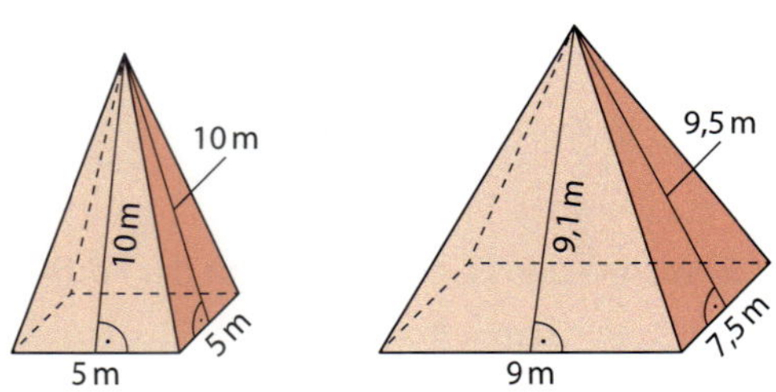

2.2 Flächeninhalt eines Parallelogramms

■ Stelle eine Vermutung auf, welches Parallelogramm den größten Flächeninhalt hat.

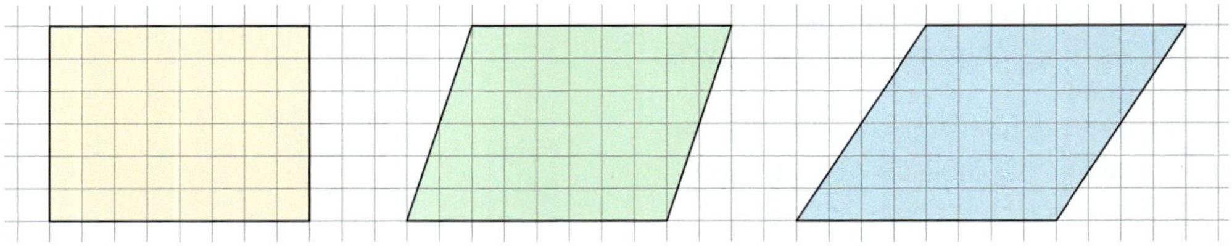

Prüfe deine Vermutung, in dem du die Anzahl der Kästchen der Figuren vergleichst. ■

Stelle dir vor, man schneidet das rote Dreieck ab und legt es links an das Parallelogramm an. Es entsteht ein Rechteck mit demselben Flächeninhalt wie das Parallelogramm.

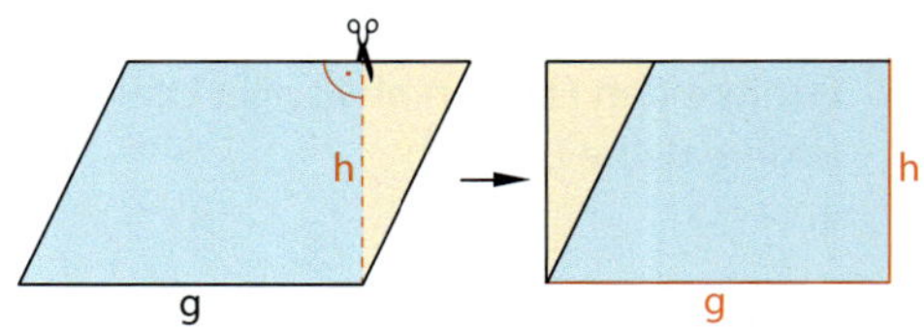

Wissen: Flächeninhalt eines Parallelogramms

Der Flächeninhalt eines Parallelogramms ist das Produkt aus der Länge einer Grundseite g und der zugehörigen Höhe h.

Flächeninhalt = Grundseite · Höhe

$A = g \cdot h$

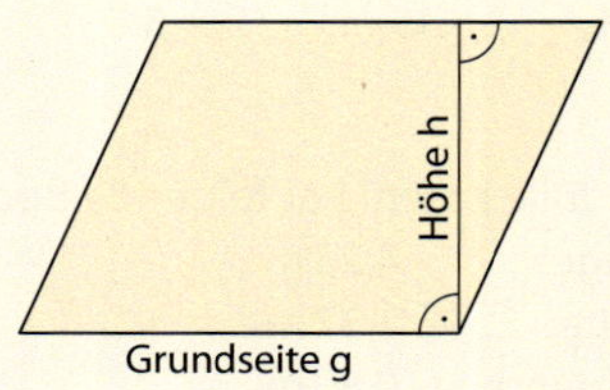

Flächeninhalt berechnen

Beispiel 1:

Bestimme den Flächeninhalt des Parallelogramms. Miss benötigte Größen mit dem Geodreieck.

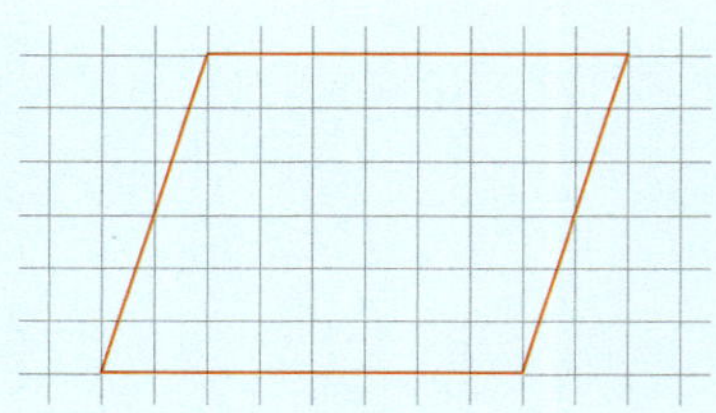

Lösung:

Miss mit dem Geodreieck die Grundseite und die Höhe des Parallelogramms.

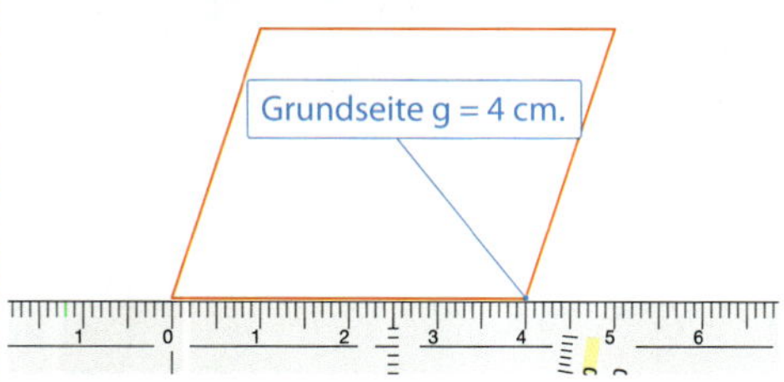

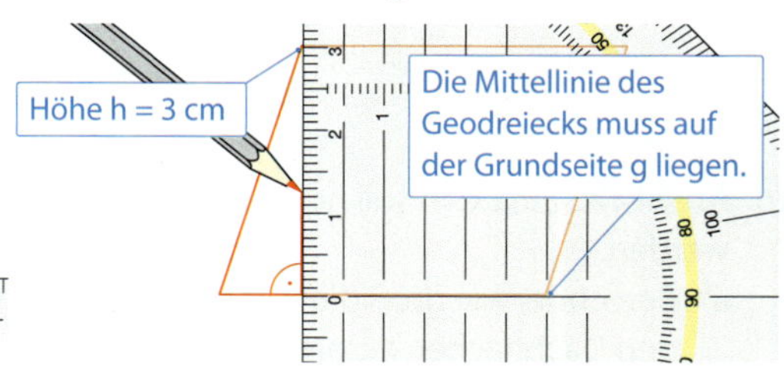

Berechne den Flächeninhalt mit der Formel „Grundseite mal Höhe“:

$A = 3\,\text{cm} \cdot 2\,\text{cm} = 6\,\text{cm}^2$

Basisaufgaben

1. Berechne den Flächeninhalt des Parallelogramms (alle Angaben in cm).

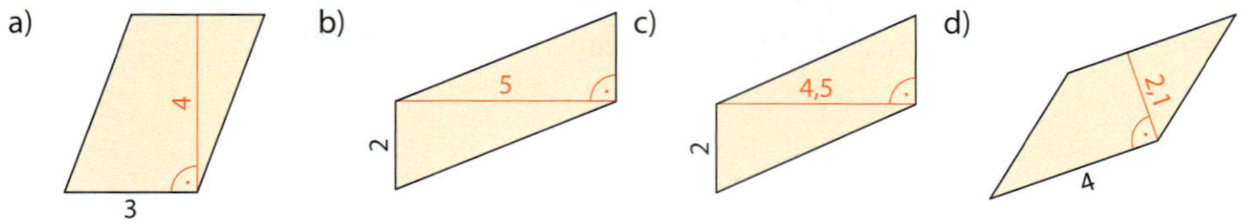

Hinweis zu 1:
Hier findest du die Lösungen im cm^2.

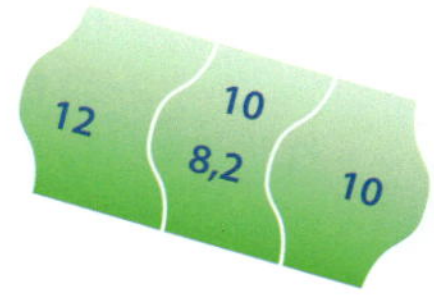

2. Übertrage das Parallelogramm in dein Heft. Miss die Grundseite und die Höhe mit dem Geodreieck. Berechne dann den Flächeninhalt.

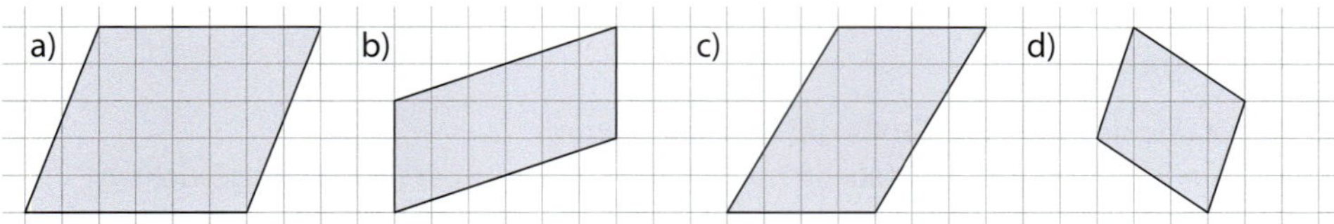

3. Berechne den Flächeninhalt des Parallelogramms aus der Grundseite und der zugehörigen Höhe.

a) $g = 14\,cm$; $h = 5\,cm$ b) $g = 25\,dm$; $h = 40\,dm$ c) $g = 20\,m$; $h = 15\,m$
d) $g = 35\,cm$; $h = 9\,cm$ e) $g = 2{,}5\,m$; $h = 55\,cm$ f) $g = 125\,cm$; $h = 95\,mm$

4. Übertrage die Zeichnung in dein Heft. Berechne den Flächeninhalt des Parallelogramms ABCD auf zwei verschiedenen Wegen. Wähle im ersten Fall als Grundseite die Seite a und im zweiten Fall die Seite b.

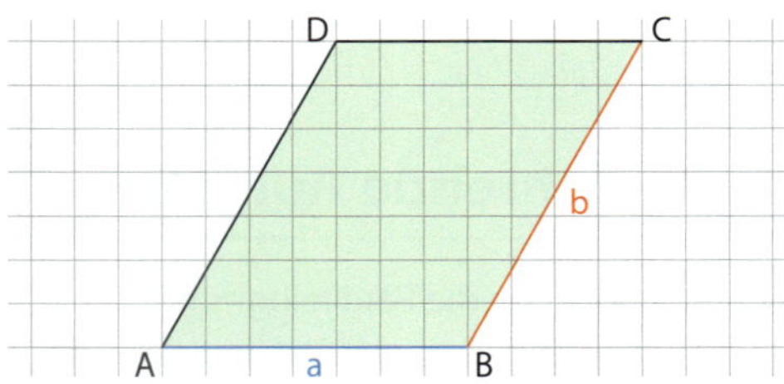

5. Ein Parallelogramm hat vier gleich lange Seiten von je 5 cm Länge. Seine Höhe hat eine Länge von 4 cm. Berechne den Flächeninhalt des Parallelogramms.

6. Das Bürogebäude Dockland in Hamburg hat die Form eines Parallelogramms. Das Gebäude ist 25 m hoch und 130 m lang. Davon ragen 40 m wie ein Schiffsbug hinaus über das Wasser.

a) Berechne den Flächeninhalt einer Seitenfläche.
b) Schätze ab, wie viel Quadratmeter Fenster auf einer Seitenfläche verbaut wurden.

7. Zwei einander schneidende Straßen sind jeweils 20 m breit. Um auf einer der beiden Straßen auf kürzestem Weg vom Punkt A zum Punkt B zu gelangen, muss man 25 m laufen.
Wie groß ist der Flächeninhalt der Fläche, die zu beiden Straßen gehört?

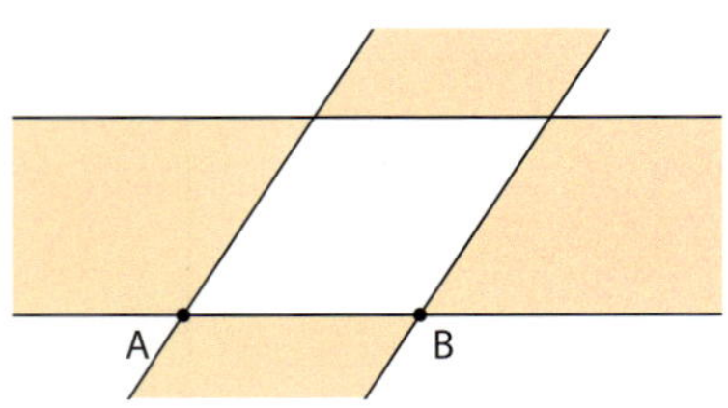

Grundseite oder Höhe berechnen

Beispiel 1: Ein Parallelogramm hat einen Flächeninhalt von $32\,cm^2$.
Seine Grundseite ist 8 cm lang. Berechne die zugehörige Höhe h.

Lösung:

Die Formel für den Flächeninhalt eines Parallelogramms lautet $A = g \cdot h$.

$$8\,cm \cdot h = 32\,cm^2 \quad | :8\,cm$$
$$h = 32\,cm^2 : 8\,cm = 4\,cm$$

Setze ein und berechnen mit der Gleichung die Höhe h.

Basisaufgaben

8. Berechne die gesuchte Größe des Parallelogramms.
   a) $A = 36\,cm^2$; $g = 9\,cm$; gesucht: h
   b) $A = 26\,cm^2$; $h = 4\,cm$; gesucht: g

9. Berechne die fehlenden Größen im Parallelogramm.

	a)	b)	c)	d)	e)	f)
Grundseite g	3 cm	9 mm		5,3 cm		625 mm
Höhe h	2,3 cm		3,2 cm	8 mm	8,5 m	
Flächeninhalt A		$108\,mm^2$	$22{,}4\,cm^2$		$131{,}75\,m^2$	$0{,}09\,m^2$

Weiterführende Aufgaben

10. a) Übertrage die Parallelogramme WIND, BERG und MAUS in dein Heft.
    b) Bestimme jeweils die Länge einer Grundseite und der zugehörigen Höhe. Berechne dann den Flächeninhalt des Parallelogramms.
    c) Zeichne zu jedem Parallelogramm ein anderes Parallelogramm mit dem gleichen Flächeninhalt, aber anderer Grundseitenlänge und Höhe.

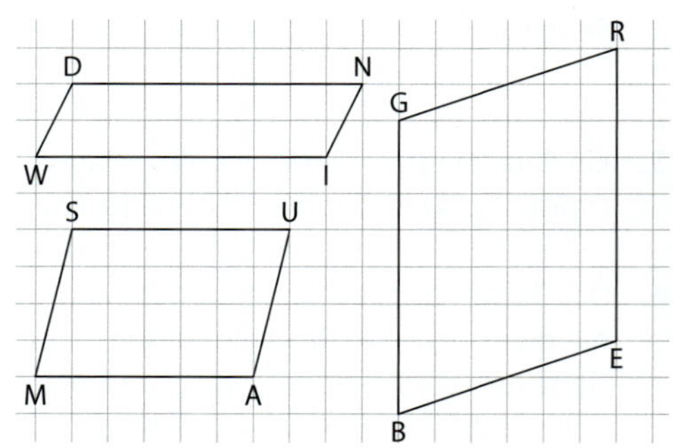

11. a) Ein Parallelogramm hat einen Flächeninhalt von $35\,cm^2$ und eine Höhe von 5 cm. Wie lang ist die Grundseite?
    b) Zeichne ein Parallelogramm mit den Eigenschaften aus a) in dein Heft. Vergleiche das Ergebnis mit deinen Mitschülern.
    c) Vergleiche die Flächeninhalte der folgenden Parallelogramme. Was stellst du fest? Erkläre.

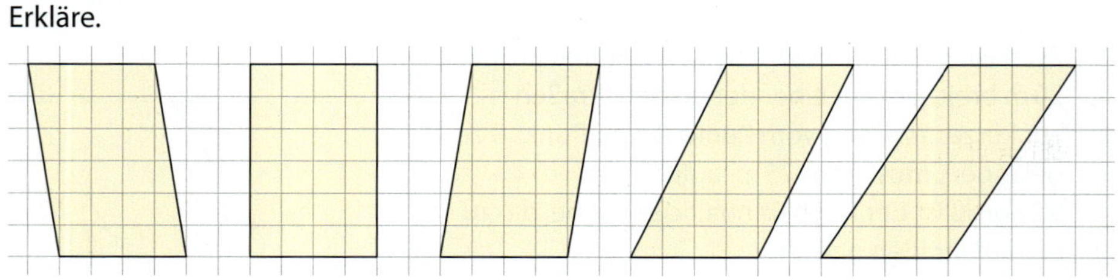

12. Stolperstelle: Michael behauptet, dass beide Parallelogramme denselben Flächeninhalt haben. Stimmt das? Begründe deine Antwort.

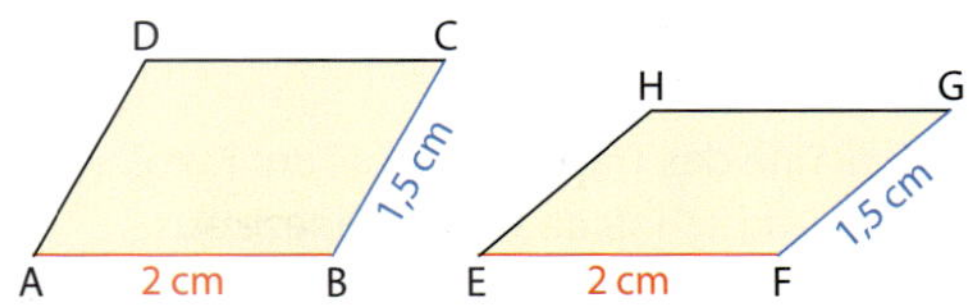

13. Zeichne das Viereck in ein Koordinatensystem und ermittle dann den Flächeninhalt. Wähle als Achseneinteilung 2 Kästchen = 1 Einheit.

a) A (0|0), B (6|0), C (7|4), D (1|4)
b) A (8|1), B (12|1), C (8|5), D (4|5)
c) A (2|3), B (5|6), C (3|10), D (0|7)
d) A (8|4), B (10|7), C (8|10), D (6|7)

14. Ein Rechteck und ein Parallelogramm haben die gleiche Grundseite.

a) Der Flächeninhalt des Rechtecks ist doppelt so groß wie der des Parallelogramms. Was kannst du über das Parallelogramm aussagen?
b) Der Flächeninhalt des Rechtecks ist halb so groß wie der des Parallelogramms. Was kannst du über das Parallelogramm aussagen?

15. a) Berechne den Flächeninhalt des Mosaikrings aus Quadraten und Parallelogrammen.
b) Ermittle die Größe der weißen Fläche im Inneren des Rings. Erläutere deine Lösung.

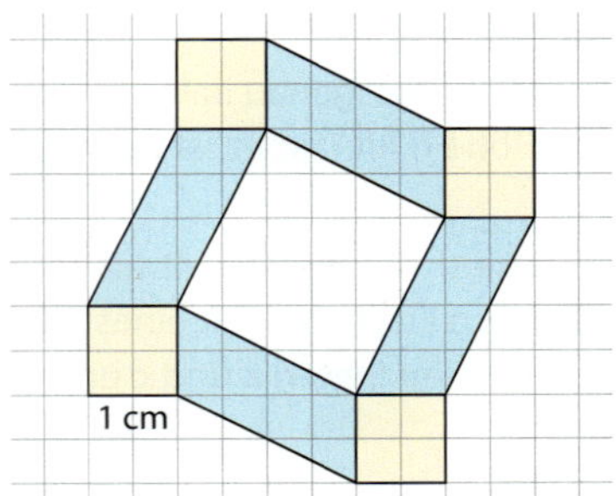

● **16.** a) Vergleiche den Flächenbedarf der beiden Parkplatztypen ① (gerade) und ② (schräg).

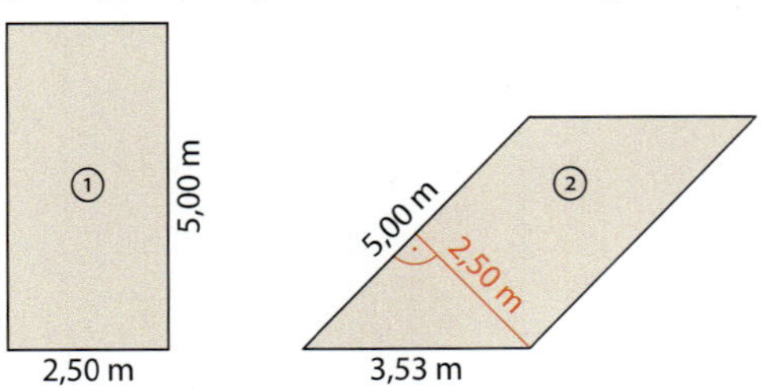

b) Auf einem rechteckigen Gelände sollen Parkplätze entstehen. Das Gelände ist 40 m lang und 13 m breit. Der Zufahrtsweg liegt parallel zur längeren Seite. Beim Typ ① muss der Zufahrtsweg 5,50 m breit sein, beim Typ ② 3,50 m.
Wie viele Parkplätze des Typs ① oder ② lassen sich anlegen? Finde eine näherungsweise Lösung.

● **17. Ausblick:** Lukas will zeigen, dass das blaue Parallelogramm denselben Flächeninhalt hat wie das rote Rechteck. Dazu zeichnet er das Parallelogramm auf kariertes Papier, zerschneidet es und setzt die Teile zu dem roten Rechteck zusammen. Wie könnte Lukas das Parallelogramm zerschneiden?

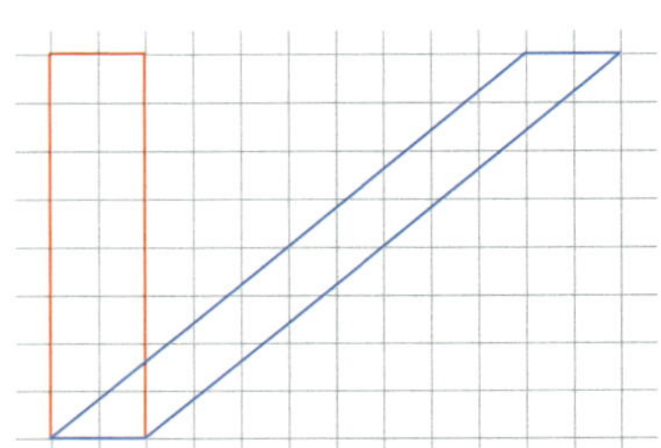

Tipp zu 17:
Skizziere das Parallelogramm in deinem Heft und markiere Schnittlinien in der Skizze.

2.3 Flächeninhalt eines Trapezes

■ Zeichne das Trapez zweimal auf Karopapier und schneide beide Trapeze aus. Lege dann aus ihnen ein Parallelogramm. Wie groß ist der Flächeninhalt des Parallelogramms? Wie groß ist dann der Flächeninhalt des Trapezes? ■

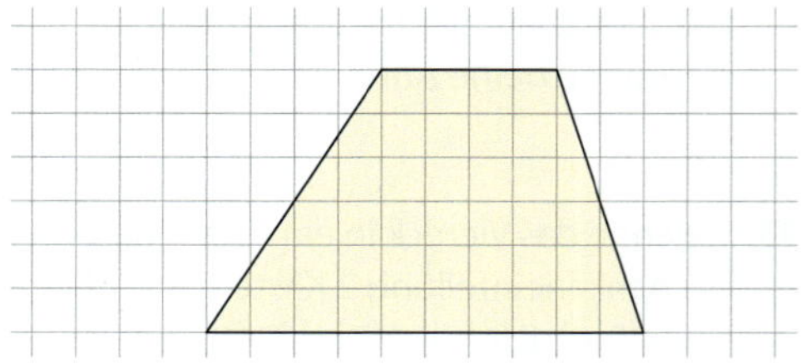

Man kann zwei gleiche Trapeze so legen, dass ein Parallelogramm entsteht. Die Grundseite des Parallelogramms ist die Summe (a + c) der zueinander parallelen Trapezseiten.

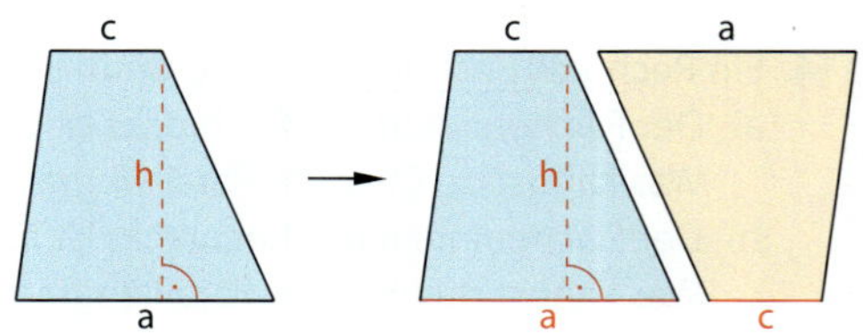

Erinnere dich: Den Flächeninhalt eines Parallelogramms berechnet man mit „Grundseite mal Höhe".

Der Flächeninhalt des Parallelogramms ist:
$A_{Parallelogramm} = (a + c) \cdot h$
Da das Trapez genau halb so groß ist, gilt für seinen Flächeninhalt: $A_{Trapez} = \frac{(a + c) \cdot h}{2}$
Die **Höhe h im Trapez** ist der Abstand der zueinander parallelen Seiten.

Wissen: Flächeninhalt eines Trapezes
Für den Flächeninhalt eines Trapezes mit den **zueinander parallelen Seiten a und c** und der **Höhe h** gilt:

$$A = \frac{(a + c) \cdot h}{2}$$

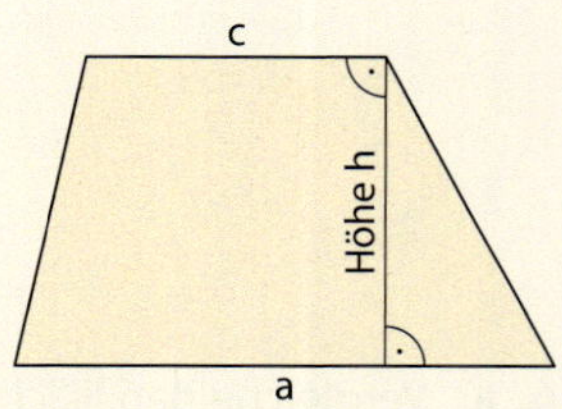

Beispiel 1:
Bestimme den Flächeninhalt des Trapezes. Miss benötigte Größen mit dem Geodreieck.

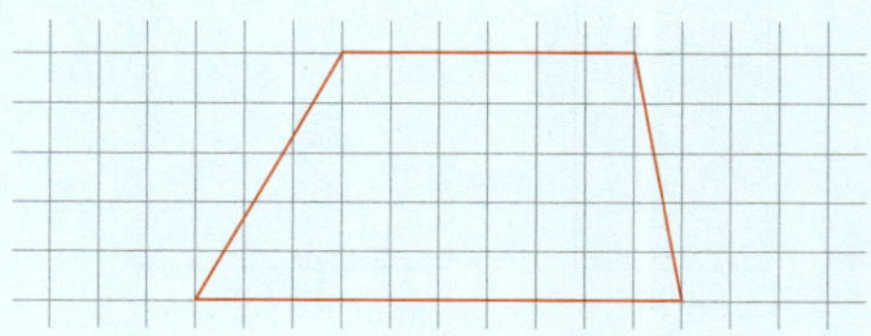

Lösung:
Miss mit dem Geodreieck die Längen der zueinander parallelen Seiten und der Höhe des Trapezes.

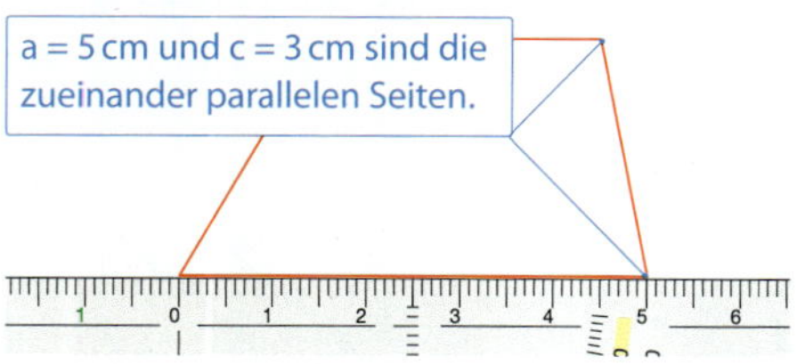

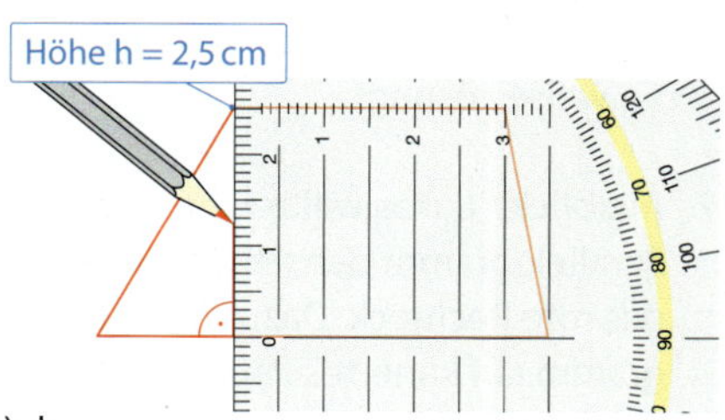

Berechne den Flächeninhalt mit der Formel $A = \frac{(a + c) \cdot h}{2}$:

$$A = \frac{(5\,cm + 3\,cm) \cdot 2{,}5\,cm}{2} = \frac{8\,cm \cdot 2{,}5\,cm}{2} = \frac{20\,cm^2}{2} = 10\,cm^2$$

Basisaufgaben

1. Berechne den Flächeninhalt des Trapezes.

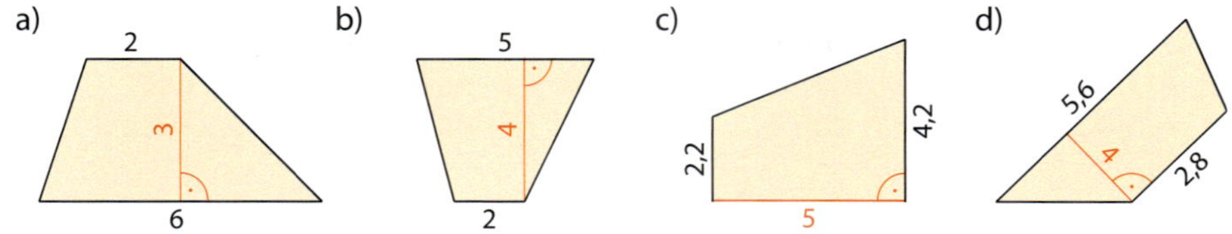

2. Übertrage das Trapez in dein Heft. Miss die Längen der zueinander parallelen Seiten und der Höhe mit dem Geodreieck. Berechne dann den Flächeninhalt.

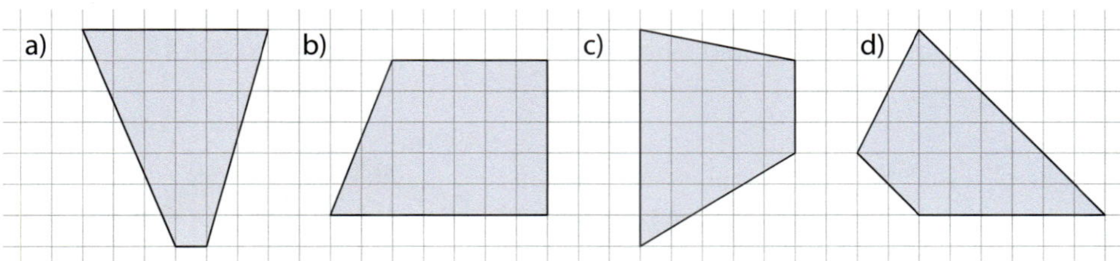

Hinweis zu 3:
Hier findest du die Maßzahlen der Lösungen zu a) bis d).

3. Berechne den Flächeninhalt des Trapezes. Rechne die Angaben gegebenenfalls in die gleichen Einheiten um.

a) a = 1 m, c = 3 m, h = 2 m
b) a = 5 cm, c = 7 cm, h = 2,5 cm
c) a = 3 km, c = 2 km, h = 1,2 km
d) a = 20,4 cm, c = 5,8 cm, h = 10 cm
e) a = 700 m, c = 1,7 km, h = 400 m
f) a = 2,2 m, c = 4,6 m, h = 80 cm

4. Ordne die vier Trapeze der Größe nach ohne den Flächeninhalt zu berechnen.

① a = 6 cm; c = 4 cm; h = 2 cm

② a = 2 cm; c = 8 cm; h = 5 cm

③ a = 6 cm; c = 4 cm; h = 3 cm

④ a = 2 cm; c = 8 cm; h = 10 cm

5. Die Zeichnung zeigt einen Dachgiebel mit einem Giebelfenster.

a) Berechne den Flächeninhalt des gesamten Giebelfensters.
b) Isolierglas mit der passenden Stärke kostet pro Quadratmeter etwa 80 €. Berechne die Kosten, wenn man die Scheibe durch Isolierglas ersetzen möchte.

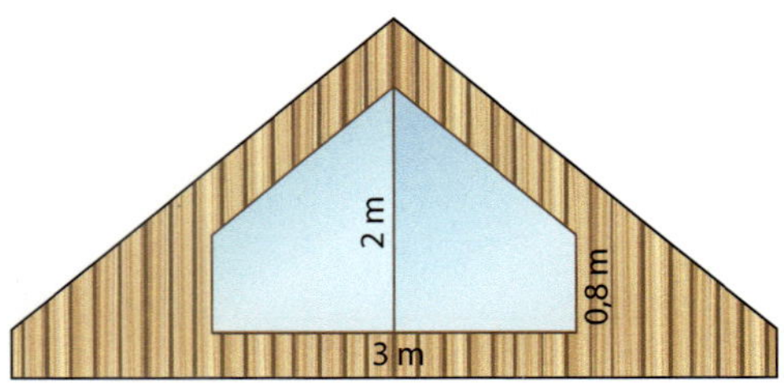

6. Große Besprechungsräume sind häufig mit trapezförmigen Tischen ausgestattet.

a) Berechne die Tischfläche in Quadratmetern.
b) Skizziere verschiedene Möglichkeiten, wie die Tische gestellt werden können. Wieso wurden genau diese Maße gewählt?

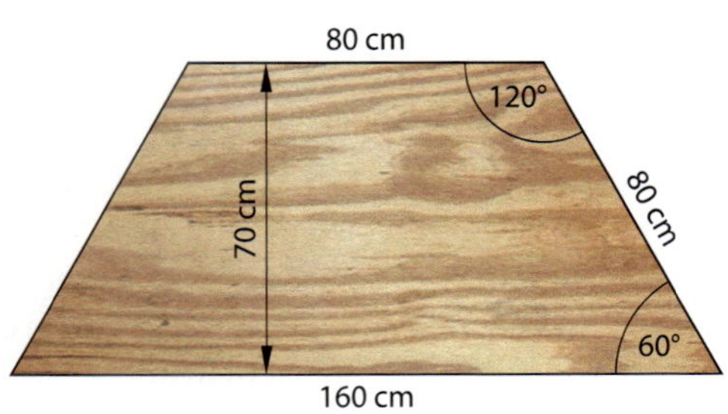

Weiterführende Aufgaben

7. Zeichne ein Koordinatensystem (2 Kästchen = 1 Einheit). Zeichne das Trapez in das Koordinatensystem und ermittle dann den Flächeninhalt.

a) A (2|0), B (4|0), C (5|3), D (1|3)

b) A (0|4), B (3|4), C (1|8), D (0|8)

c) A (6|0), B (10|4), C (8|5), D (6|3)

d) A (4|4), B (7|6), C (9|10), D (3|6)

8. Stolperstelle: Tom hat den Flächeninhalt eines Trapezes mit a = 6 cm, c = 4 cm und h = 3 cm berechnet. Überprüfe seine Rechnung und korrigiere.

A = 6 cm + 4 cm
= 10 cm · 3 cm
= 30 cm² : 2
= 15 cm²

9. Das Bild zeigt den Querschnitt eines Deichs an der Nordseeküste im Jahr 1610 und heute.

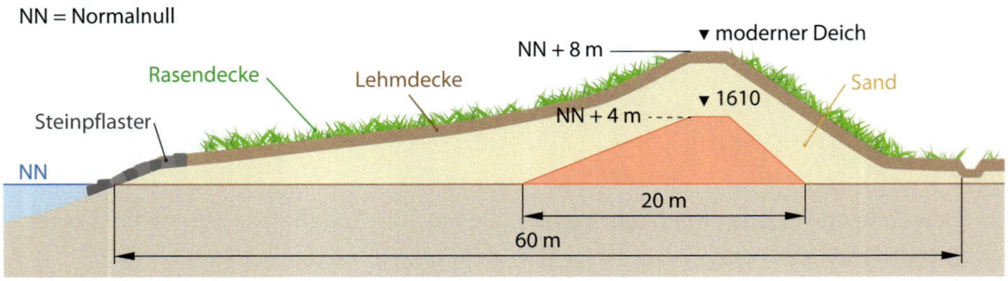

a) Berechne die Größe (in m²) des Deichquerschnitts im Jahr 1610.

b) Berechne näherungsweise die Größe (in m²) des Deichquerschnitts heute.

c) Vergleiche die Deichquerschnitte 1610 und heute. Verwende dabei auch Prozentangaben.

10. a) Ein Trapez hat einen Flächeninhalt von 12 cm². Die zueinander parallelen Seiten sind 4 cm und 2 cm lang. Wie lang ist die Höhe?

b) Zeichne ein Trapez mit den Maßen aus a) in dein Heft. Vergleiche deine Zeichnung mit denen der Mitschüler.

c) Vergleiche die Flächeninhalte der folgenden Trapeze.

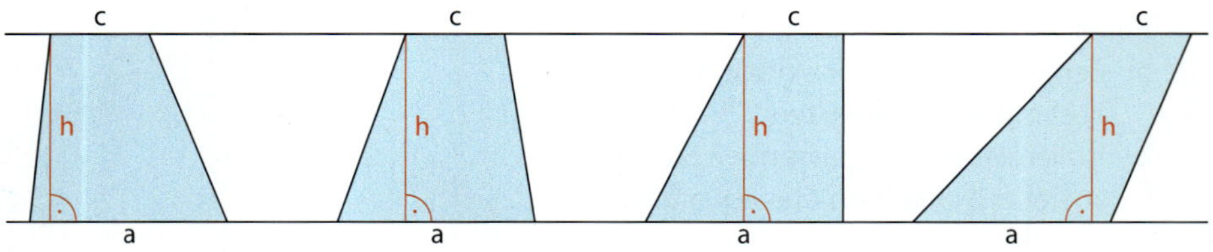

11. Leon soll in den Hausaufgaben Umfang und Flächeninhalt eines Trapezes berechnen. Die zueinander parallelen Seiten des Trapezes haben die Längen 6 cm und 4 cm, der Abstand beträgt 3 cm.
Ist es möglich Flächeninhalt und Umfang mit diesen Angaben zu bestimmen? Gib falls möglich Lösungen an und vergleiche sie mit den Mitschülern.

12. Ausblick: Im Bild siehst du einen Quader, der aus drei Bausteinen zusammengesetzt ist.

a) Wie kann man den Körper verändern, sodass der Querschnitt die Form eines Trapezes hat? Zeichne das Trapez in dein Heft.

b) Welches Volumen hat dein Körper aus a)?

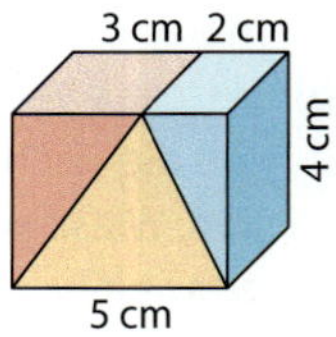

Flächeninhalt beliebiger Figuren

Flächeninhalte zusammengesetzter Figuren bestimmen

In der Begründung der Flächeninhaltsformeln für Dreieck, Parallelogramm und Trapez wurden die Strategien Zerlegen, Ergänzen und Umsortieren angewendet.

- Ein Dreieck wurde zu einem Rechteck ergänzt.
- Ein Parallelogramm wurde zerlegt und zu einem Rechteck umsortiert.
- Ein Trapez wurde verdoppelt und zu einem Parallelogramm zusammengesetzt.

Diese Strategien kann man bei vielen Figuren anwenden, um den Flächeninhalt zu ermitteln.

Beispiel 1: Berechne den Flächeninhalt des regelmäßigen Sechsecks. Alle Seiten des Sechsecks sind gleich lang.

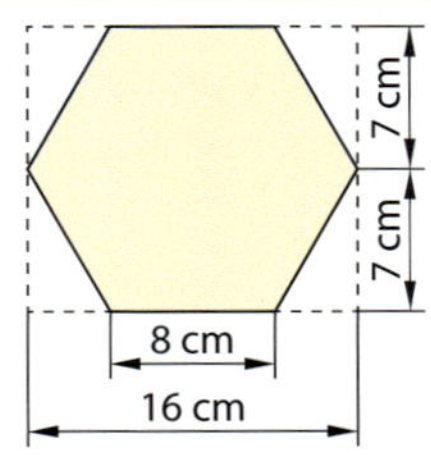

Lösungsmöglichkeit 1:
Zerlege das Sechseck in sechs gleiche Dreiecke.

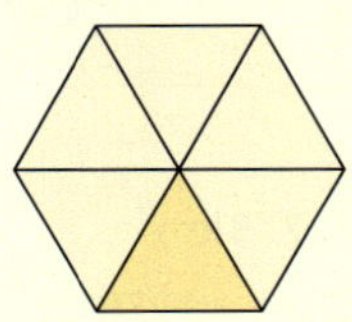

$A = 6 \cdot A_{Dreieck}$
$= 6 \cdot \frac{8\,cm \cdot 7\,cm}{2}$
$= 6 \cdot 28\,cm^2 = 168\,cm^2$

Lösungsmöglichkeit 2:
Zerlege das Sechseck in zwei gleiche Trapeze.

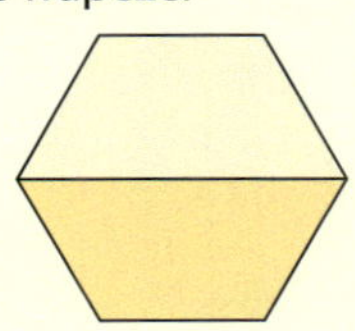

$A = 2 \cdot A_{Trapez}$
$= 2 \cdot \frac{(16\,cm + 8\,cm) \cdot 7\,cm}{2}$
$= 2 \cdot 84\,cm^2 = 168\,cm^2$

Lösungsmöglichkeit 3:
Ergänze das Sechseck zu einem Rechteck.

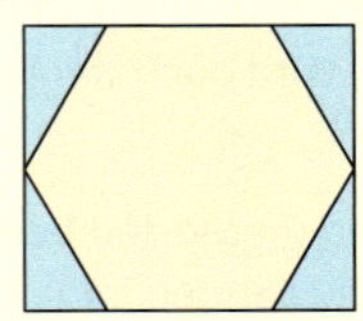

$A = A_{Rechteck} - 4 \cdot A_{Dreieck}$
$= 224\,cm^2 - 4 \cdot \frac{4\,cm \cdot 7\,cm}{2}$
$= 224\,cm^2 - 56\,cm^2 = 168\,cm^2$

Aufgaben

1. Berechne den Flächeninhalt der Figur.

a)

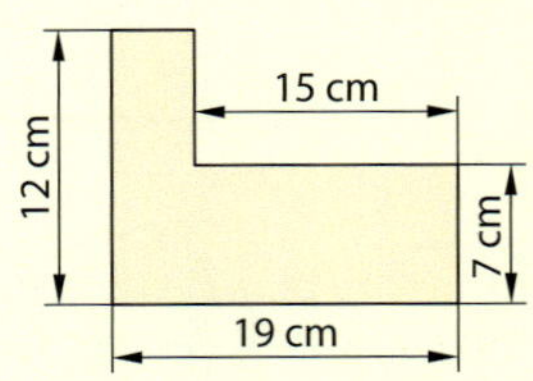

b)

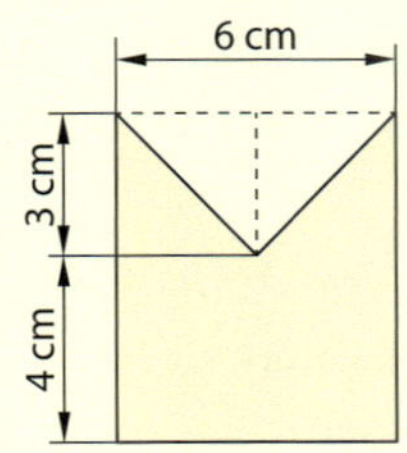

c)

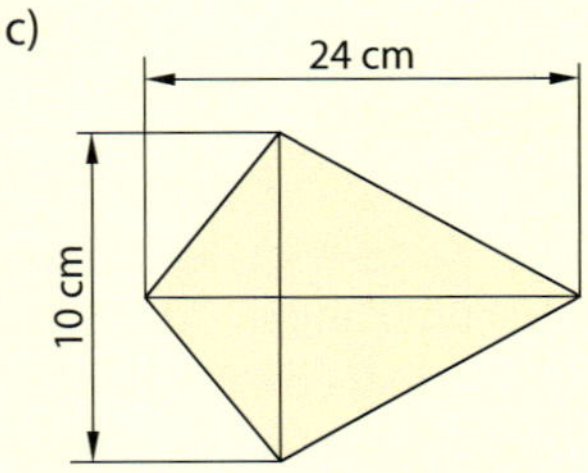

2. Das Bild zeigt den Grundriss einer 2-Zimmer-Wohnung. Alle Längenangaben sind in m.
a) Ermittle die Größe der gesamten Wohnung inklusive der Balkonfläche.
b) Berechne den Flächeninhalt der einzelnen Zimmer.

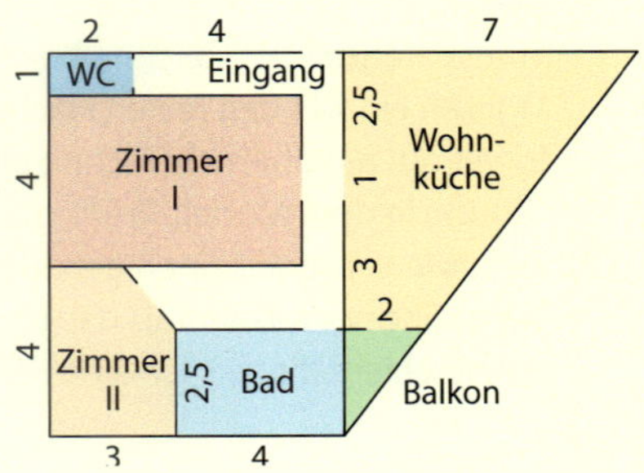

Flächeninhalte krummlinig begrenzter Figuren mit Modellen ermitteln

Bei einer krummlinig begrenzten Figur kann man den Flächeninhalt bestimmen, indem man die Figur zunächst vereinfacht. Man nähert die krummlinig begrenzte Figur mit bekannten Figuren (wie Dreieck, Rechteck, Parallelogramm oder Trapez) an.

Mithilfe dieser **Vereinfachung** kann man dann ein **Modell** bilden. Die bekannten Teilfiguren sind das Modell für die krummlinig begrenzte Figur. Die Summe ihrer Flächeninhalte ergeben einen **Näherungswert** für den realen Flächeninhalt. Die **Genauigkeit des Näherungswerts** ist abhängig von der Anzahl, der Art und der Anordnung der Teilfiguren.

Beispiel 2: Ermittle näherungsweise den Flächeninhalt der Insel Kreta. Nutze den Maßstab.

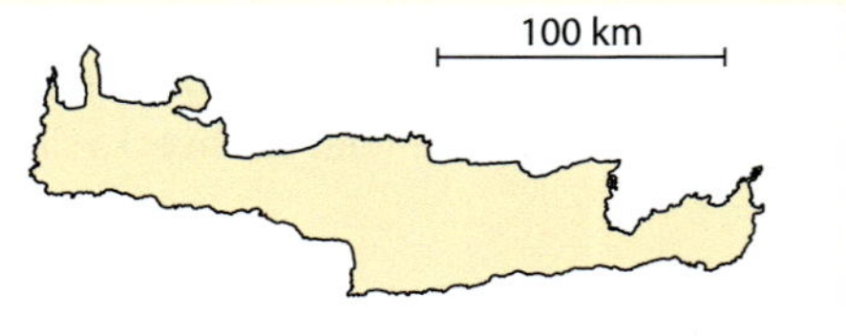

Lösung:

Modell bilden:
Wähle die Figuren so, dass das „Begradigen" der Küste den realen Flächeninhalt möglichst wenig verfälscht. Zerlege zum Beispiel in zwei Rechtecke und zwei Trapeze. Damit wird auch der Rechenaufwand nicht zu hoch.

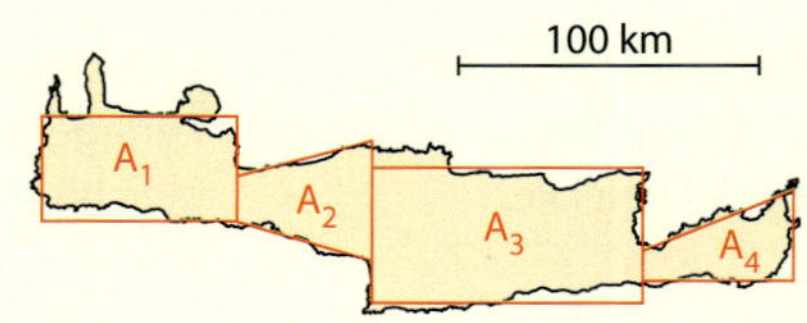

Lösung im Modell bestimmen:
Miss die Längen im Bild und gib sie im Maßstab an: 1 mm im Bild entspricht 5 km in Wirklichkeit. Berechne damit den Flächeninhalt der Rechtecke und Trapeze (Flächeninhalt des Modells).

$A_1 = 65\,\text{km} \cdot 35\,\text{km} = 2275\,\text{km}^2$

$A_2 = \frac{40\,\text{km} + 15\,\text{km}}{2} \cdot 45\,\text{km} \approx 1238\,\text{km}^2$

$A_3 = 90\,\text{km} \cdot 45\,\text{km} = 4050\,\text{km}^2$

$A_4 = \frac{30\,\text{km} + 10\,\text{km}}{2} \cdot 50\,\text{km} = 1000\,\text{km}^2$

$A_{Gesamt} = 8563\,\text{km}^2$

Lösung überprüfen:
Kreta ist $8260\,\text{km}^2$ groß. Die ermittelte Lösung $8563\,\text{km}^2$ weicht um rund $300\,\text{km}^2$ vom genauen Wert ab (also um weniger als $\frac{4}{100} = 4\,\%$). Dies ist als Näherungslösung gut.

Aufgaben

Hinweis zu 3 b:
Ermittle einen zu großen und auch einen zu kleinen Näherungswert. Welcher Wert liegt näher am realen Flächeninhalt?

3. Die Karte zeigt den Umriss unseres Nachbarlandes Österreich.

a) Ermittle die Fläche von Österreich mithilfe der eingezeichneten Kästchen.

b) Übertrage die Karte von Österreich auf Transparentpapier. Zeichne bekannte Figuren ein, die den realen Flächeninhalt gut annähern. Berechne eine Lösung in dem Modell. Prüfe, ob das gefundene Modell einen genaueren Näherungswert liefert als das Ergebnis in a). Recherchiere die tatsächliche Fläche von Östereich.

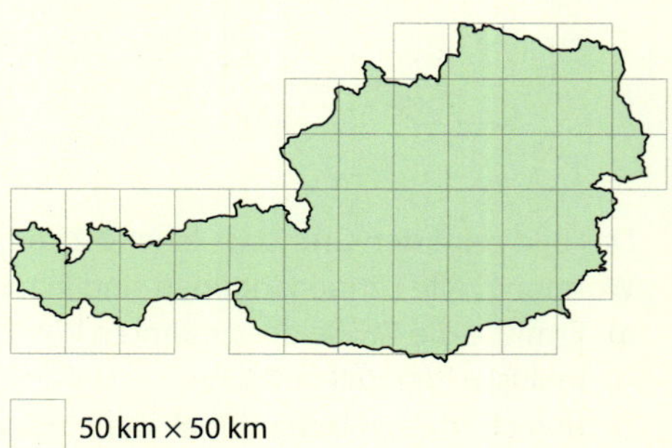

4. Bestimme die Fläche der Kontinente und der Insel, indem du die Flächeninhalte der rot eingezeichneten Modelle berechnest.

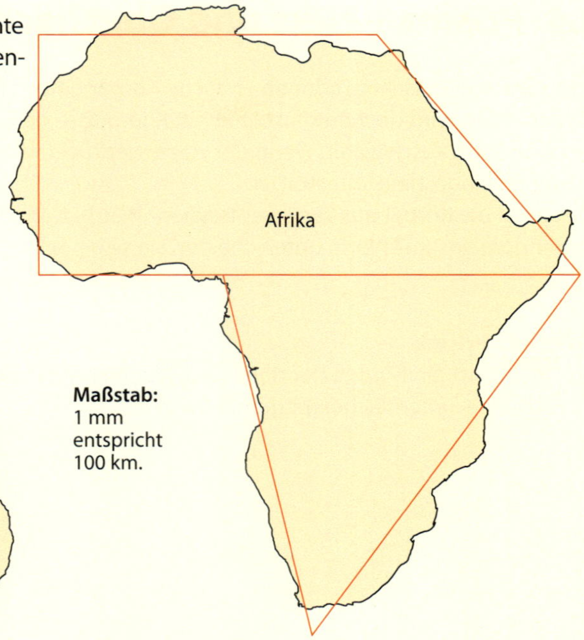

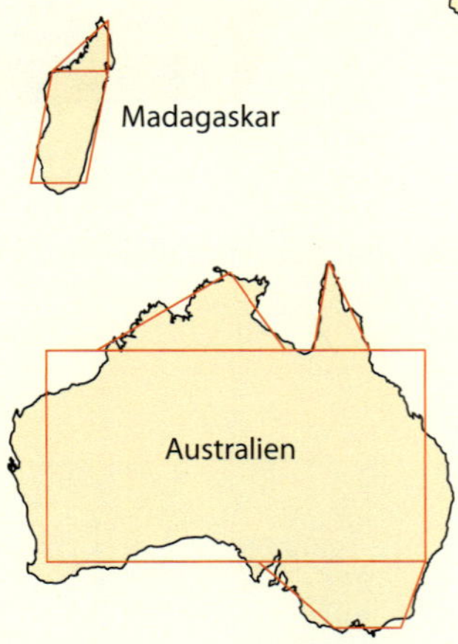

Maßstab:
1 mm
entspricht
100 km.

5. Die Fläche der zwei Länder sollte näherungsweise bestimmt werden.

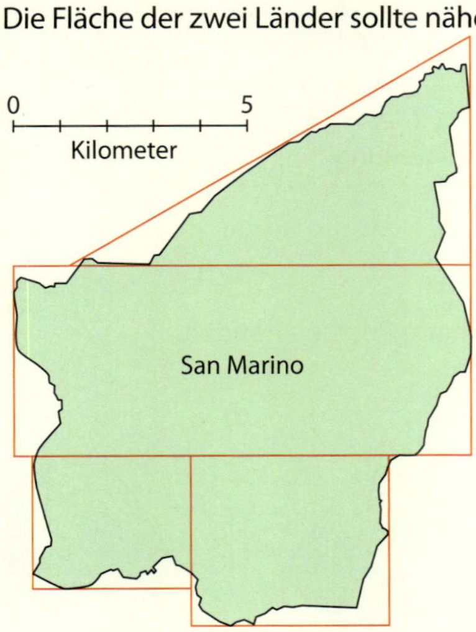

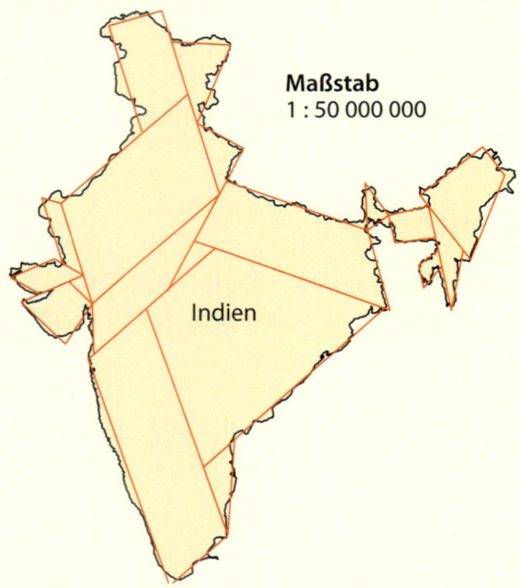

Maßstab
1 : 50 000 000

a) Beurteile die beiden Modelle zur Annäherung der Fläche von San Marino und Indien.

b) Übertrage die Umrisse von San Marino und Indien auf Transparentpapier und zeichne ein eigenes Modell ein. Nutze zur Bestimmung des Flächeninhalts im Modell den angegebenen Maßstab.

c) Beurteile ohne zu rechnen, ob die Lösung in deinem Modell genauer ist als eine Lösung im oben eingezeichneten Modell.

6. **Forschungsauftrag:** Arbeitet bei dieser Aufgabe in mehreren Gruppen und verteilt die Arbeit.

a) Zeichne auf weißes Papier einen Kreis mit dem Radius 4 cm (5 cm, 6 cm, 7 cm, 8 cm).

b) Zeichne für jeden Kreis ein Modell ein, das den Flächeninhalt gut annähert. Berechne den Flächeninhalt im Modell.

c) Dividiere für jeden Kreis den berechneten Näherungwert für den Flächeninhalt durch den Radius und durch die Zahl 3,14. Was stellst du fest?

d) Recherchiere zum Flächeninhalt eines Kreises. Erkläre den Zusammenhang aus c).

2.4 Prisma – Netz und Oberflächeninhalt

■ Mit der Knetmaschine können einfache Körper geformt werden. Dazu wird die Knetmaschine mit Knetmasse gefüllt und eine Form ausgewählt. Wenn der Hebel gedrückt wird, entstehen lange, geformte Körper.
Wie sehen die Körper aus, die so entstehen? Was haben alle Körper gemeinsam? Worin unterscheiden sie sich? ■

Erinnere dich:
Kongruent bedeutet deckungsgleich.

Wissen: Prisma

Ein Prisma ist ein Körper, der durch zwei zueinander kongruente und parallele Vielecke und rechteckige Seitenflächen begrenzt wird.

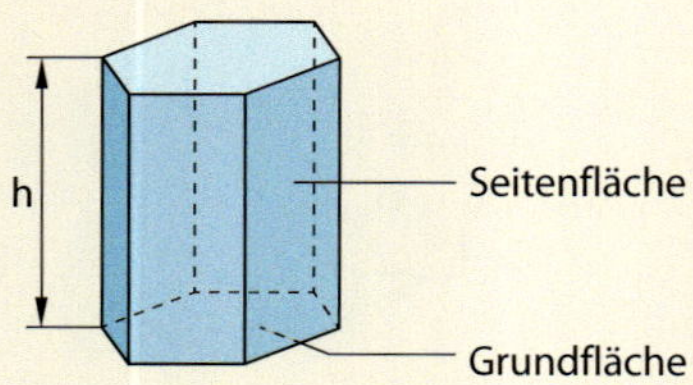

Prisma mit sechseckiger Grundfläche

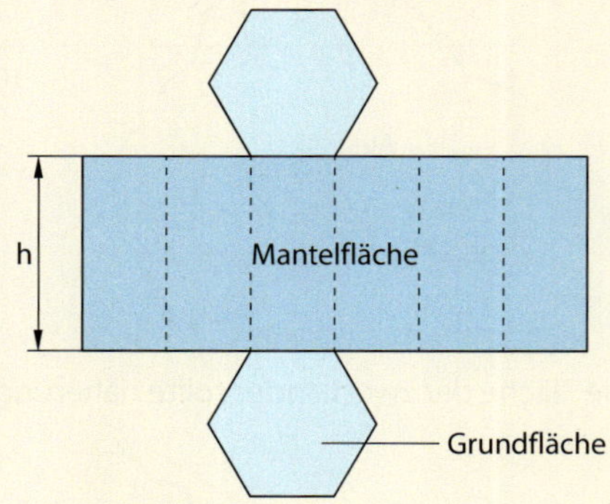

Netzdarstellung

Basisaufgaben

Hinweis zu 1:
Ein Prisma muss nicht auf der Grundfläche stehen.

1. Entscheide, ob es sich bei den abgebildeten Körpern um Prismen handelt.
Gib bei den Prismen die Form der Grundfläche an.

a) 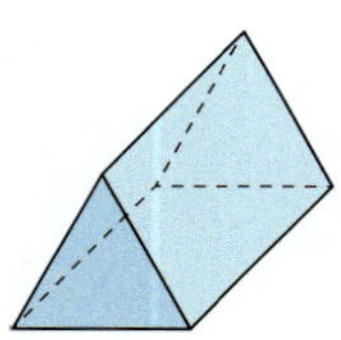
b) 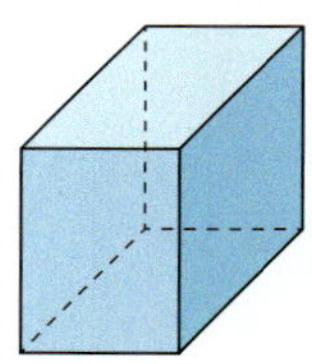
c) 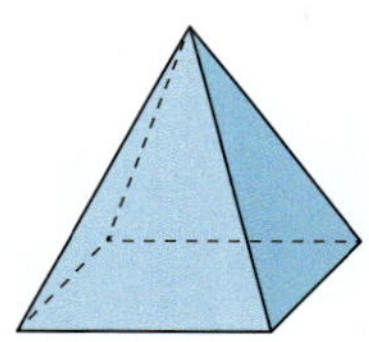
d) 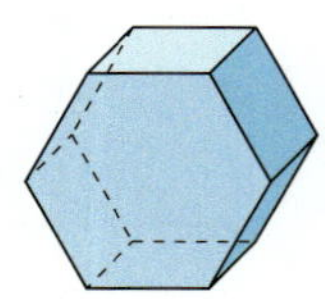
e) 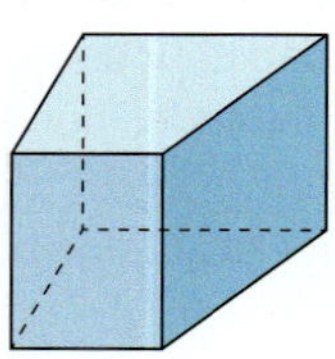
f) 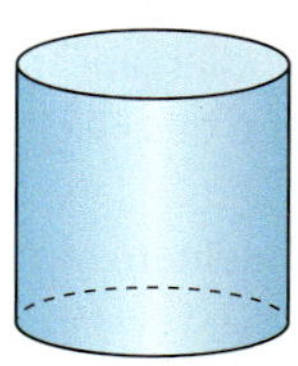
g) 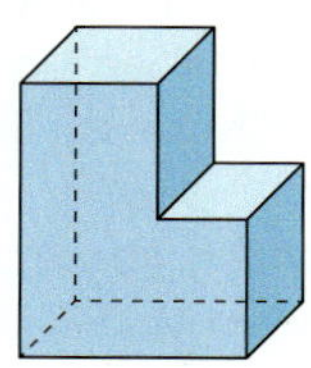
h) 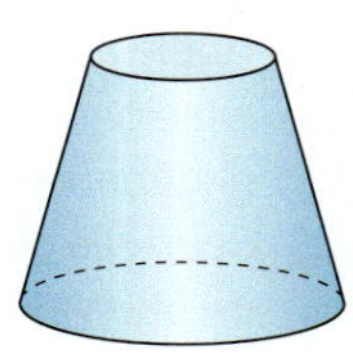

2. Begründe, ob man aus dem Netz ein Prisma bauen kann.

a) 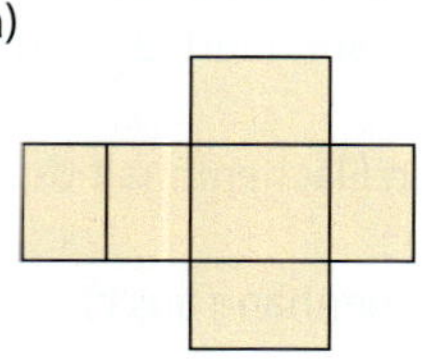
b) 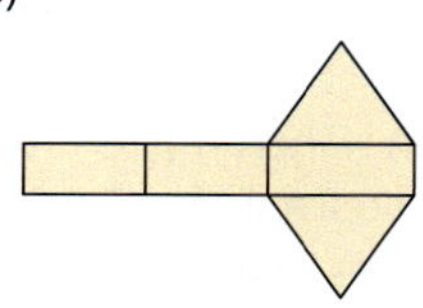
c) 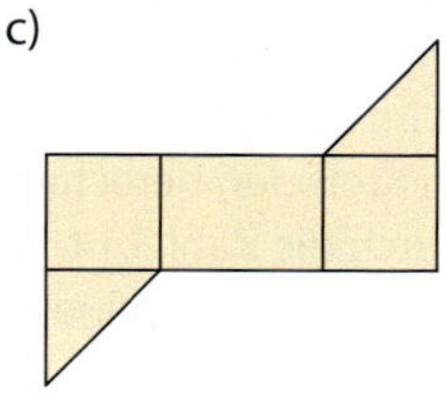
d) 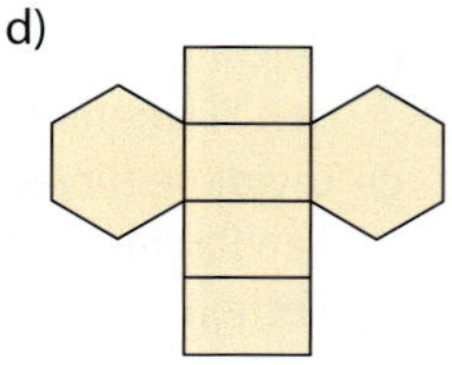

Netz und Oberflächeninhalt

Zu jedem Prisma lässt sich ein Bauplan, ein Netz zeichnen.

Beispiel 1:
Zeichne ein Netz des Prismas (Maße in cm).

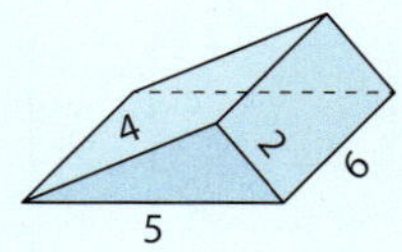

Lösung:
Zeichne zuerst die Mantelfläche. Die Maße der Mantelfläche ergeben sich aus der Höhe 6 cm und den drei Seitenlängen des Dreiecks, also 4 cm, 5 cm und 2 cm.

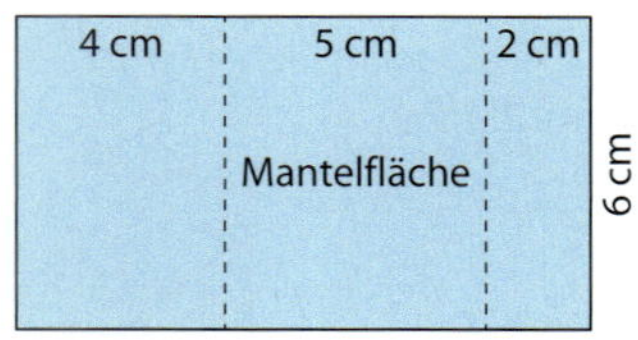

Ergänze dann die beiden Dreiecke der Grundflächen. Den fehlenden dritten Punkt der Dreiecke kannst du konstruieren, indem du die Länge der Seiten mit einem Zirkel abträgst. Der Schnittpunkt gibt jeweils den dritten Punkt an.

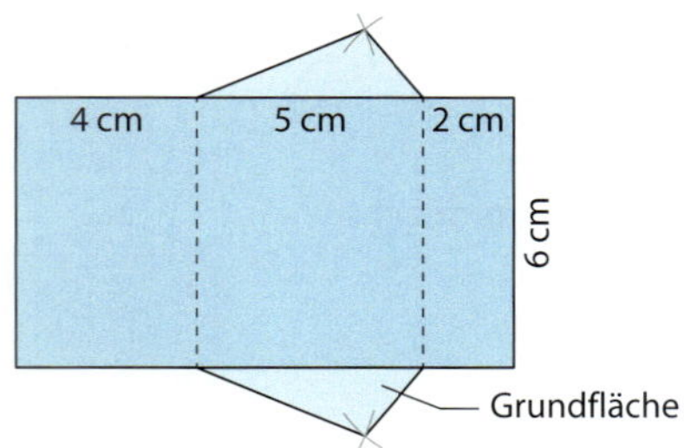

Hinweis:
Prüfe das Netz, indem du versuchst, die Mantelfläche und die Grundflächen wieder zu einem Körper zusammenzusetzen.

Wissen: Oberflächeninhalt eines Prismas
Der **Oberflächeninhalt O eines Prismas** wird berechnet, indem man den Grundflächeninhalt G und den Mantelflächeninhalt M ermittelt. Für den Oberflächeninhalt gilt:

$$O = 2 \cdot G + M$$

Beispiel 2: Berechne den Oberflächeninhalt des Prismas aus Beispiel 1.

Lösung:
Berechne zuerst den Mantelflächeninhalt und den Grundflächeninhalt.

Der Mantelflächeninhalt ergibt sich aus dem Flächeninhalt der rechteckigen Seitenflächen.

Mantelflächeninhalt:
$$M = 4\,\text{cm} \cdot 6\,\text{cm} + 5\,\text{cm} \cdot 6\,\text{cm} + 2\,\text{cm} \cdot 6\,\text{cm}$$
$$= (4\,\text{cm} + 5\,\text{cm} + 2\,\text{cm}) \cdot 6\,\text{cm}$$
$$= 66\,\text{cm}^2$$

Der Grundflächeninhalt ist der Inhalt des Dreiecks mit der Grundseite 5 cm und der Höhe 1,5 cm. Miss die Höhe mit deinem Geodreieck im Netz.

Grundflächeninhalt:
$$G \approx \frac{5\,\text{cm} \cdot 1{,}5\,\text{cm}}{2} = 3{,}75\,\text{cm}^2$$

Setze die Wert für G und M in $O = 2 \cdot G + M$ ein.

Oberflächeninhalt:
$$O = 2 \cdot G + M$$
$$\approx 2 \cdot 3{,}75\,\text{cm}^2 + 66\,\text{cm}^2$$
$$= 73{,}5\,\text{cm}^2$$

Basisaufgaben

3. Begründe, ob man aus dem Netz ein Prisma bauen kann. Falls das möglich ist, übertrage die Figur in dein Heft und berechne den Oberflächeninhalt des Prismas.

a) 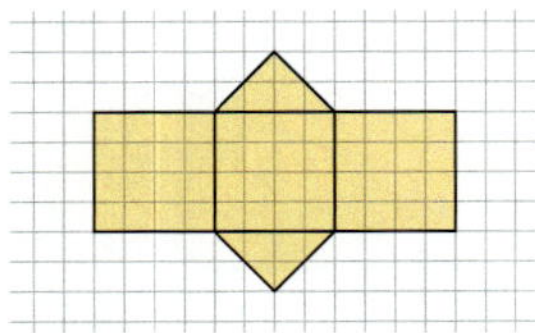

b) 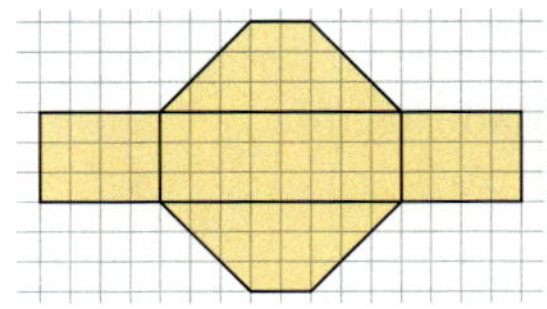

c) 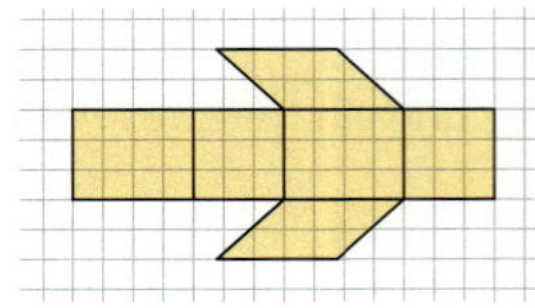

Hinweis zu 4:
Prüfe dein Netz, indem du versuchst die Flächen wieder zu einem Körper zusammenzusetzen.

4. Zeichne ein Netz des Prismas und berechne den Oberflächeninhalt (Maße in cm).

a) Grundfläche

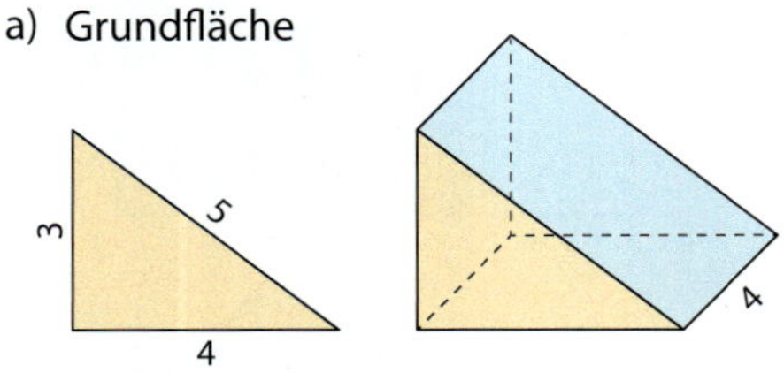

b) Grundfläche

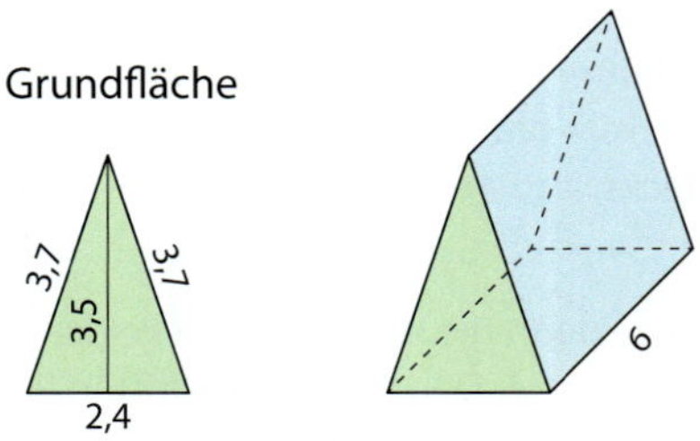

c) Grundfläche

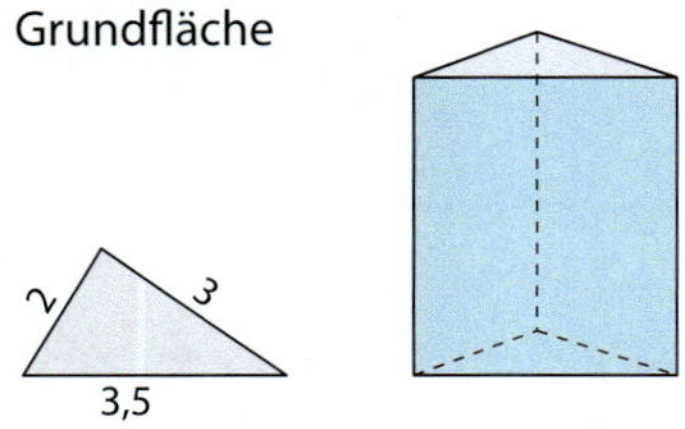

d) Grundfläche

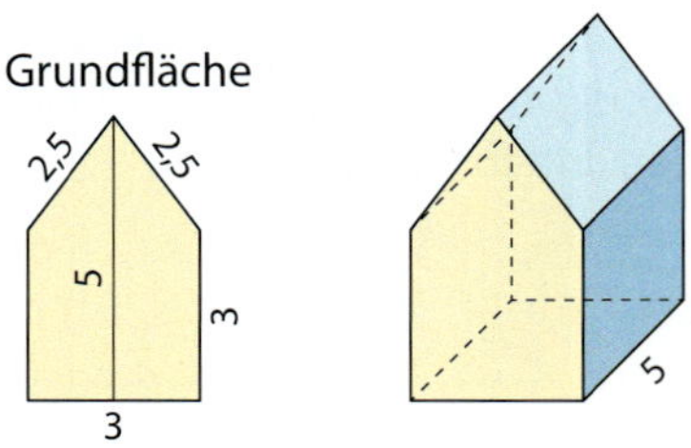

5. Berechne den Oberflächeninhalt des Prismas (Maße in cm).

a) 

b) 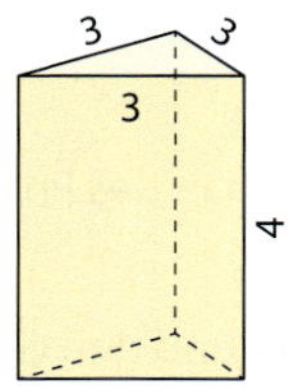

c) 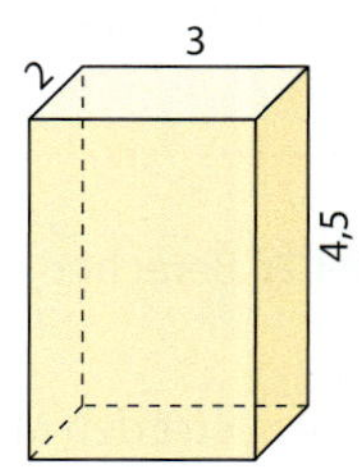

6. a) Lukas hat im Internet diese Formel für den Oberflächeninhalt eines Prismas gefunden: $O = 2G + u \cdot h$. Wofür stehen u und h?
Erkläre die Formel anhand einer eigenen Skizze, in denen du die Größen u und h einzeichnest.

b) Ein Prisma hat eine Grundfläche von $75\,cm^2$ und eine Höhe von 8 cm. Die Grundfläche hat einen Umfang von 20,5 cm. Berechne den Oberflächeninhalt.

7. Eine Touristeninformation hat als Treffpunkt für Führungen den Buchstaben I als markantes Wiedererkennungszeichen aufgestellt. Berechne, wie groß die Oberfläche des Buchstabens ist. Alle Maße sind in Metern angegeben.

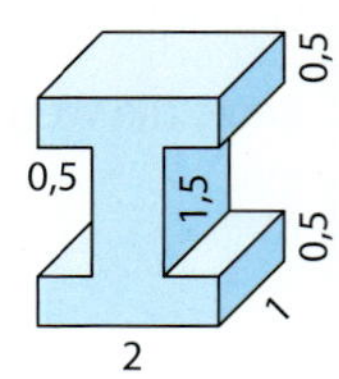

Weiterführende Aufgaben

8. Stolperstelle: Zu dem abgebildeten Netz eines Prismas soll der Oberflächeninhalt berechnet werden. Kontrolliere die Rechnungen und erkläre, welche Fehler gemacht wurden.

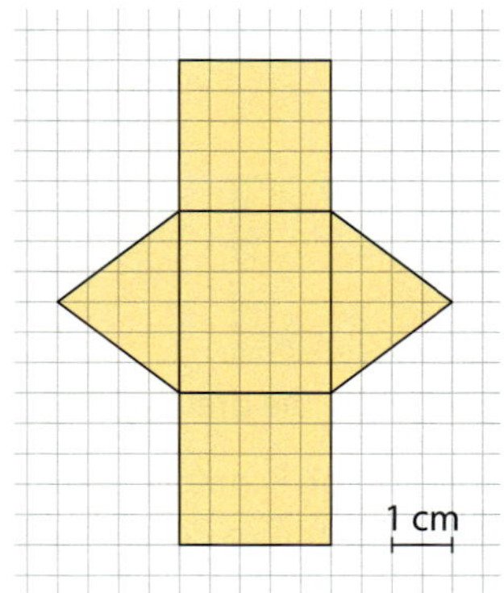

Clara:

$M = 2{,}5\,cm \cdot 2{,}5\,cm + 3\,cm \cdot 2{,}5\,cm + 2{,}5\,cm \cdot 2{,}5\,cm = 20\,cm^2$

$G = \frac{3\,cm \cdot 2\,cm}{2} = 3\,cm^2$

$O = 20\,cm^2 + 3\,cm^2 = 23\,cm^2$

Sven:

$M = 2{,}5\,cm \cdot (2{,}5\,cm + 3\,cm + 2{,}5\,cm) = 20\,cm^2$

$G = \frac{3\,cm \cdot 2{,}5\,cm}{2} = 3{,}75\,cm^2$

$O = 2 \cdot 3{,}75\,cm^2 + 20\,cm^2 = 27{,}5\,cm^2$

9. Ein Prisma ist 8 cm hoch und hat die dargestellte Grundfläche (Maße in cm). Berechne den Oberflächeninhalt des Prismas.

a)

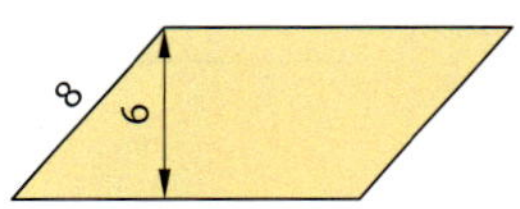

b)

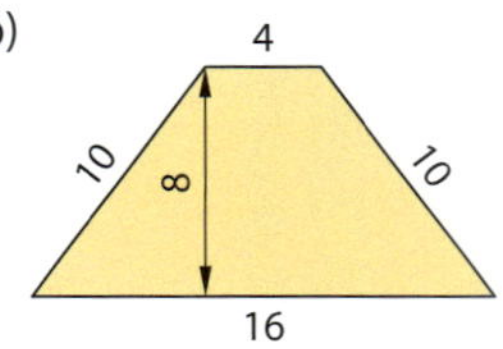

c)

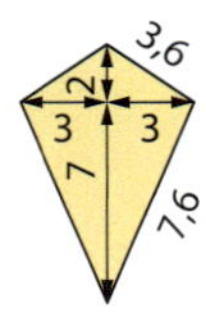

d)

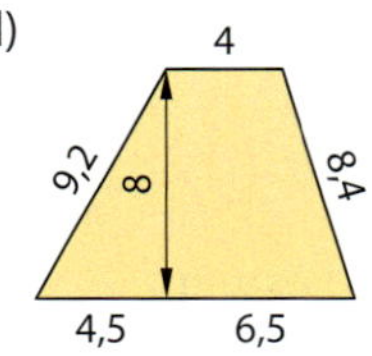

Hinweis zu 9:
Hier findest du die Lösungen in cm^2.

10. Entscheide, ob die Aussagen immer wahr sind. Gib bei falschen Aussagen ein Gegenbeispiel an.

a) Ein Würfel ist ein Prisma.
b) Die Oberfläche eines Prismas setzt sich aus sechs Flächen zusammen.
c) Grund- und Deckfläche eines Prismas sind gleich groß.
d) Die Seitenflächen eines Prismas sind gleich groß.
e) Die Seitenflächen eines Prismas sind rechteckig.
f) In einem Prisma gib es zwei Seitenflächen, die parallel sind.

● **11.**

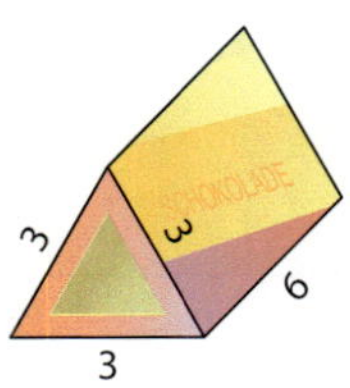

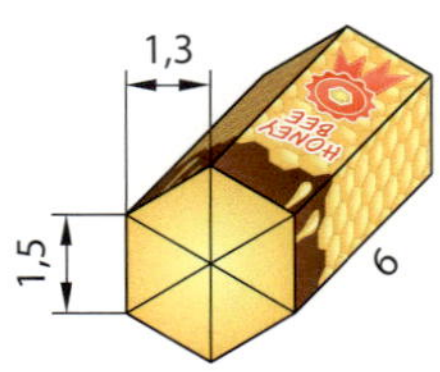

a) Zeichne ein Netz für die beiden Verpackungen auf.
b) Bestimme, wie viel Pappe für die Verpackungen benötigt wird.
c) Für die Klebelaschen und durch Verschnitt werden 12 % mehr Material benötigt. Berechne, wie viel Material benötigt wird.
d) Halte eine Präsentation über die Aufgabe und den Lösungsweg. Erkläre dabei, wie du auf den Lösungsweg gekommen bist.

Tipp zu 11:
Das Sechseck kann in sechs gleichseitige Dreiecke geteilt werden.

● **12. Ausblick:** Bestimme anhand einer Formel, wie sich der Oberflächeninhalt verändert, wenn

a) bei einem Würfel mit der Seitenlänge a die Seitenlänge verdoppelt wird,
b) bei einem Würfel mit der Seitenlänge a die Seitenlänge halbiert wird,
c) bei einem Quader mit den Seiten a, b und c alle Seitenlängen verdoppelt werden.

2.5 Schrägbild eines Prismas

Hinweis:
Mit einer 3D-Software lassen sich dreidimensionale Objekte aus verschiedenen Blickwinkeln abbilden.

■ Dies ist dasselbe Prisma aus verschiedenen Blickwinkeln:

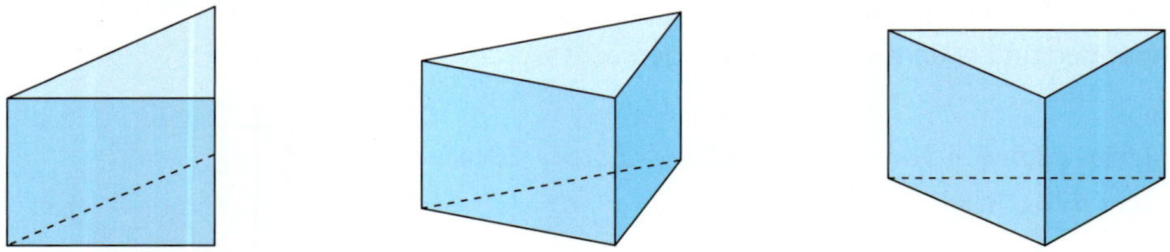

Vergleiche die drei Darstellungen. Was kannst du über die Grundflächen aussagen? ■

Mithilfe von Schrägbildern lassen sich räumliche Figuren auf Papier darstellen. Damit die Form und Größe eines Prismas gut wiedergegeben werden, gibt es Vereinbarungen zum Zeichnen von Schrägbildern.

Beispiel 1: Zeichne das Schrägbild eines Prismas mit der dargestellten Grundfläche und der Höhe 2 cm.

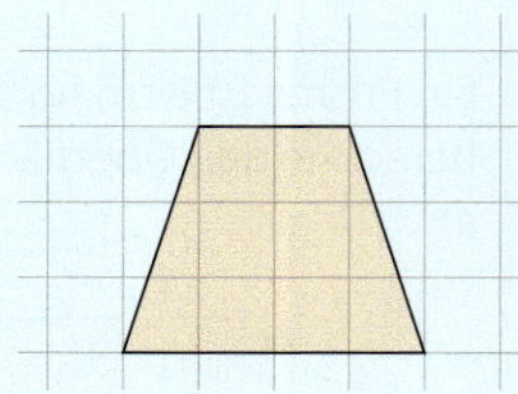

Lösung:
Übertrage das Viereck ins Heft. Zeichne von den oberen Eckpunkten senkrechte Strecken auf die Grundseite. Zeichne von dort verkürzte Strecken entlang den Kästchendiagonalen nach hinten: Ein Zentimeter entspricht einer Kästchendiagonale. Eine perspektivische Ansicht erhältst du, indem du die neuen Eckpunkte verbindest.

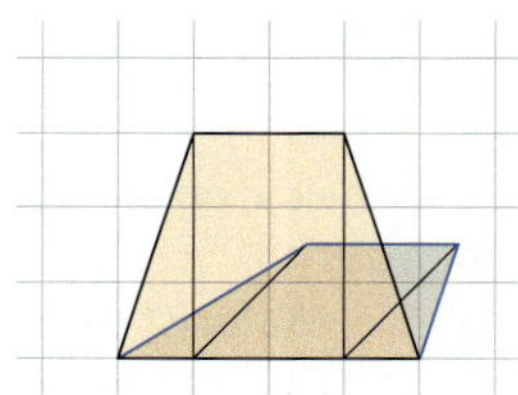

Übertrage die perspektivische Darstellung der Grundfläche als Deckfläche in eine neue Zeichnung.
Trage von den Eckpunkten nach unten senkrechte Kanten der Länge 2 cm ab. Zuletzt zeichnest du die Grundfläche ein. Verdeckte Kanten werden gestrichelt gezeichnet.

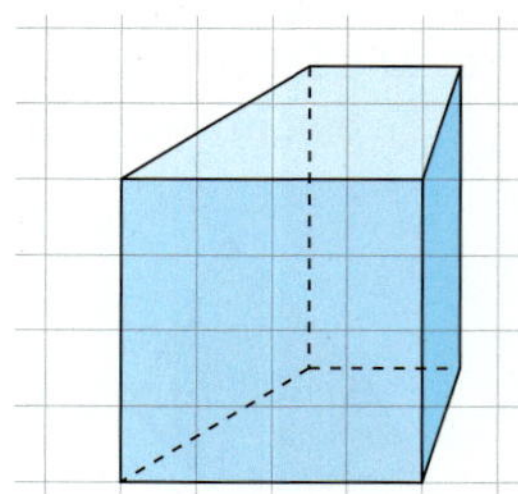

Basisaufgaben

1. Zeichne das Schrägbild eines Prismas mit der Höhe 2 cm und mit der angegebenen Grundfläche.

a)

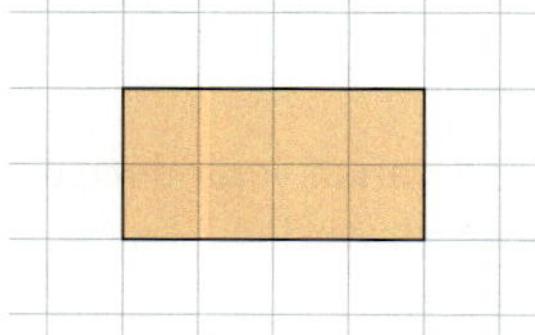

b)

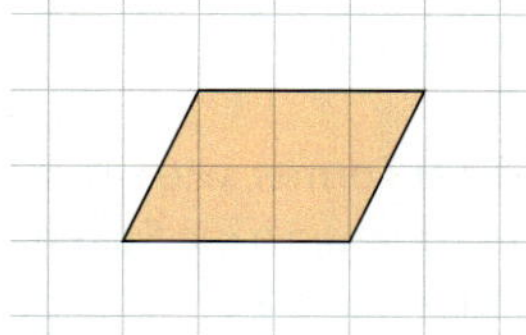

c)

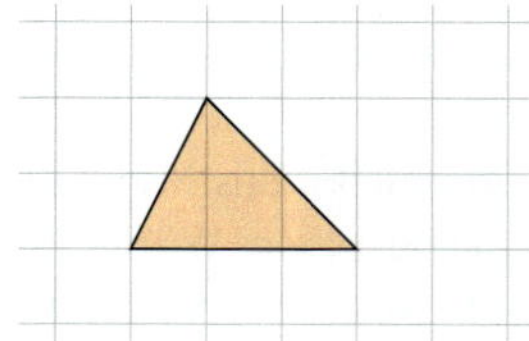

2. Zeichne das Schrägbild eines Prismas mit der angegebenen Grundfläche und Höhe.

a)

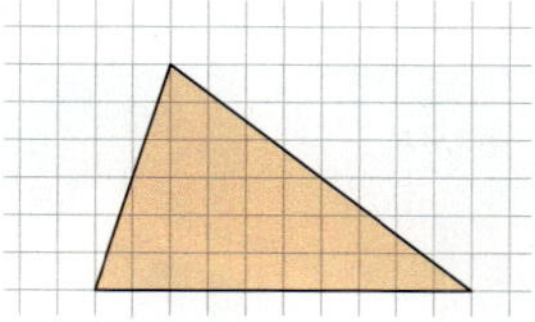

Höhe: 5 cm

b)

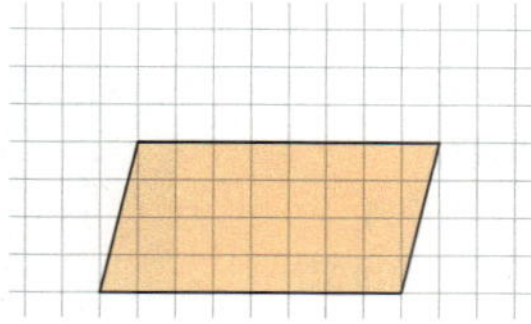

Höhe: 4 cm

c)

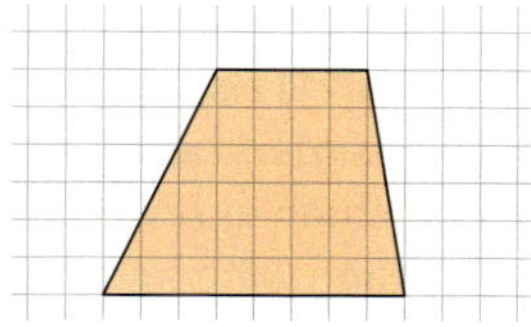

Höhe: 1 cm

Weiterführende Aufgaben

3. Die Prismen wurden aus einem Quader herausgeschnitten. Übertrage das Schrägbild in dein Heft und ergänze die abgeschnittenen Stücke, sodass wieder ein Quader entsteht.

a)

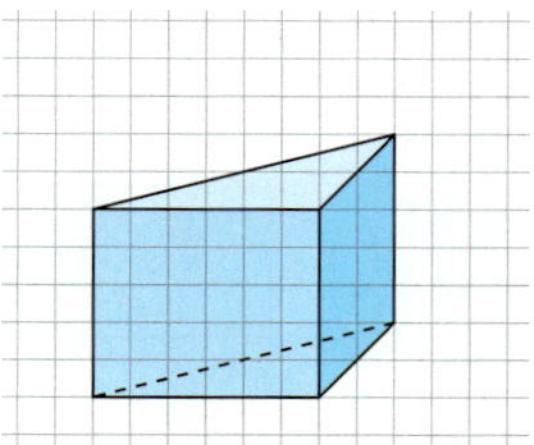

b)

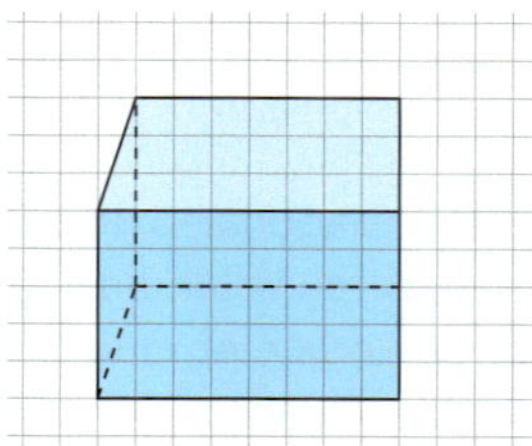

c)

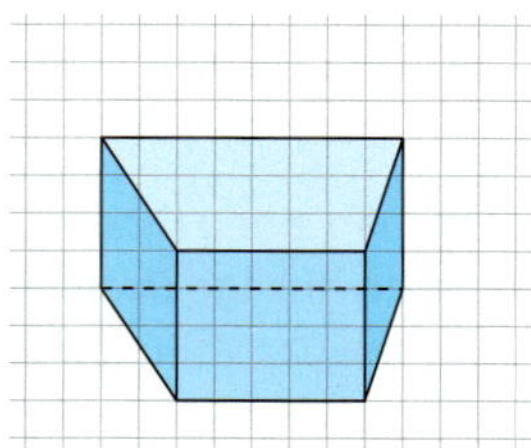

4. Zeichne die Grundfläche des Prismas mit den tatsächlichen Seitenlängen. Trage die Seitenlängen in die Zeichnung ein.

a)

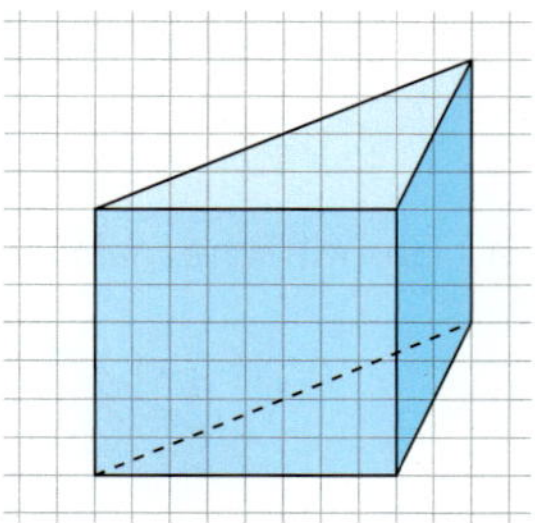

b)

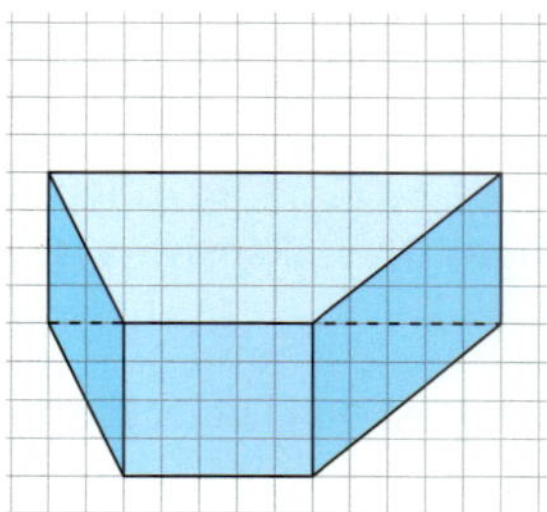

c)

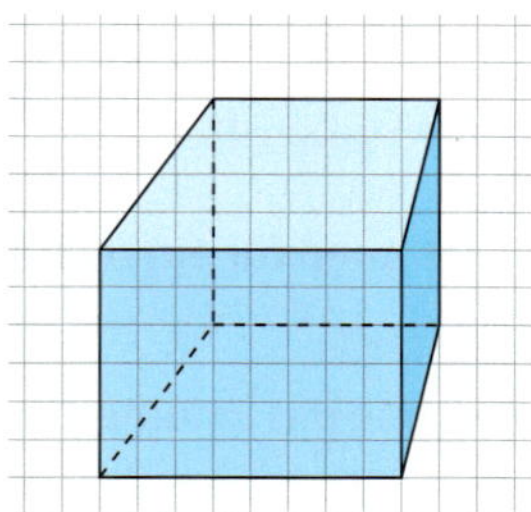

● 5. Zeichne in a) und b) ein liegendes Prisma. Übertrage dazu die Grundseite in dein Heft und zeichne die Höhe diagonal ein. Du kannst dich an dem Beispiel orientieren.

Beispiel:

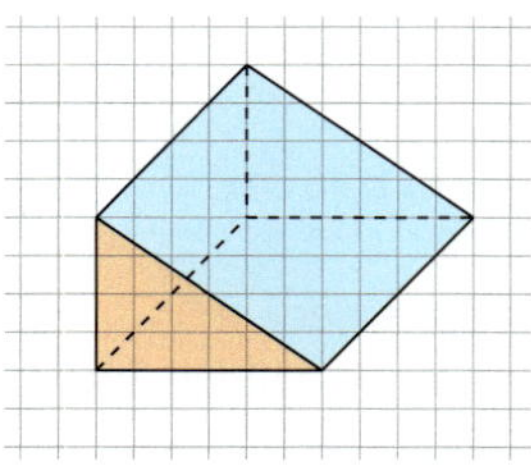

Schrägbild eines liegenden Prismas der Höhe 4 cm

a) Grundseite:

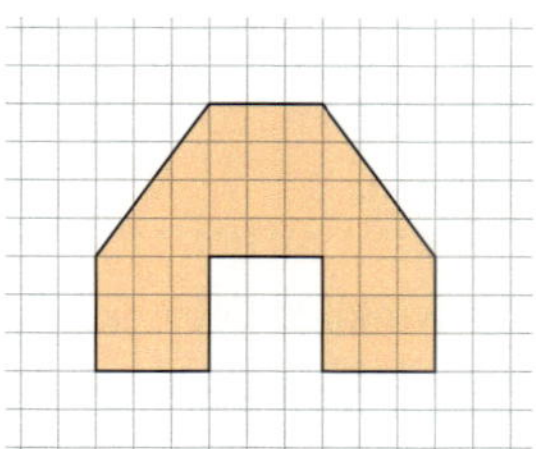

Höhe: 4 cm

b) Grundseite:

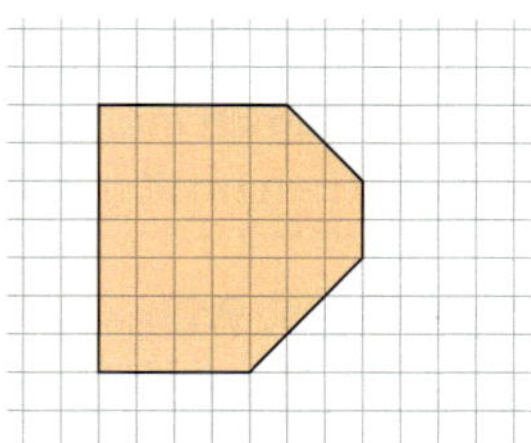

Höhe: 6 cm

● 6. **Ausblick:** Fotografiere unterschiedlich große Gegenstände, die die Form eines Prismas haben, jeweils aus unterschiedlichen Perspektiven. Drucke die Fotos aus und zeichne die Kanten der jeweiligen Gegenstände auf dem Foto nach. Stelle auch die nicht sichtbaren Kanten dar. Vergleiche die so entstandenen Schrägbilder mit den Schrägbildern in diesem Teilkapitel.

2.6 Volumen eines Prismas

■ Daniel und Falk grübeln, wie sie das Volumen des Körpers berechnen können.
„Wir bräuchten ein zweites gleich großes Prisma. Dann wäre es ganz einfach", schlägt Falk vor.
„Stimmt! Dann könnten wir die Körper zusammensetzen und mit der Formel …"
Welche Idee haben die beiden Jungen und wie könnte Daniels Antwort weitergehen? ■

Man berechnet das Volumen eines Quaders mit der Formel
$V = G \cdot h$ („Grundfläche mal Höhe").

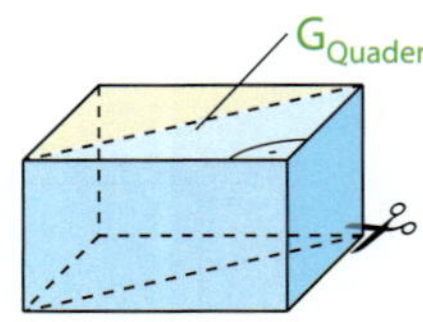

Zerlegt man einen Quader entlang der Diagonalen, so ergeben sich zwei rechtwinklige **Dreiecksprismen**, deren Volumen V_{Prisma} halb so groß ist wie das Volumen des Quaders und deren Grundfläche G_{Prisma} halb so groß ist wie die Grundfläche des Quaders. Deshalb gilt:

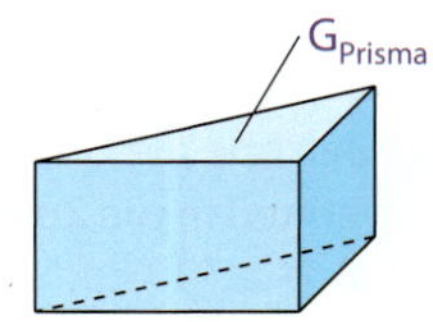

$$V_{Prisma} = \frac{1}{2} \cdot V_{Quader} = \frac{1}{2} \cdot (G_{Quader} \cdot h)$$
$$= \left(\frac{1}{2} \cdot G_{Quader}\right) \cdot h$$
$$= G_{Prisma} \cdot h$$

Das **Volumen für ein rechtwinkliges Dreiecksprisma** ist $V = G \cdot h$ („Grundfläche mal Höhe").

Beispiel 1:
Berechne das Volumen des rechtwinkligen Dreiecksprismas.

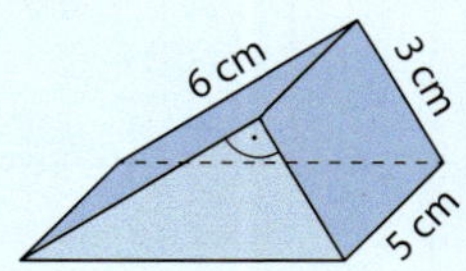

Lösung:
Die Grundfläche des Prismas ist ein rechtwinkliges Dreieck.

Grundflächeninhalt:
$G = \frac{6\,cm \cdot 3\,cm}{2} = \frac{18\,cm^2}{2} = 9\,cm^2$

Für das Volumen multiplizierst du den Grundflächeninhalt mit der Höhe 5 cm.

Volumen:
$V = G \cdot h = 9\,cm^2 \cdot 5\,cm = 45\,cm^3$

Hinweis:
cm^2 mal cm ergibt cm^3.

Jedes beliebige Prisma kann in rechtwinklige Dreiecksprismen zerlegt werden.
Daher gilt die Formel „Grundfläche mal Höhe" auch für das Volumen von beliebigen Prismen.

Prisma

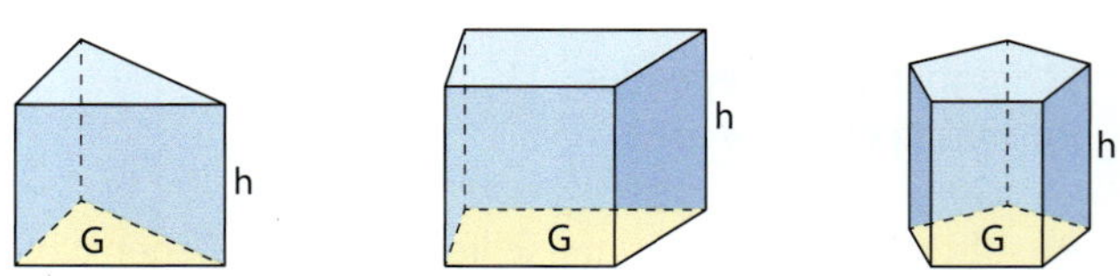

Grundfläche, zerlegt in rechtwinklige Dreiecke:

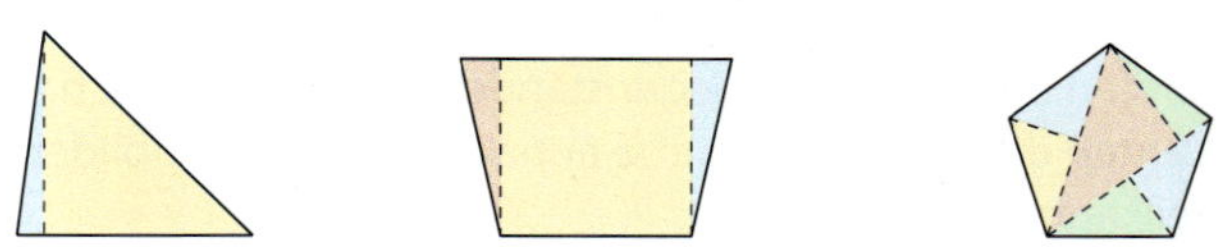

Wissen: Volumen eines Prismas

Das **Volumen eines Prismas** wird berechnet, indem man den Inhalt der Grundfläche G mit der Höhe h des Prismas multipliziert:

$$V = G \cdot h$$

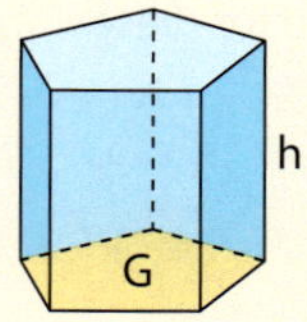

Beispiel 2: Berechne das Volumen des Prismas.

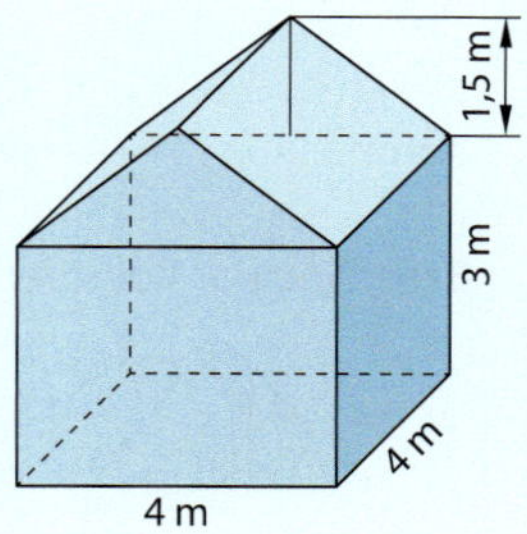

Lösung:

Die Grundfläche des Prismas besteht aus einem Rechteck und einem Dreieck.

Grundflächeninhalt:

$G = \frac{1}{2} \cdot \text{Grundseite} \cdot \text{Höhe}_{\text{Dreieck}} + \text{Länge} \cdot \text{Breite}$

$= \frac{1}{2} \cdot 4\,\text{m} \cdot 1{,}5\,\text{m} + 4\,\text{m} \cdot 3\,\text{m}$

$= 3\,\text{m}^2 + 12\,\text{m}^2$

$= 15\,\text{m}^2$

Für das Volumen multiplizierst du den Grundflächeninhalt mit der Höhe 4 m.

Volumen:

$V = G \cdot h = 15\,\text{m}^2 \cdot 4\,\text{m} = 60\,\text{m}^3$

Basisaufgaben

1. Berechne das Volumen des Prismas.

a)

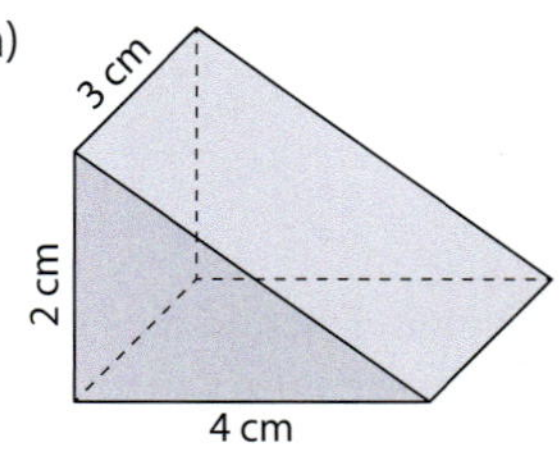

b)

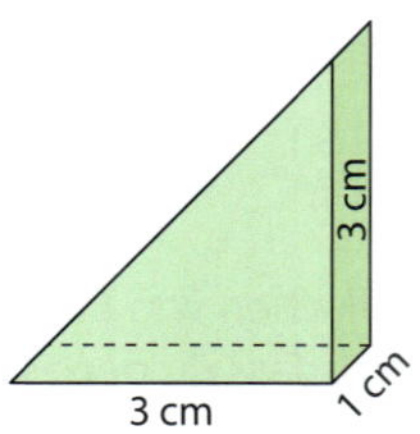

c)

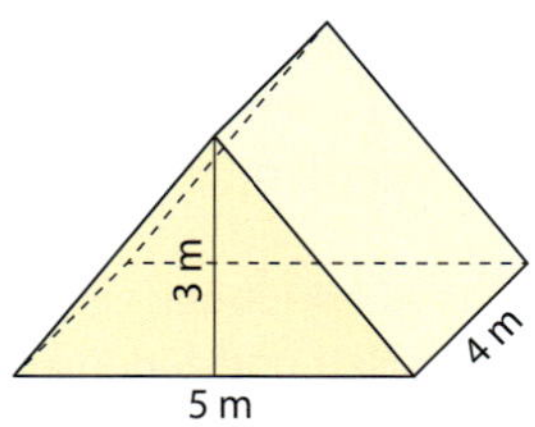

2. Berechne das Volumen des Dreiecksprismas.

	a)	b)	c)	d)	e)
Grundseite Dreieck	6 cm	7,5 m	1,6 dm	0,23 m	0,4 km
Höhe Dreieck	3 cm	4 m	4,8 dm	5 dm	125 m
Höhe Prisma	4 cm	9,4 m	5,3 dm	1,5 dm	1,75 m

3. Ein 5 cm hohes Prisma hat ein gleichschenkliges Trapez mit den Maßen a = 6,5 cm, c = 4,5 cm und h = 3 cm als Grundfläche. Berechne das Volumen des Prismas. Vergleiche dein Ergebnis mit dem Ergebnis deines Nachbarn.

4. Entscheide, für welche der Körper die Formel V = G · h zur Berechnung des Volumens gilt. Gib für diese Körper die Form der Grundfläche an.

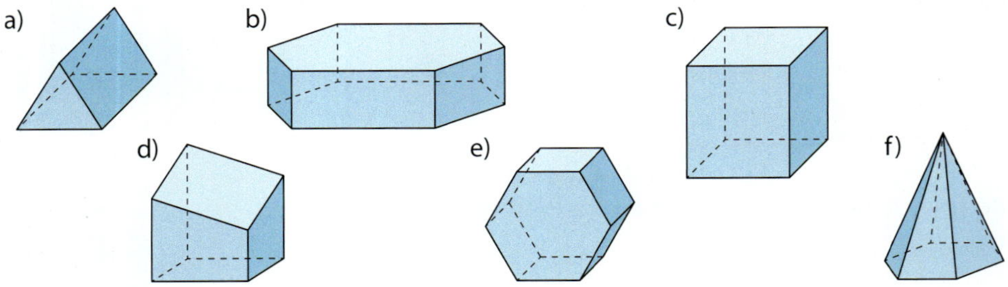

5. Berechne das Volumen des Prismas.

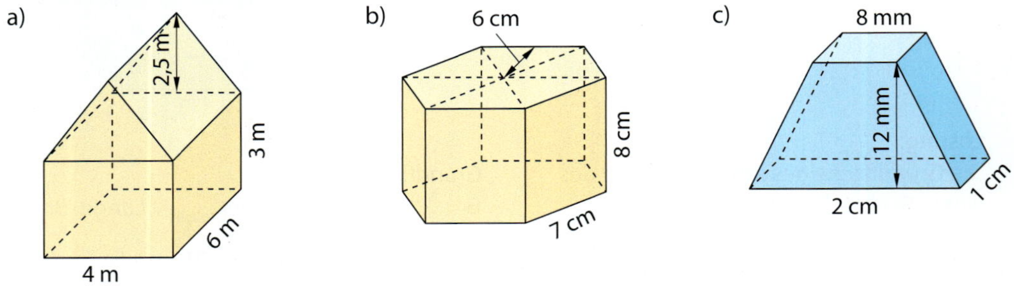

Hinweis zu 6:
Du kannst die Körper zerlegen oder ergänzen.

6. Aluminium-Profile gibt es in unterschiedlichen Ausführungen.
a) Ordne den abgebildeten Profile eine passende Bezeichnung zu: „T-Profil", „Doppel-T-Profil", „U-Profil", „Winkel-Profil".
b) Berechne die Mengen Aluminium, die pro Meter für die Herstellung der Profile benötigt wird. Schätze zunächst, welches Profil den geringsten (den höchsten) Materialeinsatz erfordert (Maße in mm).

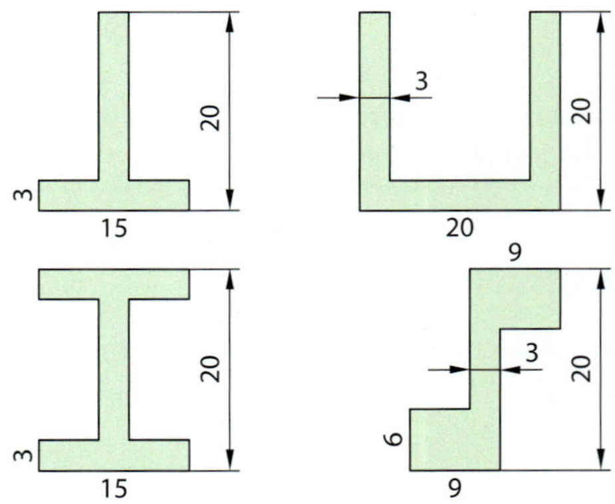

Hinweis zu 7:
Hier findest du die Volumen in cm³.

7. Die Abbildungen zeigen die Grundflächen von 6 cm hohen Prismen. Zeichne die Formen in dein Heft und zerlege die Formen so, dass du den Flächeninhalt berechnen kannst. Berechne das Volumen der Prismen (Maße in cm).

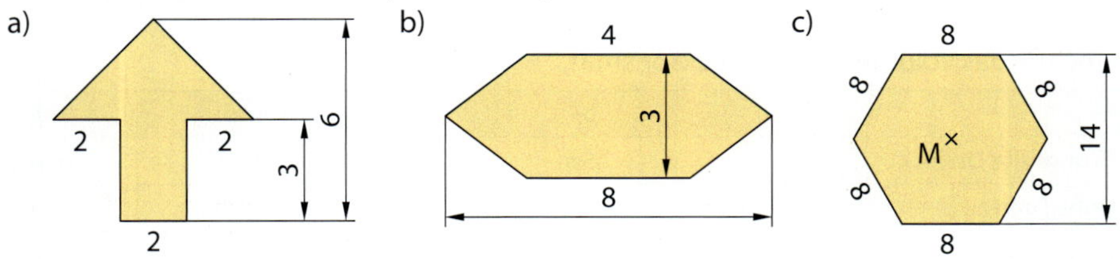

8. Für den Bau eines Schwimmbads muss ein Erdloch von 3 Meter Tiefe ausgehoben werden. Berechne mithilfe des Grundrisses das Volumen der Erde, die ausgebaggert werden muss.

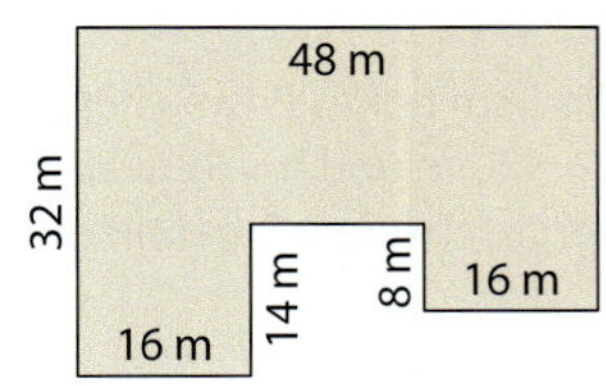

Weiterführende Aufgaben

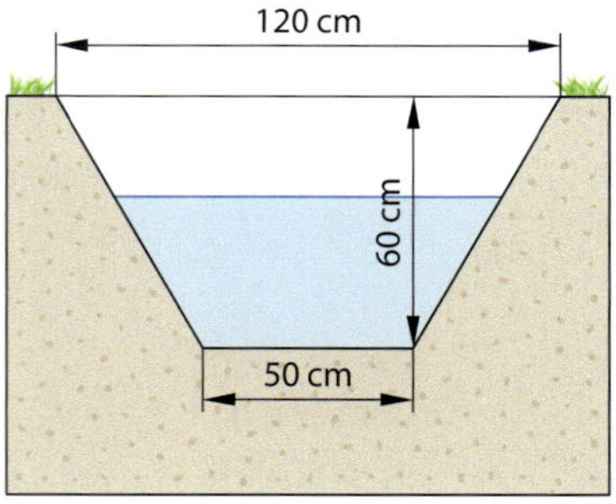

9. Bauer Hartmann legt um seine Felder einen Entwässerungsgraben an.
   a) Berechne, wie viel Erde Bauer Hartmann für 100 m Graben ausheben muss.
   b) Insgesamt werden 1,2 km Graben angelegt. Wie viel Liter Wasser passen maximal in den gesamten Graben?

10. **Stolperstelle:** Erkläre, welche Fehler gemacht wurden, und korrigiere die Rechnung.
    a) Ein Dreiecksprisma hat die Maße $g = 4\,cm$, $h_{Dreieck} = 2{,}5\,cm$ und $h = 7\,cm$.

    $V = 4\,cm \cdot 2{,}5\,cm \cdot 7\,cm = 70\,cm^3$

    b) $V = G \cdot h$
    $G = 9\,cm \cdot 6\,cm = 54\,cm^2$
    $h = 4\,cm$
    $V = 54\,cm^2 \cdot 4\,cm = 216\,cm^3$

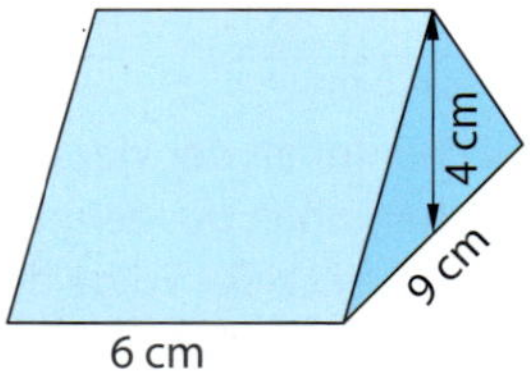

11. Betrachte Prismen mit einem Volumen von $72\,cm^3$.
    a) Die Grundfläche ist $12\,cm^2$ groß. Bestimme die Höhe des Prismas.
    b) Das Prisma ist 8 cm hoch. Bestimme die Größe der Grundfläche.
    c) Leite aus der Formel $V = G \cdot h$ je eine Formel zur Berechnung von Grundfläche und Höhe des Prismas ab.

● 12. Erkläre.
    a) Wie verändert sich das Volumen eines Prismas, wenn seine Höhe verdoppelt (verdreifacht) wird und die Grundfläche sich nicht ändert?
    b) Wie verändert sich die Grundfläche eines Prismas, wenn seine Höhe verkleinert wird, das Volumen sich aber nicht ändern soll?
    c) Was kannst du über die Grundfläche zweier Prismen aussagen, die gleich hoch sind und das gleiche Volumen haben?

● 13. **Ausblick:** Es gibt nicht nur gerade, sondern auch schiefe Prismen. Ein schiefes Prisma erhält man zum Beispiel, wenn man einen Zettelstapel am oberen Rand zunächst nach rechts und dann nach hinten drückt.

①

②

③

    a) Der Zettelstapel in ① ist 4 cm hoch und hat eine quadratische Grundfläche mit 9 cm Seitenlänge. Berechne sein Volumen.
    b) Bestimme das Volumen des Zettelstapels in ②.
    c) Welche Form haben die Begrenzungsflächen des Zettelstapels in ③? Wie groß ist vermutlich sein Volumen? Informiere dich über das Prinzip von Cavalieri.

2.7 Vermischte Aufgaben

1. Die Größen von fünf Dreiecken sind durcheinander. Ordne g, h und A einander zu.

Grundseite g	Höhe h	Flächeninhalt A
3 m, 10 m, 9 m, 7 m, 6 m	500 cm, 4 m, 60 dm, 8 m, 10 m	$28\,m^2$, $15\,m^2$, $18\,m^2$, $18\,m^2$, $25\,m^2$

2. Im Bild ist eine Folge von Dreiecken dargestellt. Die Länge von b bleibt unverändert.

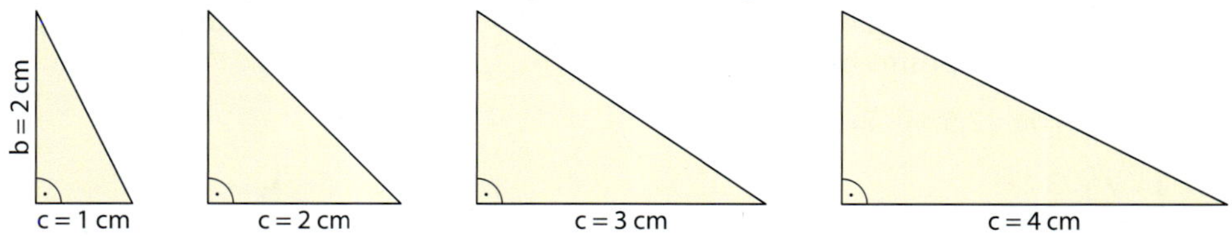

a) Ermittle den Flächeninhalt der vier Dreiecke.
b) Ermittle den Flächeninhalt des zehnten Dreiecks der Folge.
c) Ermittle, welches Dreieck der Folge den Flächeninhalt $24\,cm^2$ hat.
d) Stelle eine Formel auf, mit der du den Flächeninhalt des n-ten Dreiecks der Folge berechnen kannst.

3. Wie verändert sich der Flächeninhalt eine Dreiecks, wenn
a) g verdoppelt (verdreifacht) wird,
b) g und h verdoppelt (verdreifacht) werden?

4. Das Bermuda-Dreieck ist der Teil des Atlantiks, der von den Bermuda-Inseln, der Stadt Miami in Florida und der Stadt San Juan auf Puerto Rico begrenzt wird. Bestimme die Fläche des Bermuda-Dreiecks und vergleiche sie mit der Gesamtfläche der Weltmeere von $362\,000\,000\,km^2$.
Eine Kästchenlänge entspricht etwa 260 km.

5. Das Bild zeigt die Fassade eines Hauses.
Die Fassade soll eine Isolierung zum Preis von $120\,€/m^2$ (ohne Mehrwertsteuer) erhalten.
Berechne die Kosten ohne und mit 19 % Mehrwertsteuer.
Die Fensterflächen werden bei der Kostenberechnung nicht berücksichtigt.

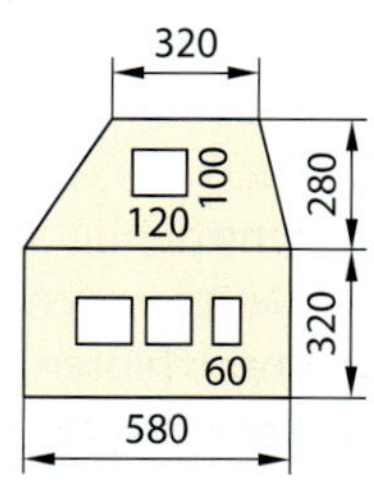

Maße in cm.

Tipp zu 6:
Arbeite zum Beispiel mit einer maßstäblichen Skizze und miss darin benötigte Größen. Es gibt aber auch andere Lösungswege.

6. Rechts siehst du die Flagge von Brasilien. Ermittle möglichst genau die Größe der grünen Fläche, wenn die Flagge 70 cm × 100 cm groß ist. Hinweis: Achte auf die Skalenstriche.

7. Bestimme mithilfe des Geodreiecks den Flächeninhalt des Parallelogramms ABCD. Zerlege dazu das Parallelogramm durch die Diagonale $\overline{BD}$ in zwei flächengleiche Dreiecke und nutze deine Kenntnisse zur Flächenberechnung von Dreiecken.

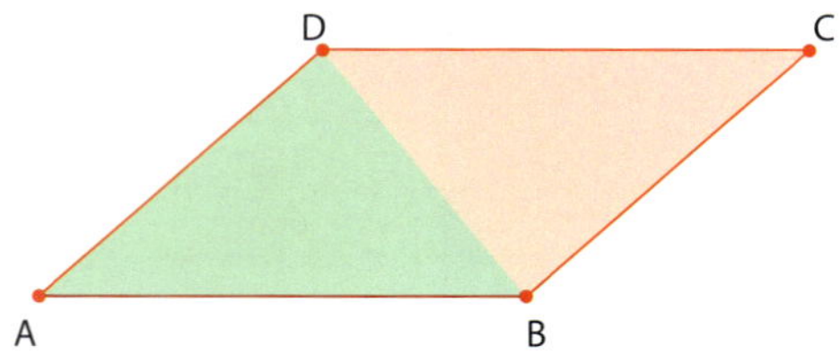

8. Begründe mithilfe des Zerlegung die Formel für den Flächeninhalt eines Trapezes.

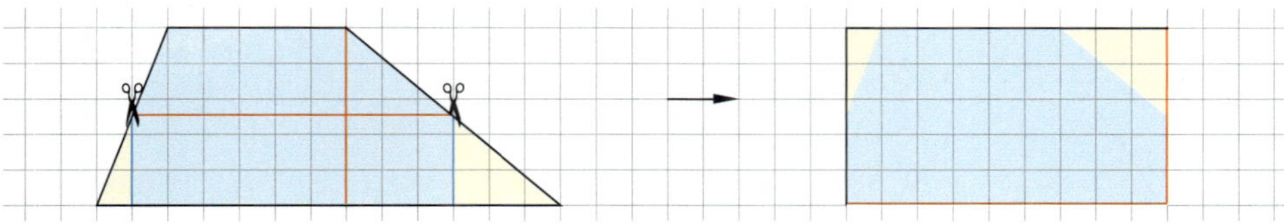

9. Sind folgende Behauptungen richtig oder falsch? Gib jeweils eine Begründung an.

a) Wenn man den Umfang eines Rechtecks kennt, kennt man auch dessen Flächeninhalt.

b) Der Flächeninhalt eines Parallelogramms ist immer das Produkt aus Länge und Breite.

c) Der Flächeninhalt eines Parallelogramms ändert sich nicht, wenn man die Länge verdoppelt und die Breite halbiert.

d) Den Flächeninhalt eines Dreiecks kann man bestimmen, wenn man eine Seite und eine Höhe kennt.

10. Familie Scholz hat sich als Ferienhaus ein Haus gekauft, das nur aus einem Dach besteht. Das Haus ist bis auf insgesamt sechs Glasfenster an der Front- und Rückseite komplett aus Holz. Das Haus ist 8 m hoch und 9 m lang. Die Fenster haben die Maße 1,5 m × 2 m.

- Berechne das Volumen des Hauses.
- Berechne, wie viel Quadratmeter Holz an den Außenwänden mit Holzschutzlasur behandelt werden müssen.
- Auf einer rechteckigen Dachfläche möchte die Familie Solarzellen unterbringen.
  Es gibt Solarmodule in den Maßen 1600 mm x 990 mm mit 210–250 Watt Leistung oder 1580 mm x 808 mm mit 170–190 Watt Leistung.
  Welche Solarmodule müsste die Familie nehmen, um die größtmögliche Leistung erzeugen zu können? Begründe.

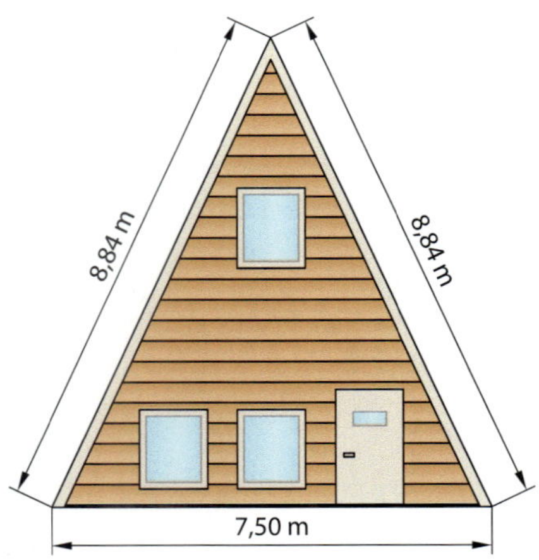

11. Familie Jakobs lässt vor der Haustür eine neue Treppe aus Granit fertigen. Diese soll vier Stufen mit einer Tiefe von je 22 cm haben, wobei für die Stufe vor der Eingangstür zusätzlich 40 cm vorgesehen sind. Die Granittreppe ist 1,30 m breit und überbrückt eine Höhe von 56 cm (Abstand zwischen Boden und Hauseingang).

a) Berechne das Volumen der Treppe.

b) Bestimme, welches Gewicht die Treppe hat, wenn der verwendete Granit eine Dichte von 2,8 t pro m^3 hat.

Prüfe dein neues Fundament

Lösungen ↗ S. 215

1. Berechne die fehlende Größe eines Dreiecks mit der Grundseite g und der Höhe h.

	a)	b)	c)	d)
Grundseite g	3 cm	4 m	8 cm	
Höhe h_g	6 cm	2,5 m		30 mm
Flächeninhalt A			12 cm²	24 cm²

2. Berechne den Flächeninhalt des Dreiecks. Miss benötigte Längen mit dem Geodreieck.

a)

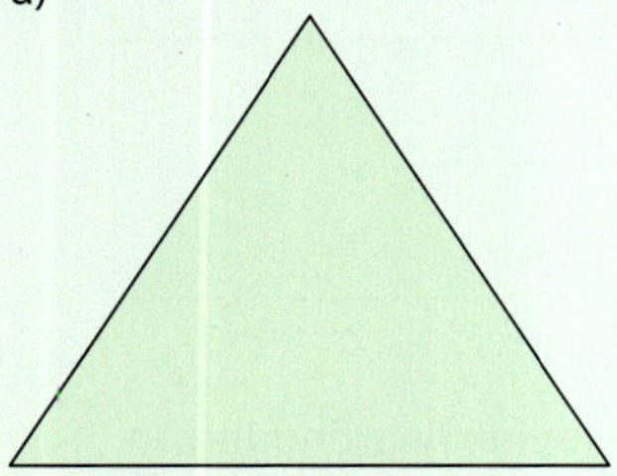

b)

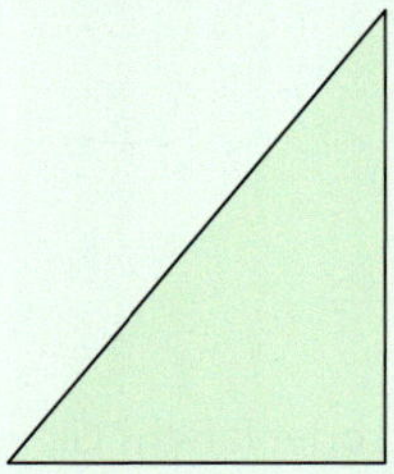

c)

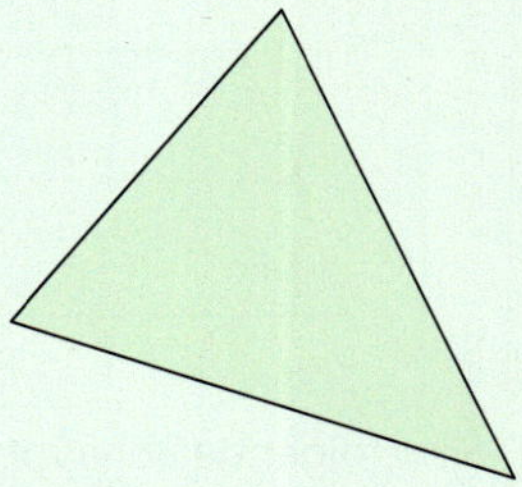

3. Ein Dreieck hat eine Grundseite g = 4 cm und eine zugehörige Höhe h = 6 cm.

a) Gib die Breite b eines flächengleichen Rechtecks an, dessen Länge a = 4 cm beträgt.

b) Gib die Höhe eines flächengleichen Parallelogramms mit einer Grundseite a = 4 cm.

c) Gib die Höhe eines flächengleichen Trapezes mit den zueinander parallelen Seiten a = 2 cm und c = 4 cm an.

4. Berechne die fehlende Größe eines Parallelogramms mit der Grundseite g und der Höhe h.

	a)	b)	c)	d)
Grundseite g	5 cm	4		90 mm
Höhe h	3 cm	2,4	25 m	
Flächeninhalt A			625 cm²	72 cm²

5. Berechne den Flächeninhalt mit den Angaben in der Abbildung.

a) Querschnitt einer Eisenbahntrasse

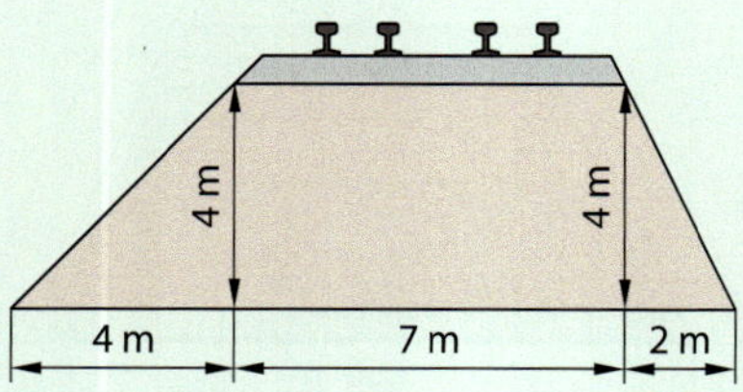

b) Größe der Dachfläche

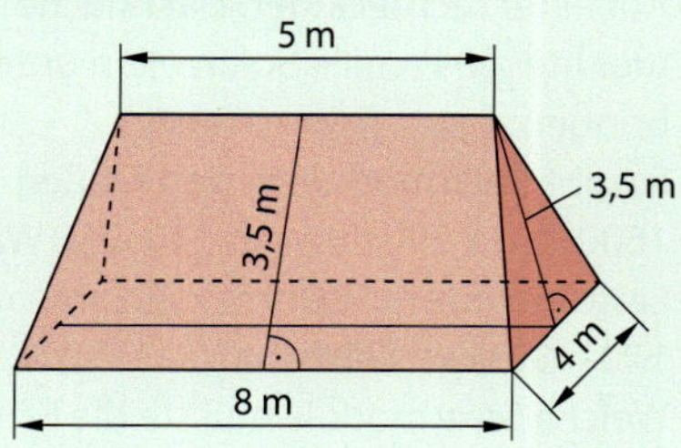

6. Die Rückwand des Hauses von Familie Schulz soll einen neuen Anstrich erhalten. Wie viele Eimer Farbe muss Frau Schulz im Baumarkt kaufen, wenn ein Eimer Farbe für 35 m² reicht und der Anstrich zweimal erfolgen soll?

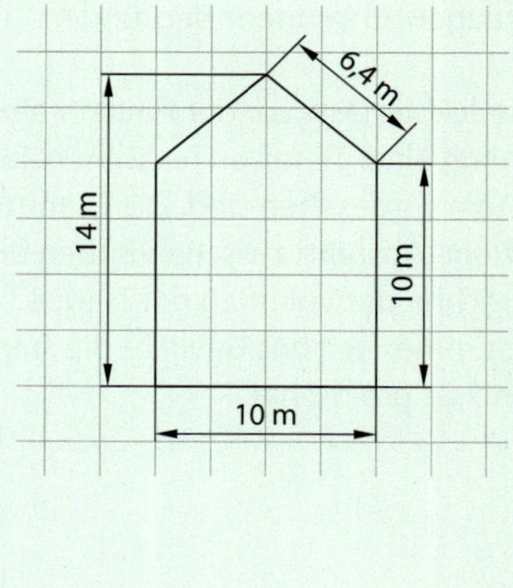

7. Welche der Körper sind Prismen? Begründe.

a)
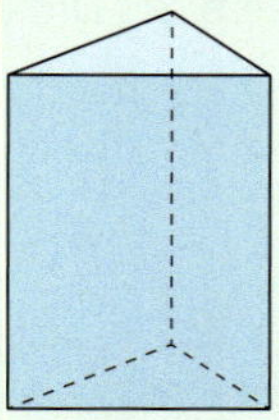
b)
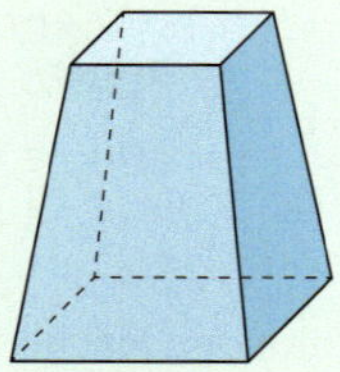
c)
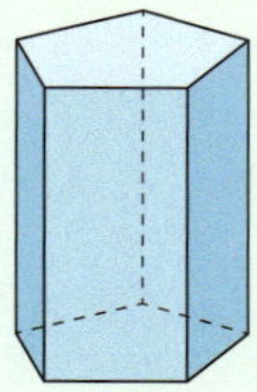
d)
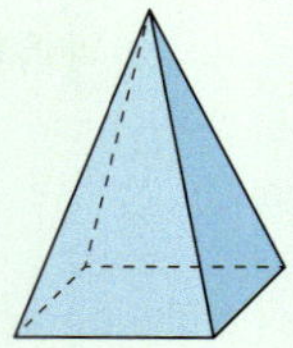
e)
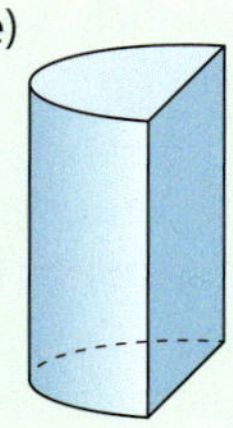

8. Zeichne ein Netz des Prismas mit der Höhe h. Die Grundfläche ist ein Dreieck mit den Seitenlängen a, b und c. Berechne dann den Oberflächeninhalt.

a) a = 3 cm; b = 5 cm; c = 6 cm; h = 5 cm
b) a = 2 cm; b = 7 cm; c = 8 cm; h = 4 cm

9. Zeichne ein Netz des Prismas und berechne den Oberflächeninhalt (alle Maße in cm).

a)
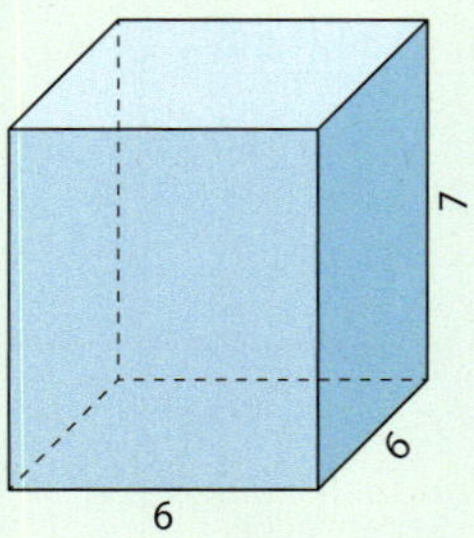

b)
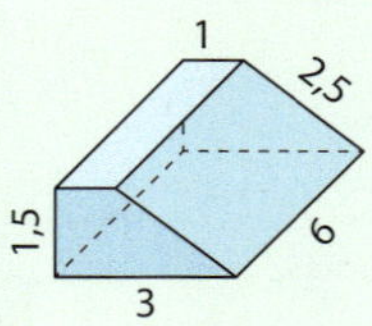

c)
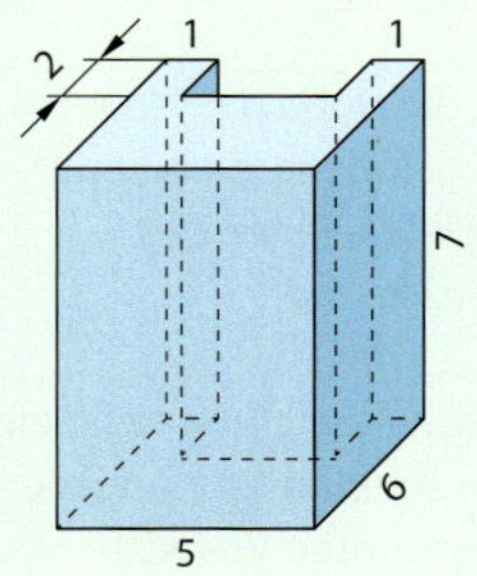

10. Berechne das Volumen des Prismas (alle Maße in cm).

a)
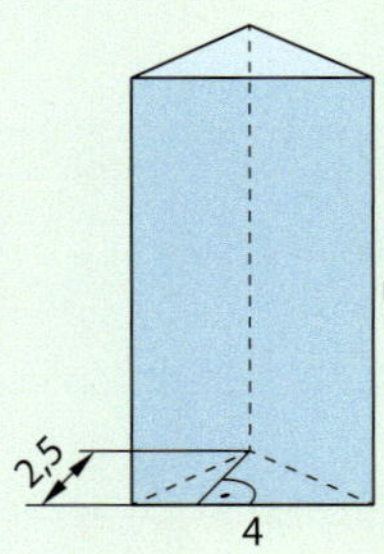

b)
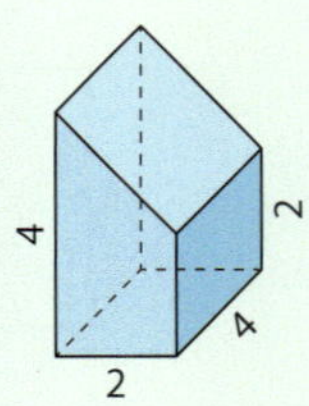

c)
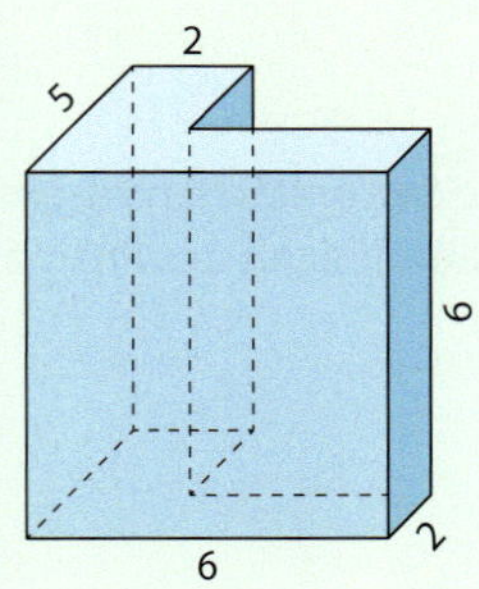

Wiederholungsaufgaben

1. Konstruiere ein Dreieck mit den Maßen a = 2,5 cm, b = 4 cm und $\gamma = 80°$. Miss anschließend die Größe der anderen Winkel sowie der Seite c.

2. Runde die Zahlen auf die vorgegebene Rundungsstelle.

a) Zehner: 2324
b) Hundertstel: 3,999
c) Zehntel: 23,867

3. Die Schüler der Klasse 8b haben getestet, wie gut sie eine Minute schätzen können.

geschätzte Zeit in s	51	53	54	56	57	58	59	60	61	63	64	65
Anzahl	1	3	1	2	4	3	3	2	1	4	1	2

Bestimme den Mittelwert und die Spannweite der Schätzung.

Flächeninhalt eines Dreiecks

Flächeninhalt A eines Dreiecks:

$A = \frac{g \cdot h}{2}$

g ist eine Dreiecksseite, h die zugehörige Höhe.

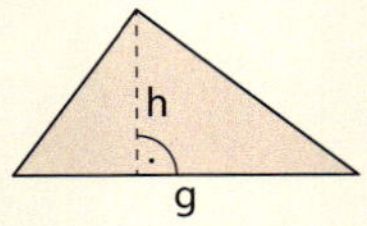

Berechne den Flächeninhalt eines Dreiecks mit g = 5 m, h = 2,4 m.

$A = \frac{g \cdot h}{2} = \frac{5\,m \cdot 2{,}4\,m}{2} = 6\,m^2$

Flächeninhalt eines Parallelogramms

Flächeninhalt A eines Parallelogramms:

$\mathbf{A = g \cdot h}$

g ist eine Seite des Parallelogramms, h die zugehörige Höhe

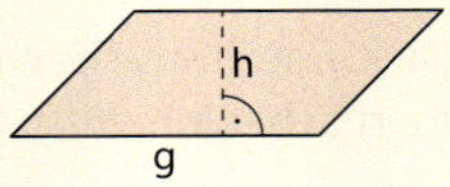

Berechne den Flächeninhalt eines Parallelogramms mit g = 5 m und h = 4 m.

$A = g \cdot h = 5\,m \cdot 4\,m = 20\,m^2$

Flächeninhalt eines Trapez

Flächeninhalt A eines Trapez:

$A = \frac{(a + c) \cdot h}{2}$

h ist die Höhe des Trapezes, a und c sind die zueinander parallelen Seiten des Trapezes.

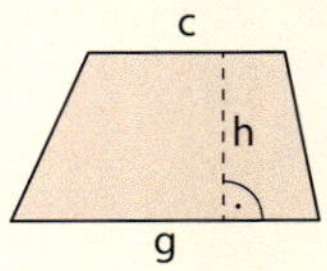

Berechne den Flächeninhalt eines Trapez mit a = 3 m, b = 1 m und h = 1,5 m.

$A = \frac{(a + c) \cdot h}{2} = \frac{(3\,m + 1\,m) \cdot 1{,}5\,m}{2} = 3\,m^2$

Prisma

Ein (gerades) **Prisma** ist ein Körper, der aus zwei zueinander parallelen und kongruenten Vielecken und rechteckigen Seitenflächen besteht.

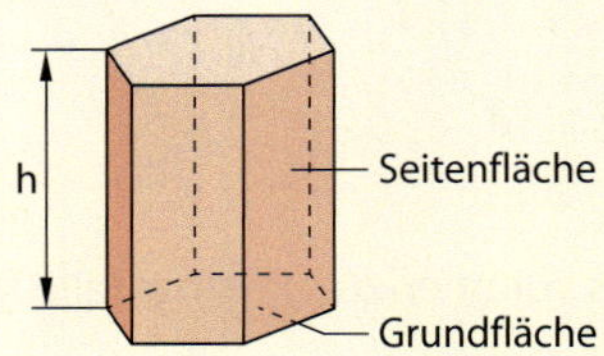

Die **Seitenflächen** zusammen bilden die **Mantelfläche** des Prismas.

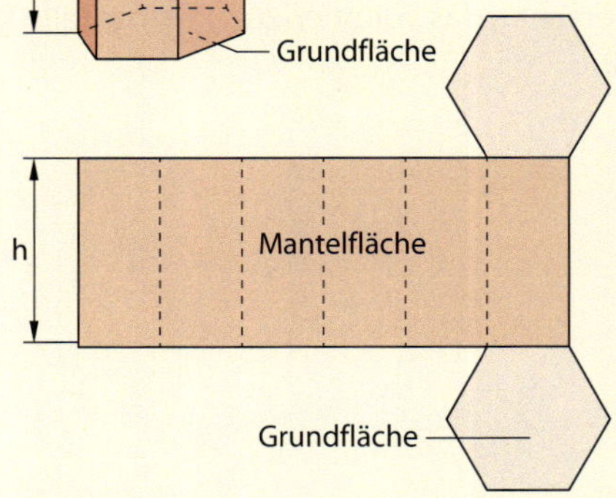

Oberflächeninhalt eines Prismas

Oberflächeninhalt O eines Prismas:

$\mathbf{O = 2 \cdot G + M}$

G ist der Grundflächeninhalt des Prismas, M ist der Mantelflächeninhalt.

Berechne den Oberflächeninhalt des Prismas.

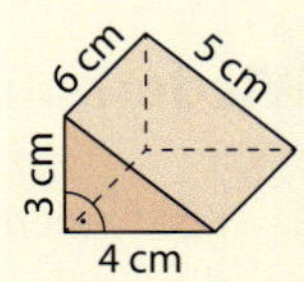

$M = (3\,cm + 4\,cm + 5\,cm) \cdot 6\,cm$
$= 72\,cm^2$

$G = \frac{4\,cm \cdot 3\,cm}{2} = 6\,cm^2$

$O = 2 \cdot G + M = 12\,cm^2 + 72\,cm^2 = 84\,cm^2$

Volumen eines Prismas

Volumen V eines Prismas: $\mathbf{V = G \cdot h}$

G ist der Grundflächeninhalt des Prismas, h ist die Höhe des Prismas.

Berechne das Volumen des oben dargestellten Prismas.

$G = \frac{3\,cm \cdot 4\,cm}{2} = 6\,cm^2$

$V = G \cdot h$
$= 6\,cm^2 \cdot 6\,cm = 36\,cm^3$

3. Terme

Wer sicher mit Termen jonglieren kann, der hat ein gutes Fundament in der Mathematik.

Nach diesem Kapitel kannst du …

- Terme mit mehreren Variablen aufstellen und vereinfachen,
- Terme ausmultiplizieren oder ausklammern,
- die binomischen Formeln anwenden.

Lösungen
↗ S. 216

Termwerte ermitteln

1. Berechne.

a) $3 \cdot (-7)$ b) $-3 - (-7)$ c) $-2 \cdot (-0{,}75)$ d) $-0{,}2 + (-2{,}8)$
e) $43 - 28 - 39$ f) $4 \cdot (-5) \cdot 8$ g) $-40 : 5$ h) $-36 : (-24)$

2. Verwende das Distributivgesetz, um das Ergebnis zu berechnen.

a) $3 \cdot 17 - 3 \cdot 7$ b) $5 \cdot (-8) - 2 \cdot (-8)$ c) $(-4) \cdot 7{,}5 - (-4) \cdot (-2{,}5)$ d) $1{,}2 \cdot 3 - 1{,}2 \cdot 4$
e) $3 \cdot \left(\frac{1}{6} - 2\right)$ f) $6 \cdot \left(\frac{2}{3} - 5\right)$ g) $-12 \cdot \left(\frac{5}{6} - 4\right)$ h) $\left(7 - \frac{5}{8}\right) \cdot (-4)$

3. Bestimme den Wert des Terms.

a) $3a + 7a + 7$ für $a = 5$ b) $0{,}5x - 5y$ für $x = 4$ und $y = 2$
c) $(a + b) \cdot (a - b)$ für $a = 7$ und $b = 5$ d) $8y \cdot (3x + y)$ für $x = 0{,}5$ und $y = 0{,}25$

4. Berechne die Termwerte, wenn man für die Variable x unterschiedliche Zahlen einsetzt.

	a) $2x + 0{,}5$	b) $(0{,}5 - x) \cdot (-1)$	c) $x + x + x$	d) $x \cdot x \cdot x$	e) $(-1{,}5 + x) \cdot x$
$x = 1$					
$x = 2$					
$x = 3$					
$x = 4$					

5. Fülle alle Leerstellen im Rechenbaum. Gib auch den zu berechnenden Term an.

a)
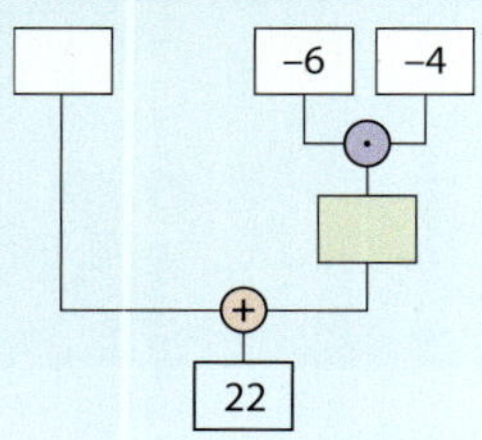

b)
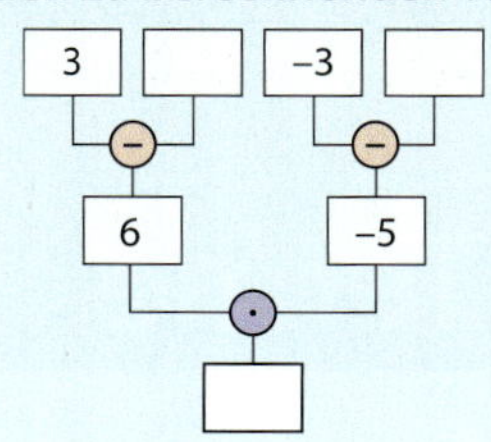

Terme vereinfachen

6. Fasse zusammen.

a) $x + x + 2x$ b) $4 + 3x - 7$ c) $2a + 3 - 3a - 5{,}5$
d) $b - 2 - 2b + b$ e) $-4y + 3 + 0{,}2y + 0{,}5$ f) $-0{,}7 - 4x - x + 2 + 3{,}5x$

7. Vereinfache.

a) $2a \cdot 4$ b) $6x \cdot (-2)$ c) $8x \cdot \frac{3}{4}$ d) $-6b \cdot (-2)$ e) $24a : 4$ f) $-2x : (-2)$

8. Übertrage in dein Heft und ergänze sinnvoll.

a) $6a - 3 - ■ = 2a - 3$ b) $5c \cdot ■ = 15c$ c) $3 \cdot ■ + ■ = 15c + 3$
d) $■ - 5b + 5 + ■ = 2b + 2$ e) $\frac{2}{3}a \cdot ■ = 4a$ f) $-39y : ■ = 13y$

9. Vereinfache und berechne für $x = 3$ den Termwert.

a) $2x + 3 - x$ b) $x + 4 \cdot 5x - 21$ c) $x + 3x \cdot 2 - 6x$ d) $6x : 3 - 2$
e) $x \cdot x + 2x$ f) $x \cdot 3 - 3 + 2x$ g) $0{,}5x - 0{,}5 - \frac{1}{2}x$ h) $5 \cdot (-3) + 5x$

Flächeninhalt und Umfang von Figuren

10. Berechne den Umfang und den Flächeninhalt von einem
a) Rechteck mit den Seitenlängen a = 4 cm und b = 7 cm,
b) Quadrat mit der Seitenlänge a = 3 cm,
c) rechtwinkligen Dreieck mit den Seitenlängen a = 5 cm, b = 4 cm, c = 3 cm und $\alpha = 90°$.

11. Zeichne zwei verschiedene
a) Rechtecke mit einem Umfang von 16 cm,
b) rechtwinklige Dreiecke mit einem Flächeninhalt von 6 cm^2,
c) Parallelogramme mit einem Flächeninhalt von 12 cm^2.

12. Übertrage die Figuren in dein Heft und ermittle
a) den Flächeninhalt der Figuren,   b) den Umfang der Figuren.
Entnimm die erforderlichen Maße deiner Zeichnung.

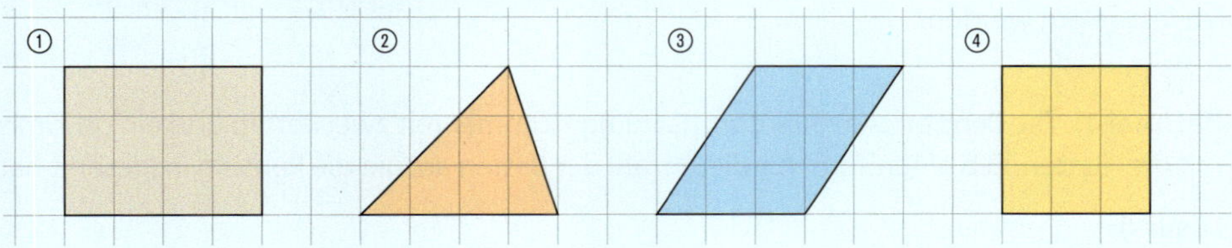

13. Berechne
a) den Flächeninhalt des Quadrats ABCD,
b) den Flächeninhalt jedes farbigen Vierecks im Quadrat.

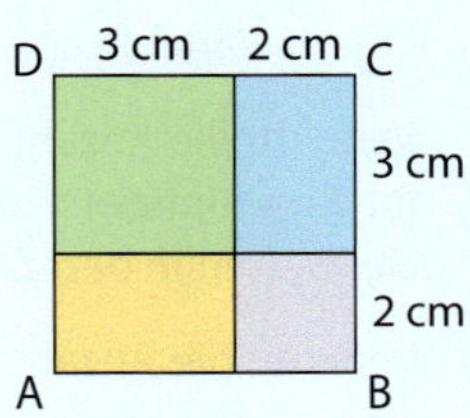

Vermischtes

14. Gib einen Term an, mit dem man den Flächeninhalt des Rechtecks ermitteln kann.

a)
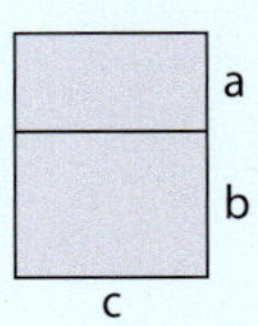

b)
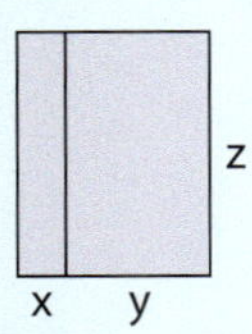

c)
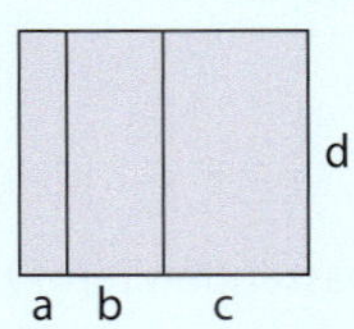

d)
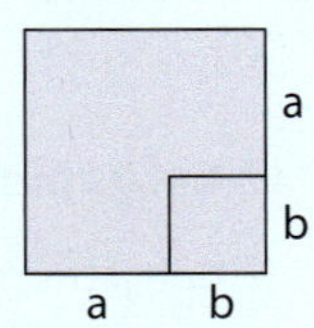

15. Gib einen Term zur Berechnung des Flächeninhalts der Figur an.

a)
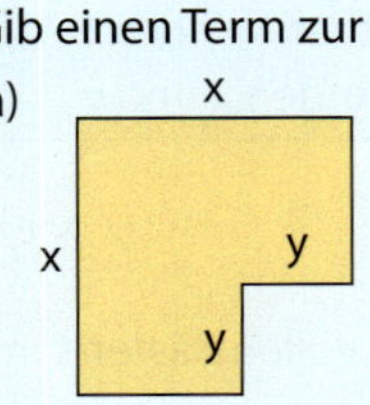

b)
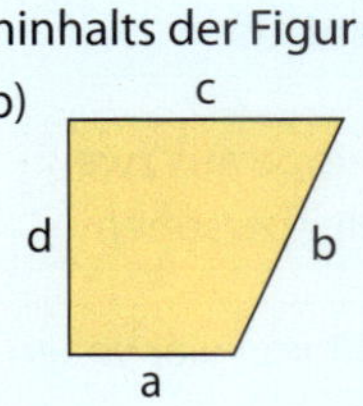

16. Übersetze den Text in einen Term und berechne den Termwert für x = 2.
a) Das Fünffache von x vermindert um das Dreifache von x
b) Die Summe aus dem Dreifachen von x und 4 wird halbiert.

3.1 Terme mit mehreren Variablen aufstellen

■ Familie Sander besucht die Großeltern. Frau Sander zahlt den vollen Bahnpreis, die Kinder fahren ermäßigt. Erkläre, welcher Term den Gesamtpreis für die Bahnfahrt angibt.
① $a \cdot 2b$ ② $a + 2b$ ③ $a + a + b$
Wie sähe der Term aus, wenn Frau Sander eine BahnCard 50 besitzt? ■

Mithilfe von Termen lassen sich Zusammenhänge aus der Mathematik oder aus dem Alltag kurz und übersichtlich darstellen. Die Variablen, die in den Termen vorkommen, stehen oft für Zahlen oder Größen. Bei der Benutzung von Variablen muss zunächst die Bedeutung der Variablen festgelegt werden.

Beispiel 1: Die Pension „Am Steintor" hat einige Zimmer mit zwei Betten und einige Zimmer mit drei Betten. Gib einen Term für die Anzahl der Betten an, die die Pension insgesamt hat.

Lösung:

Führe Variablen ein und gib die Bedeutung für jede Variable an.	x: Anzahl der Zweibettzimmer y: Anzahl der Dreibettzimmer
Wenn du die Anzahl der Zweibettzimmer mit 2 multiplizierst, erhältst du die Anzahl aller Betten in den Zweibettzimmern.	Anzahl der Betten in Zweibettzimmern: $2 \cdot x$
Wenn du die Anzahl der Dreibettzimmer mit 3 multiplizierst, erhältst du die Anzahl aller Betten in den Dreibettzimmern.	Anzahl der Betten in Dreibettzimmern: $3 \cdot y$
Die Anzahl der Betten der Pension erhältst du durch Addition der Anzahl der Betten in den Zwei- und in den Dreibettzimmern.	Anzahl der insgesamt in der Pension „Am Steintor" vorhandenen Betten: $2x + 3y$

Basisaufgaben

1. Ordne jedem Text den passenden Term zu.

Anzahl von einzelnen Tennisbällen und Tennisbällen in 4er-Dosen

① $4 \cdot x \cdot y$

Flächeninhalt von vier Rechtecken mit den Seitenlängen x und y

Personenzahl einer Gruppe aus zwei Klassen und vier Begleitpersonen

② $4 \cdot (x + y)$

③ $x + 4 \cdot y$

④ $x + y + 4$

Gewicht von vier vollen Kästen Sprudel und vier vollen Kästen Limo

2. In einem Kino haben die vorderen Reihen jeweils 30 Plätze, die hinteren Reihen jeweils 45 Plätze. Gib einen Term für Gesamtzahl der Plätze im Kino an.
Gib auch die Bedeutung der Variablen im Term an.

3. Beschreibe mit einem Term.
a) Die Summe aus dem Dreifachen einer Zahl und dem Zweifachen einer anderen Zahl
b) Das Elffache einer Zahl vermindert um das Vierfache einer zweiten Zahl.
c) Das Produkt aus dem Dreifachen einer Zahl und der Hälfte einer weiteren Zahl.
d) Das Fünffache der Summe zweier Zahlen

4. a) Pia kauft bei einem Internet-Musikanbieter mehrere Alben zu 10 € und einzelne Songs zu 70 Cent. Gib einen Term für den Gesamtpreis und die Bedeutung der Variablen an.
b) Berechne, was Lukas und Celina bezahlen müssen.

Warenkorb Lukas ▼
3 Alben
5 Songs

Warenkorb Celina ▼
2 Alben
13 Songs

Weiterführende Aufgaben

5. a) Familie Brunner (zwei Erwachsene und ein Kind) geht ins Schwimmbad. Dort zahlen Kinder weniger als Erwachsene. Gib einen Term an, mit dem man den Eintrittspreis für Familie Brunner ermitteln kann.

b) Auch Familie Wolf (zwei Erwachsene und drei Kinder) besucht dieses Schwimmbad. Für Sohn Stefan muss Herr Wolf allerdings den Erwachsenenpreis bezahlen. Gib einen Term an, mit dem man den Eintrittspreis für Familie Wolf berechnen kann.
c) Was muss Familie Brunner (Familie Wolf) bezahlen, wenn der Preis für Erwachsene 5,50 € und für Kinder 2,50 € beträgt?

6. In einer Fabrik wird täglich die gleiche Anzahl von Flaschen hergestellt. Mit welchen Termen lässt sich berechnen, wie viele Flaschen an x Werktagen hergestellt werden?
① $a + x$ ② $a \cdot x$ ③ $a - x$ ④ $a : x$ ⑤ $x \cdot a$ ⑥ $a + a + a + \ldots + a$ (x Summanden)

Gib die Bedeutung der Variablen an.

● **7.** Das Café Tropical ist bekannt für seine Fruchtcocktails. Ein Ananas-Mix besteht aus 300 mℓ Ananassaft und 100 mℓ Mangosaft, ein Mangomix aus 250 mℓ Mangosaft und 150 mℓ Ananassaft.
a) Stelle je einen Term auf für die Menge Ananassaft und die Menge Mangosaft, die für x Gläser Ananas-Mix und y Gläser Mangomix benötigt werden.
b) Die Tabelle zeigt, wie viele Cocktails am Wochenende durchschnittlich bestellt werden. Berechne für jeden Tag mit den Termen aus a) die benötigten Mengen an Ananassaft und Mangosaft. Gib sie in Liter an.

	Ananas-Mix	Mangomix
Freitag	40	50
Samstag	60	80
Sonntag	50	65

Hinweis zu 7:
Hier findest du die Lösungen in Liter.

● **8.** Mit dem Term a · b können unterschiedliche Sachverhalte beschrieben werden. Übertrage die Tabelle in dein Heft und vervollständige sie.

a · b	a	b
Flächeninhalt eines Rechtecks	Länge einer Rechteckseite	
Preis für a Kuchenbrötchen		
Flächeninhalt eines Parallelogramms		
	Anzahl der Ecken eines regelmäßigen Vielecks	Länge einer Seite des regelmäßigen Vielecks
	Durchschnittsgeschwindigkeit eines Autos	Fahrzeit des Autos

9. Eine Jugendherberge hat drei Etagen. In jeder Etage gibt es die gleiche Anzahl an Zimmern.

a) Gib einen Term an, mit dem man die gesamte Anzahl an Zimmern berechnen kann.

b) Die Anzahl der Betten auf jeder Etage lässt sich mit dem Term 4a + 6b berechnen. Emilia behauptet: „Auf jeder Etage gibt es also 4 Zimmer mit a Betten und 6 Zimmer mit b Betten.“ Julian erwidert: „ Das stimmt nicht. Aus dem Term sieht man, dass die Jugendherberge nur Vier- und Sechsbettzimmer hat.“ Wer von beiden hat recht?

10. Stolperstelle: In einer Rabatt-Aktion kosten Spiele im App Store 2,50 €, 1,50 € oder 50 Cent. Erkläre, welche der Terme zur Berechnung des Gesamtpreises nicht passen.

① 2,5a + 1,5b + 50c

② 2,5 € · x + 1,5 € · y + 0,5 € · z

③ x · (2,5 + 1,5 + 0,5)

④ 2,5t + 1,5m + 0,5b

11. Gib jeweils einen Term für den Umfang und den Flächeninhalt der Figur an.

a) b) c) d)

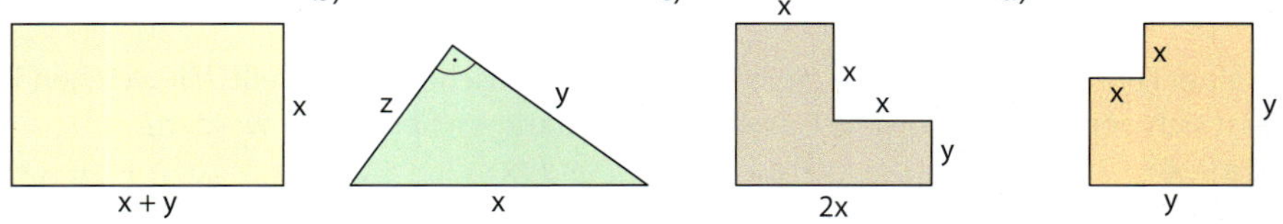

12. Übertrage die Figuren in dein Heft.

a) Berechne die Länge der Mittellinie m und den Flächeninhalt A des Trapezes mit den Formeln $m = \frac{1}{2} \cdot (a + c)$ und $A = m \cdot h$. a und c sind die parallelen Seiten des Trapezes, h ist seine Höhe.

b) Berechne den Flächeninhalt A des Drachenvierecks mit der Formel $A = \frac{1}{2} \cdot e \cdot f$. Dabei sind e und f die Diagonalen des Drachenvierecks.

Entnimm die erforderlichen Größen deiner Zeichnung.

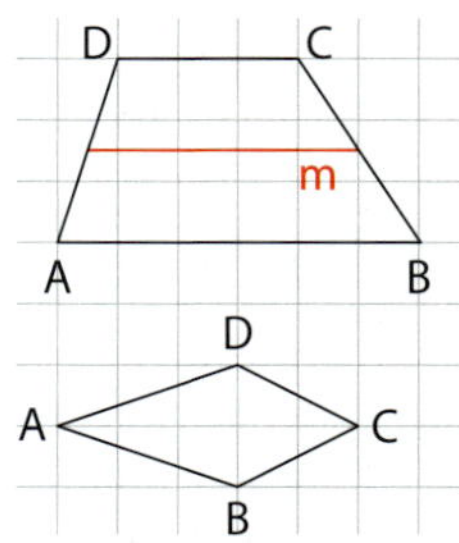

● **13. Ausblick:** Für unterschiedliche x-Werte und y-Werte wurde der Termwert berechnet. Wie lautet ein möglicher Term?

x	−1	0	1	3	3
y	−2	−1	1	2	4
Wert des Terms	−4	−1	3	8	10

3.2 Terme vereinfachen – Addieren und Subtrahieren

■ Die TAXI-Leuchtreklame besteht aus gelben, blauen und grünen Leuchstoffröhren. Gleichfarbige Röhren sind auch gleich lang. Welcher Term gibt die Gesamtlänge aller Leuchstoffröhren an? Begründe.
① $x + x + y + y + z + z + z + z$
② $2x + 2y + 4z$ ③ $(x + y) + (2z + y) + 2z + x$
Berechne die Gesamtlänge:
Gelb: 80 cm; Blau: 85 cm; Grün: 40 cm ■

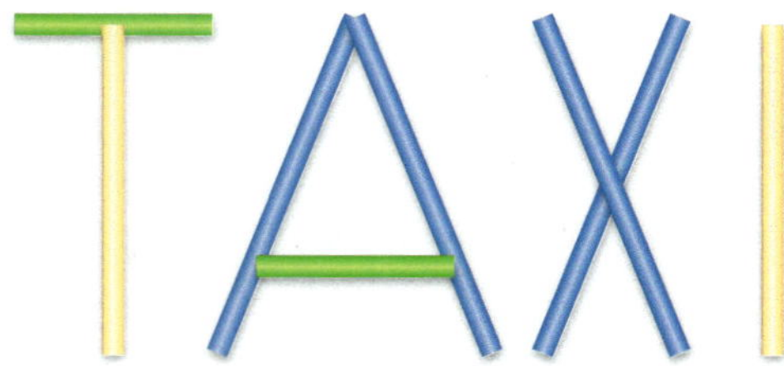

Terme mit mehreren Variablen zusammenfassen

Die Terme $4xy^2$ und $2xy^2$ unterscheiden sich nur durch die Koeffizienten vor den Variablen xy^2. Solche Terme nennt man **gleichartig**. Gleichartige Terme kann man bei Addition oder Subtraktion durch die Anwendung des Distributivgesetzes zusammenfassen.
$4xy^2 + 2xy^2 = (4 + 2)xy^2 = 6xy^2$

Erinnere dich:
„Malpunkte" kann man bei Variablen oder Klammern weglassen, wenn dadurch keine Missverständnisse entstehen können.

Wissen: Terme zusammenfassen
Vielfache von gleichartigen Termen werden addiert oder subtrahiert, indem man ihre Koeffizienten addiert oder subtrahiert.

$2xy + 3xy = 5xy$ $4ab - 6ab = -2ab$

Beispiel 1: Fasse zusammen.
a) $2x + 5x - 3y$ b) $3ab - ab + 3$ c) $3xy - 2xy^2 + 2xy + 3xy^2$

Lösung:
a) $2x$ und $5x$ sind gleichartige Terme und können zusammengefasst werden.
$2x + 5x - 3y = 7x - 3y$

b) $3ab$ und ab sind gleichartige Terme. Denke dir $3ab - 1ab$ und fasse zusammen.
$3ab - ab + 3 = 3ab - 1ab + 3$
$= 2ab + 3$

c) Additions- und Subtraktionsschritte dürfen beliebig vertauscht werden. Fasse dann $3xy + 2xy$ und $-2xy^2 + 3xy^2$ zusammen.
$3xy - 2xy^2 + 2xy + 3xy^2$
$= 3xy + 2xy - 2xy^2 + 3xy^2$
$= 5xy + xy^2$

Basisaufgaben

1. Fasse zusammen.
a) $2a + 2b - 3a$ b) $x + y + x + y + x$ c) $3a + 4b - a + b$
d) $3u + 2v - u - v - v$ e) $3a + 5b + 2a - 2$ f) $-5 + 2x - y - 2 + 9{,}5\,x$

2. Fasse zusammen.
a) $4xy - 5y + 3xy - 8y$ b) $5ab + 2a - 3ab + 3a$ c) $ax + bxy + 2x + by + 3ax$
d) $2ab^2 + 2a^2b - 3ab^2$ e) $3st^2 - st^2 + 2st$ f) $28mn + 8m - 8n + 15mn$

Hinweis zu 3 und 4:
Du kannst Faktoren in einem Produkt alphabetisch sortieren und gleiche Variablen zu einer Potenz zusammenfassen.
z. B. $2ba = 2ab$
$a \cdot a = a^2$

3. Vereinfache – falls möglich.

a) $x + y + x$ b) $3st - ts$ c) $25a - 25b$ d) $3bc + 4c - 4cb$
e) $4xy + xy \cdot 2$ f) $x \cdot x - 7x^2$ g) $2a^2b + 3ab^2$ h) $a^2 - b^2 - c^2$

4. Markiere gleichartige Terme durch Unterstreichen und vereinfache dann.
Beispiel: $4xy - 3x^2 + xy - 2yx + 7x \cdot x = \underline{4xy} \underline{- 3x^2} \underline{+ xy} \underline{- 2yx} \underline{+ 7x \cdot x} = 3xy + 4x^2$

a) $2ab - 3ac - 4ab + 5ac$ b) $-7uv + 14rs + 18uv - rs + 12uv$
c) $a^2x - 2ab + 3a^2x - ba$ d) $4a^2b - 5ab^2 + 2a^2b + 28ab^2 - 14b^2a - 18a^2b$
e) $-27t + 27t^2 - 13t + 3t \cdot t$ f) $12xy - 4x^2 + 4x^2y + 7xy + 5yx + x \cdot x - 9x^2y$

Klammern auflösen

Steht ein Pluszeichen vor einer Klammer, darf die Klammer bekanntlich weggelassen werden:
$3x + (y - 2x) = 3x + y - 2x = x + y$

Steht ein Minuszeichen vor einer Klammer, spricht man auch von einer **Minusklammer**.
Beim Auflösen einer Minusklammer kehren sich alle Plus- und Minuszeichen in der Klammer um.

a – (– b + c)
↓ ↓
a ~~–~~ ~~(~~ + b – c ~~)~~

$a - (-b + c) = a + b - c$

Wissen: Klammern auflösen
Steht ein Pluszeichen vor einer Klammer, so darf man die Klammer weglassen.

$$3x + (y - 2x) = 3x + y - 2x$$

Steht ein Minuszeichen vor einer Klammer, so lässt man das Minus und die Klammer weg und kehrt alle Plus- und Minuszeichen in der Klammer um.

$$a - (-b + c) = a + b - c$$

Beispiel 2: Löse die Klammer auf.
a) $x - (-y + z)$ b) $3a - (2b - c)$ c) $-3x - (-5y - 2z)$

Lösung:
a) $-y$ wird zu $+y$ und $+z$ wird zu $-z$. Lass das Minus vor der Klammer und die Klammer weg. $x - (-y + z) = x + y - z$

b) $2b$ bedeutet $+2b$ und wird zu $-2b$. $-c$ wird zu $+c$. Lass das Minus vor der Klammer und die Klammer weg. $3a - (2b - c) = 3a - 2b + c$

c) $-5y$ wird zu $+5y$ und $-2z$ wird zu $+2z$. Lass das Minus vor der Klammer und die Klammer weg. $-3x - (-5y - 2z) = -3x + 5y + 2z$

Basisaufgaben

5. Löse die Klammern auf und fasse zusammen.

a) $5u + (7v + 2u)$ b) $a + (-3a - b)$ c) $x - (2x + y)$ d) $5u - (6v + 3u)$
e) $-3x - (7y - 2x)$ f) $4a^2 - (a^2 + a)$ g) $2xy - (x + 2xy)$ h) $(a + b) - (2a - 2b)$

6. Schreibe als Term mit einer Klammer und vereinfache ihn anschließend.
a) Subtrahiere von 12a die Summe $3a + 5$.
b) Addiere zu $-5x$ die Summe $x + 3y^2$.
c) Subtrahiere von -11 den Term $x + 4$.
d) Subtrahiere von $-12ab^2$ den Term $2a^2 - 3ab^2$.

7. Johan hat 20 € Guthaben für Musikdownloads geschenkt bekommen. Von dem Guthaben kauft er einige Titel zu 0,99 € und einige zu 1,29 €. Stelle einen Term für das Restguthaben auf.

Weiterführende Aufgaben

8. Bilde die Summe der beiden Terme und fasse zusammen.
a) $7 - 6x$ und $27 + 3x$
b) $y + 7{,}7$ und $-y - 7{,}7$
c) $2a + b$ und $7 - b$
d) $-c^2 + d$ und $d + c^2$
e) $a^2 + b^2$ und $-a^2 + b^2$
f) $-(x^2 - y^2)$ und $x^2 + y^2$

9. **Stolperstelle:** Finde die Fehler, erkläre und korrigiere sie.
a) $8x + 8y = 8xy$
b) $a^2b - ab = a$
c) $x - (2y + x) = x - 2y + x$

10. Übertrage in dein Heft und ersetze ■ sinnvoll durch einen Term.
a) $6a + ■ + 3b = 7a + 3b$
b) $a^2 + ab + ■ + b^2 = a^2 + 2ab + b^2$
c) $2ab + a \cdot ■ = a^2 + 2ab$
d) $a - (■ + b) = -b$
e) $■ + (x^2 + 4xy) = xy + x^2$
f) $(0{,}1x + ■) + (■ - 2y) = 0$

● **11.** Der Eintrag in einem Feld ergibt sich aus der Summe der beiden Felder unterhalb des Feldes. Vervollständige die Additionsmauer im Heft.

a)
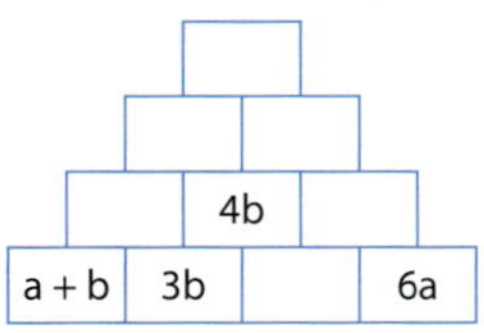

b)
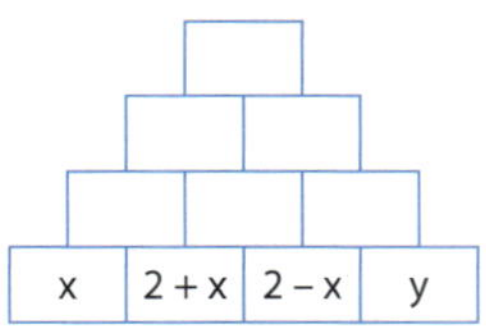

c)
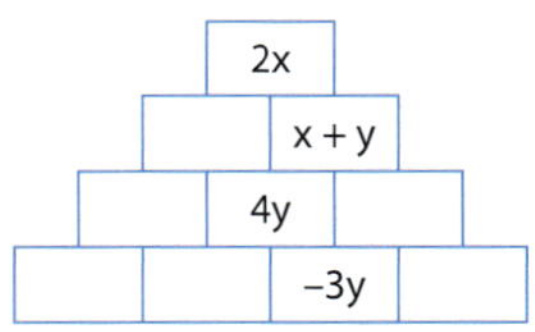

12. Berechne für $a = 5$ und $b = -2$ den Wert des Terms. Vereinfache zuerst den Term.
a) $2a - b + a + b$
b) $a - (a + b)$
c) $2ab - (ab - b)$
d) $4ab + a - (-a)$
e) $8b - a - (-a + 2b)$
f) $4a - (5b + a) - a + (-5b - a)$

13. Berechne geschickt den Wert des Terms für $a = 2$, $b = 3$ und $c = -2$.
a) $a + b + c - 2a$
b) $a \cdot b \cdot c + 2abc$
c) $2a + 2b - b + a + c$
d) $2a - (a - abc)$
e) $4a^2 - bc - 3a^2 + bc$
f) $b - (2a + b) - c$

Hinweis zu 13:
Hier findest du die Lösungen.

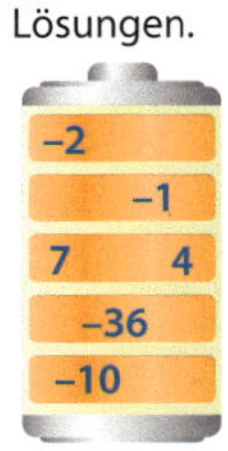

14. Die Schüler der Klasse 8a erhielten den Auftrag, den Wert des Terms $a - (b \cdot c + a)$ für $a = -2$, $b = 3$ und $c = 4$ zu berechnen. Prüfe die Lösungen und gib, falls sie fehlerhaft sind, jeweils an, wo der Fehler liegt.
Martin: $-2 - 3 \cdot 4 - 2 = -16$
Tanja: $-2 - 3 \cdot 4 + 2 = -5 \cdot 4 + 2 = -18$
Paul: $-2 - 3 \cdot 4 + 2 = -2 - 12 + 2 = -12$
Petra: $a - (b \cdot c + a) = -bc = -12$

Erinnere dich:
Jede Termumformung wandelt einen Term in einen äquivalenten Term um.

15. Gib zu dem Term einen äquivalenten Term an, der mindestens aus drei Summanden besteht.
a) $9x$ b) $-6a + 3$ c) $12a - 15b$ d) $-8x - 4y$ e) x^2 f) $b - 6a^2$

16. Finde möglichst viele Paare von Termen, die äquivalent sind.

① $5b - 3a - (-2a + 3b)$ ② $-2a$ ③ $-3a - 3b - (-5a - 3b)$ ④ $a - b$
⑤ $a + 2b + (a + 5b)$ ⑥ $-2a + 7b$ ⑦ $b + a$ ⑧ $5a + 2b$
⑨ $2a + 5b$ ⑩ $a - (-a)$ ⑪ $-(-a + b)$ ⑫ $18a + b + (-10a + 6b) - 6a$

17. Gib einen Term an, der die Gesamtlänge aller Kanten des Körpers beschreibt, und vereinfache ihn so weit wie möglich.

a)
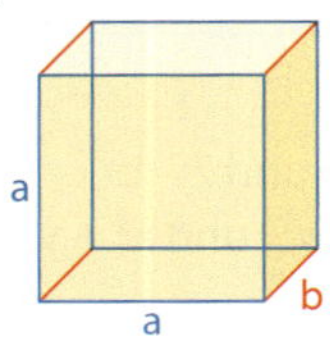

b)
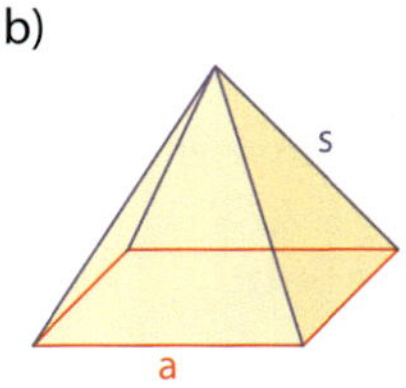

c)
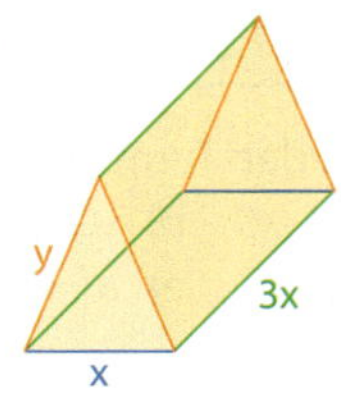

d)
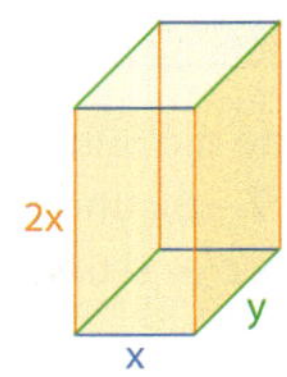

18. a) Gib je einen Term zur Berechnung des Umfangs und des Flächeninhalts der Figur an und vereinfache sie so weit wie möglich.
b) Ermittle den Umfang und den Flächeninhalt für $x = 2\,cm$ und $y = 3\,cm$.

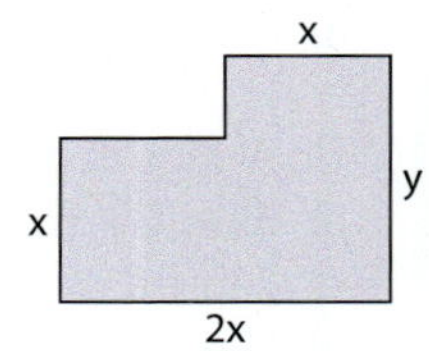

● **19.** Eine Firma für Leuchtreklame bekommt einen Großauftrag. Sie soll grüne Kreuze in unterschiedlichen Größen herstellen, die am Rand beleuchtet sind.

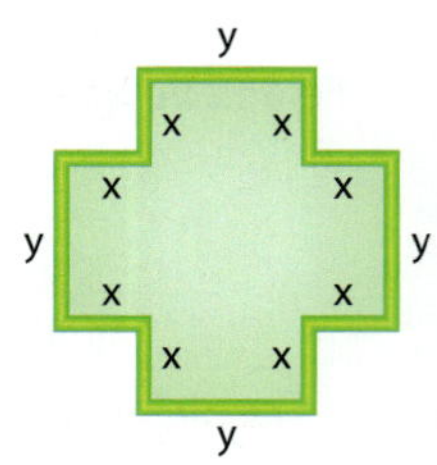

Anzahl	100	400	30	15	20
Länge x	1 m	50 cm	40 cm	0,8 m	$\frac{1}{2}$ m
Länge y	1 m	50 cm	30 cm	0,25 m	$\frac{1}{5}$ m

a) Berechne jeweils für ein Kreuz die Gesamtlänge der Beleuchtung am Rand.
b) Wie viel Meter Beleuchtung werden für den gesamten Auftrag benötigt?

● **20. Ausblick:** Konrad addiert jeweils drei Zahlen in Folge. Er stellt fest, dass das Ergebnis immer durch 3 teilbar ist.
a) Prüfe an eigenen Beispielen, ob deine Ergebnisse ebenfalls durch 3 teilbar sind.
b) „Bei jeder Summe von drei aufeinanderfolgenden natürlichen Zahlen ist das Ergebnis immer durch 3 teilbar."
Überprüfe diesen Satz. Stelle dazu einen Term für die Summe von drei aufeinanderfolgenden natürlichen Zahlen auf und vereinfache ihn.

$3 + 4 + 5$

$12 + 13 + 14$

$104 + 105 + 106$

Terme mit einem CAS darstellen

■ „Denke dir eine Zahl. Addiere 5 zu der gedachten Zahl. Verdopple das Ergebnis und subtrahiere davon die gedachte Zahl. Nenne mir dein Ergebnis und ich sage dir, welche Zahl du dir ausgedacht hast." Wie kann man die gedachte Zahl bestimmen? Erkläre mit der Eingabe und der Ausgabe, die das CAS anzeigt. ■

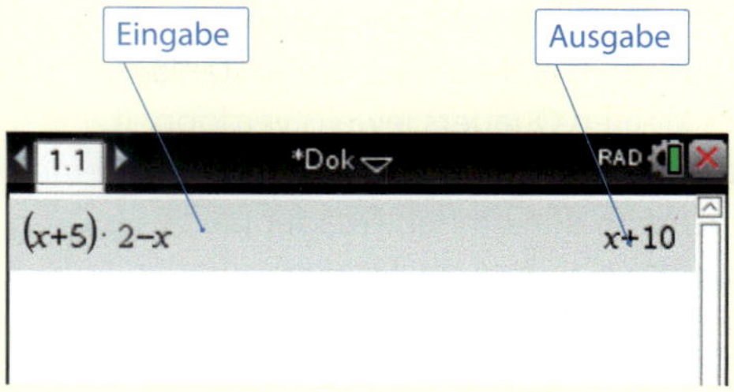

Terme lassen sich in ein CAS eingeben. Manche Terme vereinfacht das CAS automatisch. Deshalb kann das CAS auch zur **Selbstkontrolle** von handschriftlichen Lösungen dienen.

Beispiel 1:
a) Vereinfache den Term $b + a^2 + b - 5a^2 - 3a$ handschriftlich.
b) Kontrolliere das Ergebnis mit einem CAS.

Lösung:
a) Fasse gleichartige Terme zusammen.

$$b + a^2 + b - 5a^2 - 3a = b + b + a^2 - 5a^2 - 3a$$
$$= 2b - 4a^2 - 3a$$

b) Beim Rechnen mit einem CAS wird der Term automatisch vereinfacht. Im Ergebnis werden die Variablen nach Potenzen und alphabetisch geordnet.

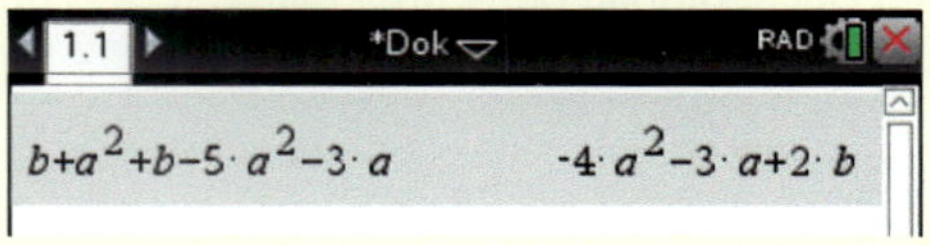

Aufgaben

CAS **1.** Vereinfache den Term handschriftlich und kontrolliere dein Ergebnis mit einem CAS.

a) $5x^2 + 3 \cdot x \cdot x - y \cdot y \cdot y - 2y^3$
b) $2s - p^2 + 2p^2 - 3p + \frac{s}{2} - p^2$
c) $\frac{1}{3}y + \frac{x}{2} - 2 + \frac{7}{4}y + \frac{6}{5}x - \frac{13}{4}$
d) $3a + \frac{a}{3} - a^3 + 2 - 3 \cdot \left(a + \frac{a}{9} - \frac{a^3}{3}\right)$

CAS **2.** Was passiert, wenn du bei der Eingabe in dein CAS den „Malpunkt" weglässt? Erkläre die Eingaben und die Umformungen, die das CAS vorgenommen hat. Probiere aus, was bei ähnlichen Termen passiert. Präsentiere deine Erkenntnisse in einem Vortrag.

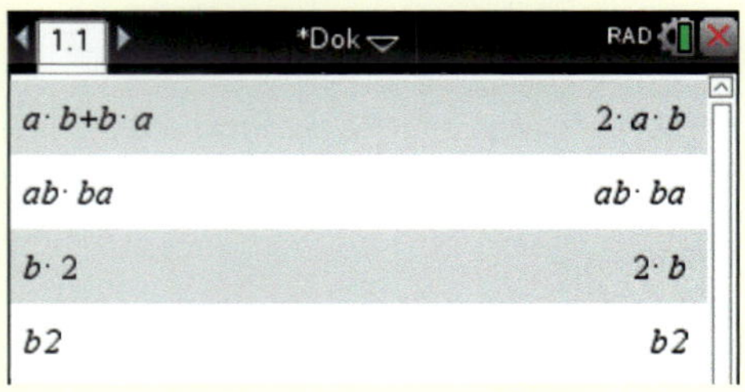

Tipp zu 2:
Probiere diese Terme:
$x \cdot y \cdot x \cdot y$
$xy \cdot yx$
$2x + 3x$
$x2 + x3$

CAS **3.** Finde einen Term, der in der Eingabe in ein CAS nur die vier Buchstaben a, n, n, a – verbunden mit Rechenoperationen – enthält, und als Ausgabe dieses Ergebnis hat.

a) $2 \cdot a + 2 \cdot n$
b) $2 \cdot n$
c) $2 \cdot a - 2 \cdot n$
d) an^2
e) anna
f) n + ana
g) $2 \cdot an$
h) an + na
i) nana

3.3 Terme vereinfachen – Multiplizieren

■ Die Kantenlängen des großen Quaders erhält man, in dem man die Kantenlängen des kleinen Quaders jeweils verdoppelt. Stelle eine Vermutung auf, wie oft der kleine Quader in den großen Quader passt. Begründe, indem du das Volumen der beiden Quader berechnest und vergleichst. ■

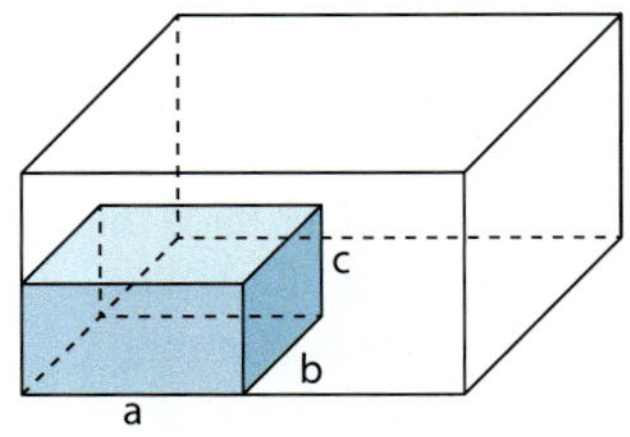

Man kann die Vorgehensweise beim Multiplizieren von Termen veranschaulichen, wenn man den Umfang und den Flächeninhalt eines Quadrats mit der Seitenlänge 3a berechnet.

Der Umfang ist das Vierfache der Seitenlänge.

Assoziativgesetz

$u = 4 \cdot (3a) = (4 \cdot 3) \cdot a = 12a$

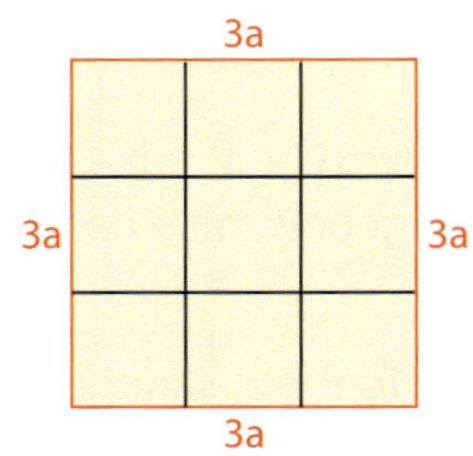

Den Flächeninhalt berechnet man mit der Formel „Länge mal Breite".

Kommutativgesetz Assoziativgesetz

$A = 3a \cdot 3a = 3 \cdot 3 \cdot a \cdot a = (3 \cdot 3) \cdot (a \cdot a) = 9a^2$

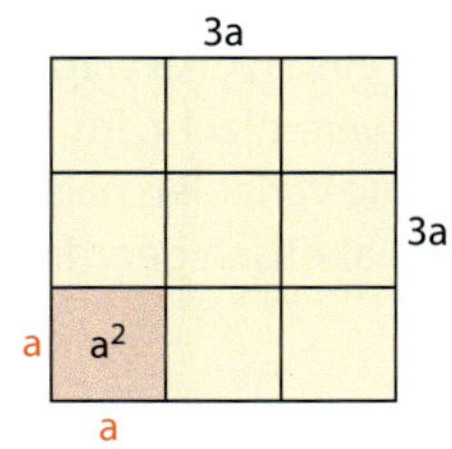

Wissen: Terme multiplizieren
Bei der Multiplkation von Termen werden die Koeffizienten multipliziert.
Die Variablen werden als Faktoren in alphabetischer Reihenfolge ergänzt.
Gleiche Variablen fasst man zu einer Potenz zusammen.

$3y \cdot 5x = 15xy$ $\qquad$ $-2ab \cdot 6a = -12a^2b$

Beispiel 1: Vereinfache die Produkte.

a) $2a \cdot 7b$ $\qquad$ b) $2xy \cdot x \cdot 3xy$ $\qquad$ c) $-5u \cdot (-2u)$

Lösung:

a) In einem Produkt multiplizierst du alle Koeffizienten der Teilterme. Variablen kannst du alphabetisch sortieren.

$2a \cdot 7b = (2 \cdot 7)ab = 14ab$

b) Gleiche Variablen in einem Produkt kannst du zu Potenzen zusammenfassen.

$2xy \cdot x \cdot 3xy = 2 \cdot x \cdot y \cdot x \cdot 3 \cdot x \cdot y$
$= 2 \cdot 3 \cdot x \cdot x \cdot x \cdot y \cdot y$
$= 6x^3y^2$

c) Beachte, dass die Multiplikation zweier negativer Terme einen positiven Term ergibt.

$-5u \cdot (-2u) = -5 \cdot (-2) \cdot u \cdot u = 10u^2$

Basisaufgaben

1. Vereinfache, indem du die Zahlen multiplizierst.
Beispiel: $-2 \cdot 7ab = -14ab$

a) $3 \cdot 8x$ b) $15ab \cdot 2$ c) $-3 \cdot 8y$ d) $-2u \cdot 7$ e) $6 \cdot (-6s)$
f) $\frac{1}{3}a^2 \cdot \frac{1}{2}$ g) $-1 \cdot (-2uv)$ h) $9 \cdot (-bc^2)$ i) $-28 \cdot 0{,}2x$ j) $-5t^2 \cdot (-0{,}6)$

2. Vereinfache.

a) $5a \cdot 2b$ b) $-3b \cdot 9a$ c) $-4x \cdot (-5y)$ d) $-14s \cdot (-t)$ e) $-4v \cdot 0{,}6u$
f) $2x \cdot 2x$ g) $2ab \cdot 3a$ h) $0{,}5t \cdot (-4t)$ i) $-2ab \cdot (-b)$ j) $-8abc \cdot 0{,}3ac$

3. Vereinfache. Achte auf die Potenzen.

a) $7x^2 \cdot 6$ b) $-2b^2 \cdot 4a^2$ c) $3a \cdot 4a^2$ d) $-2x^2 \cdot (-xy)$ e) $0{,}1x \cdot 10xy^2$
f) $-9ab^2 \cdot 7bc$ g) $-a^2 \cdot (-1{,}4b^2)$ h) $0{,}3uv^3 \cdot (-3u)$ i) $-6a^2b \cdot (-ab^2)$ j) $16s^2t \cdot (-16st)$

4. Vereinfache das Produkt aus drei Termen.
Beispiel: $2x \cdot (-3y) \cdot 5xz = 2 \cdot (-3) \cdot 5 \cdot x \cdot y \cdot xz = -30x^2yz$

a) $3a \cdot 2 \cdot (-2b)$ b) $-4x \cdot 0{,}5x \cdot 3$ c) $-x \cdot (-x) \cdot 2y$ d) $-ab \cdot (-ab) \cdot (-ab)$
e) $a \cdot a^2 \cdot (-1)$ f) $b^2 \cdot (-3c) \cdot 10a$ g) $7s^2t \cdot (-2) \cdot 5t$ h) $-0{,}2yz \cdot 4x^2 \cdot (-2xy)$

Weiterführende Aufgaben

5. Diese Terme beschreiben den Flächeninhalt und den Umfang der Figuren. Ordne jeweils zu .

$12x$ $4x^2$ $4x + 8y$ $4x + y$ $6x^2$ $8x$ $8xy$ $2x^2$

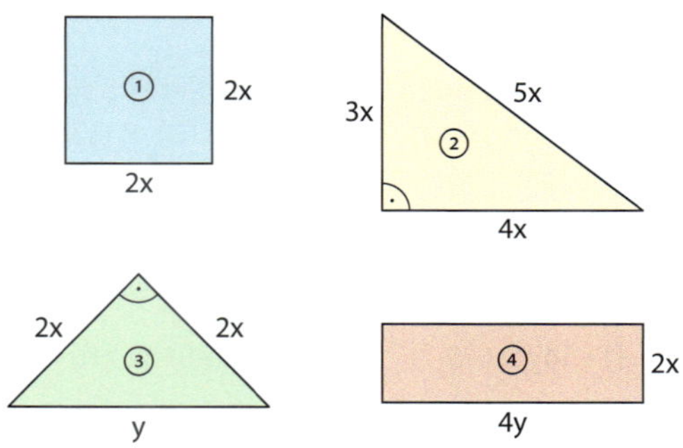

6. **Stolperstelle:** Finde die Fehler, erkläre und korrigiere sie.

a) $4x \cdot 5x = 20x$ b) $3 \cdot (4x) = 3 \cdot 4 + 3 \cdot x$ c) $a \cdot a \cdot (-6) = a^2 - 6$

7. Übertrage in dein Heft und ersetze ■ sinnvoll durch einen Term.

a) $3ab \cdot$ ■ $= 3a^2b$ b) $-7x^2y \cdot$ ■ $= 14x^2y^2$ c) ■ $\cdot 3u = -9u^2v$ d) $2abc \cdot$ ■ $= 6a^2bc$

8. Eine Festplatte hat die Speicherkapazität x. Für n Festplatten der gleichen Größe gibt der Term $n \cdot x$ die Gesamtspeicherkapazität eines Servers an. Wie verändert sich die Gesamtspeicherkapazität, wenn der Server mit doppelt so vielen Festplatten bestückt wird und alle Festplatten die anderthalbfache Menge an Daten speichern können?
Stelle für die Gesamtkapazität einen Term auf.

9. a) Wie ändert sich der Flächeninhalt eines Rechtecks, wenn man seine Länge a vervierfacht und die Breite b halbiert? Stelle einen Term auf.
b) Überprüfe dein Ergebnis aus a) für ein Rechteck mit 10 cm Länge und 6 cm Breite.
c) Wie ändert sich das Volumen eines Quaders, wenn man seine Länge a verdreifacht, die Breite b halbiert und die Höhe c vervierfacht? Stelle einen Term auf.
d) Überprüfe dein Ergebnis aus c) für einen Quader mit 5 cm Länge, 4 cm Breite und 2 cm Höhe.

10. a) Erkläre, warum der Term $2a \cdot 3b - a \cdot b$ den Flächeninhalt der Figur angibt.
b) Bestimme einen weiteren Term für den Flächeninhalt, indem du die Figur in mehrere kleine Rechtecke zerlegst.
c) Zeige, dass die Terme aus a) und b) äquivalent sind.

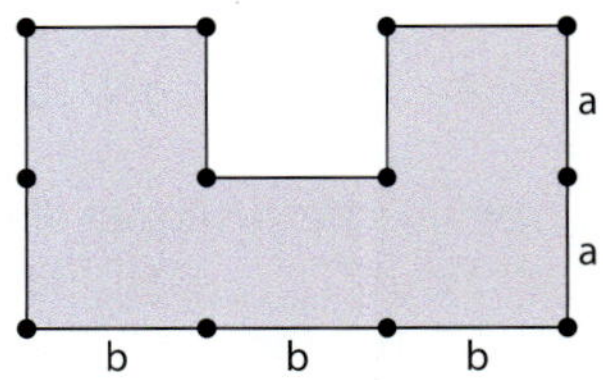

● **11.** Gib jeweils einen möglichst einfachen Term an für das Volumen und den Oberflächeninhalt des Quaders.
a) Länge a, Breite b, Höhe c
b) Länge x, Breite 2x, Höhe y
c) Länge 3x, Breite 2x, Höhe x

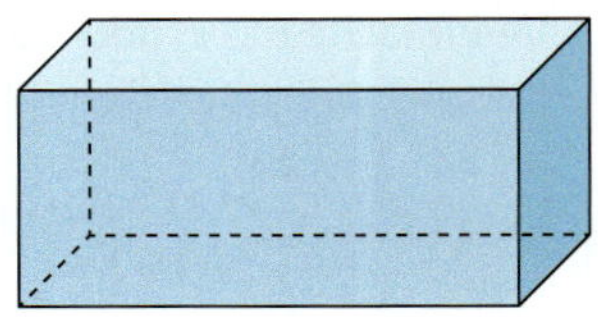

12. Schreibe die Potenz ohne Klammern. Beispiel: $(-3a)^2 = -3a \cdot (-3a) = 9a^2$
a) $(4a)^2$ b) $\left(\frac{1}{2}x\right)^2$ c) $(-4b)^2$ d) $(6xy)^2$ e) $(-abc)^2$ f) $(2x^2y)^2$

13. Sind die beiden Terme äquivalent? Begründe.
a) x^2 und $(-x)^2$ b) $8 \cdot (2a)^2$ und $2 \cdot (4a)^2$ c) $a \cdot (3b)^2$ und $b \cdot (3a)^2$

14. **Terme durch Zahlen dividieren:** Vereinfache, indem du die Zahlen dividierst.
Beispiel: $-6ab : 3 = (-6 : 3)\,ab = -2ab$
a) $8x : 2$ b) $75a : 15a$ c) $-21u : 7$ d) $12xy : 4$ e) $x : 0{,}5$
f) $54y^2 : (-6)$ g) $-12y : (-8)$ h) $-121x^2 : (-11)$ i) $ab^2 : (-2)$ j) $10a : (-100)$

Hinweis zu 15:
Du kannst Multiplikations- und Divisionsschritte vertauschen.
Beispiel:
$4x : 3 \cdot 9y = 4x \cdot 9y : 3$

● **15.** Vereinfache.
a) $8 \cdot 3x : 4$ b) $6a \cdot (-b) : 2$ c) $-20x : 5 \cdot 2x$ d) $y \cdot (-y) : (-1)$ e) $4ab : (-4) \cdot a$
e) $5a^2 : 10 \cdot (-2)$ f) $s^2 : 8 \cdot 16s$ g) $18x \cdot 7y : (-6)$ h) $3b : (-9) \cdot 6bc$ j) $-2ab \cdot (-a^2) : (-4)$

16. Vereinfache den Bruch, indem du kürzt. Beispiele: $\frac{6x}{3} = \frac{{}^{2}\cancel{6}x}{{}_{1}\cancel{3}} = 2x$ $\frac{3x}{6} = \frac{{}^{1}\cancel{3}x}{{}_{2}\cancel{6}} = \frac{x}{2}$
a) $\frac{15a}{5}$ b) $\frac{-9xy}{3}$ c) $\frac{2b}{4}$ d) $\frac{12x^2}{-3}$ e) $\frac{-2ab}{-10}$

● **17. Ausblick:** Sven meint: „Ich kann einen Term durch einen anderen dividieren, indem ich die Terme als Bruch schreibe und kürze." Als Beispiel gibt er an: $6x^2 : 3x = \frac{6x^2}{3x} = \frac{{}^{2}\cancel{6} \cdot {}^{1}\cancel{x} \cdot x}{{}_{1}\cancel{3} \cdot \cancel{x}_{1}} = 2x$
a) Setze für x fünf verschiedene Zahlen ein und überprüfe, ob $\frac{6x^2}{3x} = 2x$ gilt.
b) Begründe, dass $\frac{6x^2}{3x} = 2x$ für $x = 0$ nicht gilt.
c) Gib an, welche Zahlen für die Variablen nicht eingesetzt werden dürfen, und kürze die Brüche anschließend.
① $\frac{9a^2}{a}$ ② $\frac{-10x}{5x}$ ③ $\frac{4ab}{2b}$ ④ $\frac{2xy}{6x^2y}$ ⑤ $\frac{2(x+1)}{x+1}$

3.4 Rechnen mit Termen

■ Setze bei a) bis c) in die Terme $x = 5$ ein und berechne die Termwerte. Gib an, welche Vorrangregeln du beachten musst.
Vereinfache dann nach den gleichen Regeln die Terme. ■

Wiederholung der Vorrangregeln

1. Ausdrücke in **Klammern** werden zuerst berechnet. — $2a \cdot (2b + 3b) = 2a \cdot 5b = 10ab$
2. Wo keine Klammern sind, geht **Punktrechnung vor Strichrechnung**. — $2a + 3a \cdot 2b = 2a + 6ab$
3. Wo keine Klammern sind, geht **Potenzrechnung vor Punktrechnung und Strichrechnung**. — $ab^2 = a \cdot (b \cdot b)$ kann man nicht vereinfachen.
4. In allen anderen Fällen rechnet man **von links nach rechts**. — $7a - 3a - a = 4a - a = 3a$

Basisaufgaben

1. Vereinfache. Beginne mit der Klammer.
a) $3 \cdot (4x - 2x)$ b) $12a - (7a - 5a)$ c) $8x : (2 \cdot 4)$ d) $-2y \cdot 7 - (y + 3y)$
e) $(2y \cdot 2)^2$ f) $x \cdot (x^2 + x^2)$ g) $(6a^3 - 3a^3) : (-3)$ h) $ab^2 + (ab)^2 + a^2b^2$

2. Vereinfache. Beachte die Regel „Punktrechnung geht vor Strichrechnung".
a) $2a \cdot 7b + 8ab$ b) $-3xy + 4x \cdot 5y$ c) $8b - 6b \cdot (-2)$ d) $8 + 2 \cdot a \cdot (-3)$
e) $4x^2 + 6x^2 \cdot 0{,}5y$ f) $2b^2 + 2b^2 : (-2)$ g) $5 \cdot (-x^2) + x \cdot 7x$ h) $a^2b - 2b \cdot (-2ab)$

3. Vereinfache so weit wie möglich.
a) $4xy - 3xy - 2xy$ b) $9a : (-3) + 3a$ c) $-2bc - b \cdot (-c)$ d) $-y \cdot (-4) - (-5y)$
e) $b^2 + (5b)^2$ f) $(7x - 5x)^2$ g) $(-x)^2y - x^2y$ h) $a^2 + a^2 \cdot b + b \cdot (-a)^2$

4. Vervollständige den Rechenbaum im Heft. Notiere den zugehörigen Term und vereinfache ihn so weit wie möglich.

a)
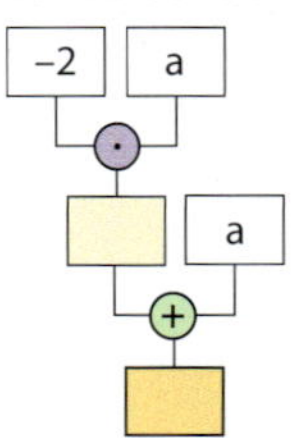

b)
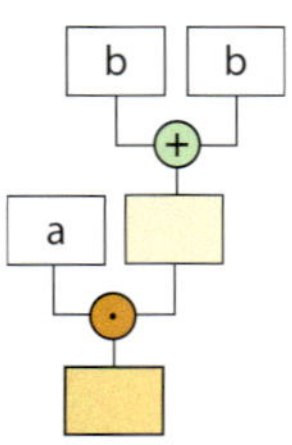

c)
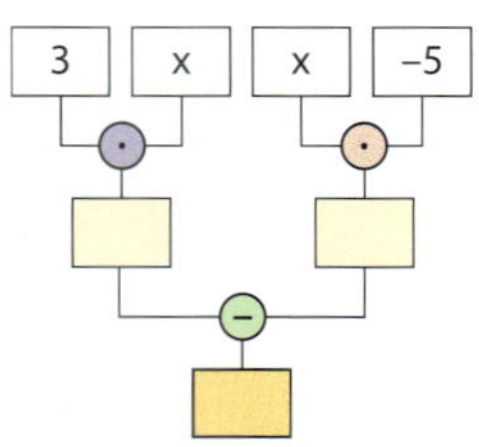

d)
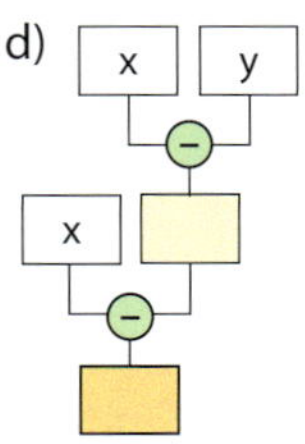

5. Stelle den Term in einem Rechenbaum dar. Vereinfache den Term so weit wie möglich.
a) $4 + a \cdot (-1)$ b) $(2 \cdot b + b) \cdot c$ c) $y - (8 + y)$ d) $5 + x \cdot (-3) - 4$

Weiterführende Aufgaben

6. Vereinfache die beiden Terme auf den Kärtchen. Wenn die Ergebnisse gleich sind, begründe dies durch ein Rechengesetz.

a) $6a + 3a$ | $6a + 3a$ b) $6a - 3a$ | $3a - 6a$ c) $6a \cdot 3a$ | $3a \cdot 6a$

● **7.** Vereinfache so weit wie möglich. Beachte die Vorrangregeln.

a) $5ab + b \cdot (-3a) - b \cdot 6a$ b) $-8s : 4 + 2 \cdot (-s) + s \cdot 2s$ c) $x(y - 2y) - (2x - x) \cdot y$

d) $-x \cdot 2x - x^2 + x \cdot (-2x)$ e) $\frac{3}{4}a + \frac{1}{3}a \cdot \left(a - \frac{1}{2}a\right)$ f) $x^2 \cdot \left(-\frac{1}{5}\right) + \left(x - \frac{1}{5}x\right) \cdot (-x)$

8. **Stolperstelle:** Erläutere, welche Fehler Cornelius gemacht hat, und korrigiere.

a) $a + a \cdot a = 2a \cdot a = 2a^2$ b) $35x - 17x + 3x = 35x - 20x = 15x$

c) $14b - (8b + 7b) = 6b + 7b = 13b$ d) $(5y)^2 = 5y^2$

● **9.** a) Ordne die Terme einem der drei Fälle zu.

① $2x + 4x$
② $(2x + 4x)(x + 2x)$
③ $y^2 + y^2$
④ $(y + y)^2$
⑤ $(a + 2a) \cdot 5a$
⑥ $a + 2a \cdot 5a$
⑦ $(2b \cdot 3c)^2$
⑧ $2b \cdot (3c)^2$

A: Der Term besteht aus zwei Teiltermen, die addiert werden. — Term + Term

B: Der Term besteht aus zwei Teiltermen, die multipliziert werden. — Term · Term

C: Der Term besteht aus einem Teilterm, der quadriert wird. — Term^2

b) Vereinfache die Terme aus a) so weit wie möglich.

c) Schreibe zu jedem der Fälle A, B und C drei weitere Terme auf.

d) Schreibe drei Terme auf, welche aus zwei Teiltermen bestehen, die subtrahiert werden.

10. Schreibe als Term. Überlege, ob du Klammern setzen musst.

a) Addiere 7 zum Produkt aus –3 und a.

b) Quadriere die Summe von x und y.

c) Multipliziere die Differenz von b und c mit der Summe der beiden Variablen.

d) Addiere das Doppelte von x zum Dreifachen von y und multipliziere das Ergebnis mit dem Fünffachen von z.

e) Subtrahiere das Produkt von a und dem Quadrat von b vom Quotienten aus a und -4.

11. Gib den Term mit Worten an wie in Aufgabe 10.

a) $(a + b) \cdot (-8)$ b) $4x + y^2$ c) $6a^2 : 5 + b$ d) $y - (x - 6)^2$

12. Schreibe alle Rechenregeln und Rechengesetze für Terme auf, die du kennst. Notiere jeweils auch ein Beispiel.

● **13.** **Ausblick:** Finde alle Terme, die äquivalent sind.

① $\frac{1}{2}x \cdot \frac{1}{2}y$ ② $\frac{1}{2}x + \frac{1}{2}x \cdot \frac{1}{4}y$ ③ $x\left(\frac{1}{2}y\right)^2$ ④ $\frac{xy}{4}$

⑤ $\left[\frac{y}{2} - \left(-\frac{y}{2}\right)\right] \cdot \left(-\frac{x}{4}\right)$ ⑥ $-x^2y^2 - \frac{1}{4} \cdot (-xy) + (xy)^2$ ⑦ $\frac{x}{2} \cdot \frac{y}{2}$

3.5 Ausmultiplizieren einer Klammer

■ „Rechenmalte" kann manche zwei- und dreistelligen Zahlen schneller im Kopf multiplizieren als andere mit dem Taschenrechner.

a) Rechne selbst möglichst schnell im Kopf.
① $101 \cdot 36$ ② $105 \cdot 12$ ③ $99 \cdot 28$

b) Elmar sagt: „Malte wendet das Distributivgesetz an." Erläutere, was Elmar meint. ■

Gesucht ist der Flächeninhalt des gelben Rechtecks. Man kann mit den gegebenen Größen a, b und c zwei Terme aufstellen.

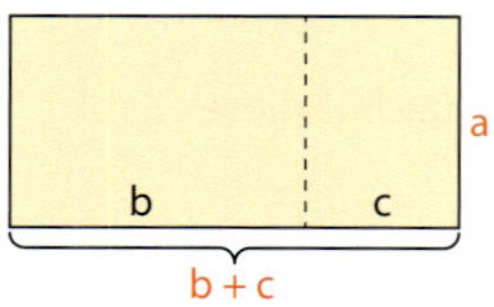

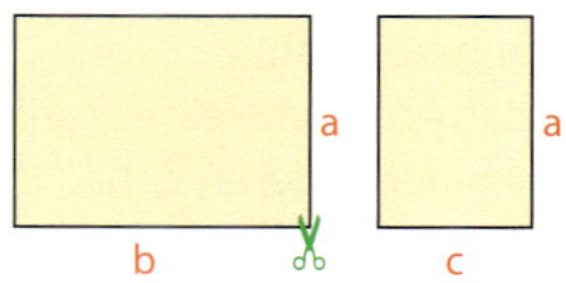

Der Flächeninhalt ergibt sich aus dem Produkt der Seitenlängen a und b + c:
$A = a \cdot (b+c)$

Addiert man den Flächeninhalt der beiden kleinen Rechtecke, so erhält man:
$A = a \cdot b + a \cdot c$

Beide Terme geben den Flächeninhalt des gelben Rechtecks an, sie sind also äquivalent.
Daher gilt: $a \cdot (b+c) = a \cdot b + a \cdot c$

Wissen: Ausmultiplizieren
Bei einem Produkt aus einem Faktor und einer Summe (Differenz) kann man die Klammer nach dem Distributivgesetz auflösen.

$a \cdot (b + c) = a \cdot b + a \cdot c$ $\qquad$ $a \cdot (b - c) = a \cdot b - a \cdot c$

Beispiel 1: Multipliziere aus.
a) $3x \cdot (4y + 2z)$ $\qquad$ b) $-2a \cdot (2a - 3b)$

Lösung:

a) Multipliziere 3x mit jedem Summanden in der Klammer.

$3x \cdot (4y + 2z)$
$= 3x \cdot 4y + 3x \cdot 2z$
$= 12xy + 6xz$

b) Beachte hier die Minuszeichen:
„–" mal „+" ergibt „–".
„–„ mal „–" ergibt "+".

$-2a \cdot (2a - 3b)$
$= -2a \cdot 2a - (-2a) \cdot 3b$
$= -4a^2 + 6ab$

Basisaufgaben

1. Multipliziere aus.

a) $2 \cdot (a + b)$ $\quad$ b) $-5 \cdot (2 + x)$ $\quad$ c) $(x + 3) \cdot 8$ $\quad$ d) $(4 - a) \cdot (-2)$
e) $x \cdot (3 + y)$ $\quad$ f) $s \cdot (10 - r)$ $\quad$ g) $(-a + c) \cdot b$ $\quad$ h) $-x \cdot (-a - b)$

Erinnere dich:
In Produkten kann man gleiche Variablen zu Potenzen zusammenfassen: $a \cdot a = a^2$

2. Multipliziere aus.

a) $2a \cdot (b - c)$ b) $4 \cdot (3x + 5y)$ c) $(4x - 5) \cdot (-7)$ d) $(3 - y) \cdot 8x$
e) $x \cdot (x + 5y)$ f) $6r \cdot (5r - 4)$ g) $-5a \cdot (3a - 2)$ h) $(7c + 3k) \cdot 5ck$
i) $-5a \cdot (3b + 2c)$ j) $(-b + 6) \cdot (-bc)$ k) $ab \cdot (a + 2b)$ l) $-9xy \cdot (x - 0{,}5)$

3. Multipliziere aus. Achte auf die Potenzen.

a) $6(a - b^2)$ b) $(1 - x^2) \cdot (-1)$ c) $a^2(b + c)$ d) $(x^2 - 5x) \cdot 2y$
e) $x(x^2 + x)$ f) $3x(x - 5y^2)$ g) $(a^2 - b^2) \cdot ab$ h) $-3x^2(-2xy^2 + 6y)$

4. Schreibe als Term und multipliziere ihn aus.

a) Multipliziere das Zweifache einer Zahl mit der Summe aus dem Sechsfachen dieser Zahl und der Zahl Fünf.
b) Multipliziere die Differenz aus Fünfzehn und dem Vierfachen einer Zahl mit dem Fünffachen einer anderen Zahl.
c) Multipliziere das Achtfache einer Zahl mit der Differenz aus dem Quadrat dieser Zahl und der Hälfte einer anderen Zahl.

Weiterführende Aufgaben

5. Löse die Klammer auf und vereinfache.

a) $0{,}5 \cdot (a + 2b)$ b) $x \cdot (\frac{1}{2}x + y)$ c) $2a \cdot (0{,}1 - 2c)$ d) $0{,}2x \cdot (0{,}2x + 0{,}2y)$
e) $(\frac{1}{2}x + \frac{1}{4}y) \cdot 8$ f) $4 \cdot (\frac{y}{2} + \frac{x}{4})$ g) $-\frac{x}{2} \cdot (2x + \frac{1}{4})$ h) $(-\frac{3}{4}a + 3) \cdot \frac{1}{3}a$

6. Übertrage die Tabelle ins Heft. Multipliziere die Terme in der linken Spalte mit den Termen in der oberen Zeile und trage die Ergebnisse ein.

·	5x – 6	–6 + 7a	–1 – 10x	0,5x – 2,5y
–1				
4x				
–2xy				

7. **Stolperstelle:** Alle Terme sind äquivalent bis auf einen. Begründe, welcher Term nicht passt.

a) $-2(a - b)$ | $-2a - 2b$ | $-2a + 2b$ | $2(b - a)$
b) $(x + 1) \cdot 2$ | $2(x + 1)$ | $2x + 1$ | $2x + 2$
c) $3x \cdot 3y$ | $3(x \cdot y)$ | $3xy$ | $3x \cdot y$
d) $5a(2 + a)$ | $5a(a + 2)$ | $10a + 5a$ | $5a^2 + 10a$

8. Am Samstag ist ein Konzert ausverkauft, am Sonntag gibt es noch Restkarten. Mit welchen Termen kann man die gesamten Einnahmen berechnen, wenn eine Karte 25 € kostet?

① $x + y \cdot 25$ ② $25 \cdot (x + y)$ ③ $25x + 25y$ ④ $25 + xy$ ⑤ $(x + y) \cdot 25$

9. Jan sagt zu Kim: „Denk dir eine Zahl, subtrahiere davon 3, multipliziere die Differenz mit 5 und addiere zu diesem Produkt 15. Sag mir dein Ergebnis, ich sag dir deine gedachte Zahl."
a) Wie kommt Jan auf die Zahl, die sich Kim gedacht hat?
b) Denkt euch selbst solche Zahlenrätsel aus und lasst sie von eurem Banknachbarn lösen.

10. Lea stellt folgende Aufgabe: „Denke dir eine natürliche Zahl, multipliziere sie mit 5 und addiere 2. Zum Vierfachen des Ergebnisses addiere 3 und zum Schluss multipliziere das Ganze noch mit 5. Sage mir das Ergebnis, dann nenne ich dir die gedachte Zahl."
a) Führe die Rechnung nacheinander für 13, 20 und 237 aus. Wie kommt Lea auf die gedachte Zahl?
b) Begründe, dass das immer funktioniert.

Tipp zu 10b:
Schreibe zum Zahlenrätsel einen Term auf und vereinfache ihn.

CAS **11.** Der Befehl expand (Entwickle) führt dazu, dass ein CAS Klammern auflöst.
Löse die Klammern erst handschriftlich auf. Kontrolliere dann mit einem CAS.
Gibt es Unterschiede in der Darstellung der händischen Lösung und der CAS-Lösung?

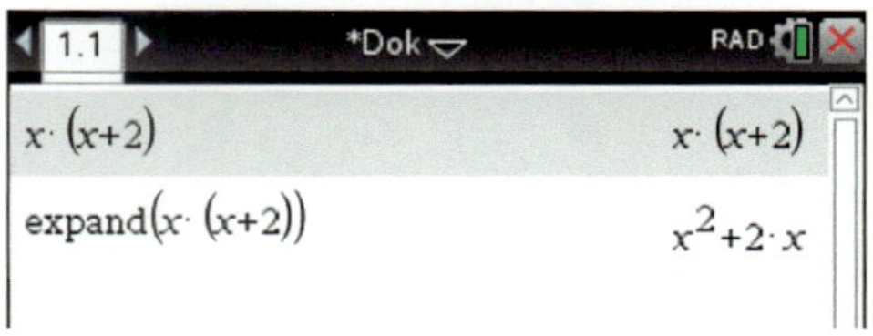

a) $y \cdot (2 + x)$
b) $a \cdot (4 \cdot b + a)$
c) $(2 \cdot b + 6 \cdot a \cdot c) \cdot a$
d) $\frac{3}{2} \cdot a \cdot \left(5 \cdot a + \frac{12}{21} \cdot b\right)$

12. Setze $a = x$, $b = x + 1$ und $c = 2x$ ein. Löse die Klammern auf und vereinfache.
a) $a \cdot b$
b) $b \cdot c$
c) $a \cdot c$
d) $a \cdot b + b \cdot c$

13. Löse alle Klammern auf. Fasse danach so weit wie möglich zusammen.
a) $2(x + y) - 7y - 4x$
b) $3(-u + v) + 5(-v + u)$
c) $13a + 7(a + 2b) - 4b$
d) $x(2 - y) + 5x + xy$
e) $-x(-3 - z) + 4(-x + 3z)$
f) $4a(8a - 12b) + (-7b + 13a) \cdot 3b$
g) $4s\left(\frac{3}{2}t - 5s\right) + \frac{3}{5}(-7s + 3t)$
h) $6x(11y - 10x) - 12y(3x - 6) + 15xy$

14. **Klammer auflösen bei der Division:** Löse die Klammer auf, indem du das Distributivgesetz für die Division anwendest.

Beispiel: $(8x^2 + 6x) : 2 = 8x^2 : 2 + 6x : 2 = 4x^2 + 3x$
a) $(12x + 9) : 3$
b) $(25a + 10b) : 5$
c) $(-8y^2 + 2) : (-2)$
d) $(52u - 26uv) : (-13)$
e) $(2a - 4a^2) : 2$
f) $(-24x^2 - 4x) : (-4)$
g) $(0{,}5x - 1{,}5x^3) : 0{,}5$
h) $(6xy^2 - 3y) : 6$

15. Stelle einen Term zur Berechnung auf und vereinfache ihn so weit wie möglich.
a) für den Umfang der Figur
b) für den Flächeninhalt der Figur

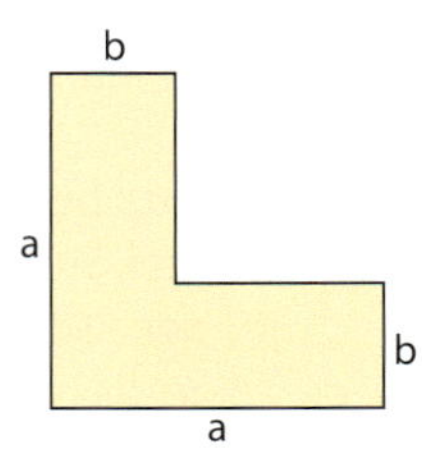

16. Hier sind Klammern mit mehr als zwei Summanden gegeben. Löse die Klammern auf.

Beispiel: $2a\,(a + 3b - 6c) = 2a \cdot a + 2a \cdot 3b - 2a \cdot 6c = 2a^2 + 6ab - 12ac$

a) $2(12x - 25y + 17z)$ b) $3a(14a + 3b - 7c)$ c) $-2x \cdot (7x - 12y + 14)$
d) $(4r - 5s + 6t) \cdot 7t$ e) $(-13a + 4b - 12c) \cdot 5b$ f) $-4x \cdot (-14x^2 + 7y - 9z)$

17. Finde äquivalente Terme und schreibe sie in dein Heft. Begründe deine Wahl.

$5(7y + 3z)$ | $-63yz + 108y^2$ | $6xy + 12x + 15x^2$ | $35y + 15z$ | $64xz - 56xy$ | $8x(8z - 7y)$ | $(-3x) \cdot (-2y - 4 - 5x)$ | $(-9y) \cdot (7z - 12y)$ | $65xy - 91x^2y$ | $(5 - 7x) \cdot 13xy$

● **18.** Hannas Hausaufgaben sind voller Tintenflecken. Kannst du ihr helfen und die Aufgaben wieder vollständig aufschreiben?

a) $4(5x - ■) = 20x - 8y$ b) $(7a + 4b) \cdot ■ = 56a + 32b$
c) $(9st - ■) \cdot 5s = 45s^2t - 60s^2$ d) $(■ - 2t) \cdot 12 = -48n - 24t$
e) $■ \cdot (8x + ■) = 32x + 12y$ f) $11r \cdot (■ + ■) = 44sr + 77rt$
g) $6v \cdot (-■ + 4u) = -42wv + ■$ h) $■(■ - 3x\,■\,8y) = 45xy - 27x^2y + 72xy^2$

Hinweis zu 19:
Hier findest du die Lösungen.

2 9 −5 2,25 −22 4 7 −0,5

19. Löse die Gleichung möglichst geschickt und gib die Lösung an.

a) $75 = 3(2x + 7)$ b) $28 = (3x + 7) \cdot 2 - 10$
c) $2r - 10 = 2(r + r)$ d) $8(x + 3) = 5(2x + 2)$
e) $4(2a - 3) = 3(1 - a) + 7$ f) $4(3 + m) = 5m - 2(m + 5)$
g) $3(2 - 4t) - 2(8t + 5) = 10$ h) $(-2) \cdot (2a + 5) - 2 = 7(6 - 4a)$

● **20.** Löse die Gleichung und gib die Lösungsmenge an.

a) $x(x - 6) = x^2 - 12$ b) $10(a^2 - 1) = -5(1 - 2a^2)$
c) $2x(x + 1) = (2x - 2) \cdot x + 4x$ d) $x \cdot (x - 2) = 0$

21. Phillip schneidet im Unterricht mehrere Rechtecke mit einem Umfang von 60 cm aus.
① Beim ersten Rechteck ist eine Seite 22 cm länger als die andere.
② Beim zweiten Rechteck ist eine Seite 10 cm länger als die andere.
③ Beim dritten Rechteckt ist eine Seite 6 cm kürzer als die andere.
Stelle für jedes Rechteck eine Gleichung auf, mit der man die Seitenlängen berechnen kann. Wie lang sind jeweils die Seiten?

● **22. Ausblick:** Man kann das Volumen der Körper als Summe und als Differenz darstellen.

a) Zerlege beide Köper in Quader. Stelle das Volumen der Körper als Summe dar.
b) Ergänze beide Körper zu einem Quader. Stelle das Volumen der Körper als Differenz dar.
c) Zeige, dass die Terme aus a) und b) äquivalent sind.

①

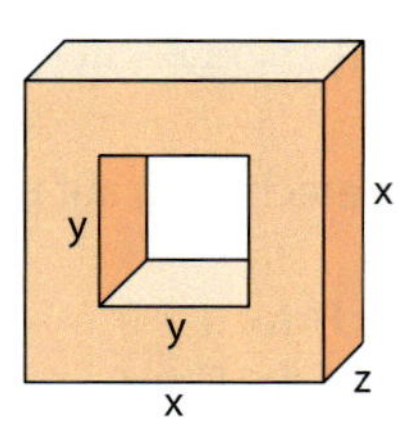

②

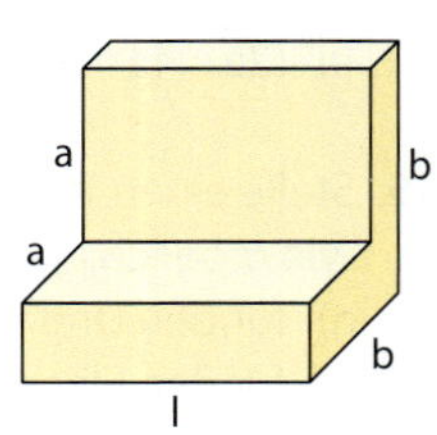

3.6 Ausklammern

■ „Frau Herschel möchte nachzählen, ob alle 24 Schüler der Klasse das Geld für das Workbook und die Englischlektüre bezahlt haben. Während Frau Herschel in den Taschenrechner $24 \cdot 11{,}50 + 24 \cdot 8{,}50$ eingibt, sagt Sarah: „Es müssten insgesamt 480 € sein!" Wie hat Sarah so schnell im Kopf gerechnet? ■

Wissen: Ausklammern gemeinsamer Faktoren
Bei einer Summe (Differenz) von Produkten kann man gemeinsame Faktoren nach dem Distributivgesetz ausklammern.

$a \cdot b + a \cdot c = a \cdot (b + c)$ $\qquad$ $a \cdot b - a \cdot c = a \cdot (b - c)$

Beispiel 1: Klammere gemeinsame Faktoren des Terms aus.
a) $6x + 4y$ $\qquad$ b) $6xy - 9x^2$

Lösung:
a) Ein gemeinsamer Faktor von 6x und 4y ist 2, denn $6x = 2 \cdot 3x$ und $4y = 2 \cdot 2y$.

$6x + 4y = 2 \cdot 3x + 2 \cdot 2y$
$= 2 \cdot (3x + 2y)$

b) Du kannst auch alle Produkte „zerlegen" und dann gemeinsame Faktoren suchen.

$6xy - 9x^2 = 2 \cdot 3 \cdot x \cdot y - 3 \cdot 3 \cdot x \cdot x$
$= 3x \cdot 2y - 3x \cdot 3x$
$= 3x \cdot (2y - 3x)$

Basisaufgaben

1. Klammere die größtmögliche Zahl aus.
a) $2a + 4$ b) $15t + 55s$ c) $24n + 54m$ d) $81u - 9v$
e) $42x - 35y$ f) $84r + 108s$ g) $60a + 75b$ h) $-54u + 162v$

2. Finde einen gemeinsamen Faktor und klammere ihn aus.
a) $8ab + 7a$ b) $12s - 17st$ c) $13uv - 24u$ d) $9xy + 14yz$
e) $23bc - 51ac$ f) $-29rt - 31rs$ g) $83a^2b + 14ac$ h) $-47yz^2 + 88x^2z$

3. Zerlege in Faktoren, unterstreiche gleiche Faktoren mit gleicher Frabe und klammere sie aus. Kontrolliere dein Ergebnis durch Ausmultiplizieren.
Beispiel: $18xy - 12x = 3 \cdot 6 \cdot x \cdot y - 2 \cdot 6 \cdot x = 6x(3y - 2)$ $\qquad$ Probe: $6x(3y - 2) = 18xy - 12x$
a) $7uv - 14uw$ b) $6xy + 12y$ c) $24uv - 36vw$ d) $-15ab + 5abc$
e) $ab^2 + 3ab$ f) $28y^2 - 35y$ g) $20x^2y - 60y^2z$ h) $-69s^2t + 48st$

4. Klammere eine negative Zahl aus.
a) $-4a - 6b$ b) $-2x + 4$ c) $-14u + 21t$ d) $-x^2 + y^2$
e) $-6rt + 14s$ f) $15n - 12m$ g) $-2p^2 - 20$ h) $-2a + 7b$

Hinweis zu 4:
Hier findest du die negativen Zahlen.

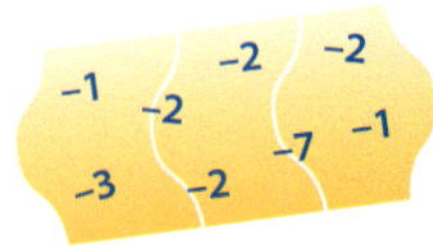

5. Klammere aus, sodass der Term in der Klammer möglichst einfach wird.
a) $-5ab - 5a$ b) $-21ab - 84b^2$ c) $\frac{2}{5}x + \frac{1}{5}x^2y$ d) $-0{,}1rs + 0{,}3r$

Weiterführende Aufgaben

6. Klammere alle gemeinsamen Faktoren aus. Multipliziere zur Kontrolle wieder aus.
a) $6x^2 + 18y$ b) $b^2c - bc$ c) $ab + ac$ d) $24x - 48y$
e) $8x + 8y$ f) $mn^3 - xn^2$ g) $6x^3 - 7x$ h) $9s - 6t$

Tipp zu 7:
Manchmal kannst du Terme mit Potenzen ausklammern.

7. Klammere möglichst viele Faktoren aus.
a) $x^2y + 2x$ b) $54p^2 - 27pq^2$ c) $8x^2 - 2x^2y$ d) $-a^2b^2 + ab^2$
e) $7ab + 7a^3$ f) $-16m^3 - 32m^2$ g) $x^2y - x^3y^2$ h) $2abc^2 - 4a^2b^3c$

8. Klammere alle gemeinsamen Faktoren aus.
a) $3ab - 12ac + 15ab$ b) $9st + rt - 15t$ c) $-x + 2xy - 3xz$
d) $120a^2b - 270b^2 - 150ab^2$ e) $-12x^2yz + 16xz - 8xy^2$ f) $6x^3 + 9x^2y - 12y^3$

9. Stolperstelle: Erläutere die Fehler, die Ina gemacht hat, und korrigiere sie.
a) $-2x - 6 = -2(x - 3)$ b) $3x + 12y = 3(x + 12y)$ c) $3ab + b = 3b(a + 1)$
d) $6x^2y - 2x = 2x(3y - 1)$ e) $8xy + 8xz + 8x = 8x(y + z)$ f) $2ab - 2ac + 6 = 2a(b - c + 3)$

● **10.** Hier verdecken Tintenflecke Aufgabenteile. Vervollständige die Aufgabe im Heft.
a) $36x - 24xy = 12x(● - 2●)$ b) $6y - ● + ● = 2y(3 - y + y^2)$
c) $●bc - ● = -ac(-ab + c)$ d) $-4a - ● + 8● = ●(-a - 5 + 2b)$
e) $-5xy + 5●y^2 = ●y(-● + x^2y)$ f) $-●b + ab - b^2 = (7b - ● + b^2) \cdot (-●)$

11. Schreibe als Term und forme diesen dann in ein Produkt um.
a) Addiere das Zehnfache einer Zahl und das Achtfache einer anderen Zahl.
b) Subtrahiere das Sechsfache einer Zahl von dem Neunfachen einer anderen Zahl.
c) Addiere zum Fünffachen einer Zahl die Hälfte der Zahl und subtrahiere davon die Zahl.

CAS **12.** a) Prüfe an eigenen Beispielen, wann ein CAS wie in der ersten Zeile gemeinsame Faktoren automatisch ausklammert.
b) In der zweiten Zeile wird der Befehl factor (Faktorisiere) angewendet, um gemeinsame Faktoren auszuklammern. Vergleiche das handschriftliche Ausklammern bei $18xy - 2x^2y$ mit der CAS-Lösung von factor($18xy - 2x^2y$).

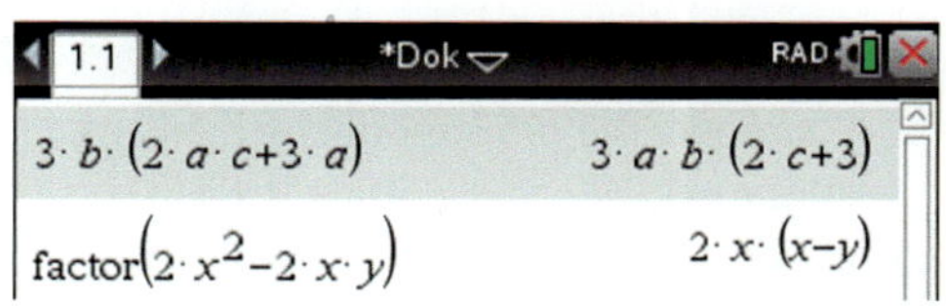

13. Prüfe, ob hier so weit wie möglich ausgeklammert wurde? Falls nicht, hole dies nach.
a) $18x^2 - 30x^3 = 6x(3x - 10x^2)$ b) $10b^2 - 10ab + 16a^2b = 2b(5b - 5a + 8a^2)$
c) $-ab^2 - a^2b = ab(-b - a)$ d) $8xy^2 + 14xy^3 - 22y^3 = y^2(8x + 14xy - 22y)$

● **14.** Wie würdest du den Term vereinfachen? Vergleiche mit deinem Nachbarn.
a) $8a \cdot 2b + 8a^2 - 8ab$ b) $14xy - 21y + 7xy$ c) $-3rs + 6sr - rs$
d) $2b \cdot a^2 - 4a^2 - 8a \cdot ab$ e) $\frac{1}{4}x^2y + \frac{1}{2}x^2 + \frac{1}{4}yx^2$ f) $-\frac{1}{2}x \cdot \frac{2}{3}x + x^2 \cdot \frac{1}{3}x + \frac{1}{3}x^2$

● **15. Ausblick:** „Die Summe einer Zahl und deren Qudratzahl ist immer eine gerade Zahl."
a) Prüfe diese Behauptung für verschiedene natürliche Zahlen: $1 + 1^2, 2 + 2^2, 3 + 3^2, \ldots$
b) Vereinfache den Term $n + n^2$ durch Ausklammern. Begründe mithilfe des Terms, dass die Behauptung stimmt. Unterscheide dabei die Fälle, dass n gerade ist oder dass n ungerade ist. Was folgt dann jeweils für $(1 + n)$?

3.7 Ausmultiplizieren von zwei Klammern

■ Zum Auflösen der beiden Klammern bei $(x + 2) \cdot (x + 1)$ kannst du einen Zwischenschritt machen. Gib an, wofür in der zweiten Zeile die Variable a steht.
Zeige, dass das Ergebnis $x^2 + 3x + 2$ ist, wenn du a in $a \cdot x + a \cdot 1$ wieder ersetzt. ■

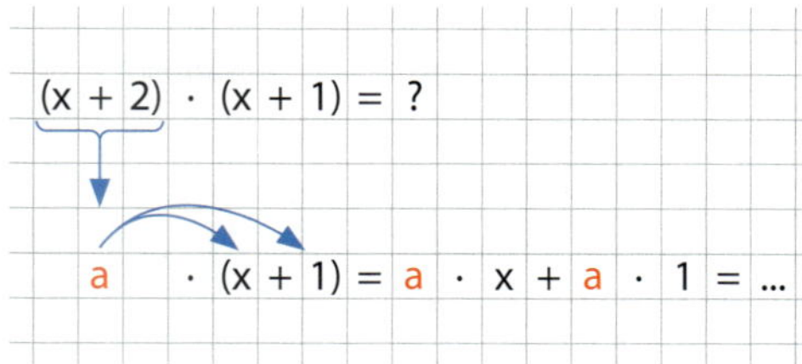

Gesucht ist der Flächeninhalt des gelben Rechtecks. Man kann mit den gegebenen Größen a, b, c und d zwei Terme aufstellen.

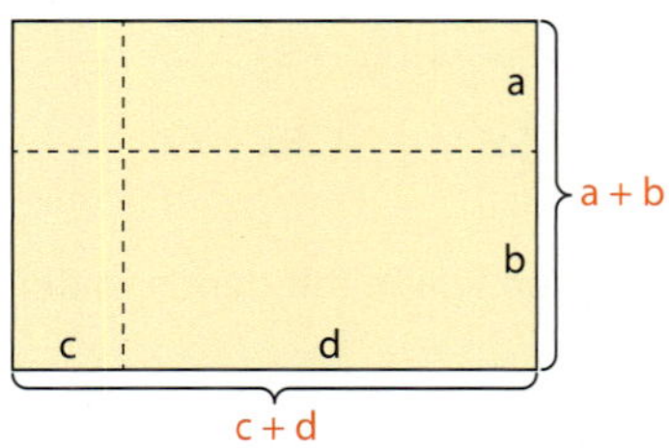

Der Flächeninhalt ergibt sich aus dem Produkt der Seitenlängen a + b und c + d:
$A = (a + b) \cdot (c + d)$

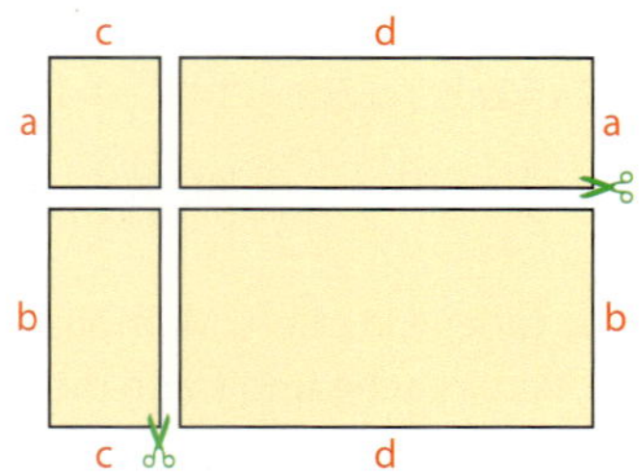

Addiert man den Flächeninhalt der vier kleinen Rechtecke, so erhält man:
$A = a \cdot c + a \cdot d + b \cdot c + b \cdot d$

Beide Terme geben den Flächeninhalt des gelben Rechtecks an, sie sind also äquivalent.
Daher gilt: $(a + b) \cdot (c + d) = a \cdot c + a \cdot d + b \cdot c + b \cdot d$

Wissen: Ausmultiplizieren von zwei Klammern
Zwei Summen werden multipliziert, indem man jeden Summanden der ersten Klammer mit jedem Summanden der zweiten Klammer multipliziert und die Produkte addiert.

$$(a + b) \cdot (c + d) = a \cdot c + a \cdot d + b \cdot c + b \cdot d$$

Hinweis:
Die Formel lässt sich auch durch zweifaches Anwenden des Distributivgesetzes zeigen:
$(a + b) \cdot (c + d)$
$= a \cdot (c + d) + b \cdot (c + d)$
$= a \cdot c + a \cdot d + b \cdot c + b \cdot d$

Beispiel 1: Multipliziere $(4x + 2) \cdot (3 - x)$ aus und fasse zusammen.

Lösung:
Zeichne die Pfeile ein, damit du beim Ausmultiplizieren kein Produkt vergisst.
Fasse gleichartige Terme zusammen.

$$\begin{aligned}(4x + 2) \cdot (3 - x) &= 4x \cdot 3 - 4x \cdot x + 2 \cdot 3 - 2 \cdot x \\ &= 12x - 4x^2 + 6 - 2x \\ &= 10x - 4x^2 + 6\end{aligned}$$

Basisaufgaben

1. Multipliziere die Klammern aus.
a) $(a + 8) \cdot (3 + b)$ b) $(4 - x) \cdot (y + 8)$ c) $(2 - p) \cdot (q - 4)$
d) $(a - b) \cdot (c - d)$ e) $(r + s) \cdot (t - r)$ f) $(-x + y) \cdot (x - z)$

2. Multipliziere die Klammern aus.
a) $(r + 8s) \cdot (8t + 8)$ b) $(6 + 4s) \cdot (2t + 4)$ c) $(a + 6d) \cdot (-4 + 9b)$
d) $(10b + a) \cdot (3 - b)$ e) $(5 - 2y) \cdot (2x - y)$ f) $(-8r - 5t) \cdot (-11t - 9s)$

3. Multipliziere die Klammern aus und vereinfache so weit wie möglich.

a) $(x + 2) \cdot (x + 3)$ b) $(b - 1) \cdot (b + 2)$ c) $(c - 3) \cdot (c - 4)$

d) $(3 + 2d) \cdot (2d + 2)$ e) $(x + y) \cdot (4y + x)$ f) $(6u - v) \cdot (-12u - 5v)$

g) $(5 - a^2)(ab^2 + 6)$ h) $(1 - 3x)(x - 2x^2)$ i) $(x^2y - x)(4 - xy)$

4. Schreibe als Term, multipliziere aus und fasse zusammen.

a) Multipliziere den Vorgänder einer Zahl mit dem Nachfolger dieser Zahl.

b) Bilde das Produkt aus der Summe zweier Zahlen und der Differenz der gleichen Zahlen.

Weiterführende Aufgaben

5. Multipliziere die Klammern aus und vereinfache so weit wie möglich.

a) $(0{,}5bc + 2a)(2ab - 0{,}5c)$ b) $\left(\frac{x}{2} + 15\right)(x - 20)$ c) $\left(r - \frac{1}{2}s\right)\left(\frac{2}{3}r + s\right)$

d) $\left(\frac{2}{5}c + \frac{1}{4}a\right)\left(-\frac{1}{2} + 2b\right)$ e) $\left(\frac{1}{3}x - \frac{2}{5}y\right)\left(\frac{1}{3}x + \frac{2}{5}y\right)$ f) $\left(\frac{1}{4}x^2 + \frac{3}{7}y\right)(28x - 7y^2)$

6. Übertrage die Tabelle ins Heft. Multipliziere die Terme in der linken Spalte mit denen in der oberen Zeile, vereinfache und trage die Ergebnisse ein.

$\cdot$	$x + 1$	$-5 + 4x$	$2x - y$	$-x^2 - 3x$
$x - 2$				
$-x - 3y$				

7. Klammern kann man auch mithilfe einer Multiplikationstabelle ausmultiplizieren.

Beispiel:

$$(x - 2) \cdot (2x - y) = 2x^2 - xy - 4x + 2y$$

Tabelle:

	$2x$	$-y$
x	$2x^2$	$-xy$
-2	$-4x$	$2y$

Schreibe auf, welche Summen jeweils miteinander multipliziert werden sollen. Ergänze dann die Tabelle in deinem Heft und berechne das Ergebnis.

a)

	$4b$	3
$2a$		
-8		

b)

	x	$-2y$
$-3x$		
$5y$		

c)

	b^2	$2ab$
ab		
$-6a$		

d) Erläutere an einem eigenen Beispiel, welche Vorteile es hat, mit einer Multiplikationstabelle zu rechnen.

8. **Stolperstelle:** Erläutere, welche Fehler gemacht wurden, und korrigiere sie.

a) $(6a + 8)(4b - 9a) = 24ab - 72a$ b) $(x - 3)(y - 2) = xy - 2x - 3y - 6$

9. Hier sind Klammern mit mehr als zwei Summanden gegeben. Multipliziere aus.

Beispiel: $(a + b)(x + y + z) = ax + ay + az + bx + by + bz$

a) $(a + b)(4 + c + d)$ b) $(3 - 2b)(5a + 4 - 3c)$ c) $(-4x + 7y)(4z - 9x - 7y)$

● **10.** Setze $a = x + 1$, $b = 2x - 1$ und $c = x + 2$ ein. Löse die Klammern auf und vereinfache.

a) $a \cdot b$ b) $a \cdot c$ c) $b \cdot c$ d) $a \cdot a$

e) $a \cdot b + a \cdot c$ f) $a \cdot b + b \cdot c$ g) $a \cdot b - a \cdot c + b \cdot c$ h) $a \cdot a - b \cdot b + c \cdot c$

CAS **11.** Der Befehl **expand** (Entwickle) wird durch den Befehl **factor** (Faktorisiere) wieder rückgängig gemacht. Zeige, dass im Beispiel rechts der Eingabeterm in der ersten Zeile äquivalent zum Ausgabeterm in der zweiten Zeile ist.

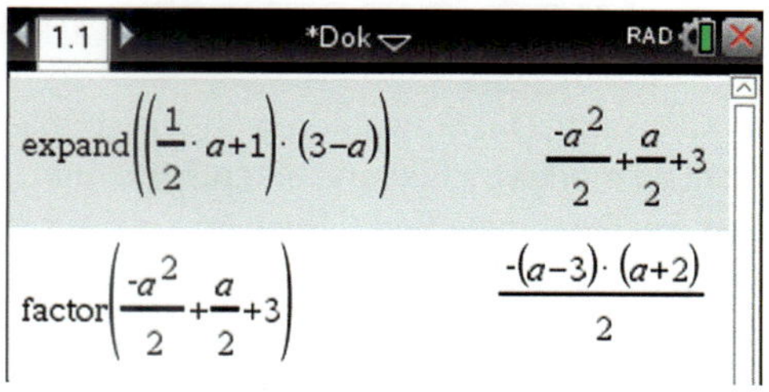

● **12.** Hier verdecken Tintenflecke Aufgabenteile. Vervollständige die Aufgaben im Heft.

a) $(2u-4)(3v$ ■ $u) = 6uv + 2u^2 -$ ■ $- 4u$

b) (■ $+ 6)(7x +$ ■$) = 14x^2 + 6x + 42x + 18$

c) $(\frac{1}{4}a + b)(4a +$ ■$b) = a^2 + 2ab +$ ■ $+$ ■

d) $(\frac{2}{3}a +$ ■$)($■$a + \frac{2}{3}b) = \frac{2}{9}a^2 + \frac{4}{9}ab +$ ■ $+ \frac{2}{9}b^2$

Hinweis zu 12:
Hier findest du die verdeckten Aufgabenteile.

13. a) Überlege, welcher Flächeninhalt in der Figur jeweils mit dem Term berechnet werden kann.

① $(a + b)\cdot(c - d)$

② $a\cdot c - a\cdot d + b\cdot c - b\cdot d$

b) Zeige rechnerisch, dass die beiden Terme aus a) äquivalent sind.

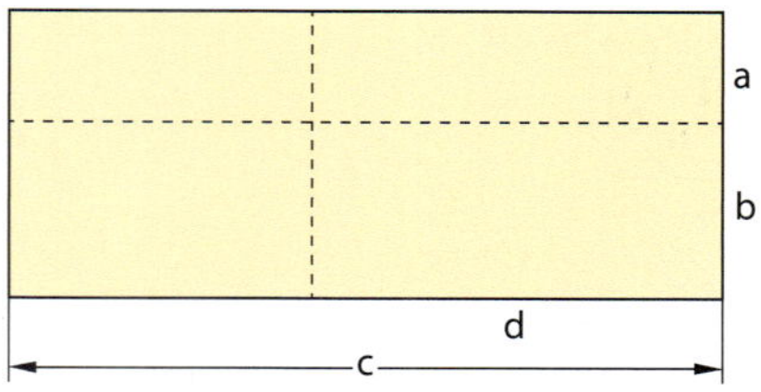

14. Bei einer rechteckigen Fläche ist die eine Seite doppelt so lang wie die andere. Die kürzere Seite wird um einen Meter verlängert und die längere Seite um einen Meter verkürzt.

a) Wie ändern sich der Umfang und der Flächeninhalt? Stelle jeweils einen Term auf und vereinfache ihn.

b) Welche Maße muss die ursprüngliche Fläche haben, damit Umfang und Flächeninhalt gleich bleiben?

● **15.** Herr Thies ist auf der Suche nach einem Schrebergarten. Im Kleingartenverein Wiesengrund werden ihm ein quadratisches und ein rechteckiges Grundstück mit gleichem Umfang angeboten. Herr Thies möchte ein möglichst großes Grundstück.

a) Gehe von einem quadratischen Grundstück mit der Seitenlänge a aus. Wenn man die Länge einer Seite um x vergrößert, ensteht ein Rechteck. Welche Länge und Breite hat das Rechteck, wenn der Umfang gleich bleibt?

b) Stelle einen Term für den Flächeninhalt des rechteckigen Grundstücks aus a) auf und multipliziere ihn aus. Erläutere mithilfe des Terms, für welches Grundstück sich Herr Thies entscheiden sollte.

● **16.** Löse die Klammern auf und fasse so weit wie möglich zusammen.

a) $(a - b)(c - d) + c(a + b)$

b) $(x + y)(x - y) - (y + x)(y - x)$

c) $a(a + b) - (a^2 + b)(a - b)$

d) $2(x + 1)\cdot(-3) - 2(5 + x)(2x - 4)$

e) $\frac{1}{2}(a - 2)\cdot(-a) + \left(1 - \frac{a^2}{2}\right)(a - 1)$

f) $\left(\frac{1}{2}xy + x\right)\left(y + \frac{1}{2}\right) - (y^2 + 1)\left(\frac{1}{2} + x\right)$

● **17. Ausblick:** Löse die Klammern auf und vereinfache den Term.

a) $(a + 1)\cdot(b + 2)\cdot(c + 3)$

b) $(-x - 1)\cdot(-x - 2)\cdot(-x - 3)$

c) $(8s + 15)\cdot(3t^2 + 5r)\cdot(4r - 6s)$

d) $(4x + 3)\cdot(y - 8z)\cdot(9 - 8x)$

3.8 Die 1. binomische Formel

■ Karo sagt: „Quadratzahlen brauche ich mir nicht zu merken. Ich kenne einen Trick, mit dem ich Quadratzahlen schnell im Kopf ausrechnen kann." Berechne wie Karo die Quadratzahlen 15^2, 16^2, 21^2 und 33^2. ■

$11^2 = (10 + 1)^2 = 100 + 20 + 1 \approx 121$
$12^2 = (10 + 2)^2 = 100 + 40 + 4 \approx 144$
$13^2 = (10 + 3)^2 = 100 + 60 + 9 \approx 169$
$14^2 = (10 + 4)^2 = 100 + 80 + 16 \approx 196$

Gesucht ist der Flächeninhalt des gelben Quadrats. Man kann mit den gegebenen Größen a und b zwei Terme aufstellen.

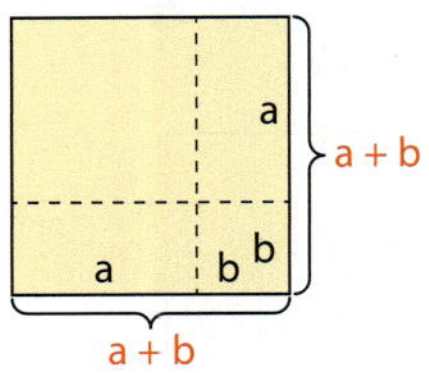

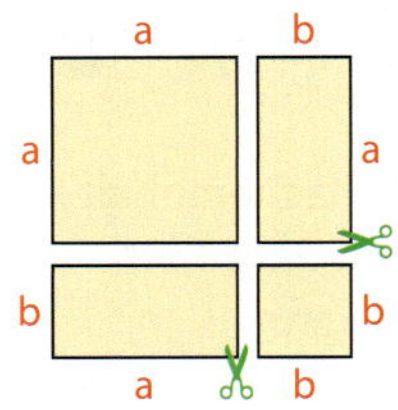

Der Flächeninhalt des gelben Quadrats ergibt sich aus dem Quadrat der Seitenlänge a + b:
$A = (a + b)^2$

Addiert man die Flächeninhalte der kleinen Quadrate und Rechtecke, so erhält man:
$A = a^2 + ab + ab + b^2 = a^2 + 2ab + b^2$

Beide Terme geben den Flächeninhalt des gelben Quadrats an, sie sind also äquivalent.
Daher gilt: $(a + b)^2 = a^2 + 2ab + b^2$

Hinweis:
Die 1. binomische Formel lässt sich auch durch Ausmultiplizieren von
$(a + b) \cdot (a + b)$
zeigen:
$(a + b)^2 = (a + b) \cdot (a + b)$
$= a^2 + ab + ba + b^2$
$= a^2 + 2ab + b^2$

Wissen: 1. binomische Formel

Quadrat — plus doppeltes Produkt — plus Quadrat

$$(a + b)^2 = a^2 + 2ab + b^2$$

Zweigliedrige Terme wie a + b bezeichnet man als „**Binom**".

Beispiel 1:
a) Multipliziere $(x + 3)^2$ aus.
b) Verwandle $u^2 + 4u + 4$ in ein Produkt.

Lösung:
a) $(x + 3)^2$ hat die Form $(a + b)^2$.
Wende die 1. binomische Formel an.

$(x+3)^2 = x^2 + 2 \cdot x \cdot 3 + 3^2 = x^2 + 6x + 9$
$(a+b)^2 = a^2 + 2\ a\ b + b^2$

b) Bringe den Term in die Form $a^2 + 2ab + b^2$ und wende die 1. binomische Formel von rechts nach links an.

$u^2 + 4u + 4 = u^2 + 2 \cdot u \cdot 2 + 2^2 = (u + 2)^2$
$a^2 + 2\ a\ b + b^2 = (a + b)^2$

Basisaufgaben

1. Schreibe die 1. binomische Formel mit Symbolen. Verbinde bei jeder Aufgabe die Formel und deine Rechnung mit Pfeilen.

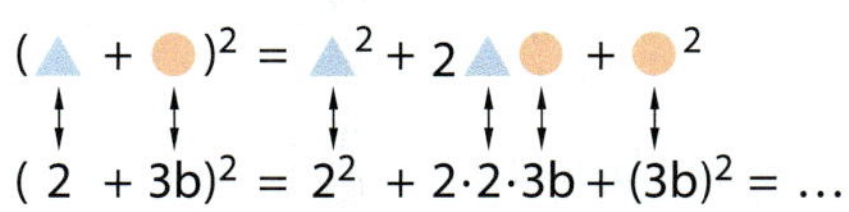

a) $(x + 4)^2$
b) $(u + v)^2$
c) $(2x + 3)^2$
d) $(-7 + 7m)^2$

2. Multipliziere mit der 1. binomischen Formel aus.
a) $(a+5)^2$ b) $(x+y)^2$ c) $(2+t)^2$ d) $(-2+x)^2$
e) $(12s+t)^2$ f) $(-6v+w)^2$ g) $(ab+6)^2$ h) $(-2xy+y)^2$

3. Schreibe $a^2+2ab+b^2=(a+b)^2$ mit Symbolen wie in Aufgabe 1.
Verbinde bei jeder Aufgabe die Formel und deine Rechnung mit Pfeilen.
a) $v^2+2vw+w^2$ b) x^2+4x+4 c) $4u^2+8uv+4v^2$ d) $r^2s^2+6rst+9t^2$

4. Wende die 1. binomische Formel an und schreibe als Produkt.
a) $x^2+2xy+y^2$ b) $t^2+14t+49$ c) x^2+2x+1 d) $100+b^2+20b$
e) $16s^2+24s+9$ f) $36a^2+60ab+25b^2$ g) $v^2w^2+4vw+4$ h) $8a+4+4a^2$

Weiterführende Aufgaben

5. Wende die 1. binomische Formel an.
a) $(0{,}1x+0{,}5)^2$ b) $\left(\frac{1}{4}x+\frac{2}{3}y\right)^2$ c) $\left(\frac{1}{100}+\frac{1}{100}r\right)^2$ d) $\left(-\frac{1}{2}+bc\right)^2$
e) $x^2+1{,}6x+0{,}64$ f) $\frac{1}{4}+s+s^2$ g) $\frac{1}{9}a^2+\frac{1}{3}ab+\frac{1}{4}b^2$ h) $y+1+0{,}25y^2$

6. Stolperstelle: Korrigiere und erkläre, worin mögliche Fehler bestehen.
a) $(x+3)^2=x^2+3x+9$ b) $(2a+2)^2=2a^2+8a+4$
c) $(5t+4)^2=25t+40t+4$ d) $(a+b)^2=a^2+b^2$

7. Übertrage in dein Heft und ergänze fehlende Terme.
a) $(2+■)^2=■+8t+4t^2$ b) $(■+3h)^2=16+■h+■h^2$ c) $\left(\frac{1}{3}+■\right)^2=\frac{1}{9}+■a+a^2$

Hinweis zu 7:
Hier findest du die fehlenden Terme.

8. Vereinfache den Term so weit wie möglich.
a) $(3a+b)^2+(a+b)(a+4b)$ b) $(2x+2y)^2-(-1+x)^2+5$
c) $(4v+w)^2-2v^2+(w+v)^2$ d) $5s^2+5t^2+(7s+2t)^2-(s+t)^2+1$
e) $(0{,}3x+0{,}5y)^2-(0{,}4x+0{,}2y)^2$ f) $\left(\frac{1}{3}a+\frac{2}{3}b\right)^2+\left(\frac{1}{3}a+\frac{1}{2}b\right)^2$

9. Wende auch hier die 1. binomische Formel an.
a) $(7+a)(7+a)$ b) $(x+3y)(3y+x)$ c) $(-b+6)(6-b)$

10. Ermittle, für welche Zahlen x die Gleichung erfüllt ist.
a) $(x+1)^2=(x+3)^2$ b) $(2x+9)^2=(2x+1)^2-16$ c) $3+(x+5)^2=(x+8)^2$

● **11.** Ein Rechteck und ein Quadrat haben den gleichen Flächeninhalt. Die eine Seite des Rechtecks ist um 6 cm länger als die andere. Die Seiten des Quadrats sind um 2 cm länger als die kürzere Rechteckseite. Stelle eine Gleichung auf und ermittle die Seitenlängen des Rechtecks und des Quadrats.

● **12. Ausblick:** Dreigliedrige Terme der Form a + b + c nennt man „Trinome".
a) Nutze das rechts abgebildete Quadrat, um eine „trinomische" Formel für $(a+b+c)^2$ zu entwickeln.
b) Berechne: $(x+2y+3z)^2$
c) Schreibe als Produkt: $4u^2+9v^2+16w^2+12uv+16uw+24vw$

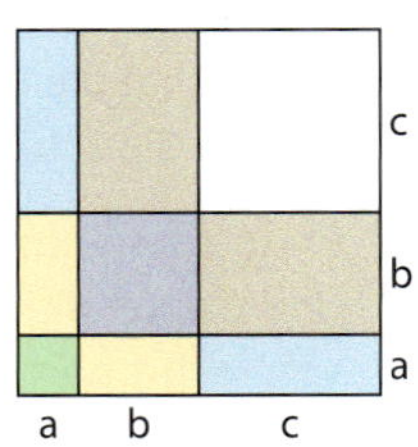

3.9 Die 2. binomische Formel

■ Lennardt steht vor einem Problem.
Er soll $(x-3)^2$ ausmultiplizieren. Lisa meint: „Da kannst du doch die 1. binomische Formel anwenden, wenn du $(x+(-3))^2$ schreibst."
Löse die Aufgabe. ■

Gesucht ist der Flächeninhalt des gelben Quadrates. Man kann mit den gegebenen Größen a und b zwei Terme aufstellen.

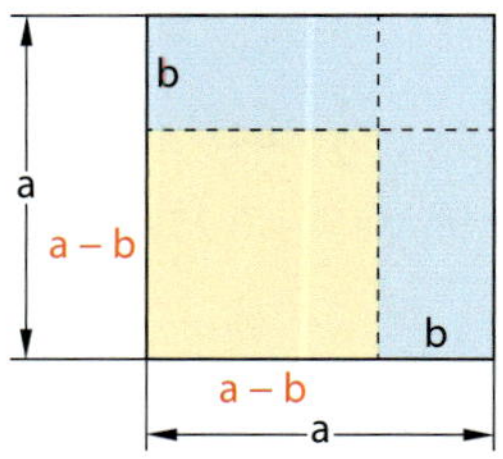

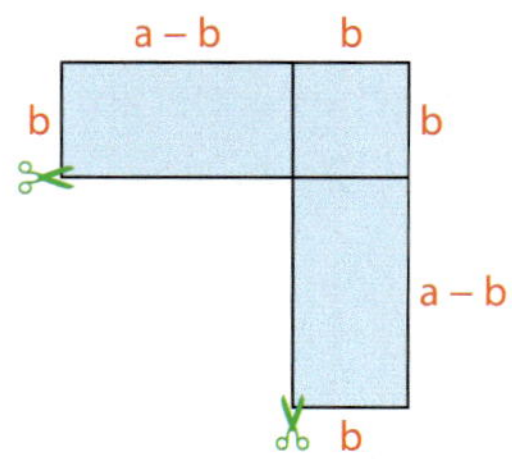

Der Flächeninhalt des gelben Quadrats ergibt sich aus dem Quadrat der Seitenlänge a – b:
$A=(a-b)^2$

Subtrahiert man vom Flächeninhalt des ganzen Quadrats den Inhalt der blauen Flächen, so erhält man:
$A_{gesamt}=a^2$
$A_{blau}=2\cdot b(a-b)+b^2=2ab-b^2$
$A=A_{gesamt}-A_{blau}=a^2-2ab+b^2$

Beide Terme geben den Flächeninhalt des gelben Quadrats an, sie sind also äquivalent.
Daher gilt: $(a-b)^2=a^2-2ab+b^2$

Hinweis:
Die 2. binomische Formel lässt sich auch durch Ausmultiplizieren von
$(a-b)\cdot(a-b)$
zeigen.
$(a-b)^2=(a-b)\cdot(a-b)$
$=a^2-ab-ba+b^2$
$=a^2-2ab+b^2$

Wissen: 2. binomische Formel

Quadrat — minus doppeltes Produkt — plus Quadrat

$$(a-b)^2=a^2-2ab+b^2$$

Beispiel 1:
a) Multipliziere $(s-2)^2$ aus.
b) Schreibe u^2-6u+9 als Produkt.

Lösung:
a) $(s-2)^2$ hat die Form $(a-b)^2$.
Wende die 2. binomische Formel an.

$(s-2)^2=s^2-2\cdot s\cdot 2+2^2=s^2-4s+4$
$(a-b)^2=a^2-2\ a\ \ b+b^2$

b) Bringe den Term in die Form $a^2-2ab+b^2$ und wende die 2. binomische Formel von rechts nach links an.

$u^2-6u+9=u^2-2\cdot u\cdot 3+3^2=(u-3)^2$
$a^2-2\ a\ \ b+b^2=(a-b)^2$

Basisaufgaben

1. Schreibe die 2. binomische Formel mit Symbolen. Verbinde bei jeder Aufgabe die Formel und deine Rechnung mit Pfeilen.

$(\triangle - \bigcirc)^2 = \triangle^2 - 2\triangle\bigcirc + \bigcirc^2$

$(4x - 5)^2 = (4x)^2 - 2 \cdot 4x \cdot 5 + 5^2 = \ldots$

a) $(x-1)^2$ b) $(d-e)^2$ c) $(3ab-b)^2$ d) $(-2m-2n)^2$

2. Multipliziere mit der 2. binomischen Formel aus.

a) $(x-3)^2$ b) $(y-x)^2$ c) $(2-t)^2$ d) $(-b-7)^2$
e) $(5a-1)^2$ f) $(2-3x)^2$ g) $(-4-4t)^2$ h) $(2n-3m)^2$

3. Schreibe $a^2 - 2ab + b^2 = (a-b)^2$ mit Symbolen wie in Aufgabe 1. Verbinde bei jeder Aufgabe die Formel und deine Rechnung mit Pfeilen.

a) $v^2 - 2vw + w^2$ b) $u^2 - 4u + 4$ c) $9e^2 - 24ef + 16f^2$ d) $-2xy + 1 + x^2y^2$

4. Wende die 2. binomische Formel an und schreibe als Produkt.

a) $x^2 - 2xy + y^2$ b) $x^2 - 10x + 25$ c) $144 - 24t + t^2$ d) $-4a + 4 + a^2$
e) $9s^2 - 12s + 4$ f) $a^2b^2 - 8ab + 16$ g) $36v^2 - 36vw + 9w^2$ h) $81s^2 + 25 - 90s$

Weiterführende Aufgaben

5. Wende die 2. binomische Formel an.

a) $(1-0{,}2x)^2$ b) $\left(\frac{1}{2}x - \frac{1}{3}y\right)^2$ c) $\left(\frac{1}{2}ab - \frac{4}{5}c\right)^2$ d) $(-1{,}5xy - 0{,}9)^2$
e) $a^2 - a + 0{,}25$ f) $\frac{1}{4}b^2 - \frac{1}{2}bc + \frac{1}{4}c^2$ g) $\frac{1}{9} - \frac{2}{3}a + a^2$ h) $-\frac{1}{2}xy + \frac{1}{16} + x^2y^2$

6. Stolperstelle: Korrigiere und erkläre, worin mögliche Fehler bestehen.

a) $(a-1)^2 = a^2 + 2a + 1$ b) $(2w - 2v)^2 = 2w^2 - 8wv + 2v^2$
c) $(s-2)^2 = s - 4s - 4$ d) $(x-y)^2 = x^2 - y^2$

7. Übertrage in dein Heft und ergänze fehlende Terme.

a) $(5 - \blacksquare)^2 = \blacksquare - 20t + 4t^2$ b) $(\blacksquare - 2e)^2 = 9d^2 - \blacksquare de + \blacksquare$ c) $\left(\frac{1}{2} - \blacksquare\right)^2 = \frac{1}{4} - \blacksquare a + a^2$

● **8.** Vereinfache den Term so weit wie möglich.

a) $(2x-y)^2 + (x+y) \cdot x$ b) $(2v-w)^2 + v^2 + (w-v)^2$
c) $(0{,}2a - 0{,}1b)^2 - (-0{,}1a + 0{,}3b)^2$ d) $(3x-y)^2 - (x-3y)^2$

9. Ermittle, für welche Zahlen x die Gleichung erfüllt ist.

a) $(x-4)^2 = (x-5)^2$ b) $(4-x)^2 + 6x = -(24 - x^2)$ c) $(x-7)^2 = x^2 + 7$

Hinweis zu 9:
Die Summe der Lösungen ist 27,5.

CAS ● **10. Ausblick: Quadratische Ergänzung**
Der Term $x^2 + 4x + 5$ lässt sich auch mit einem CAS nicht faktorisieren.
Schreibe wie im Beispiel rechts einen Teil des Terms als Produkt.

a) $x^2 - 8x + 13$ b) $4y^2 + 4y - 1$
c) $\frac{1}{4}x^2 - 5x - 10$ d) $9x^2 - 6xy + 2y^2$
e) Erkläre, warum man das Verfahren quadratische Ergänzung nennt.

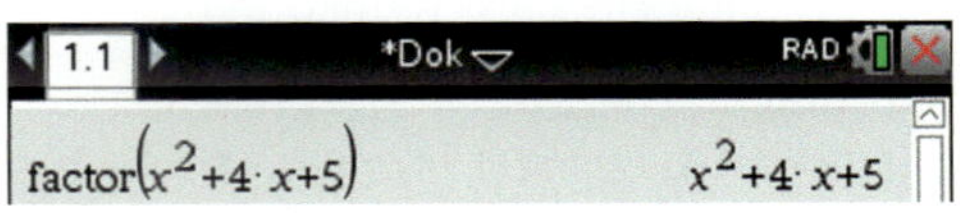

Man kann aber folgendermaßen rechnen:

$x^2 + 4x + 4 - 4 + 5$ | Ergänze + 4 − 4
$= x^2 + 4x + 4 + 1$ | 1. Binomische Formel
$= (x+2)^2 + 1$

Hinweis zu 10:
Du kannst das Ergebnis mit einem CAS überprüfen, indem du die Klammer wieder auflösen lässt.

3.10 Die 3. binomische Formel

■ Lukas sagt: „Ich kenne einen Trick, um im Kopf schnell das Produkt zweier Zahlen zu berechnen." Er schreibt einige Rechnungen auf. Gib weitere Beispiele an und erkläre den Trick. Bei welchen Faktoren ist es sinnvoll den Trick zu benutzen, bei welchen nicht? ■

$17 \cdot 13 = (15 + 2) \cdot (15 - 2)$
$= 15^2 - 2^2 = 225 - 4 = 221$
$43 \cdot 37 = (40 + 3) \cdot (40 - 3)$
$= 40^2 - 3^2 = 1600 - 9 = 1591$
$101 \cdot 99 = (100 + 1) \cdot (100 - 1)$
$= 100^2 - 1^2 = 10000 - 1 = 9999$

Gesucht ist der Flächeninhalt der gelben Fläche. Man kann mit den gegebenen Größen a und b zwei Terme aufstellen.

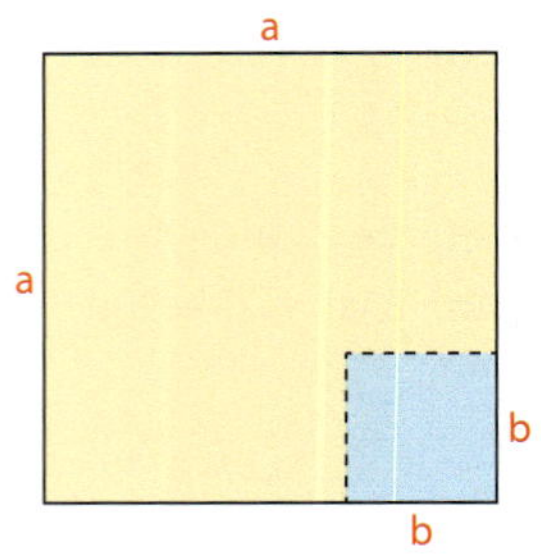

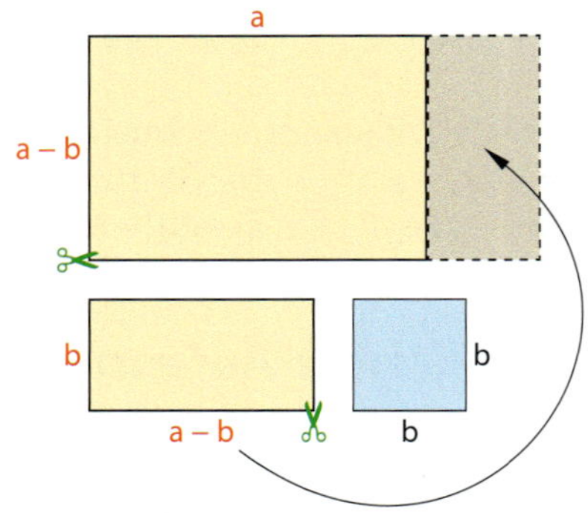

Subtrahiert man vom Flächeninhalt a^2 des ganzen Quadrats den Inhalt des blauen Quadrats, so erhält man:
$A = a^2 - b^2$

Zerschneidet man die Figur und setzt die beiden gelben Rechtecke zu einem großen Rechteck mit den Seitenlängen $a + b$ und $a - b$ zusammen, so erhält man:
$A = (a + b) \cdot (a - b)$

Beide Terme geben den Flächeninhalt der gelben Fläche an, sie sind also äquivalent.
Daher gilt: $a^2 - b^2 = (a + b) \cdot (a - b)$

Hinweis:
Die 3. binomische Formel lässt sich auch durch Ausmultiplizieren zeigen.
$(a + b) \cdot (a - b)$
$= a^2 - ab + ba - b^2$
$= a^2 - b^2$

Wissen: 3. binomische Formel

Quadrat | minus Quadrat

$(a + b) \cdot (a - b) = a^2 - b^2$

Beispiel 1:
a) Multipliziere $(x + 2) \cdot (x - 2)$ aus.
b) Schreibe $x^2 - 9$ als Produkt.

Lösung:
a) $(x+2) \cdot (x-2)$ hat die Form $(a+b) \cdot (a-b)$. Wende die 3. binomische Formel an.

$(x+2) \cdot (x-2) = x^2 - 2^2 = x^2 - 4$
$(a+b) \cdot (a-b) = a^2 - b^2$

b) $x^2 - 9$ hat die Form $a^2 - b^2$. Wende die 3. binomische Formel von rechts nach links an.

$x^2 - 9 = x^2 - 3^2 = (x+3) \cdot (x-3)$
$a^2 - b^2 = (a+b) \cdot (a-b)$

Basisaufgaben

1. Schreibe die 3. binomische Formel mit Symbolen. Verbinde bei jeder Aufgabe die Formel und deine Rechnung mit Pfeilen

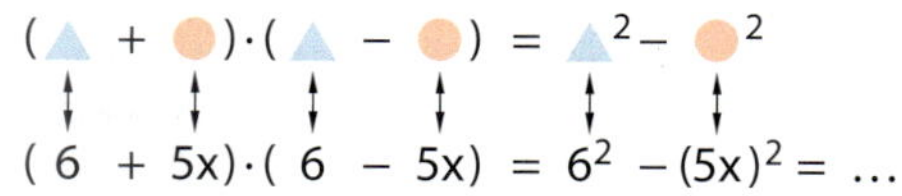

a) $(x+2)\cdot(x-2)$ b) $(c-b)\cdot(c+b)$ c) $(-1+2s)\cdot(-1-2s)$ d) $(ab-4)\cdot(4+ab)$

2. Multipliziere mit der 3. binomischen Formel aus.
a) $(x+4)\cdot(x-4)$ b) $(v+w)\cdot(v-w)$ c) $(5-y)\cdot(5+y)$ d) $(-1+a)\cdot(-1-a)$
e) $(2a+2)(2a-2)$ f) $(r+2s)(r-2s)$ g) $(-9y+9)(-9y-9)$ h) $(2a-3b)(3b+2a)$

3. Schreibe $a^2-b^2=(a+b)\cdot(a-b)$ mit Symbolen wie in Aufgabe 1.
Verbinde bei jeder Aufgabe die Formel und deine Rechnung mit Pfeilen.
a) $25-x^2$ b) $4y^2-9$ c) $-y^2+x^2$ d) $9a^2-b^2c^2$

4. Wende die 3. binomische Formel an und schreibe als Produkt.
a) s^2-t^2 b) x^2-16 c) $1-y^2$ d) $-a^2+36$
e) $4a^2-16$ f) $256-9s^2$ g) $-64x^2+144$ h) x^2y^2-4

Weiterführende Aufgaben

5. Wende die 3. binomische Formel an.
a) $\left(\frac{1}{3}x+\frac{1}{5}\right)\cdot\left(\frac{1}{3}x-\frac{1}{5}\right)$ b) $\left(\frac{1}{11}+s\right)\cdot\left(\frac{1}{11}-s\right)$ c) $(0{,}5s-t)(0{,}5s+t)$ d) $\left(-bc-\frac{2}{3}\right)\left(\frac{2}{3}-bc\right)$
e) $\frac{1}{64}-t^2$ f) $\frac{1}{100}x^2-\frac{1}{81}$ g) $-0{,}16+0{,}01a^2$ h) $\frac{25}{49}a^2c^2-\frac{1}{121}b^2$

6. **Stolperstelle:** Korrigiere und erkläre, worin mögliche Fehler bestehen.
a) $(x+1)\cdot(x-1)=x-1$ b) $(2t+3)\cdot(2t-3)=2t^2-9$
c) $(m-3)\cdot(m+3)=$??? geht nicht d) $(a+b)\cdot(a-b)=a^2+b^2$
e) $w^2-v^2=(w^2+v^2)\cdot(w^2-v^2)$ f) $9x^2-4y^2=(9x+4y)\cdot(9x-4y)$

7. Übertrage in dein Heft und ergänze fehlende Terme.
a) $(x+8)\cdot(x-■)=■-64$ b) $(■+3)\cdot(u-■)=u^2-9$
c) $■+0{,}64n^2=(2m+■)\cdot(■-0{,}8n)$ d) $\left(\frac{1}{3}a+■\right)\cdot\left(■-\frac{3}{5}b\right)=■-0{,}36b^2$
e) $■+1{,}44s^2=(0{,}3r+■)\cdot(■-1{,}2s)$ f) $\left(■-\frac{1}{7}x\right)\cdot\left(\frac{y}{2}+■\right)=■-\frac{1}{49}x^2$

● 8. Wende die 3. binomische Formel an und vereinfache dann den Term.
a) $(r+1)(r-1)+(2r+3)(2r-3)$ b) $(2v+3w)(2v-3w)+9w^2$
c) $4\left(\frac{1}{2}a+\frac{1}{10}b\right)\left(\frac{1}{2}a-\frac{1}{10}b\right)-\left(a+\frac{2}{5}b\right)\left(a-\frac{2}{5}b\right)+\frac{2}{25}b^2$
d) $(x+y)\cdot 5-(2x-5y)(2x+5y)-24y^2+(x+y)(x-y)+3x^2$

9. Skizziere eine Fläche, die den Term $(x+3)\cdot(x-3)$ darstellt. Erkläre, wie du vorgehst.

10. Zeige, dass für das Volumen und den Oberflächeninhalt des Quaders gilt:
$V=x^3-x$ und $O=6x^2-2$

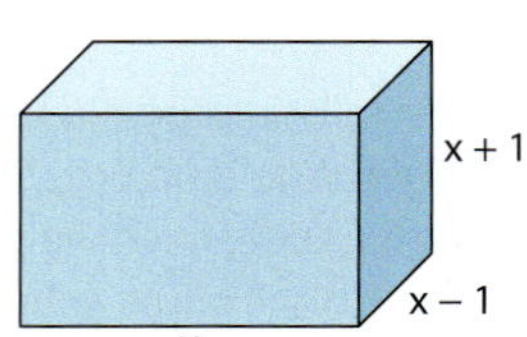

11. Rechts ist die Zerlegung eines Quadrats mit der Seitenlänge a dargestellt, aus dem ein kleines Quadrat mit der Seitenlänge b ausgeschnitten wurde. Leite die 3. binomische Formel mithilfe dieser Zerlegung und über den Flächeninhalt der gelben Fläche her.

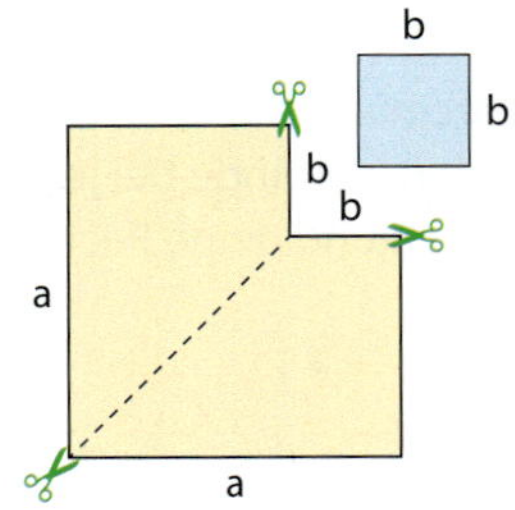

12. Pedro behauptet: „Wenn ich eine natürliche Zahl quadriere, dann ist das Ergebnis immer um 1 größer, als wenn ich die beiden Nachbarzahlen multipliziere. Zum Beispiel ist $5^2 = 25$ und $4 \cdot 6 = 24$."

a) Überprüfe Pedros Behauptung für folgende Zahlen.
① 9 ② 2 ③ 12 ④ 100

b) Zeige, dass Pedro recht hat, indem du die natürliche Zahl mit n bezeichnest und mit Termen rechnest.

● **13.** Begründe, dass dieses Zahlenrätsel stets funktioniert: Denke dir eine Zahl. Quadriere die Zahl und subtrahiere 1. Dividiere das Ergebnis durch die Zahl, die um 1 kleiner ist als die gedachte Zahl. Das Ergebnis ist um 1 größer als die gedachte Zahl.

● **14.** Klammere aus und schreibe dann mit der 3. binomischen Formel als Produkt.
Beispiel: $5x^2 - 80 = 5(x^2 - 16) = 5(x+4)(x-4)$

a) $6x^2 - 54$ b) $27a^2 - 3$ c) $44y^2 - 11x^2$ d) $12a^2 - 48b^2$
e) $\frac{49}{8} - \frac{1}{8}y^2$ f) $\frac{1}{2}x^2 - 32$ g) $-45 + 20b^2$ h) $\frac{25}{3}x^2 - \frac{4}{27}y^2$

Erinnere dich:
$(a+b)^2 = a^2 + 2ab + b^2$
$(a-b)^2 = a^2 - 2ab + b^2$

● **15.** Vereinfache die Terme. Verwende dazu die 1., die 2. oder die 3. binomische Formel.

a) $(2a+b)^2 + (a+b)(a-b)$ b) $(5w-7v)^2 - (w+3v)(w-3v)$
c) $s^2 - t^2 - (-s-t)(-s+t)$ d) $(4x+y)^2 + (6x-8y)^2 + (x+2y)(x-2y)$
e) $(1-3a)(1+3a) - (-2)(2a-3)^2$ f) $\left(\frac{1}{3}m + \frac{1}{9}n\right)^2 - \frac{3}{2}\left(\frac{2}{3}m + \frac{1}{9}n\right)\left(\frac{2}{3}m - \frac{1}{9}n\right)$

Hinweis zu 16:
Hier findest du die Lösungen.

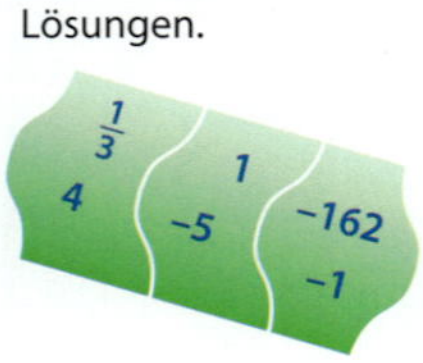

● **16.** Ermittle, für welche Zahlen x die Gleichung erfüllt ist.

a) $(x+1)(x-1) + x = x^2$ b) $x^2 + 4x = (x+2)(x-2)$
c) $(2x-1)(2x+1) = (2x+1)^2 - 18$ d) $288 + (x+12)(x-12) = (x-8)^2$
e) $(x+9)^2 = (x+9)(x-9) + 17x$ f) $\left(2 - \frac{1}{2}x\right)\left(2 + \frac{1}{2}x\right) = 3\left(\frac{1}{2}x + 1\right)^2 - x^2$

● **17.** **Ausblick:** Enna hat sich viel mit der 3. binomischen Formel beschäftigt. Dabei ist ihr etwas aufgefallen. Sie notiert einige Zeilen auf einem Blatt Papier:

$a^2 - b^2 = (a-b) \cdot (a+b)$
$a^3 - b^3 = (a-b) \cdot (a^2 + ab + b^2)$
$a^4 - b^4 = (a-b) \cdot (a^3 + a^2b + ab^2 + b^3)$
$a^5 - b^5 = (a-b) \cdot (a^4 + a^3b + a^2b^2 + ab^3 + b^4$
$a^6 - b^6 = (a-b) \cdot (a^5 + \ldots$

a) Vervollständige die letzte Zeile, um die Differenz $a^6 - b^6$ als Produkt zu schreiben.
b) Überprüfe dein Ergebnis durch Ausmultiplizieren.
c) Beschreibe, nach welcher Regel sich Terme der Form $a^n - b^n$ mit natürlichen Exponenten n als Produkt schreiben lassen.

Pascal'sches Dreieck

CAS

■ Mit dem expand-Befehl wurden aufsteigende Potenzen des Binoms (a + b) ausmultipliziert.
Wie sieht der ausmultiplizierte Term für $(a + b)^5$ und $(a + b)^6$ aus?
Finde eine Lösung, indem du die Termstruktur der Ausgabe des CAS untersuchst und Regelmäßigkeiten entdeckst.
Kontrolliere dann mit dem CAS. ■

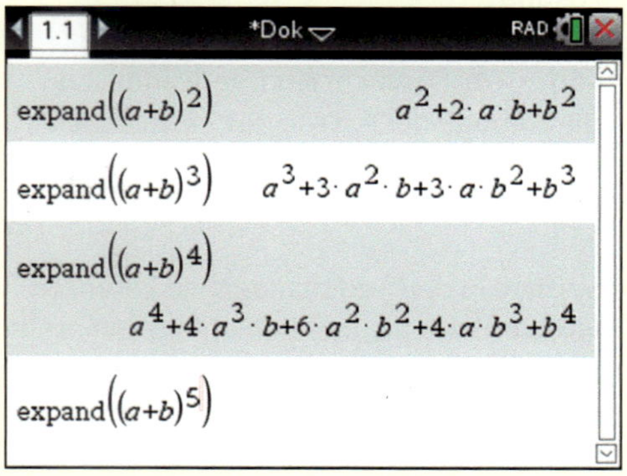

Es gibt ein Zahlendreieck, das nach dem französischen Mathematiker und Philosophen Blaire Pascal benannt ist. Obwohl es schon lange bekannt war, trägt es seinen Namen, da Pascal weitreichende mathematische Entdeckungen an diesem Zahlendreieck machte.

Blaise Pascal lebte im 17. Jahrhundert.

Wissen: Pascal'sches Dreieck

0. Zeile: 1
1. Zeile: 1 + 1
2. Zeile: 1 2 + 1
3. Zeile: 1 3 3 + 1
4. Zeile: 1 4 6 4 1
5. Zeile: 1 5 10 10 5 1
6. Zeile: 1 6 15 20 … … 1

1. An der Spitze des Dreiecks steht die Zahl 1.
2. In der ersten Zeile darunter steht zweimal die Zahl 1.
3. Jede weitere Zeile beginnt und endet ebenfalls mit der Zahl 1. Dazwischen stehen immer die Summen aus den beiden schräg darüber stehenden Zahlen.

In der 2. Zeile des Pascal'schen Dreiecks stehen die Zahlen 1, 2 und 1. Das sind genau die Koeffizienten der Summanden beim Ausmultiplizieren von $(a + b)^2$.

$$(a + b)^2 = (a + b) \cdot (a + b)$$
$$= 1 \cdot a^2 + 2 \cdot ab + 1 \cdot b^2$$

Beachte, dass in den Summanden die Potenzen von a absteigend und die Potenzen von b aufsteigend geordnet sind.

1
1 1
1 2 1
1 3 3 1
1 4 6 4 1

In der 3. Zeile des Pascal'schen Dreiecks stehen die Zahlen 1, 3, 3 und 1. Das sind genau die Koeffizienten der Summanden beim Ausmultiplizieren von $(a + b)^3$.

$$(a + b)^3 = (a + b)^2 \cdot (a + b)$$
$$= (a^2 + 2ab + b^2) \cdot (a + b)$$
$$= 1 \cdot a^3 + 3 \cdot a^2b + 3 \cdot ab^2 + 1 \cdot b^2$$

Beachte, dass in den Summanden die Potenzen von a absteigend und die Potenzen von b aufsteigend geordnet sind.

1
1 1
1 2 1
1 3 3 1
1 4 6 4 1

Beispiel 1: Berechne: $(a+b)^4$

Lösung:

Da die Koeffizienten der Summanden von $(a+b)^4$ gesucht sind, verwendest du die Einträge der 4. Zeile des Pascal'schen Dreiecks.

1
1 1
1 2 1
1 3 3 1
1 4 6 4 1
1 5 10 10 5 1

Sortiere in den Summanden die Potenzen von a in absteigender Reihenfolge (a^4, a^3, a^2, a) und die Potenzen von b in aufsteigender Reihenfolge (b, b^2, b^3, b^4).

Ergänze nun die Koeffizienten anhand der Einträge in der 4. Zeile des Pascal'schen Dreiecks.

$(a+b)^4$

$= \_a^4 + \_a^3b + \_a^2b^2 + \_ab^3 + \_b^4$

$= 1a^4 + 4a^3b + 6a^2b^2 + 4ab^3 + 1b^4$

Aufgaben

1. Berechne.
   a) $(x+4)^4$ b) $(a+b)^5$ c) $(2a+1)^5$ d) $(x+y)^6$
   e) $(3a+b)^3$ f) $(x+2y)^4$ g) $(0{,}5a+2b)^5$ h) $(a+b)^7$

2. Zeichne ein Pascal'sches Dreieck mit 10 Zeilen.
   a) Bestimme die Symmetrieeigenschaft des Pascal'schen Dreiecks.
   b) In der dritten Diagonale des Pascal'schen Dreiecks stehen die Zahlen 1, 3, 6, 10, 15… Beschreibe, wie diese Zahlenfolge gebildet wird. Gibt es weitere Zahlenfolgen im Pascal'schen Dreieck?
   c) Addiere in jeder Zeile alle Einträge des Pascal'schen Dreiecks. Stelle eine Regel für die Summe in der jeweils nächsten Zeile auf.
   d) Berechne die Potenzen 11^1, 11^2, 11^3, 11^4 und 11^5 und vergleiche sie mit den Einträgen des Pascal'schen Dreiecks.

3. Die Einträge des Pascal'schen Dreiecks werden nicht nur verwendet, um Potenzen von Binomen der Form $(a+b)$ zu berechnen.
   a) Berechne $(a-b)^2$ und $(a-b)^3$ und vergleiche die Koeffizienten mit der 2. und 3. Zeile des Pascal'schen Dreiecks.
   b) Stelle eine Regel auf, mit der man die Einträge des Pascal'schen Dreiecks auch verwenden kann, um Potenzen des Binoms $(a-b)$ zu berechnen.
   c) Berechne $(a-b)^6$.

①
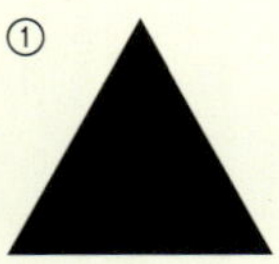

②
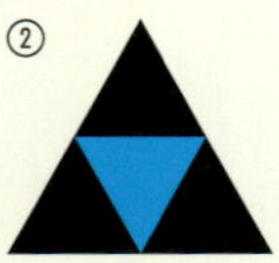

③
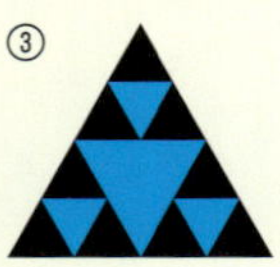

4. Ein weiteres bekanntes Dreieck ist das nach dem polnischen Mathematiker Waclaw Sierpinski benannte „Sierpinski-Dreieck". So zeichnest du ein Sierpinski-Dreieck: ① Zeichne ein beliebiges Dreieck. ② Verbinde die Mittelpunkte der drei Seiten. Das Dreieck wird in vier kongruente Teildreiecke zerlegt. ③ Färbe das mittlere der vier Teildreiecke (zum Beispiel blau). Wende die Schritte ② und ③ auf die drei nicht gefärbten Teildreiecke an.
   a) Zeichne ein Sierpinski-Dreieck in dein Heft, indem du die Konstruktion auf die immer kleiner werdenden Dreiecke anwendest.
   b) Recherchiere nach Zusammenhängen zwischen dem Sierpinski-Dreieck und dem Pascal'schen Dreieck.

3.11 Vermischte Aufgaben

1. Beschreibe durch einen Term.
a) Die Anzahl der Fenster eines Hauses, wenn es in jeder Etage gleich viele Fenster gibt.
b) Der Eintrittspreis für eine Familie, wenn Kinder 4,00 € und Erwachsene 5,50 € bezahlen müssen.
c) Die Anzahl der Plätze, wenn es Dreier-, Vierer- und Fünfergruppentische gibt.
d) Die Anzahl der Personen in einer Klasse, die aus Mädchen, Jungen und Lehrern besteht.

2. In der Pizzeria Luigi kann man sich seine Pizza selbst zusammenstellen.

Zahlen Sie 3,50 € für Boden, Tomatensauce und Käse und wählen Sie Ihre Zutaten selbst. Für jede Zutat der Kategorie A zahlen Sie 0,50 € extra, für jede Zutat der Kategorie B 1,50 € extra.

Kategorie A: Ananas, Paprika, Pilze, Peperoni, Schinken, Salami, Zwiebeln, Oliven, Mais, frische Tomaten

Kategorie B: Mozzarella, Krabben, Brokkoli, Putenbrust, Gyros, Thunfisch

a) Stelle einen Term auf, mit dem man den Preis einer beliebigen Pizza berechnen kann.
b) Eine Pizza kostet 7,00 €. Nenne mindestens zwei Möglichkeiten für ihren Belag.

3. Gib für die beiden Figuren einen möglichst einfachen Term an, mit dem man
a) den Umfang,
b) den Flächeninhalt
ermitteln kann.

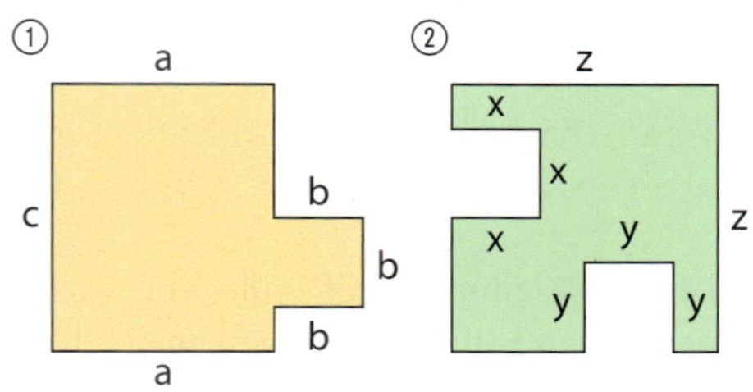

4. Um eine Pferdekoppel der Länge x und Breite y soll ein Weg der Breite z angelegt werden. Bestimme den Term, der den Flächeninhalt des Weges beschreibt, auf zwei unterschiedliche Weisen.

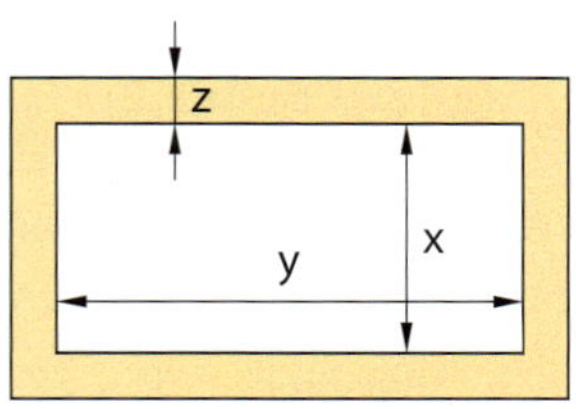

5. Übertrage die Tabelle ins Heft. Multipliziere die Terme in der linken Spalte mit denen in der oberen Zeile, vereinfache und trage die Ergebnisse ein.

·	x − 6	−x + 6	−6 − x	0,5x − 6y
x − 6				
4x + 6				
−6 − x				
0,5x − 6y				

6. Gegeben ist ein Quadrat mit der Seitenlänge a.

Das Quadrat wird an beiden Seiten um 2 cm verlängert. Stelle den Term für den neuen Flächeninhalt auf.

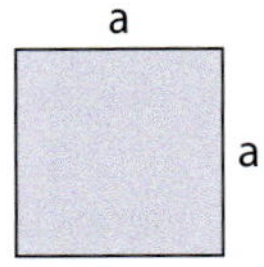

Eine Seite des Quadrats wird um 7 cm verlängert, die andere Seite um 3 cm verkürzt. Gib einen Term für den Inhalt der neuen Fläche an und multipliziere ihn aus.

Wie wurden die Seitenlängen des Quadrats verändert, wenn der neue Flächeninhalt $A = a^2 + 8a + 15$ beträgt?

Gegeben ist der Term $(a + 4) \cdot (a - 4)$. Veranschauliche den Term zeichnerisch und gib an, welche Werte a dabei annehmen kann.

Die eine Seite des Quadrats wird verdoppelt, die andere Seite wird um die Hälfte der Seitenlänge a verlängert. Gib einen möglichst einfachen Term für den Inhalt der neuen Fläche an.

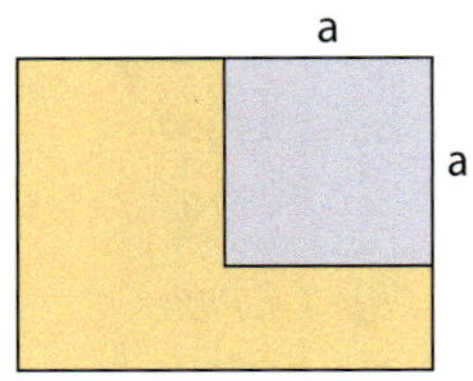

7. Eine quadratische Fläche mit 3 cm Seitenlänge soll verkleinert oder vergrößert werden. Zeichne die neue Fläche. Stelle einen Term für den neuen Flächeninhalt auf und multipliziere ihn aus.
   a) Zwei gegenüberliegende Seiten werden um die Länge x vergrößert, die anderen Seiten werden um die Länge x verkleinert $(0 < x < 3)$.
   b) Alle Seiten werden um die Länge x verkleinert $(0 < x < 3)$.
   c) Zwei gegenüberliegende Seiten werden um das Doppelte von x vergrößert.
   d) Alle Seiten werden um das 0,5-fache der Länge x vergrößert.

8. Veranschauliche den Term zeichnerisch.
   a) $(4 - x) \cdot (2 + x)$ b) $x^2 - 4$ c) $2 \cdot a + 2 \cdot 4 - 2 \cdot c$

9. Löse die Klammern auf. Prüfe, bei welchen Aufgaben man die binomischen Formeln anwenden kann und bei welchen nicht.
   Tipp: Manchmal hilft das Umstellen der Terme in den Klammern.
   a) $(2x + 6)(6 + 2x)$ b) $(2x + 6)(2x - 6)$ c) $(2x - 6)(6 - 2x)$
   d) $(2x + 6)(6x + 2)$ e) $(-2x - 6)(-6 - 2x)$ f) $(2x - 6)(-6 + 2x)$

10. a) Erläutere, wie in den beiden Beispielen gerechnet wurde.
   Beispiel 1: $51^2 = (50 + 1)^2 = 50^2 + 2 \cdot 50 \cdot 1 + 1^2 = 2500 + 100 + 1 = 2601$
   Beispiel 2: $18 \cdot 22 = (20 - 2) \cdot (20 + 2) = 20^2 - 2^2 = 400 - 4 = 396$
   b) Berechne geschickt. Orientiere dich an den beiden Beispielen aus a).
   $29 \cdot 31$ 81^2 $45 \cdot 55$ 38^2 52^2 $1{,}9 \cdot 2{,}1$ $96 \cdot 104$

11. a) Berechne die Differenz benachbarter Quadratzahlen.
   $2^2 - 1^2 = ■$ $3^2 - 2^2 = ■$ $4^2 - 3^2 = ■$ $5^2 - 4^2 = ■$ …
   Welche Regelmäßigkeit stellst du fest?
   b) Begründe die Regelmäßigkeit, indem du die Variable n verwendest und mit Termen rechnest.

12. Begründe, dass dieses Zahlenrätsel stets funktioniert: Denke dir eine Zahl. Subtrahiere 1 und quadriere das Ergebnis. Addiere dazu das Doppelte der ausgedachten Zahl. Von diesem Ergebnis ziehe 1 ab. Das Ergebnis ist das Quadrat der gedachten Zahl.

13. Finde äquivalente Terme. Begründe mithilfe der binomischen Formeln.

$(3x+1)^2$ | $(2+a)(a+2)$ | $100-10c+0{,}25c^2$ | x^2+6x+9

$(2a-2)^2$ | $4a^2-8a+4$ | $9x^2+6x+1$

a^2+4a+4 | $100c^2-16$ | $(10c+4)(10c-4)$ | $(10-0{,}5c)^2$

$(x+3)^2$ | $16c^2-8c+1$ | $9-4x^2$ | $(4c-1)(-1+4c)$ | $(3+2x)(3-2x)$

14. Schreibe mithilfe der binomischen Formeln als Produkt.

a) $25-10a+a^2$ b) 7^2-x^2 c) $7^2-14x+x^2$
d) $16+4y^2+16y$ e) $-81+9x^2$ f) $12xy+6^2+x^2y^2$
g) $1-0{,}64a^2b^2$ h) $-\frac{16}{25}a^2+\frac{25}{16}b^2$ i) $-xy+y^2+\frac{1}{4}x^2$

15. Löse die Klammern auf und fasse so weit wie möglich zusammen.

a) $(a+b)^2-(a-b)^2$ b) $3x^2\cdot(-x^2)+(3x^3-7)\cdot x$ c) $-4y(8y-xy+y^3-6y)$
d) $(2+a^2)(a^2+6a)$ e) $(5+x^2)^2$ f) $(3a+b^2)(3a-b^2)$

16. Klammere als gemeinsamen Faktor eine Summe oder Differenz aus.

a) $3x(z+r)+5y(z+r)$ b) $12a^2(2x+y)-ab^2(2x+y)$ c) $3(a+3)-b(3+a)$
d) $4a(b-c)-7(-c+b)$ e) $z(x+y)+2(-x-y)$ f) $4e(b-c)+9(c-b)$

17. Binomische Formeln kann man auch für höhere Binompotenzen aufstellen. Nutze den rechts abgebildeten Würfel, um eine Formel zu entwickeln, mit der man den Term $(a+b)^3$ schnell ausmultiplizieren kann. Erkläre, wie du vorgegangen bist.

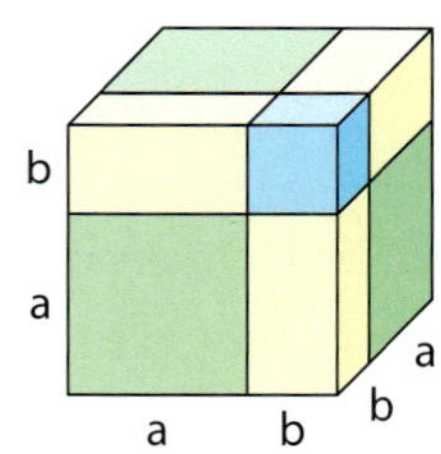

18. Bringe die Rechenschritte in die richtige Reihenfolge und erkläre, welche Rechenoperationen in den einzelnen Schritten durchgeführt wurden.

$2[(3-a)^2+2]\cdot[(3-a)^2-2]=???$

$154-216a+108a^2-24a^3+2a^4$ | $2\cdot[(9-6a+a^2)(9-6a+a^2)-2^2]$

$2\cdot[[(3-a)^2]^2-2^2]$ | $2\cdot[(81-54a+9a^2-54a+36a^2-6a^3+9a^2-6a^3+a^4)-4]$

$2\cdot[[9-6a+a^2]^2-2^2]$ | $2\cdot[77-108a+54a^2-12a^3+a^4]$

$2\cdot[(9-6a+a^2)(9-6a+a^2)-4]$ | $2\cdot[(81-108a+54a^2-12a^3+a^4)-4]$

$2\cdot[81-108a+54a^2-12a^3+a^4-4]$

Prüfe dein neues Fundament

Lösungen
↗ S. 217

1. Ein Bahnunternehmen kombiniert seine Züge aus Wagen, die entweder ausschließlich Plätze der ersten oder der zweiten Klasse enthalten. Ein Wagen der ersten Wagenklasse hat 60 Plätze, ein Wagen der zweiten Wagenklasse hat 90 Plätze. Gib einen Term an, mit dem man die Anzahl der Sitzplätze in einem Zug ermitteln kann.

2. Gib jeweils einen Term an, mit dem man
a) den Umfang der Figuren,
b) den Flächeninhalt der Figuren ermitteln kann.

①
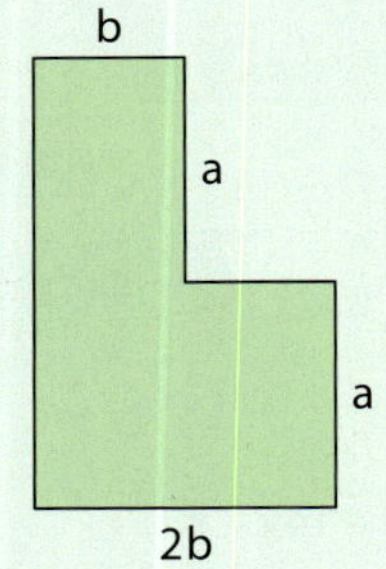

②
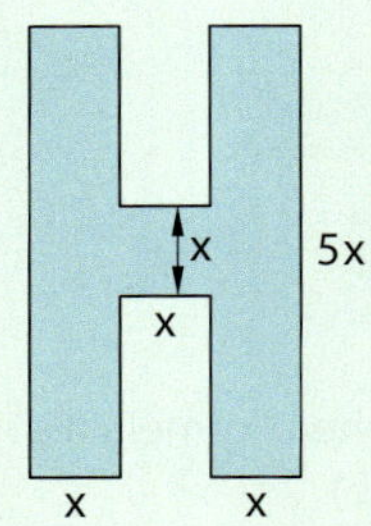

③
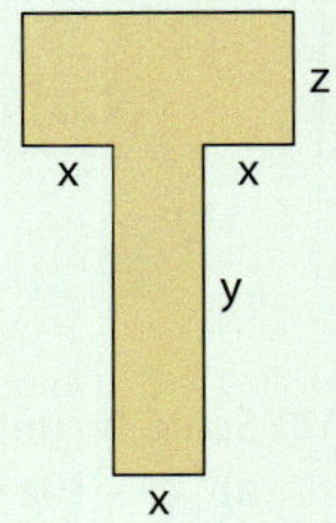

3. Fasse zusammen.

a) $2a + b + a - 5b$ b) $2m + n + m + n$ c) $10r^2 + 3s + r^2 + s$ d) $4xy^2 + x^2y - 3xy^2$
e) $5x + (6y - 4x)$ f) $b - (2a + 2b)$ g) $a^2 - (a^2 - a)$ h) $-3xy - (-2x^2 + xy)$

4. Vereinfache.

a) $14 \cdot 3x$ b) $2r \cdot 5 \cdot 3r$ c) $-4u \cdot (-4)$ d) $\frac{1}{2}x \cdot \frac{1}{4}y$
e) $-0{,}2xy^2 \cdot 10x$ f) $8st^2 : 4$ g) $(-3x)^2$ h) $a : 2 \cdot b\,(2a^2)$

5. Berechne für a = 3 und b = 2 den Wert des Terms. Vereinfache zuerst den Term – falls möglich.

a) $3a + 2b - a$ b) $4a - 2b + a - b$ c) $ab + ab \cdot (-6)$ d) $5a \cdot \frac{1}{2}b \cdot b$
e) $2 \cdot (-a) + b + b^2$ f) $a\,(9b + 6b : 3)$ g) $b - b \cdot (a^2 + a^2)$ h) $ab - (ab)^2 \cdot (-1)$

6. Multipliziere die Klammern aus.

a) $3(2a - 2b)$ b) $(5 + 4x) \cdot 7$ c) $\frac{1}{2}(2a - 10)$ d) $(3 - x) \cdot (-1)$
e) $-2m(5m - 2n)$ f) $2x(4x - 2y + 3z)$ g) $3a(0{,}2a - 0{,}3b)$ h) $\left(\frac{2}{5}x - \frac{1}{3}y\right) \cdot 15xy$

7. Klammere alle gemeinsamen Faktoren aus.

a) $6x + 6y$ b) $2uv + 16uw$ c) $9uvw - 3vw$ d) $28m - 7n$
e) $10ab - 5b + 10b$ f) $0{,}3a + 1{,}5b + 3{,}6c$ g) $x^2y^2z + xy$ h) $x^2yz + xz - x^2y$

8. Multipliziere die Klammern aus und vereinfache so weit wie möglich.

a) $(x + 1)(x + 2)$ b) $(a + b)(4 - b)$ c) $\left(-\frac{1}{2} - y\right)(8x + 2)$ d) $(-2r + 3s)(r - 4)$

9. Stelle einen Term für den Flächeninhalt der Figur auf und vereinfache diesen.

a)
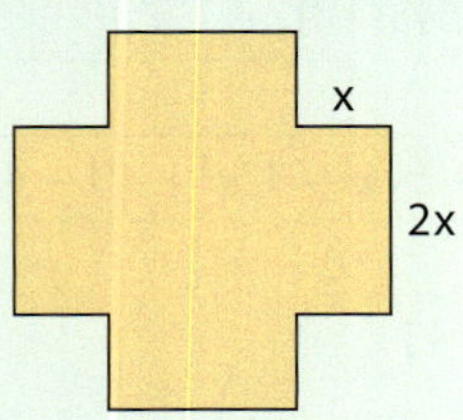

b)
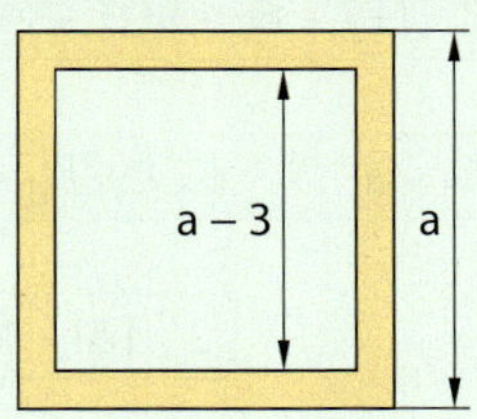

10. Finde Terme, die äquivalent sind. Einige Terme bleiben übrig.

$(a+2)^2$ | $5a^2$ | $2a\cdot(-2a)$ | $(2+a^2+2a)\cdot 2$ | a^2+5a | $a(4+a+1)$ | a^2+2a+4 | $4+a^2+4a$ | $(1-2a)(1+2a)-1$

11. Wende die 1. binomische Formel an. Multipliziere aus oder schreibe als Produkt.

a) $(3+u)^2$ b) $(5a+1)^2$ c) $(3x+2y)^2$ d) $\left(\frac{1}{3}x+\frac{2}{5}y\right)^2$

e) $x^2+8x+16$ f) $25u^2+20uv+4v^2$ g) $\frac{1}{4}+y+y^2$ h) $\frac{1}{64}a^2+\frac{1}{12}ab+\frac{1}{9}b^2$

12. Wende die 2. binomische Formel an. Multipliziere aus oder schreibe als Produkt.

a) $(x-7)^2$ b) $(3b-1)^2$ c) $(-0{,}1u-0{,}5v)^2$ d) $\left(\frac{1}{4}x-\frac{1}{2}y\right)^2$

e) x^2-6x+9 f) $25a^2-10ab+b^2$ g) $\frac{1}{9}x^2-\frac{4}{3}x+4$ h) $\frac{1}{16}-\frac{9}{2}u+81u^2$

13. Wende die 3. binomische Formel an. Multipliziere aus oder schreibe als Produkt.

a) $(x+5)(x-5)$ b) $(2-3y)(2+3y)$ c) $\left(\frac{1}{3}a-\frac{3}{2}\right)\left(\frac{1}{3}a+\frac{3}{2}\right)$ d) $\left(-\frac{1}{4}+a\right)\left(\frac{1}{4}+a\right)$

e) a^2-9 f) $4x^2-y^2$ g) $-16x^2+100$ h) $-\frac{25}{9}a^2+\frac{16}{25}b^2$

14. Löse alle Klammern auf und fasse so weit wie möglich zusammen.

a) $6(a+2b)+4a\cdot(-2)$ b) $2x(3x+4y-7)+(x+y-xy)\cdot 8$

c) $(u+2v)^2-(u^2+2v^2)$ d) $(x^2-x+5)\cdot x+(x+1)^2$

e) $-a(3b-a)-(a+b)(a-b)$ f) $xy-0{,}25y^2+\left(\frac{1}{2}y-2x\right)^2+yx+x\cdot(-4x)$

Wiederholungsaufgaben

1. Wenn es 5 Uhr ist, bilden der Stundenzeiger und der Minutenzeiger einen stumpfen Winkel.

a) Gib die Größe dieses Winkels in Grad an.

b) Gib ebenso die Winkel zwischen den beiden Zeigern zu den Uhrzeiten 3 Uhr, 8 Uhr und 11 Uhr an.

2. Zeichne ein Säulendiagramm für die Niederschlagsmenge (in mm gemessen) in Düsseldorf im Jahr 2013.

Jan.	Febr.	März	April	Mai	Juni	Juni	Aug.	Sept.	Okt.	Nov.	Dez.
39	41	33	18	100	61	21	28	75	68	62	61

3. Bei einer Tombola für ein Schulfest verkaufen zwei Klassen Lose. Dabei befinden sich unter den 400 Losen der Klasse 8a insgesamt 170 Gewinnlose, unter den 350 Losen der Klasse 8b insgesamt 140 Gewinnlose. Beide Klassen werben mit dem Spruch: „Bei uns gibt es mehr Gewinnlose!" Was meinst du dazu?

4. Berechne.

a) $126\cdot 0{,}783$ b) $0{,}024\cdot 405$

5. Konstruiere ein Dreieck mit den Maßen $a = 3\,\text{cm}$, $b = 5\,\text{cm}$ sowie $c = 4\,\text{cm}$ und miss anschließend die Größe der drei Innenwinkel.

Zusammenfassung

Terme vereinfachen

Bei der Vereinfachung von Termen nutzt man die **Rechengesetze und Vorrangregeln** für rationale Zahlen.

Vielfache von **gleichartigen Termen** werden **addiert oder subtrahiert**, indem man ihre Koeffizienten addiert oder subtrahiert.

$2x + 2xy - 4x + 3 + xy = 2x - 4x + 2xy + xy + 3$
$= -2x + 3xy + 3$

Steht ein **Pluszeichen vor einer Klammer**, so darf man die Klammer weglassen.

$4x + (y - 2) = 4x + y - 2$

Steht ein **Minuszeichen vor einer Klammer**, so lässt man das Minus und die Klammer weg und kehrt alle Plus- und Minuszeichen in der Klammer um.

$4x - (y - 2) = 4x - y + 2$
$4x - (-y + 2) = 4x + y - 2$

Bei der **Multiplkation** von Termen werden die Koeffizienten multipliziert. Die Variablen werden als Faktoren in alphabetischer Reihenfolge ergänzt. Gleiche Variablen fasst man zu einer **Potenz** zusammen.

$4a \cdot 3c \cdot 2b = 4 \cdot 3 \cdot 2 \cdot a \cdot c \cdot b = 24abc$
$3a \cdot (-2b) \cdot a = 3 \cdot (-2) \cdot a \cdot b \cdot a = -6a^2b$

Ausmultiplizieren und Ausklammern

Nach dem Distributivgesetz kann man bei einem Produkt aus einem Faktor und einer Summe (Differenz) **die Klammer auflösen**.

$a \cdot (b + c) = a \cdot b + a \cdot c$

$a \cdot (2a + b) = a \cdot 2a + a \cdot b = 2a^2 + ab$

Umgekehrt kann man bei einer Summe (Differenz) von Produkten **gemeinsame Faktoren ausklammern**.

$a \cdot b + a \cdot c = a \cdot (b + c)$

$6x + 3xy = 3x \cdot 2 + 3x \cdot y = 3x \cdot (2 + y)$

Zwei Summen werden multipliziert, indem man jeden Summanden der ersten Klammer mit jedem Summanden der zweiten Klammer multipliziert und die Produkte addiert.

$(a + b) \cdot (c + d) = a \cdot c + a \cdot d + b \cdot c + b \cdot d$

$(3 + 2x) \cdot (x + y) = 3 \cdot x + 3 \cdot y + 2x \cdot x + 2x \cdot y$
$= 3x + 3y + 2x^2 + 2xy$

Binomische Formeln

Die binomischen Formeln sind Sonderfälle beim Multiplizieren von zwei Summen.

Die 1. binomische Formel:
$(a + b)^2 = a^2 + 2ab + b^2$

$(x + 3y)^2 = x^2 + 2 \cdot x \cdot 3y + (3y)^2$
$= x^2 + 6xy + 9y^2$

Die 2. binomische Formel:
$(a - b)^2 = a^2 - 2ab + b^2$

$(5x - y)^2 = (5x)^2 - 2 \cdot 5x \cdot y + y^2$
$= 25x^2 - 10xy + y^2$

Die 3. binomische Formel:
$(a - b) \cdot (a + b) = a^2 - b^2$

$(2x - 3y) \cdot (2x + 3y) = (2x)^2 - (3y)^2$
$= 4x^2 - 9y^2$

4. Lineare Funktionen

Mit Funktionen lässt sich beispielsweise bestimmen, wie steil der Weg ist oder wann man am Ziel ankommt.

Nach diesem Kapitel kannst du …

- Funktionen als spezielle Zuordnungen erkennen,
- lineare Funktionen unterschiedlich darstellen,
- Nullstellen von linearen Funktionen bestimmen,
- Sachsituation mithilfe von linearen Funktionen lösen.

Lösungen ↗ S. 218

Lösen von Gleichungen

1. Gib alle in Klammern stehenden Zahlen an, die Lösung der jeweiligen Gleichung sind.
   a) $3x - 3 = -2$; $\left(-3; \frac{1}{3}; 3; -\frac{1}{3}\right)$
   b) $-\frac{2}{x} = 4$; $\left(-8; -2; -\frac{1}{2}; \frac{1}{2}; 2\right)$
   c) $x(x-3) = 0$; $(1; -1; 0; -3; 3)$
   d) $|x-2| = 3$; $(-1; 0; 1; 2; 5)$

2. Löse die Gleichung.
   a) $3(x+2) = -7$ b) $2x - 4 = -6x + 12$ c) $0{,}5x - 2 = 0$ d) $3 - x = x - 6$

3. Anja und ihr Bruder Paul sind zusammen 18 Jahre alt. Paul ist halb so alt wie Anja. Ermittle das Alter der beiden Geschwister.

4. Gib alle Zahlen an, die die jeweilige Bedingung erfüllen.
   a) Addiert man zum Dreifachen der Zahl die Zahl 6, so erhält man 15.
   b) Vermindert man das Fünffache der Zahl um das Doppelte der Zahl, so erhält man das Vierfache der Zahl.
   c) Die Hälfte der Zahl und ein Viertel der Zahl ergeben 9.
   d) Vermindert man das Vierfache der Zahl um das Fünffache der Zahl, so erhält man die zur betreffenden Zahl entgegengesetzte Zahl.

Zuordnungen

5. Das Säulendiagramm stellt eine Zuordnung dar.
   a) Schreibe die zugeordneten Größen in der Form *Ausgangsgröße → zugeordnete Größe*
   b) In welchem Monat scheint die Sonne am längsten, in welchem am kürzesten?
   c) Stelle die Zuordnung in einer Wertetabelle dar.

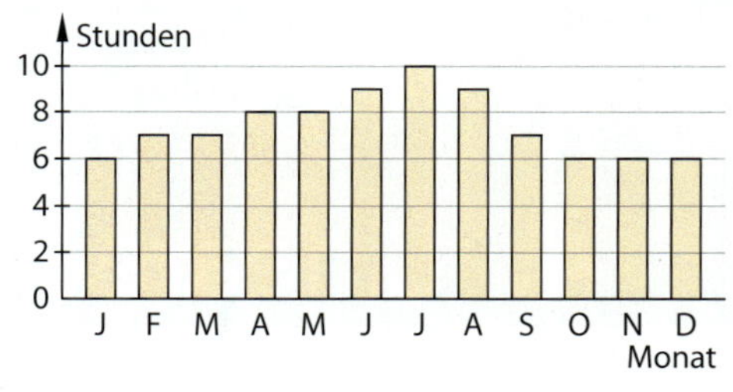

6. Eine Messstation hat die Temperaturen an einem Tag aufgezeichnet.
   a) Wann war die Temperatur am höchsten, wann am niedrigsten und wie viel Grad wurden dann gemessen?
   b) Erstelle eine Wertetabelle.

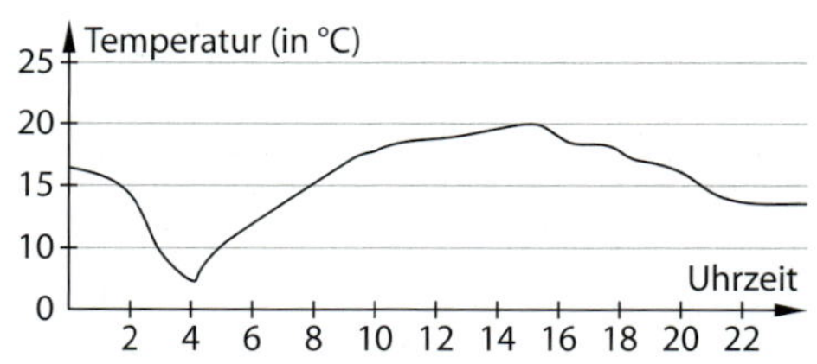

7. Zeichne einen Graphen zur Zuordnung *Monat → Wassertemperatur auf Kreta.*

Monat	1	2	3	4	5	6	7	8	9	10	11	12
Temp. in °C	19	18	18	18	19	20	21	22	23	23	21	20

8. Familie Blum will in ihrem Ferienhaus Thermofenster einbauen. Um die Fenster zu transportieren, mietet Familie Blum für einen Tag einen Kleintransporter. Der Preis beträgt (einschließlich einer Fahrstrecke von 150 km) 39 €. Jeder Zusatzkilometer kostet 23 ct. Ermittle den Mietpreis, wenn die Fahrstrecke für den Transport der Fenster 163 km beträgt.

Proportionale und antiproportionale Zuordnungen

9. Prüfe, ob die Tabelle zu einer proportionalen oder antiproportionalen Zuordnung gehören kann. Liegt eine proportionale oder antiproportionale Zuordnung vor, zeichne den Graphen.

a)

x	1	2	7	9
y	0,7	1,4	4,9	6,3

b)

x	4,5	5	9	15
y	10	9	5	3

c)

x	10	7	5	3
y	22	15,4	11	4,4

10. a) Ergänze die Tabelle im Heft so, dass eine proportionale Zuordnung entsteht.
b) Stelle die Zuordnung in einem Koordinatensystem dar.

x	1	2	3	6	7	8
y		4		12		

11. Übertrage die Tabelle in dein Heft und ergänze sie
a) zu einer proportionalen Zuordnung,
b) zu einer antiproportionalen Zuordnung.

x	5			12
y		9	8	6

12. Welche der Zuordnungen sind proportional, welche antiproportional? Begründe.
a) *Fahrstrecke → Taxirechnung*
b) *Alter eines Kindes → Gewicht eines Kindes*
c) *Seitenlänge eines Quadrats → Umfang*
d) *Arbeitszeit → Arbeiter*
e) *Anzahl der Nachhilfestunden → Lohn*
f) *Geschwindigkeit → Tunneldurchfahrtszeit*

13. Paula und Anne machen gemeinsam eine Radtour. Wenn sie täglich 32 € ausgeben, reicht ihr gespartes Geld 14 Tage. Sie wollen aber 16 Tage unterwegs sein. Wie viel Geld dürfen sie täglich ausgeben? Begründe.

14. Die Tabelle gibt die Länge a und die Breite b von flächengleichen Rechtecken an.

Länge a	1 m	2 m	3 m		8 m		
Breite b		18 m	12 m	9 m		3,6 m	2 m

a) Übertrage die Tabelle in dein Heft und vervollständige sie.
b) Gib den Flächeninhalt A der betrachteten Rechtecke an.
c) Ermittle die Länge eines flächengleichen Rechtecks, das 15 m breit ist.
d) Gib die Seitenlänge eines flächengleichen Quadrats an.
e) Zeichne den Graphen.

Vermischtes

15. Gib an, welche Zahl man – falls überhaupt möglich – für a einsetzen muss, damit die Gleichung $a \cdot x - 3 = 0$ die angegebene Lösung hat.
a) $x = 1$ b) $x = -1$ c) $x = \frac{1}{2}$ d) $x = 9$ e) $x = -3$ f) $x = 0$

16. Wasser von 20 °C wird in einem Becherglas erhitzt. Nach 3 Minuten ist die Temperatur des Wassers um 30 Grad gestiegen. Gib an, welche Temperatur das Wasser (bei gleichmäßigem Erhitzen) nach 6 Minuten und nach 9 Minuten hat.

17. Entscheide, in welchem Quadranten bzw. auf welcher Achse eines Koordinatensystems folgende Punkte liegen. $A(3|4)$; $B(-3|2{,}5)$; $C(0|4)$; $D(\frac{1}{4}|-4)$; $E(3|0)$; $F(-3{,}2|-4{,}3)$

4.1 Funktionen

■ Die Quadrier-Maschine macht aus jeder Zahl eine Quadratzahl. Die 3 geht herein, die 9 kommt heraus. Die –2 geht herein, die 4 kommt heraus. Die Quadrier-Umkehrmaschine macht jedes Quadrieren wieder rückgängig. Die 16 geht herein, welche Zahl kommt heraus? ■

Was ist eine Funktion?

Die gemessene Außentemperatur hängt in der Regel von der Tageszeit ab. Morgens ist es noch frisch, mittags ist es am wärmsten und gegen Abend kühlt es wieder ab. Zu jedem Zeitpunkt gehört genau eine Temperatur. Die Zuordnung *Zeit → Temperatur* ist daher eindeutig. Andere Zuordnungen sind nicht eindeutig. Die Zuordnung *Temperatur → Zeit* ist nicht eindeutig, denn eine bestimmte Temperatur (z. B. 10 °C) kann es zu mehreren Zeitpunkten geben.

Hinweis:
x wird auch **Argument** genannt.
Das Argument heißt nicht immer x, der Funktionswert nicht immer y.

Wissen: Funktion
Eine Funktion ist eine eindeutige Zuordnung, bei der jedem Element x aus dem Definitionsbereich genau ein Wert y zugeordnet wird. Den eindeutig zugeordneten Wert y nennt man **Funktionswert von x.**

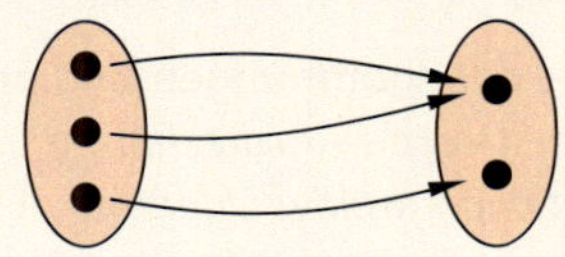

Zu jeder Funktion gehört ein Definitionsbereich. Der Definitionsbereich ist eine Menge von Zahlen, Größen, Namen, … Häufig ergibt sich der Definitionsbereich aus dem Zusammenhang.

Beispiel 1: Prüfe, ob die Zuordnung eine Funktion ist. Begründe deine Entscheidung.
a) *Zeit → Höhe einer brennenden Kerze*
b) *Sprungweite → Schüler, die diese Weite gesprungen sind*

Lösung:
a) Zu jedem Zeitpunkt kann die Kerze nur eine Höhe haben.
Da jedem Ausgangswert x nur genau ein Funktionswert zugeordnet wird, ist diese Zuordnung eine Funktion.

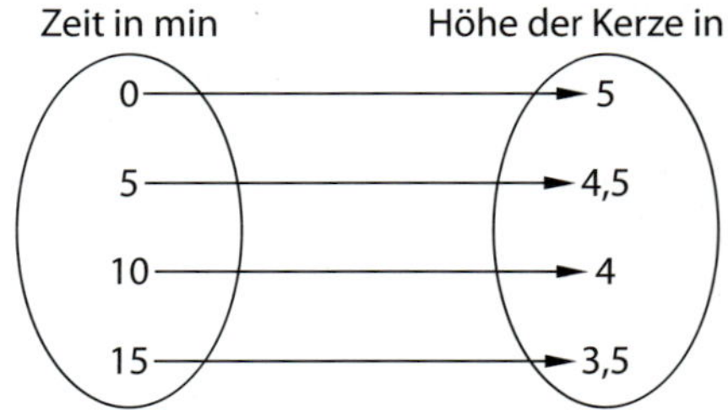

b) Es kann passieren, dass zwei Schüler genau dieselbe Weite gesprungen sind.
Da einem Ausgangswert x auch mehrere Werte zugeordnet werden können, ist diese Zuordnung im Allgemeinen keine Funktion.

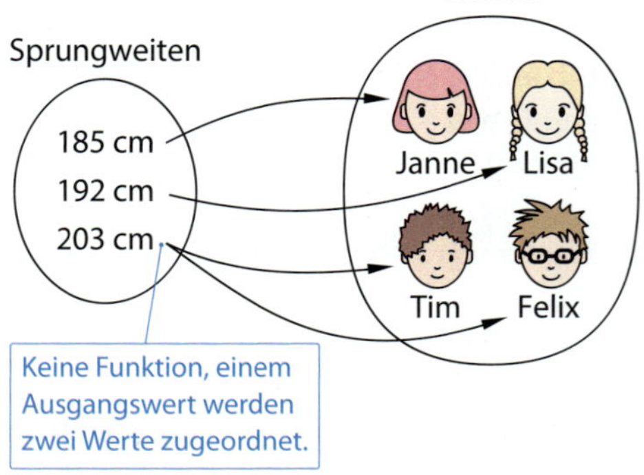

Basisaufgaben

1. Entscheide jeweils, ob die Zuordnung eine Funktion ist.

a) b) c)

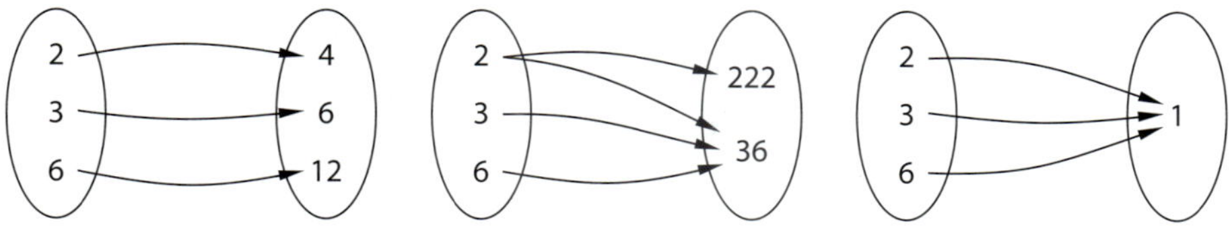

d) Jedem Mitglied der Fußballmannschaft wird seine Schuhgröße zugeordnet.
e) Jeder Schülerin wird ihre Augenfarbe zugeordnet.
f) Jeder Haarfarbe werden die Schüler der 7a zugeordnet.
g) *Zeit für das Befüllen eines Wasserbeckens → Höhe des Wasserstandes im Becken*

2. Prüfe, ob die Zuordnung eine Funktion ist. Begründe.
a) *Person → Handynummer*
b) *Handynummer → Person*
c) *Datum → Körpergröße einer Person*
d) *Höhe des Taschengeldes → Person*
e) *Parkdauer → Parkgebühr*
f) *Schuhgröße → Körpergröße*
g) *Jahreszahl → Anzahl der Regentage*
h) *Stadt → Namen der Einwohner*

3. Entscheide, ob es sich bei der Wertetabelle um eine Funktion handeln kann. Begründe deine Entscheidung.

a)

x	−2	−1	0	1	0
y	1	2	1	3	4

b)

x	−4,2	−3	2	3	4
y	2,3	3,2	2	−2,3	2

c)

s	−1	−1	0	2	3
t	3	2	3	−1	4

d)

x	−2	−1	0	1	2
y	2	2	0	0	2

Hinweis zu 3:
Mindestens zwei Wertetabellen gehören zu Funktionen.

Funktionen darstellen

Viele Funktionen können durch einen Term beschrieben werden, mit dem man für jedes x den zugeordneten y-Wert berechnen kann.
Kostet 1 kg Tomaten 1,50 €, so kann an der Kasse im Supermarkt der Preis für Tomaten mit der Funktionsgleichung $f(x) = 1{,}50 \cdot x$ berechnet werden. Jedem möglichen Gewicht x wird also ein Preis $1{,}50 \cdot x$ zugeordnet.

Tomaten 0,5 kg 0,75
0,5 · 1,50 EUR/KG

Paprika 0,35 kg 1,26
0,35 · 3,60 EUR/KG

Hinweis:
Eine Funktion kann auch mit einer Wortvorschrift wie „Jeder Zahl wird der verdoppelte und dann um 1 verminderte Wert zugeordnet" oder mit einem Pfeildiagramm beschrieben werden.

Wissen: Darstellung von Funktionen
Eine Funktion, bei der zu jedem x der zugeordnete Funktionswert y mit einem Term berechnet werden kann, lässt sich mit einer Funktionsgleichung beschreiben.

$$y = 2x - 1$$

x	1	2	3	4	5
y	1	3	5	7	9

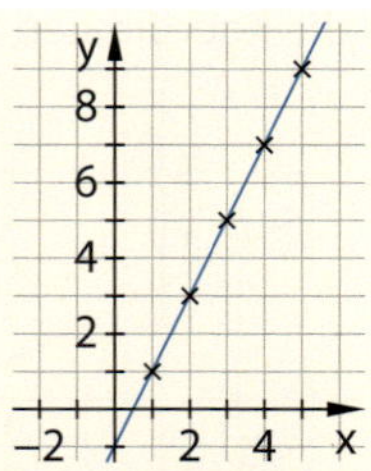

Alle Wertepaare (x|y) lassen sich mit der **Funktionsgleichung** $y = 2x - 1$ berechnen.

Einzelne Wertepaare kann man übersichtlich in einer **Wertetabelle** darstellen.

Trägt man die Wertepaare in ein Koordinatensystem ein, kann man den **Graphen der Funktion** zeichnen.

Erinnere dich:

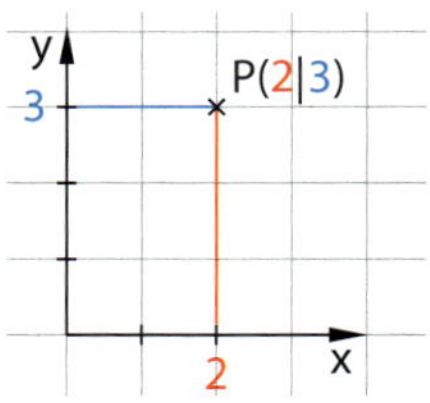

Häufig ist es sinnvoll Funktionen zu benennen. Üblicherweise wählt man kleine Buchstaben wie f, g oder h. Für den Funktionswert y der Funktion f zum Wert x schreibt man dann auch f(x) (lies „f von x").

Beispiel 2: Gegeben ist die Funktion f mit der Funktionsgleichung $y = 0{,}5x + 3$.
a) Stelle eine Wertetabelle für $x = -2$ bis $x = 2$ in Einer-Schritten auf.
b) Zeichne den Funktionsgraphen.

Lösung:

a) Setze nacheinander −2; −1; 0; 1; 2 in die Funktionsgleichung ein und berechne jeweils den Funktionswert.

$f(-2) = 0{,}5 \cdot (-2) + 3 = 2$
$f(1) = 0{,}5 \cdot 1 + 3 = 3{,}5$
$f(-1) = 0{,}5 \cdot (-1) + 3 = 2{,}5$
$f(2) = 0{,}5 \cdot 2 + 3 = 4$
$f(0) = 0{,}5 \cdot 0 + 3 = 3$

Trage die x-Werte und die zugehörigen Funktionswerte in eine Wertetabelle ein.

x	−2	−1	0	1	2
y	2	2,5	3	3,5	4

b) Zeichne jedes Wertepaar (x|y) aus a) als Punkt in ein Koordinatensystem ein. Suche dafür die Stelle x auf der x-Achse und trage den Funktionswert nach oben oder unten ab. Zeichne dann den Funktionsgraphen durch diese Punkte.

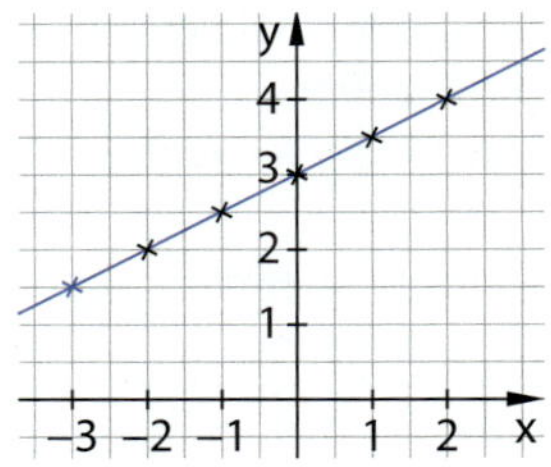

Hinweis:
Die Punkte können zu einer Linie verbunden werden, da man zwischen 2 Punkten beliebig viele weitere Punkte berechnen kann.

	A	B
1	x	f(x)=0,5*x+3
2	1,1	3,55
3	1,2	3,6
4	1,11	3,555
5	1,112	3,556
6	1,11123	3,555615
7	...	...

Basisaufgaben

Hinweis zu 4:
Hier findest du die Funktionswerte zu a) bis c).

4. Die Funktion f ist durch eine Funktionsgleichung gegeben. Berechne die Funktionswerte.
a) $f(x) = 3 + 5x$ $f(1) = ▪$; $f(-3) = ▪$; $f(5{,}5) = ▪$; $f(0) = ▪$
b) $f(x) = 0{,}33x$ $f(5) = ▪$; $f(-1) = ▪$; $f(-2) = ▪$; $f(4) = ▪$
c) $f(x) = -0{,}6x + 2$ $f(3) = ▪$; $f(1) = ▪$; $f(13) = ▪$; $f(0{,}2) = ▪$
d) $f(x) = -\frac{3}{4}x - 0{,}3$ $f(0) = ▪$; $f(1) = ▪$; $f\left(\frac{1}{3}\right) = ▪$; $f(-3) = ▪$

5. Stelle für die Funktion mit der gegebenen Funktionsgleichung eine Wertetabelle von $x = -3$ bis $x = 4$ in Einerschritten auf. Zeichne den zugehörigen Funktionsgraphen.
a) $f(x) = 0{,}5x + 2$ b) $f(x) = 3x - 2$ c) $g(x) = -0{,}75x + 3$
d) $f(x) = \frac{1}{4}x$ e) $f(x) = -\frac{2}{3}x$ f) $h(x) = 3{,}5 - \frac{3}{4}x$

6. Ergänze die fehlenden Werte, sodass die Punkte auf dem Graphen liegen. Lies die Koordinaten aus den Graphen ab.

a)
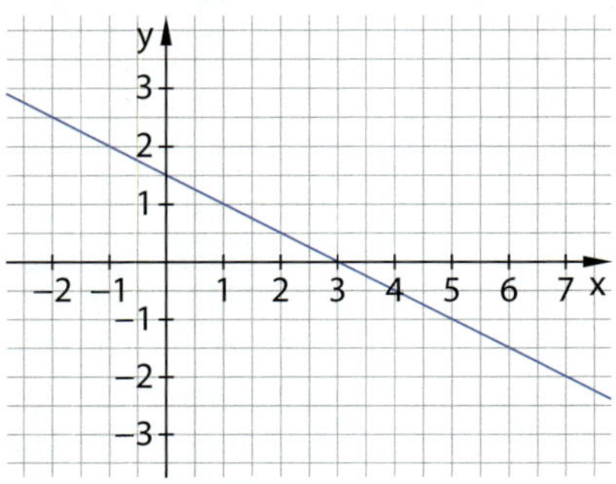

A(0|▪); B(2|▪); C(▪|−0,5); D(3|▪)

b)
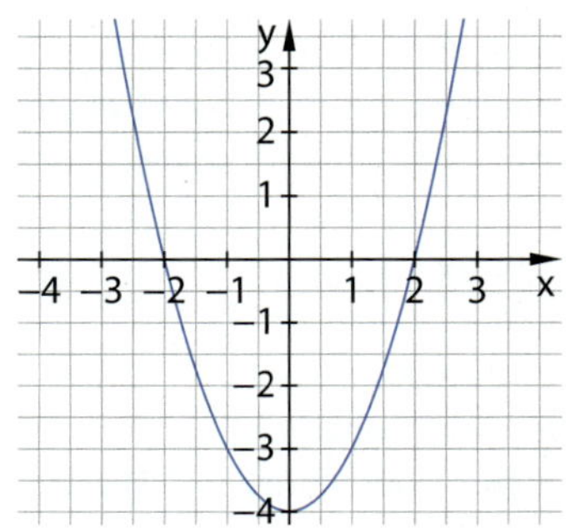

A(1|▪); B(−1,5|▪); C(0|▪); D(▪|0)

7. Elias, Dennis und Jonathan sollen eine Sprachdatei herunterladen. Elias' Downloadgeschwindigkeit wurde während des Downloads gedrosselt, Dennis hatte zweimal eine schlechte Verbindung und Jonathans Verbindung war gegen Ende am besten.

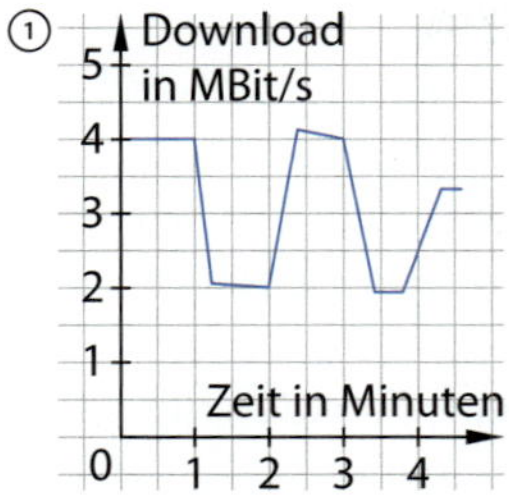

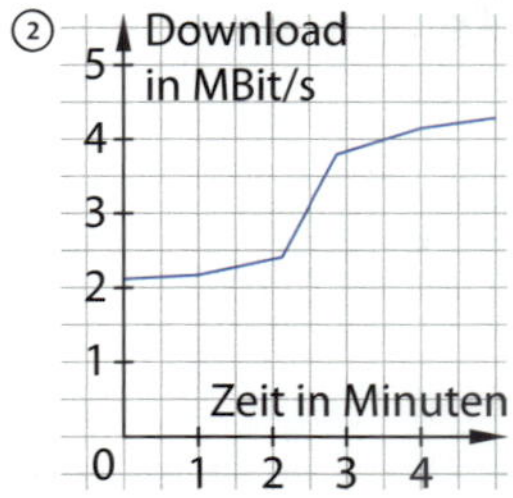

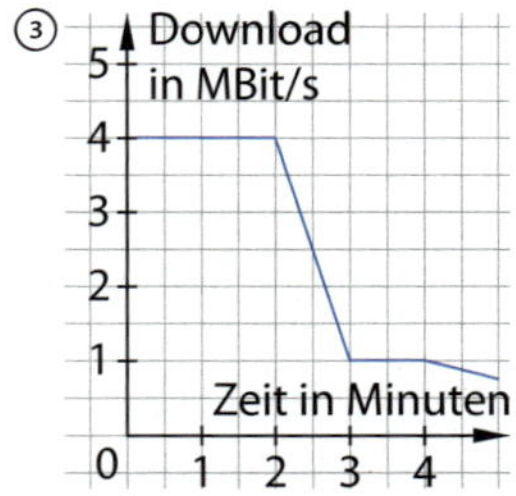

a) Ordne die dargestellten Graphen der Funktion *Zeit (in min) → Downloadgeschwindigkeit (in MBit/s)* treffend zu und begründe deine Wahl.

b) Erstelle jeweils eine Wertetabelle für x = 0 bis x = 4 in 0,5er-Schritten.

Weiterführende Aufgaben

8. Bei welchen Kurven handelt es sich um Funktionsgraphen? Begründe.

a)
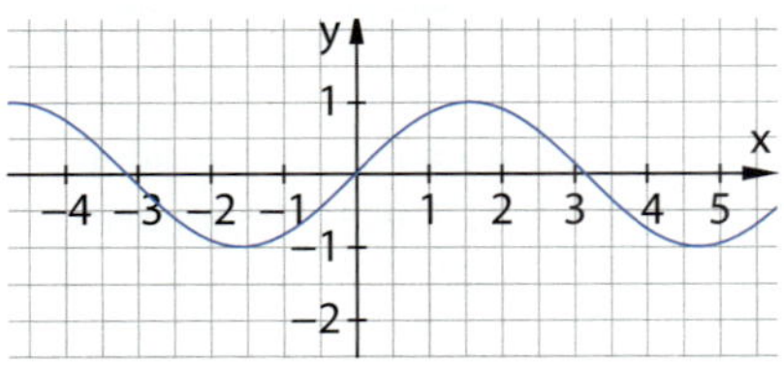

b)
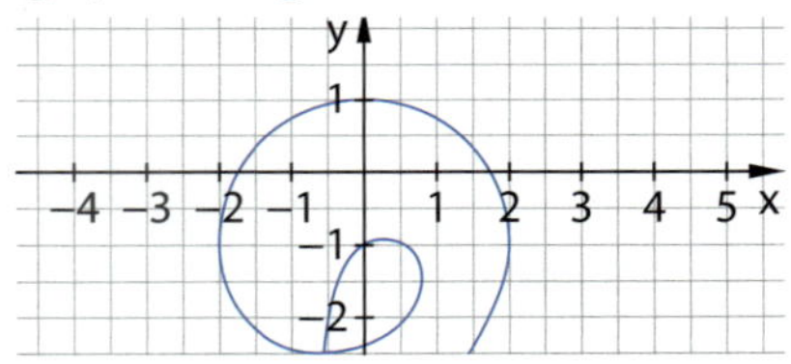

c)
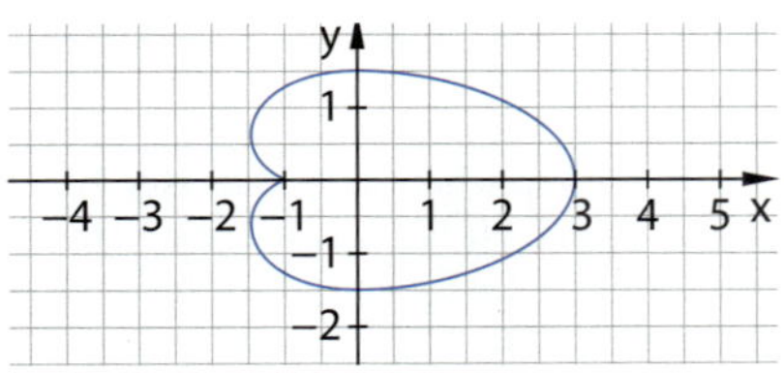

d)
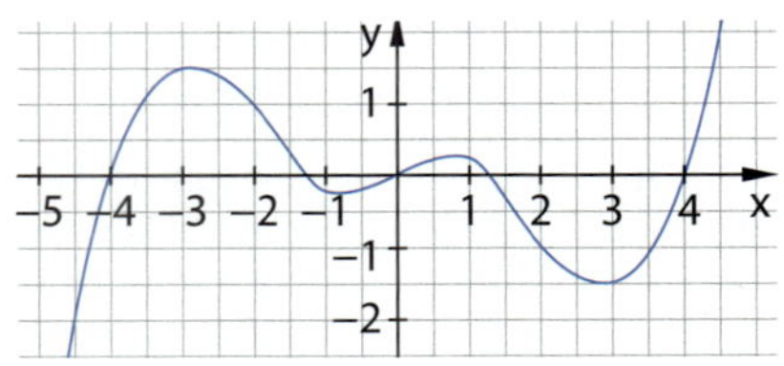

Hinweis zu 8:
Schneidet eine Parallele zur y-Achse die Kurve mehr als einmal, so ist die Kurve kein Funktionsgraph, da einem x-Wert mehr als ein Funktionswert zugeordnet wird.

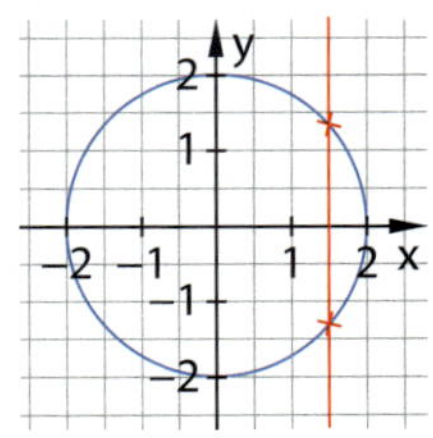

9. **Punktprobe:** Die Funktion f ist durch eine Funktionsgleichung gegeben. Überprüfe, ob die Wertepaare zur Funktion f gehören oder nicht.
Beispiel: $f(x) = 0{,}5\,x + 1$ Wertepaar: $(-3|1)$. Setze −3 für x in die Funktionsgleichung ein:
$f(-3) = 0{,}5 \cdot (-3) + 3 = 1{,}5$ und nicht 1. Also gehört $(-3|1)$ nicht zur Funktion f.

a) $f(x) = x + 1$ Wertepaare: $(1|2)$; $(2|2)$; $(3|4)$; $(4|5)$

b) $f(x) = 9x - 3$ Wertepaare: $(0|0)$; $(1|6)$; $(3|24)$; $(-3|24)$

c) $f(x) = \frac{5}{7}x$ Wertepaare: $(-3|0)$; $(0|1)$; $(0|0)$; $(14|10)$

d) $f(x) = -0{,}2x - 2$ Wertepaare: $(-10|0)$; $(-4|1{,}2)$; $(-2|1{,}6)$; $(0{,}1|-2)$

e) $f(x) = -x + \frac{1}{4}$ Wertepaare: $\left(-\frac{1}{4}\middle|0\right)$; $(0|0{,}025)$; $\left(\frac{1}{2}\middle|-\frac{1}{4}\right)$; $\left(\frac{3}{4}\middle|-0{,}5\right)$

f) $f(x) = \frac{1}{2}$ Wertepaare: $(1|0{,}5)$; $(0|5)$; $\left(-7\middle|\frac{1}{2}\right)$; $(-1|-0{,}5)$

10. Gegeben ist die Funktion $f(x) = 2x + 1{,}5$.

a) Erstelle eine Wertetabelle für x = −3 bis x = 3.

b) Zeichne den Graphen von f.

c) Prüfe, ob die Punkte $A(3{,}5|8{,}5)$, $B(9|19)$ und $C(-5{,}25|10)$ auf dem Graphen von f liegen.

d) Ergänze die Koordinaten der Punkte D(−0,75|■), E(−10|■) und F(■|2,5) so, dass die Punkte auf dem Graphen von f liegen.

11. Stolperstelle: Finde die Fehler und korrigiere.

a) Julian sagt: „Die Zuordnung *Person* → *Geburtstag* ist keine Funktion, da es mehrere Personen geben kann, die an einem Tag Geburtstag haben."

b) Malte und Omar berechnen Wertepaare zur Funktion $f(x) = 3 - x$.
Omar: *f(−2) = 3 − 2 = 1, also (−2|1)* Malte: *f(4) = 3 − 4 = −1, also (−1|4)*

12. Jannis meint: „Bei Funktionen gibt es zu jedem y-Wert immer genau eine x-Koordinate". Nimm hierzu Stellung. Gib entweder mehrere Beispiele oder ein Gegenbeispiel an.

13. a) Begründe, dass die Zuordnung *Uhrzeit* → *Farbe einer Ampel* eine Funktion ist, die umgekehrte Zuordnung *Farbe einer Ampel* → *Uhrzeit* aber nicht.

b) Welche der Zuordnungen *Person* → *Alter* und *Alter* → *Person* sind Funktionen?

c) Überlege dir weitere Beispiele und stelle sie in der Gruppe vor.

● **14.** Begründe, warum die angegebenen Definitionsbereiche zu den Funktionen passen.

a) 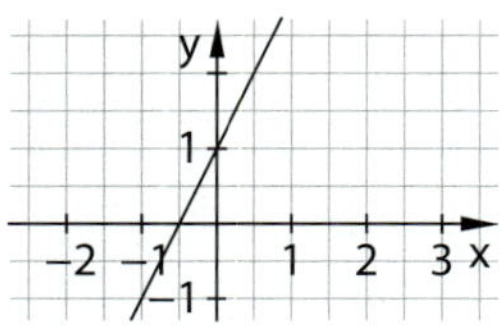

$y = 2x + 1$

Definitionsbereich: $\mathbb{Q}$

b) 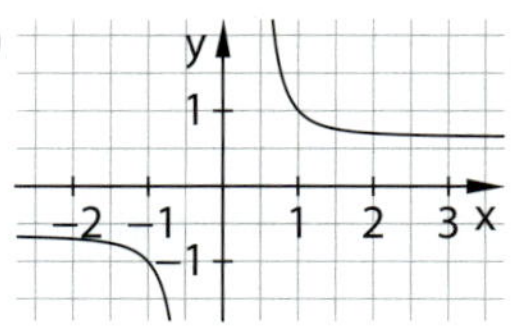

$y = \frac{1}{x}$

$\mathbb{Q}$ ohne 0

c) 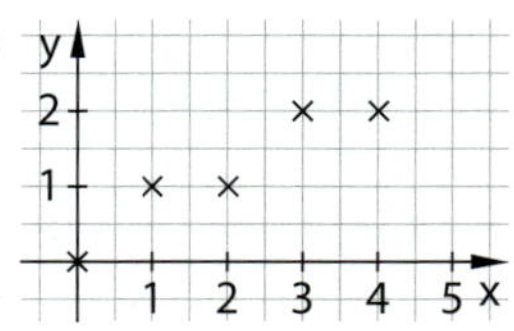

y = Anzahl der geraden Zahlen echt kleiner als x

$\mathbb{N}$

Hinweis:
$\mathbb{Q}$ ist die Menge der rationalen Zahlen, $\mathbb{N}$ ist die Menge der natürlichen Zahlen.

● **15.** Die Berliner Wasserbetriebe haben auf ihrer Homepage „Spülanalysen" zur Fußball-Europameisterschaft 2012 veröffentlicht.

> Großveranstaltungen wie eine Fußball-Weltmeisterschaft, die Olympischen Spiele oder eine Bundestagswahl ziehen viele Menschen in den Bann und lassen den Wassergebrauch zu Hause in die Höhe schnellen. Wann die Wassernutzung in Berlin besonders hoch ist, zeigt unsere Spülanalyse, denn die Spannung eines TV-Ereignisses steht in direkter Wechselwirkung zur Spül-Spitze.
> Auf der y-Achse ist die nachgefragte Wassermenge pro Stunde aufgetragen, auf der x-Achse die Zeit. Die Spül-Spitzen sind relative Werte und gelten nur für wenige Minuten.

Netzabgabe für den 1. Juli 2012 — Berliner Wasserbetriebe

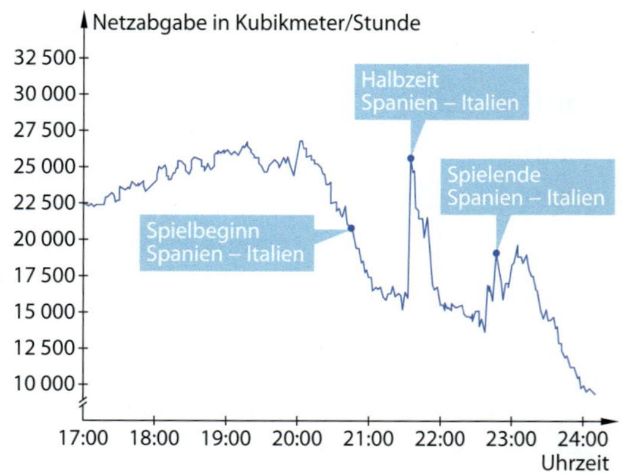

a) Erkläre, warum es sich bei der dargestellten Zuordnung um eine Funktion handelt.

b) Lies die Netzabgabe zu Beginn und gegen Ende der Messung ab und notiere die entsprechenden y-Werte.

c) Bestimme den Zeitpunkt mit dem größten und dem kleinsten Wasserverbrauch. Lies auch die Netzabgabe für diese Zeitpunkte ab und notiere die y-Werte.

d) Erstelle eine Wertetabelle. Trage zu jeder vollen Stunde ein Wertepaar ein.

e) Erläutere den Zusammenhang zwischen dem Verlauf der Kurve und dem Endspiel zwischen Spanien und Italien.

16. In einer Kerzenzieherei werden Kerzen hergestellt. Brennt eine Kerze gleichmäßig ab, lässt sich die Kerzenlänge durch die Funktionsgleichung $k(t) = -0{,}01 \cdot t + 15$ beschreiben. Dabei steht t für die Zeit in Minuten, k(t) gibt die verbleibende Kerzenlänge in cm an.

a) Gib an, welche Funktionswerte von k in diesem Zusammenhang sinnvoll sind.

b) Berechne die verbleibende Kerzenlänge nach 60, 90 und 240 Minuten.

c) Berechne k(1500) und interpretiere das Ergebnis in diesem Zusammenhang.

d) Für welche Werte von t beschreibt die Funktion k die Kerzenlänge?

17. Lies aus den Graphen Koordinaten von Punkten ab. Finde damit die passende Funktionsgleichung.

$f_1(x) = 1{,}5x$

$f_2(x) = \frac{1}{3}x$

$f_3(x) = \frac{2}{3}x + \frac{5}{3}$

$f_4(x) = -0{,}5x + 1$

$f_5(x) = 4 - 2{,}5x$

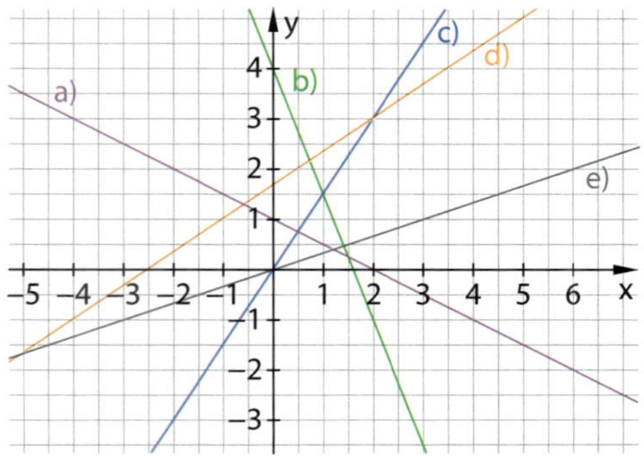

● **18.** Unten sind verschiedene Rennstrecken dargestellt. Begründe, auf welcher dieser Rennstrecken ein Wagen gefahren ist, dessen Geschwindigkeit der Graphen darstellt.

Geschwindigkeit eines Rennwagens auf einer Strecke von 3 km (2. Runde)

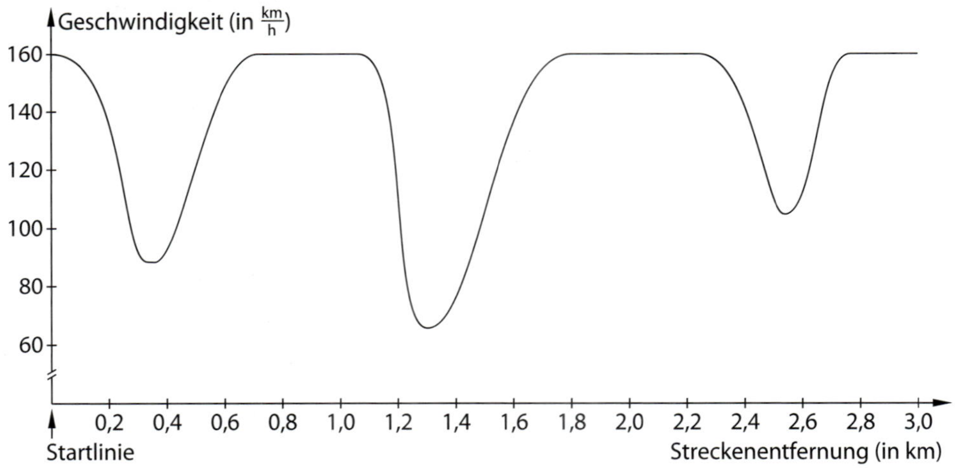

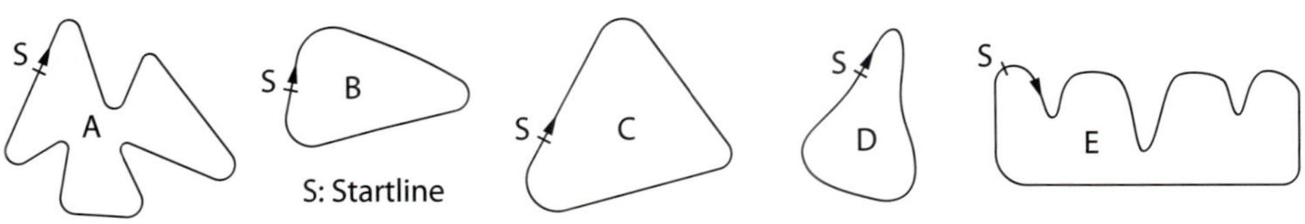

● **19. Ausblick:** Stelle eine Funktionsgleichung zur Wertetabelle auf.

a)

x	−2	−1	0	1	2
y	−6	−3	0	3	6

b)

x	−4	−2	0	2	4
y	−5	−1	3	7	11

c)

x	−8	−4	0	4	8
y	3,5	3,5	3,5	3,5	3,5

d)

x	−6	−3	0	3	6
y	−5	−3	−1	1	3

4.2 Proportionale Funktionen

■ In einem Rennrad-Forum wird die Panoramastraße zum Kitzbühler Horn mit einem Schwierigkeitsgrad von 4 roten Sternen bewertet. Auf den 8000 Metern hinauf zum Alpenhaus beträgt die Steigung kontinuierlich 10 %. Was bedeutet dieser Wert? ■

Hinweis:
Proportionale und antiproportionale Zuordnungen sind immer eindeutig und daher Funktionen.

Die proportionale Zuordnung *Äpfel (in kg) → Preis (in €)* ist eine Funktion, denn jedem Gewicht wird genau ein Preis zugeordnet. Bei einem Kilopreis von 1,99 € lautet die Funktionsgleichung $f(x) = 1{,}99x$. Der Faktor 1,99 ist der **Proportionalitätsfaktor**. Im Zusammenhang mit Funktionen nennt man diesen Faktor die **Steigung** des Graphen der proportionalen Funktion. Verdoppelt (verdreifacht, …) sich der Ausgangswert x, so verdoppelt (verdreifacht, …) sich auch der zugehörige Funktionswert y.

Erinnere dich:
Für proportionale Zuordnung gilt: Verdoppelt (verdreifacht, …) man den Ausgangswert, so verdoppelt (verdreifacht, …) sich der zugeordnete Wert.

Wissen: Proportionale Funktionen

Eine Funktion mit der Funktionsgleichung $y = m \cdot x$ heißt **proportionale Funktion**. Der zugehörige Graph ist eine Gerade durch den Ursprung und den Punkt $(1|m)$. Die Zahl m heißt **Steigung** der Geraden.

Die Steigung gibt die Änderung des y-Wertes an, wenn die x-Koordinate um 1 zunimmt. Die Gerade **steigt** (von links nach rechts), wenn m positiv ist, sie **fällt** (von links nach rechts), wenn m negativ ist.

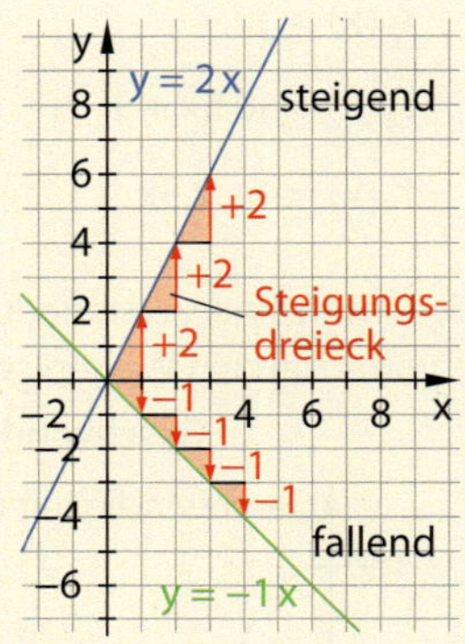

Funktionsgleichungen bestimmen

Hinweis:
„1 nach rechts, m nach oben oder nach unten"

Beispiel 1: Bestimme zur Geraden eine Funktionsgleichung.

a)

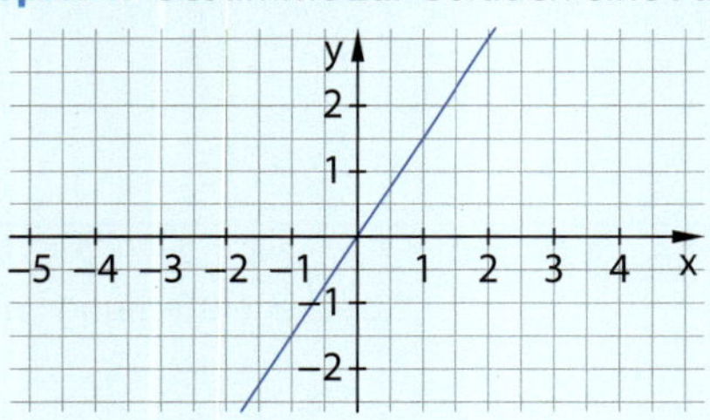

b)

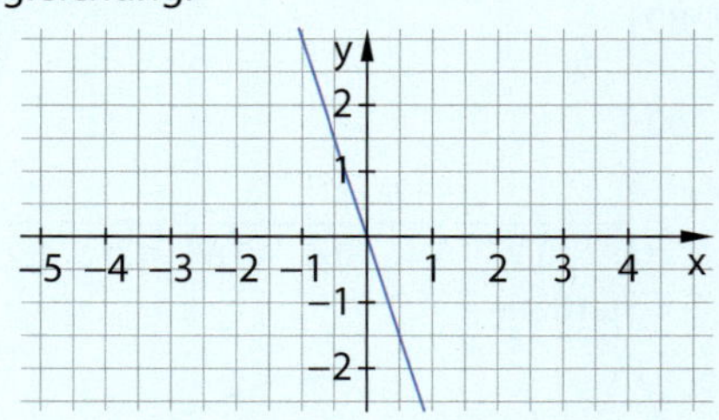

Lösung:

a) Da die Gerade von links nach rechts steigt, ist die Steigung positiv. Zeichne ein Steigungsdreieck ein. Wähle für die Strecke nach rechts die Länge 1. Dann kannst du an der Strecke nach oben die Steigung $m = 1{,}5$ ablesen.

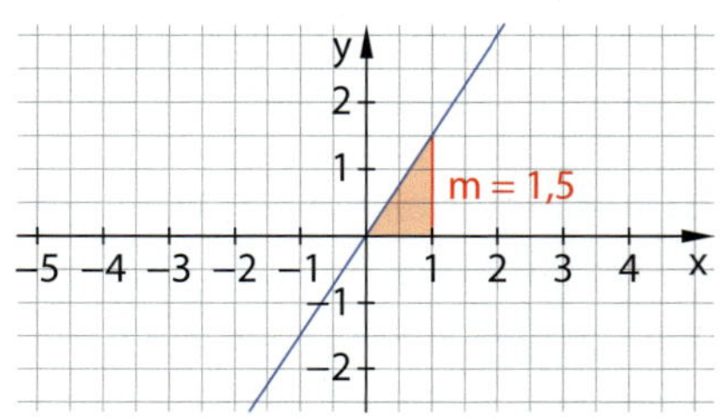

Setze m in die allgemeine Funktionsgleichung $y = m \cdot x$ ein.

$y = 1{,}5 \cdot x$

b) Da die Gerade von links nach rechts fällt, ist die Steigung negativ. Zeichne ein Steigungsdreieck ein. Wähle für die Strecke nach rechts die Länge 1. Dann kannst du an der Strecke nach unten die Steigung $m = -3$ ablesen.

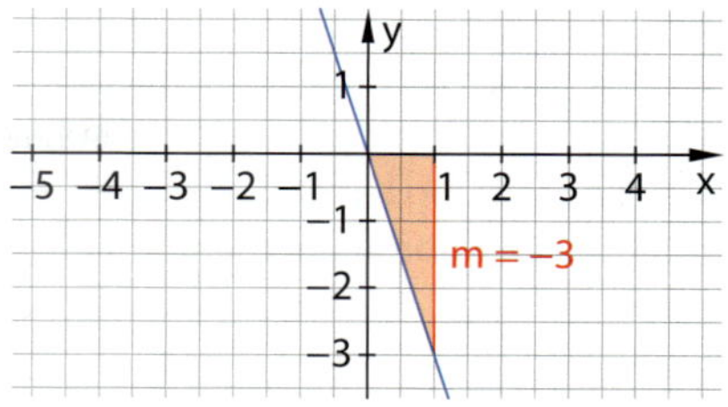

Setze m in die allgemeine Funktionsgleichung $y = m \cdot x$ ein.

$y = -3 \cdot x$

Basisaufgaben

1. Bestimme zur Geraden eine Funktionsgleichung. Überlege zuerst, ob die Gerade fällt oder steigt.

a) 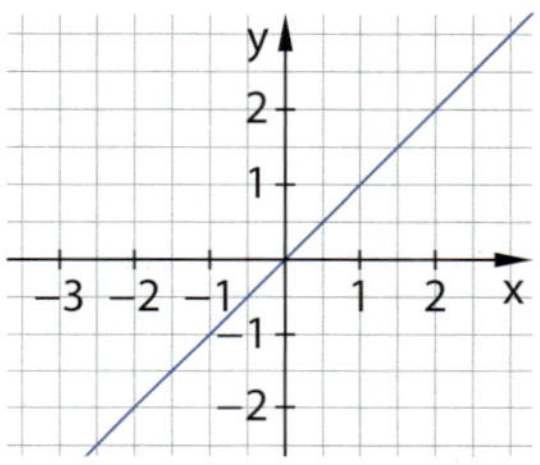

b) 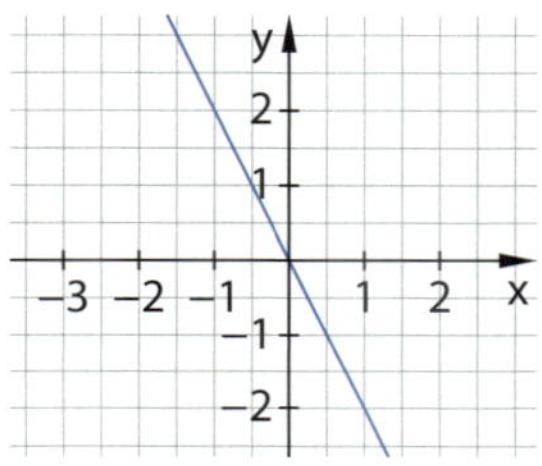

c) 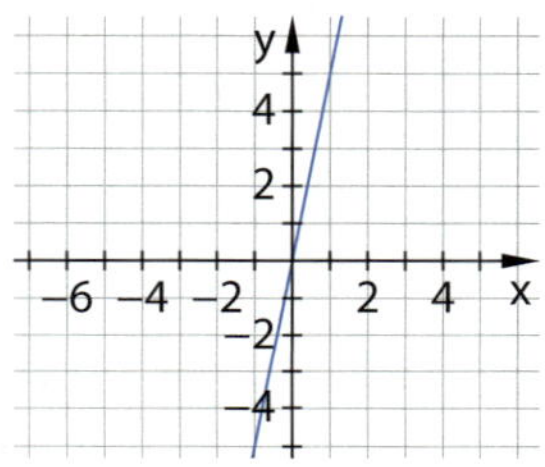

2. Übertrage die Zeichnung ins Heft. Zeichne ein Steigungsdreieck ein und bestimme zum Graphen eine Funktionsgleichung.

a) 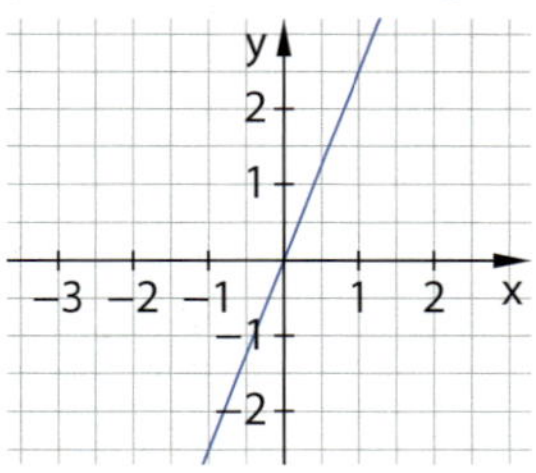

b) 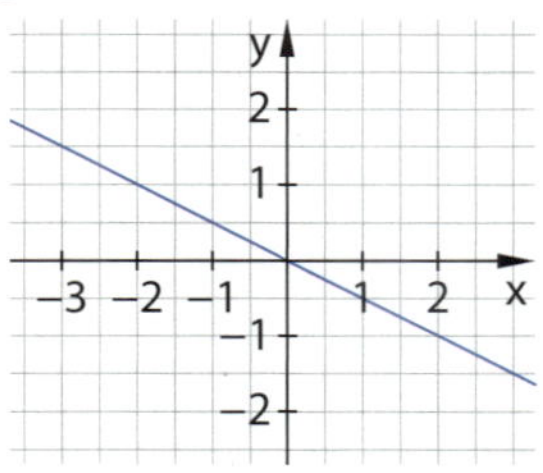

c) 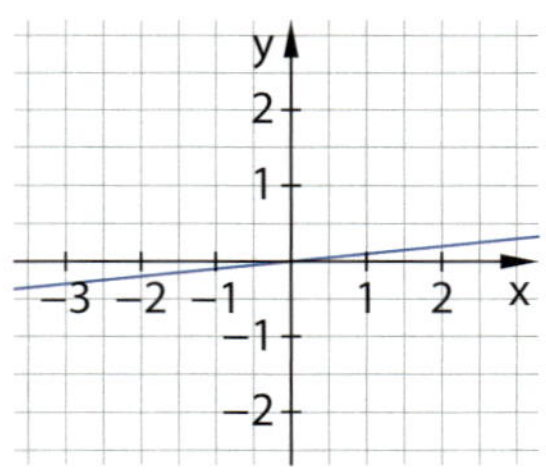

3. Zeichne in ein Korrdinatensystem die Punkte O(0|0), P(1|−3), Q(2|5) und R(−1|−2) ein. Zeichne jeweils einen Gerade durch O und einen der Punkte P, Q und R. Zeichne jeweils ein Steigungsdreieck ein und bestimme die Funktionsgleichung.

4. a) Betrachte die Graphen von proportionalen Funktionen. Wie ändert sich der Funktionswert, wenn x um 1 zunimmt?

① 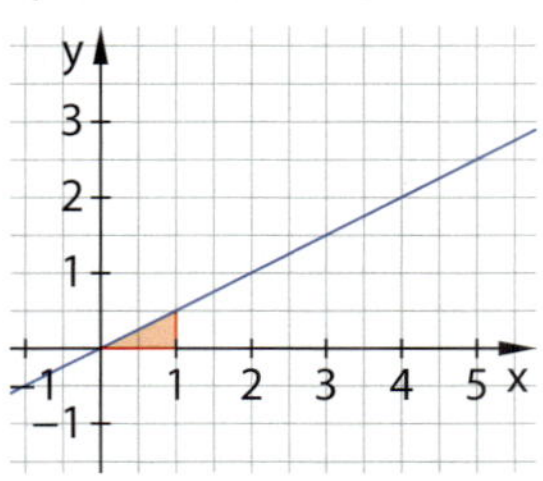

② 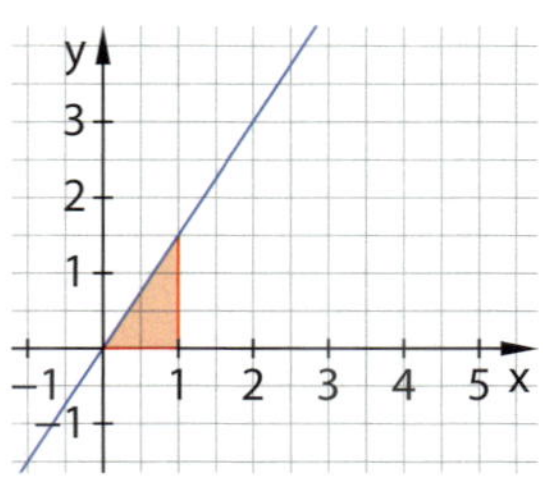

③ 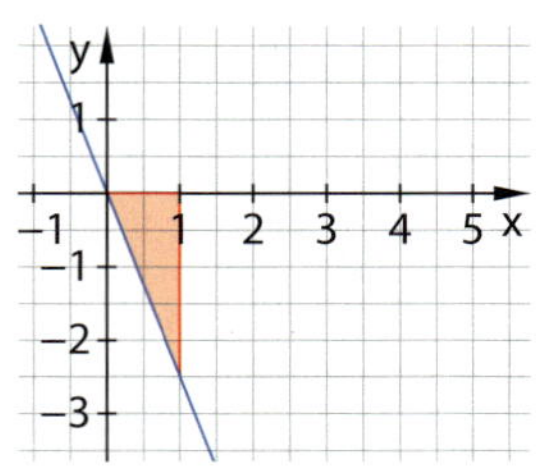

b) Wie ändert sich bei den Funktionen aus a) der Funktionswert, wenn x um 2, um 3 oder um 4 zunimmt? Gib auch die Steigung und die Funktionsgleichung für die veränderten Funktionen an.

Der Begriff der Steigung

Beim Graphen rechts ist es schwierig, die Steigung direkt abzulesen. Zeichnet man aber ein größeres Steigungsdreieck, so lässt sich die Steigung leicht bestimmen. In diesem Steigungsdreieck nimmt die x-Koordinate nicht um 1 zu, sondern um 3. Der y-Wert nimmt um 2 zu. Zur Bestimmung der Steigung teilt man 2 durch 3: $m = \frac{2}{3}$.

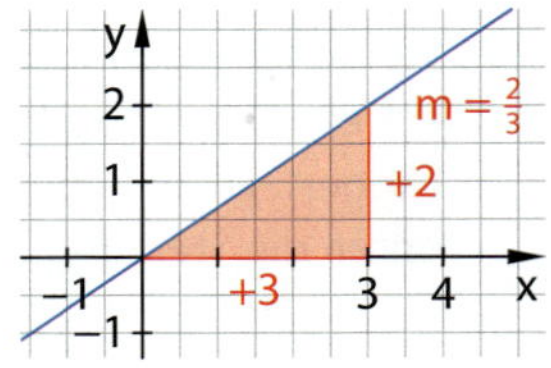

Hinweis:
Der Quotient aus der Differenz der y-Werte und der Differenz der x-Werte wird auch **Differenzenquotient** genannt.

Wissen: Allgemeine Definition der Steigung
Die Steigung m einer Geraden lässt sich mit einem Steigungsdreieck beliebiger Größe berechnen. m ist das Verhältnis der Änderung der y-Werte zur Änderung der x-Werte.

$m = \frac{y_2 - y_1}{x_2 - x_1}$

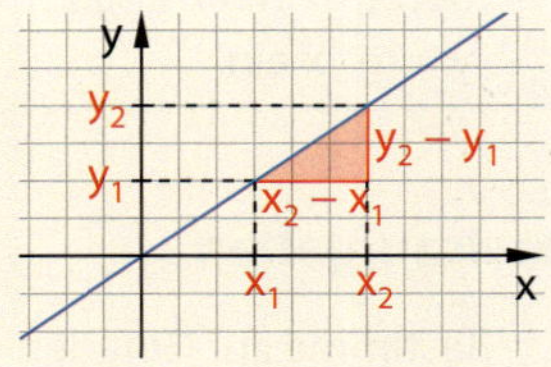

Beispiel 2: Bestimme die Steigung der proportionalen Funktion.

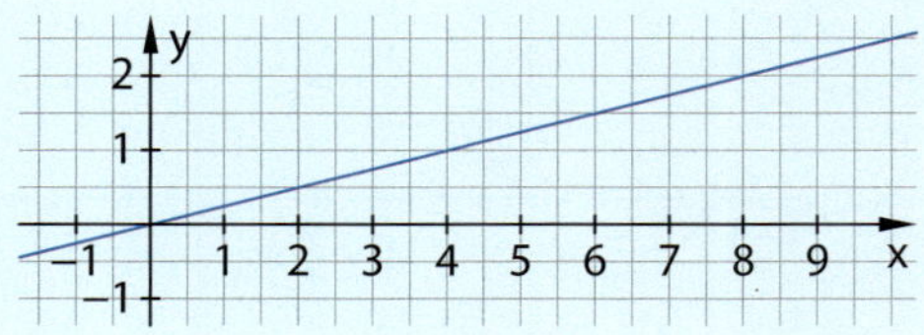

Lösung:
1. Möglichkeit: Steigungsdreieck
Zeichne ein Steigungsdreieck ein, bei dem sich die Länge der Strecken nach rechts und nach oben gut ablesen lassen.
Berechne m aus dem Verhältnis der Streckenlängen nach oben (+1) und nach rechts (+4).

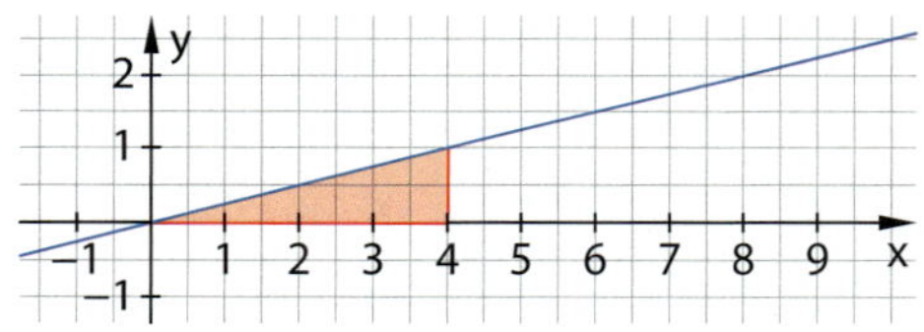

$m = \frac{1}{4}$

2. Möglichkeit: Zwei Punkte
Lies am Graphen zwei Punkte ab und berechne m.

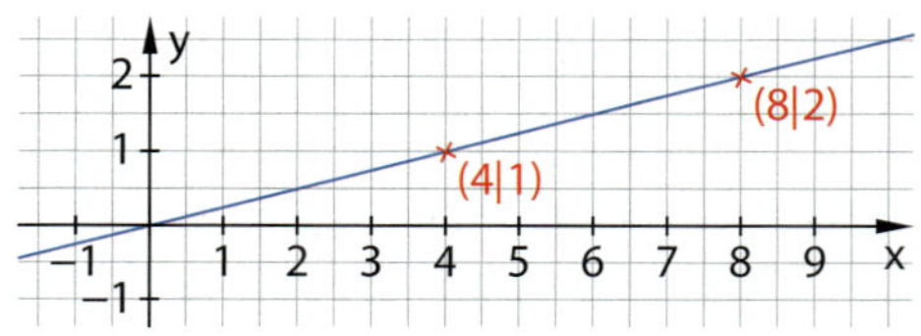

Die Differenz der y-Werte steht im Zähler, die Differenz der x-Werte steht im Nenner.

$m = \frac{2-1}{8-4} = \frac{1}{4}$

Basisaufgaben

5. Bestimme die Steigung der proportionalen Funktion.

a)
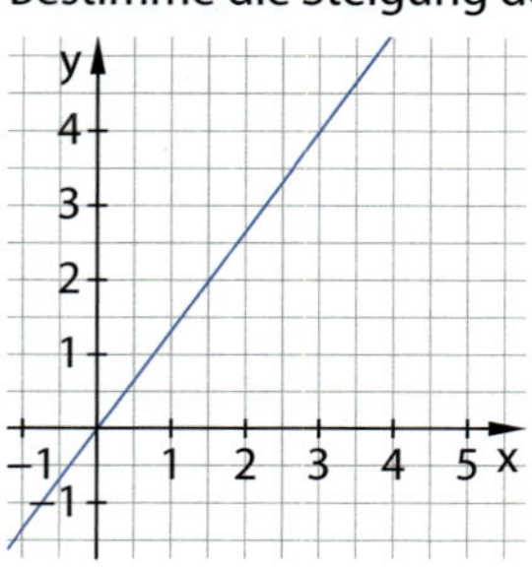

b)
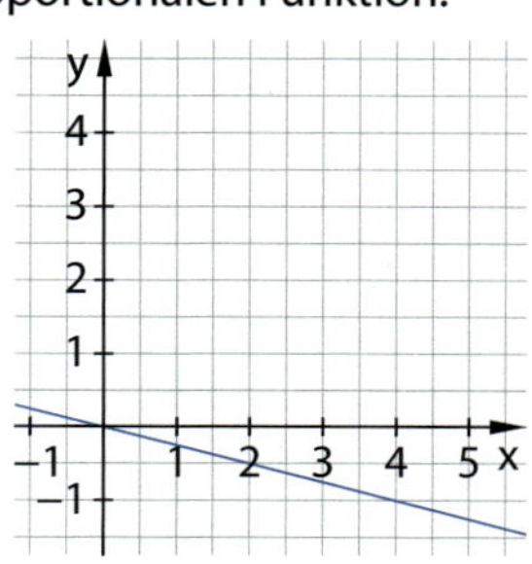

c)
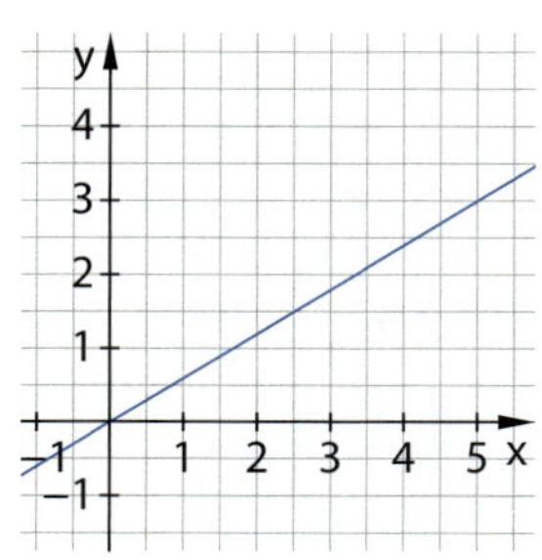

6. Stelle eine Funktionsgleichung der proportionalen Funktion auf, die durch den Punkt A verläuft.

a) A(1|1) b) A(−1|−3) c) A(3|2) d) A(100|−25)
e) A(−23|42) f) A(7|3) g) A(0,5|−7) h) A(49|7)

Hinweis zu 6:
Hier findest du die Steigungen der Funktionen.

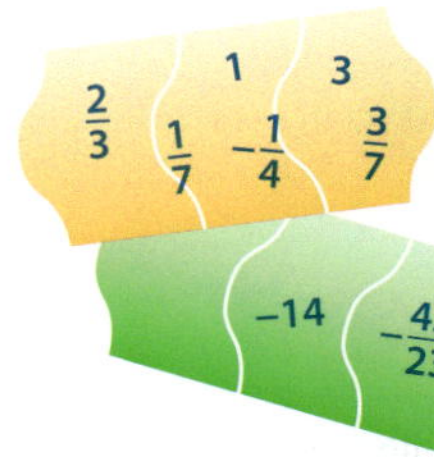

Den Graphen einer proportionalen Funktion zeichnen

Mithilfe der Steigung kann man den Graphen einer Funktion zeichnen, ohne Werte zu berechnen.

Beispiel 3: Zeichne den Graphen zur Funktionsgleichung $f(x) = -0{,}35x$.

Lösung:

1. Möglichkeit: Mithilfe der Steigung

Die Steigung ist −0,35, also fällt der Graph. Das Steigungsdreieck mit 1 Einheit nach rechts und 0,35 nach unten lässt sich nicht sehr genau zeichnen. Wähle ein größeres Steigungsdreieck: Zeichne 10 Einheiten nach rechts. Die Strecke nach unten entspricht dann der 10-fachen Steigung:
$10 \cdot (-0{,}35) = -3{,}5$

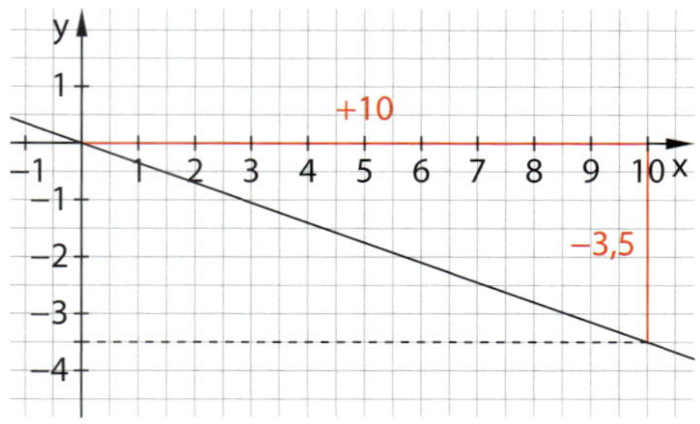

2. Möglichkeit: Mithilfe eines Punktes

Setze einen Wert für x in die Funktionsgleichung ein.
$f(10) = -0{,}35 \cdot 10 = 3{,}5$
So erhälst du einen Punkt (10|3,5), der auf dem Graphen liegt. Zeichne eine Gerade durch den Ursprung und den Punkt (10|3,5).

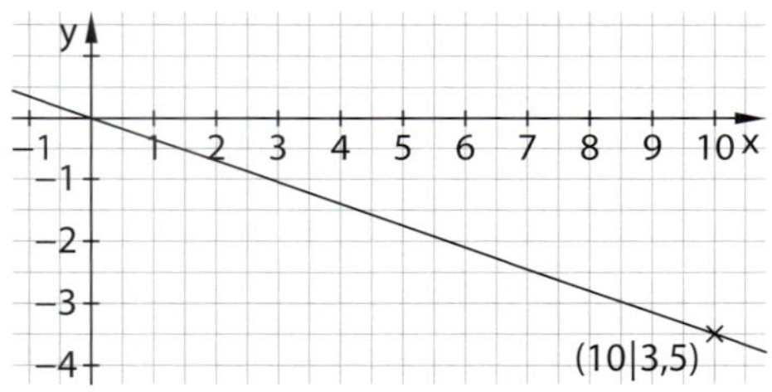

Basisaufgaben

7. Zeichne jeweils den Graphen zur Funktionsgleichung mithilfe eines Steigungsdreiecks. Wähle das Steigungsdreieck so groß, dass du den Graphen genau zeichnen kannst.

a) $y = 0{,}4x$ b) $y = -\frac{1}{4}x$ c) $y = \frac{7}{3}x$ d) $y = -1{,}2x$

8. Zeichne den Graphen der durch die Funktionsgleichung gegebenen proportionalen Funktion, ohne eine Wertetabelle aufzustellen.

a) $y = 3x$ b) $y = 1{,}5x$ c) $y = -0{,}5x$ d) $y = 0{,}25x$
e) $y = \frac{1}{4}x$ f) $y = \frac{3}{4}x$ g) $y = -\frac{1}{3}x$ h) $y = -\frac{7}{5}x$

9. 80 g Mehl sind 100 ml. Zeichne die Funktion *Mehl in g → Mehl in ml* für Kuchen mit höchstens 500 g Mehl. Bestimme die Steigung dieses Graphen.

Weiterführende Aufgaben

10. Die Wertetabelle gehört zu einer proportionalen Funktion. Ergänze die fehlenden Werte.

a)

x	−3	−2	−1	0	1	2
y					3	

b)

x	−3	−1			2	5
y	−15		0	1		

11. Zeichne den Graphen zur Funktionsgleichung. Zeichne ein Steigungsdreieck ein.

a) $y = 0{,}2x$ b) $y = -0{,}75x$ c) $y = 0{,}15x$

d) $y = 0{,}25x$ e) $y = -\frac{1}{6}x$ f) $y = 1\frac{2}{5}x$

12. Übertrage die Zeichnung ins Heft und zeichne zwei verschiedene Steigungsdreiecke ein. Bestimme mit jedem Steigungsdreieck die Steigung. Was stellst du fest? Gib jeweils auch die Funktionsgleichung an.

a) 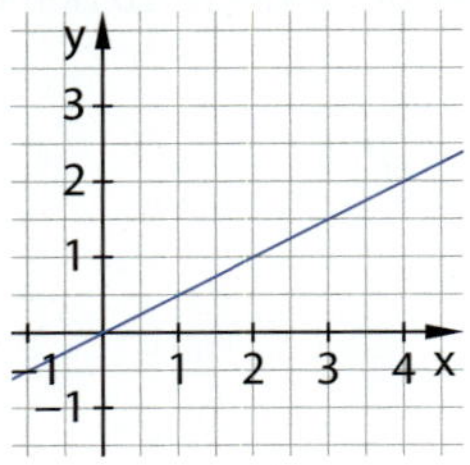

b) 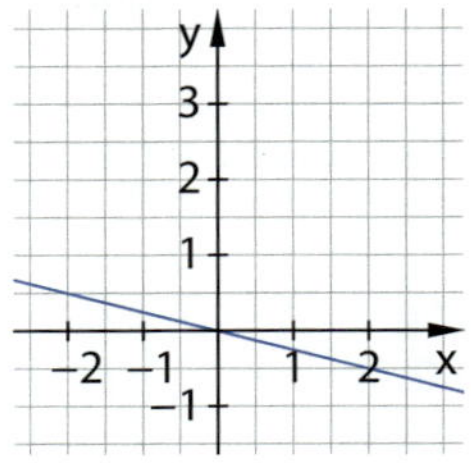

c) 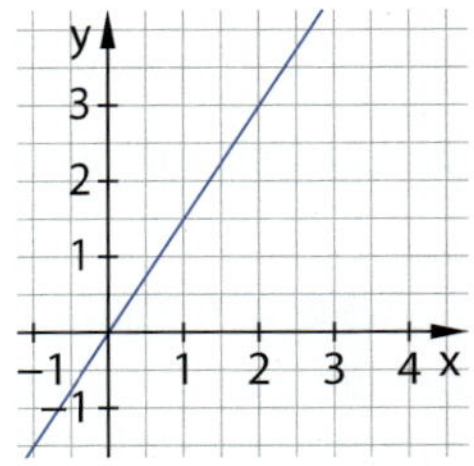

13. Stolperstelle: Finde die Fehler, erkläre und korrigiere sie.

a) 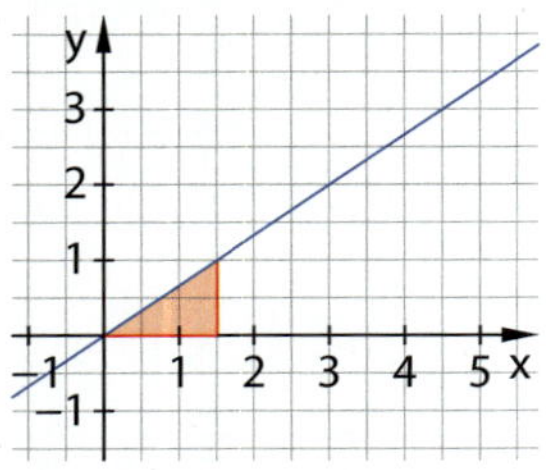

$y = \frac{3}{2}x$

b) 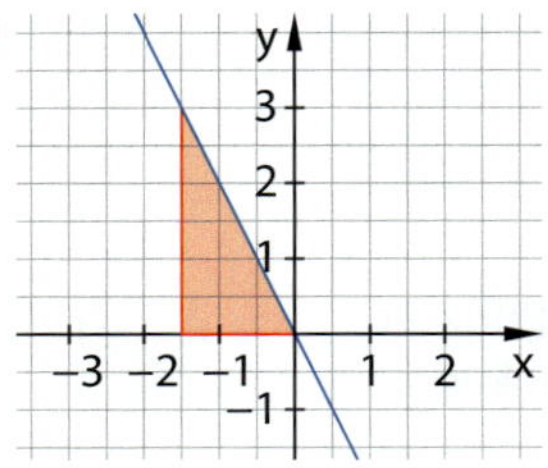

$y = -3x$

c) 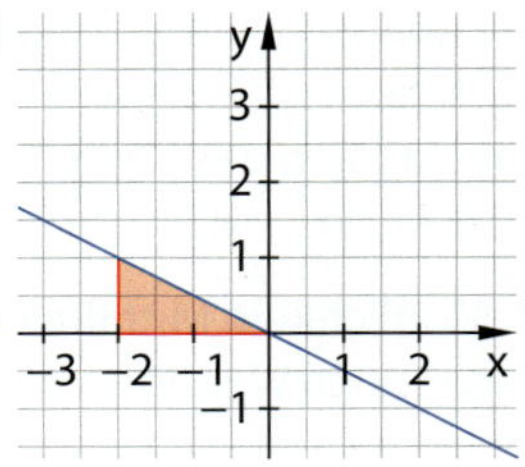

$y = \frac{1}{2}x$

14. Die Wertetabellen gehören zu proportionalen Funktionen.

a) Nimm die ersten beiden Wertepaare (24|9) und (40|15) und berechne mit der allgemeinen Formel die Steigung. Wiederhole dies mit dem 1. und 3. Wertepaar sowie mit dem 2. und 3. Wertepaar. Was stellst du fest?

x	24	40	72
y	9	15	27

b) Wähle zwei Wertepaare der Tabelle und bestimme damit die Steigung. Wiederhole dies mit zwei anderen Wertepaaren. Vergleiche die Ergebnisse mit deinem Nachbarn.

x	3	8	12	18	19
y	7,5	20	30	45	47,5

15. Bestimme die Steigungen der proportionalen Funktionen. Beschreibe, wie sich der Graph bei unterschiedlichem m ändert. Überlege, welche Fälle du unterscheidest.

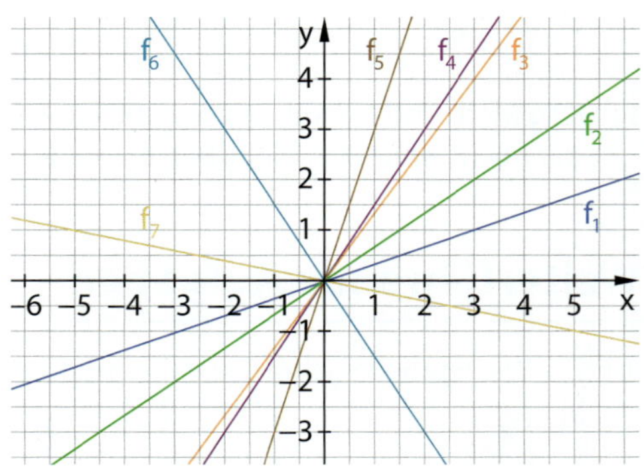

16. Überprüfe, ob die Punkte auf dem Graphen einer einzigen proportionalen Funktion liegen.

a) A(1|3); B(3|9); C(−2|−6)
b) A(3|5); B(−6|−10); C(−10|−30)
c) A(3|−15); B(1|−5); C(−5|−25)
d) A(0,5|0,02); B(−2,4|−0,096); C(−4|−0,15)

● **17.** Die Graphen der Funktionen f, g und h geben die Richtung eines Stundenzeigers an. Ordne jeweils die passende Tageszeit zu und begründe deine Entscheidung.

$f(x) = \frac{5}{3}x$ $g(x) = -\frac{3}{5}x$ $h(x) = 0,5x$

Ein Uhr | Kurz nach Acht | Kurz nach Zwei | Vier Uhr

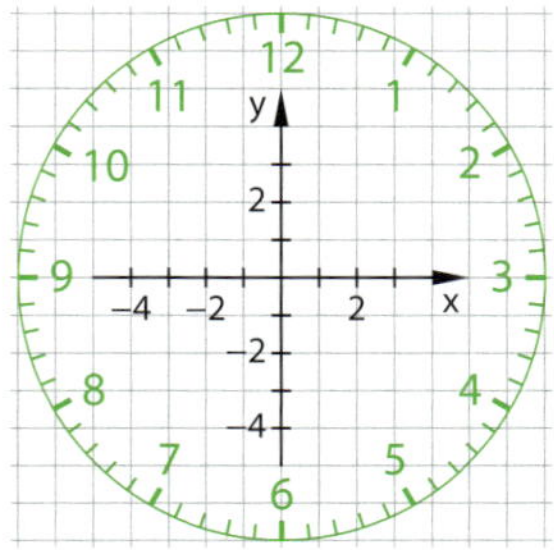

18. Denise legt seit Anfang des Jahres an jedem Sonntag 4 € in ihre Spardose.

a) Mit der Funktion $f(x) = 4x$ lässt sich berechnen, wie viel Denise bereits gespart hat. Welche Bedeutung haben die Werte von x und f(x) hier?
b) Berechne f(2), f(4) und f(5). Interpretiere sie in diesem Zusammenhang.
c) Bestimme die Anzahl der Wochenenden, die Denise mindestens sparen muss, um mehr als 50 € in der Spardose zu haben.
d) Beurteile die Bedeutung der Funktionswerte f(−1), f(−3), f(2,5) und f(−3,5) in diesem Zusammenhang. Lege fest, welche x-Werte in diesem Zusammenhang sinnvoll sind.
e) Ist es sinnvoll, beim Graphen dieser Zuordnung die Punkte zu einer Geraden zu verbinden?

● **19.** Eine Klepshydra ist eine antike Wasseruhr. Aus dem oberen Behälter fließt Wasser in den unteren. Der untere Behälter ist 28 cm hoch und so geformt, dass der Wasserstand proportional zur verstrichenen Zeit ist.

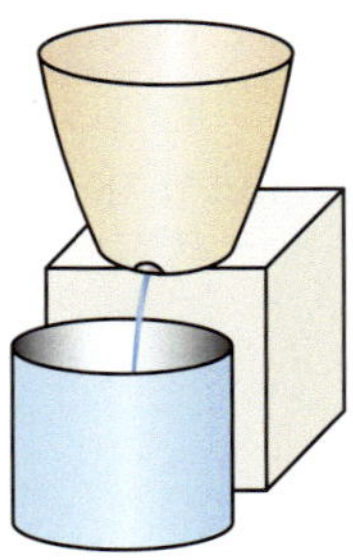

a) Der Wasserstand nimmt in 3 Minuten um 1 cm zu. Gib eine Funktionsgleichung zur Zuordnung *Zeit (min) → Wasserstand (in cm)* an.
b) Berechne die Funktionswerte für die x-Werte 0,1 und 9 und erkläre ihre Bedeutung.
c) Bestimme die Zeitspanne, in der sich die Höhe des Wasserstands um 4 cm verändert.
d) Berechne die längste Zeitdauer, die sich mit der Klepshydra abmessen lässt.

Hinweis zu 19:

In der Antike wurde die Klepshydra vor allem dazu verwendet, die Redezeit von sich streitenden Personen vor Gericht zu begrenzen.

● **20.** **Ausblick:** Das Bild rechts zeigt die Funktionen

$$f(x) = m \cdot x$$

für die Werte m = −5 bis m = 5 in 0,1-Schritten.

a) Zeichne selbst die Geraden für m = 0; 1; 2; 3; 4; 5.
b) In einigen Bereichen im Bild rechts liegen die Geraden dichter beieinander. Erkläre, wie es hierzu kommt.

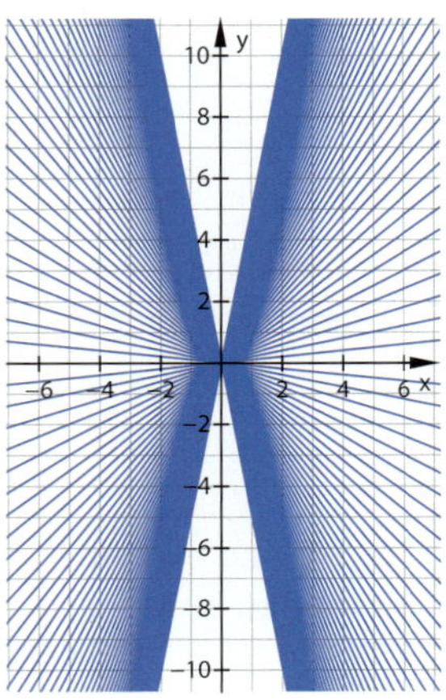

4.3 Lineare Funktionen

■ Auf einem Spargelhof kann man Erdbeeren pflücken. Für 1000 g zahlt man 2 €. Dennis hat einen Graphen dazu gezeichnet. Zusätzlich möchte er die Kosten für Hin- und Rückfahrt von 6 € berücksichtigen, um die Preise mit denen im Supermarkt nebenan zu vergleichen. Wie sieht der neue Graph aus? ■

Die Funktion $f(x) = 0{,}5x + 3$ unterscheidet sich von der proportionalen Funktion $g(x) = 0{,}5x$ nur durch die Zahl 3, die zu jedem Funktionswert addiert wird.
Der Graph von f entsteht durch Verschieben des Graphen der proportionalen Funktion g.

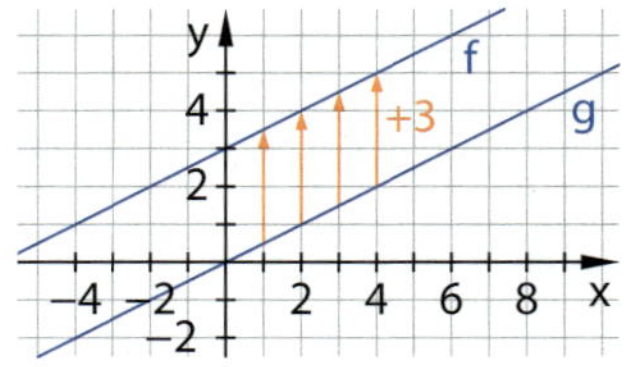

Wissen: Lineare Funktionen
Eine **lineare Funktion** hat die Funktionsgleichung $f(x) = mx + b$. Ihr Graph entsteht durch Verschiebung einer Geraden durch den Ursprung. Dabei gibt m die Steigung an und b die Verschiebung. Die Verschiebung kann man am Schnittpunkt des Graphen mit der y-Achse $S(0|b)$ ablesen. Die Verschiebung b wird als **y-Achsenabschnitt** bezeichnet.

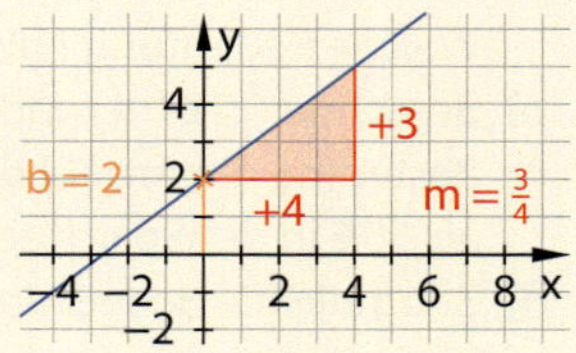

$f(x) = \frac{3}{4}x + 2$

Die Gleichung einer linearen Funktion aufstellen

Beispiel 1: Bestimme eine Funktionsgleichung zu der Geraden.

a)

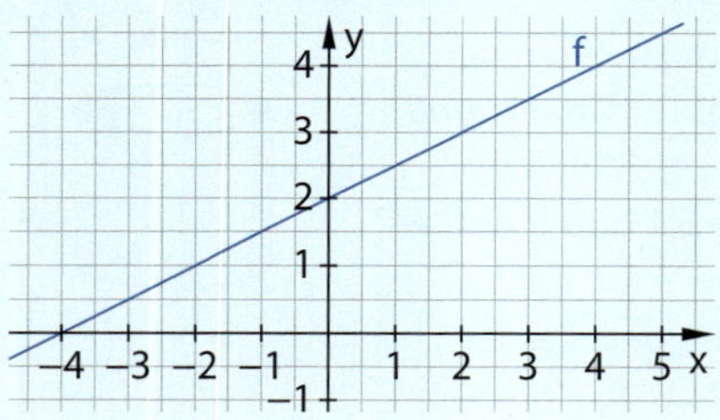

b)

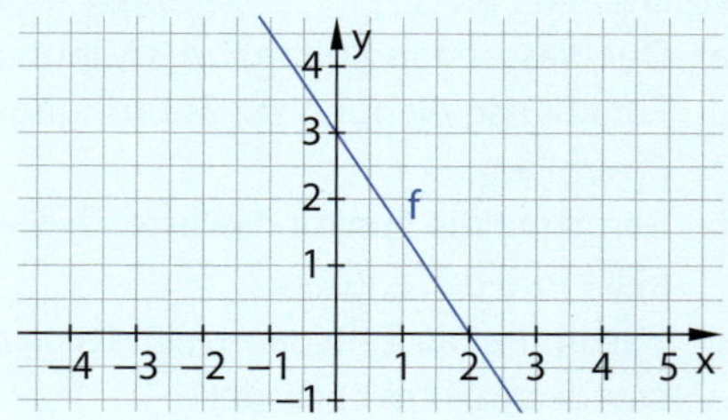

Lösung:

Lies den y-Achsenabschnitt an der Stelle $x = 0$ ab.

a)

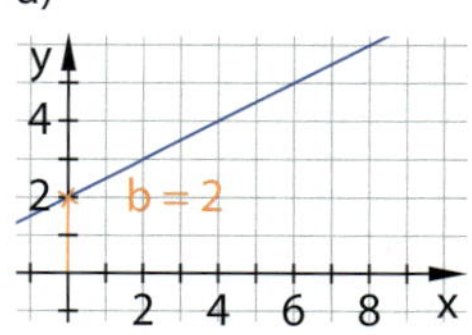

b)

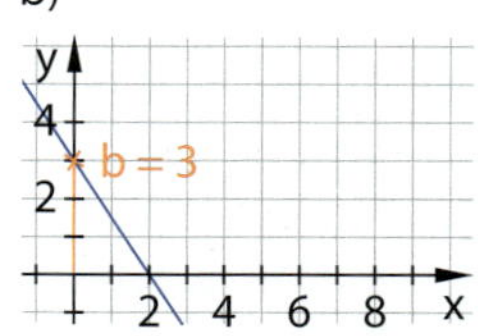

Bestimme die Steigung mithilfe eines geeigneten Steigungsdreiecks.

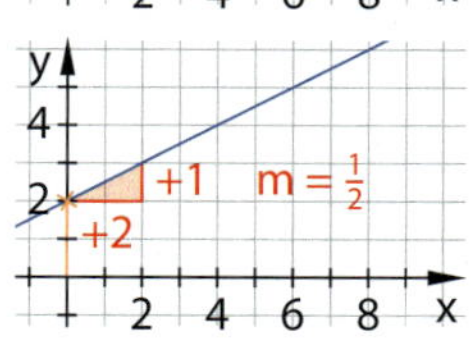

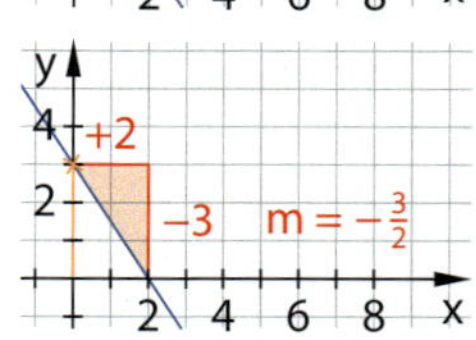

Setze b und m dann in die allgemeine Form $f(x) = mx + b$ ein.

a) $f(x) = \frac{1}{2}x + 2$

b) $f(x) = -\frac{3}{2}x + 3$

Basisaufgaben

1. Bestimme zu der Geraden eine zugehörige Funktionsgleichung.

a)

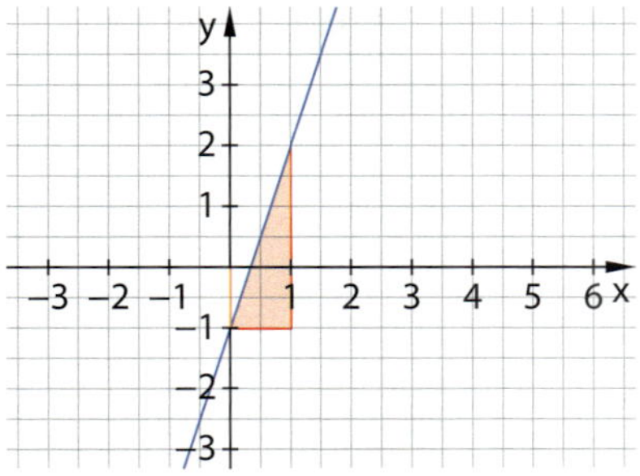

b)

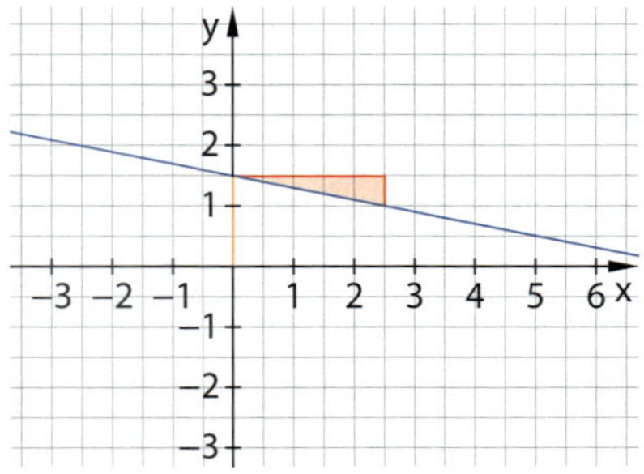

c)

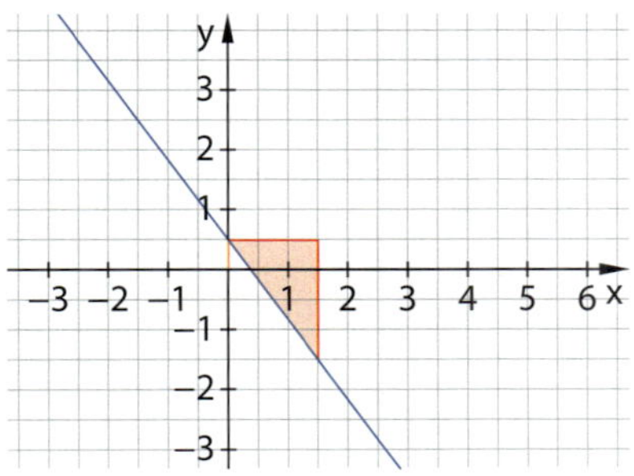

d)

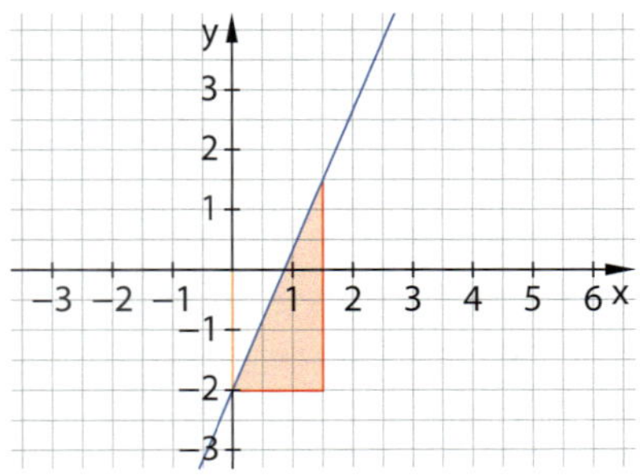

Hinweis zu 1:
Hier findest du die Steigungen und y-Achsenabschnitte.

2. Stelle zu der Geraden eine zugehörige Funktionsgleichung auf.

a)

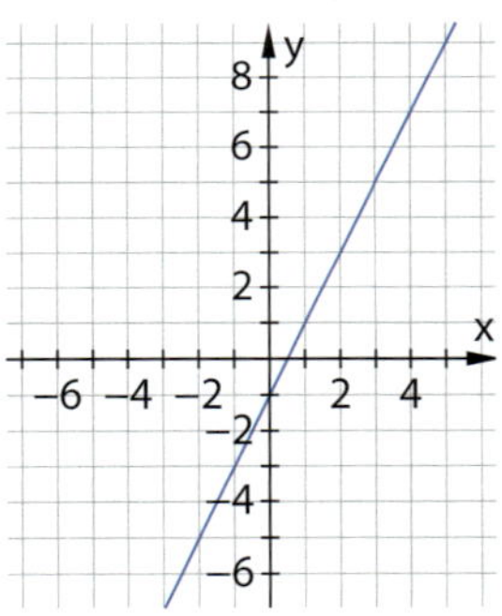

b)

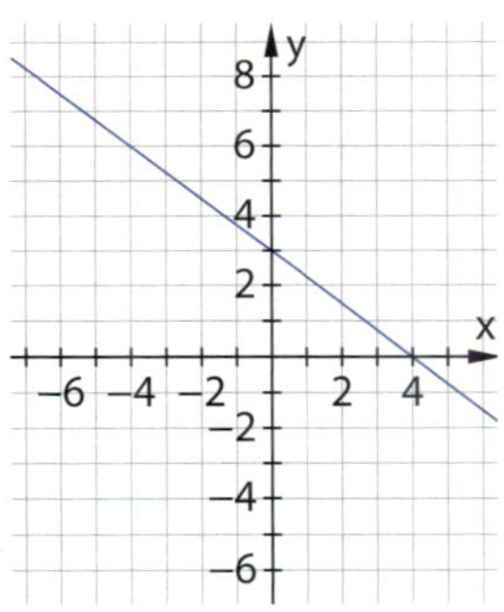

c)

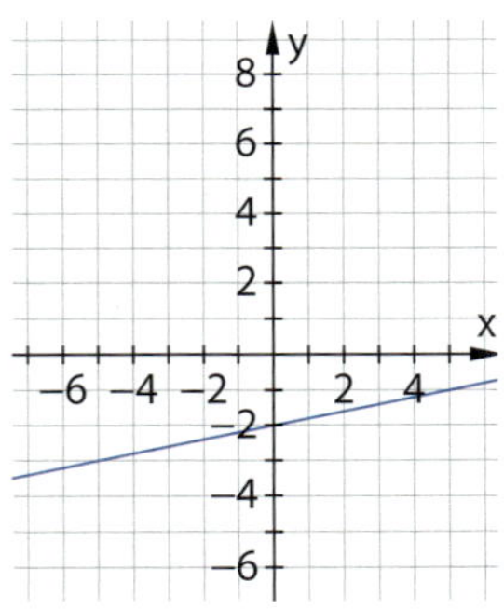

3. Stelle dir vor, du möchtest das Foto nachzeichnen und verwendest ein Koordinatensystem. Die beiden Drahtseile können als Graphen linearer Funktionen beschrieben werden.
Was kann man über ihre y-Achsenabschnitte und Steigungen sagen?

4. Zeichne ein Koordinatensystem und darin die Punkte ein. Zeichne dann die Gerade durch diese Punkte. Markiere den y-Achsenabschnitt und ergänze ein Steigungsdreieck. Bestimme damit eine passende Funktionsgleichung zu der Geraden.

a) A(1|0), B(4|1) b) C(0|−2), D(4|−4) c) E(1|2), F(−1|−2)

d) P(−3|5), Q(2|−3) e) R(1|−2,5), S(3,5|3,75) f) $U\left(-\frac{1}{2}\middle|\frac{1}{2}\right)$, $V\left(3\frac{1}{2}\middle|0\right)$

Den Graphen einer linearen Funktion zeichnen

Zu jeder linearen Funktion lässt sich ein Graph zeichnen

Beispiel 2: Zeichne den Graphen der Funktion mit der Funktionsgleichung $y = -1{,}5x + 4$.

Lösung:

1. Möglichkeit: b und m einzeichnen

Da der y-Achsenabschnitt $b = 4$ ist, verläuft der Graph durch den Punkt $(0|4)$.

Hinweis:
Je größer du das Steigungsdreieck zeichnest, desto genauer wird die Zeichnung.

Zeichne von dort ein Steigungsdreieck ein: 1 nach rechts und 1,5 nach unten oder 2 nach rechts und 3 nach unten.
Zeichne die Gerade durch den Punkt $(0|4)$ und den unteren Eckpunkt des Steigungsdreiecks.

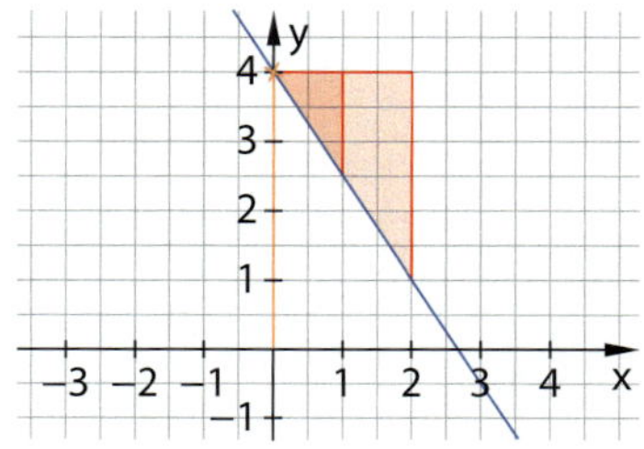

Hinweis:
Je größer der Abstand der gewählten x-Werte ist, desto genauer wird die Zeichnung.

2. Möglichkeit: 2 Punkte zeichnen

Setze in die Funktionsgleichung zwei Zahlen für x ein und berechne jeweils den zugehörigen Funktionswert. Wähle Werte für x, sodass der Funktionswert an dieser Stelle leicht zu berechnen ist.

$x = 0$:
$y = -1{,}5 \cdot 0 + 4 = 4$
$A(0|4)$

$x = 4$:
$y = -1{,}5 \cdot 4 + 4 = -6 + 4 = -2$
$B(4|-2)$

Zeichne die so ermittelten Punkte $A(0|4)$ und $B(4|-2)$ ein und zeichne die Gerade durch diese Punkte.

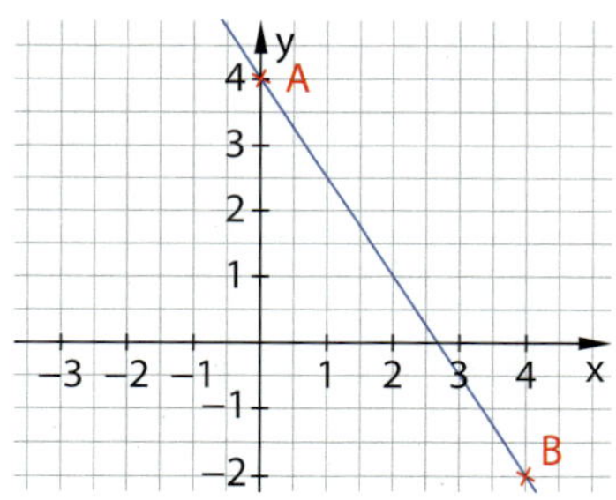

Basisaufgaben

5. Gegeben ist die Funktionsgleichung einer linearen Funktion. Gib die Steigung und den y-Achsenabschnitt an und zeichne den Graphen.

a) $y = 4x - 1$ b) $y = -2x + 5$ c) $y = \frac{1}{3}x + 2$ d) $y = -x + 2{,}5$
e) $y = -\frac{1}{3}x - 2$ f) $y = x$ g) $y = 2{,}5x - 3{,}5$ h) $y = 1$

6. Zeichne den Graphen der Funktion mit der angegebenen Funktionsgleichung ohne Wertetabelle.

a) $y = 2x - 1$ b) $y = -3x + 3$ c) $y = \frac{3}{5}x - 2$ d) $y = -\frac{5}{6}x + 2{,}5$

7. Zeichne die Graphen zu jedem Aufgabenteil in ein gemeinsames Koordinatensystem. Erkläre die Bedeutung der Werte von m und b.

a) $y = -1{,}5x + b$ für $b = 0; 1; 2; 3$
b) $y = mx + 1$ für $m = \frac{1}{2}; 1; \frac{3}{2}; 2$
c) $y = 2x + b$ für $b = -3{,}5; -3; -2; -1$
d) $y = mx + 8$ für $m = -1; -2; -3; -4$

Gleichung einer linearen Funktion aus zwei Punkten bestimmen

Um den Verlauf einer Geraden anzugeben, genügen zwei Punkte. Aus ihren Koordinaten lassen sich die Steigung und der y-Achsenabschnitt berechnen.

Beispiel 3: Die Punkte A(1|4) und B(7|2) liegen auf einer Geraden. Bestimme eine Funktionsgleichung der linearen Funktion, die zu dieser Geraden gehört.

Lösung:

Berechne m über die allgemeine Definition der Steigung. Die Differenz der y-Koordinaten steht im Zähler, die Differenz der x-Koordinaten steht im Nenner.

$m = \frac{y_2 - y_1}{x_2 - x_1}$

$m = \frac{2-4}{7-1} = \frac{-2}{6} = -\frac{1}{3}$

Setze $m = -\frac{1}{3}$ in die allgemeine Form $f(x) = mx + b$ ein. Berechne b, indem du die Koordinaten von A oder von B einsetzt. Es muss gelten: $f(1) = 4$ und $f(7) = 2$. Setze das Wertepaar ein, mit dem eine möglichst einfache Rechnung entsteht. Löse die Gleichung nach b auf.

$f(x) = -\frac{1}{3}x + b$

$f(1) = 4$

$-\frac{1}{3} \cdot 1 + b = 4 \quad | +\frac{1}{3}$

$b = 4\frac{1}{3}$

Setze $b = 4\frac{1}{3}$ in $f(x) = -\frac{1}{3}x + b$ ein.

$f(x) = -\frac{1}{3}x + 4\frac{1}{3}$

Basisaufgaben

8. Zeichne die Gerade durch A(0|2) und B(1|4) und bestimme eine Funktionsgleichung.

9. Bestimme eine Funktionsgleichung der Geraden, auf der die beiden Punkte liegen.
   a) A(−4|1) und B(4|5)
   b) C(−2|1) und D(−4|2)
   c) P(−2|5,5) und Q(0|−1,5)
   d) E(0,5|−1,5) und F(2,5|0)

Weiterführende Aufgaben

10. Beschreibe die besondere Lage der Geraden. Stelle jeweils eine Funktionsgleichung auf. Finde Gemeinsamkeiten und Unterschiede bei den Funktionsgleichungen.

a)

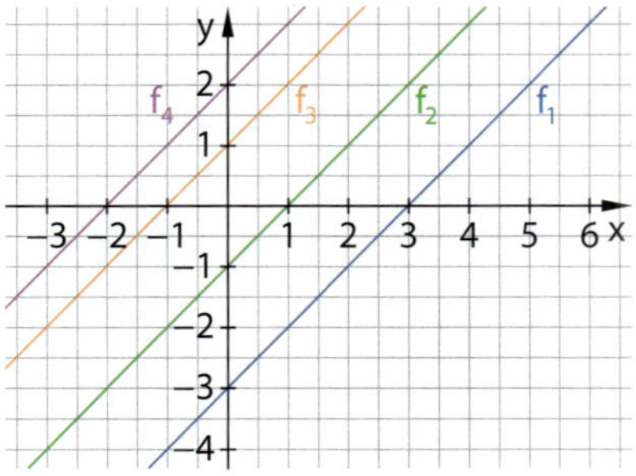

b)

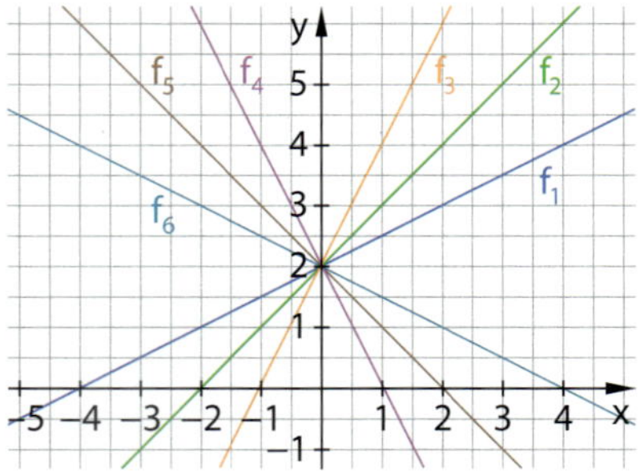

11. Zeichne den Graphen der linearen Funktion g. Zeichne ebenfalls den verschobenen Graphen der Funktion f. Gib für f eine Funktionsgleichung an.
    a) $g(x) = 2x$; f ist gegenüber g um 3 Einheiten nach oben verschoben.
    b) $g(x) = -1{,}5x$; f ist gegenüber g um 6 Einheiten nach unten verschoben.
    c) $g(x) = -3x + 2$; f ist gegenüber g um 1 Einheit nach oben verschoben.

12. Alexander behauptet: „Lineare Funktionen sind doch genau dasselbe wie proportionale Funktionen." Nimm begründet Stellung.

13. Stolperstelle: In den Hausaufgaben sollte David jeweils die Funktionsgleichung einer linearen Funktion finden. Überprüfe seine Lösungen und korrigiere sie.

a) 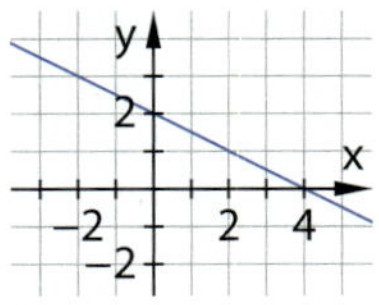

$f(x) = -0{,}5 + 2x$

b) 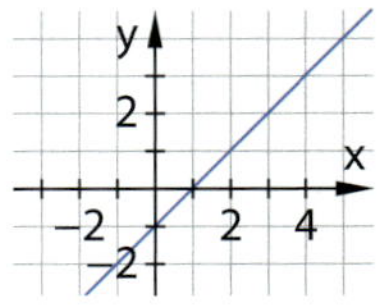

$f(x) = x + 1$

c) 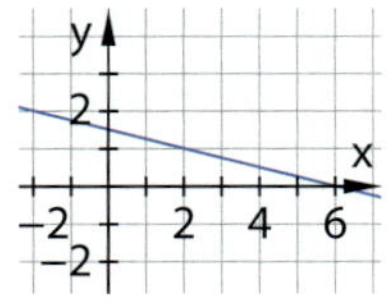

$f(x) = \frac{1}{4}x + 1{,}5$

d) 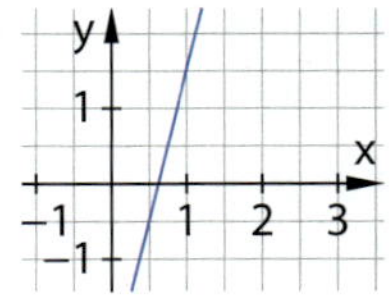

$f(x) = 4x - 2{,}5$

14. Bestimme die Funktionsgleichung der linearen Funktion, die durch den Punkt A verläuft und die vorgegebene Steigung hat. Berechne hierfür den y-Achsenabschnitt b.

Beispiel: $A(2|3)$, $m = 5$ Ansatz: $y = mx + b$ Einsetzen: $3 = 5 \cdot 2 + b$
Nach b auflösen: $b = -7$
Ergebnis: $y = 5x - 7$

a) $A(1|-3)$; $m = -1$
b) $A(4|0)$; $m = 0{,}5$
c) $A(3|1)$; $m = -0{,}5$
d) $A(-1{,}5|-1)$; $m = 1{,}2$
e) $A(1|-1)$; $m = -0{,}75$
f) $A(1|-1)$; $m = 0{,}5$

15. Bestimme die Gleichung der linearen Funktion, die durch die Punkte A und B verläuft.
a) $A(0|2)$; $B(1|5)$ b) $A(0|-3)$; $B(2|-2)$ c) $A(3|-1)$; $B(0|0)$ d) $A(5|0)$; $B(0|3)$
e) $A(1|3)$; $B(2|0)$ f) $A(-2|5{,}8)$; $B(1|-1{,}4)$ g) $A(1|\frac{5}{6})$; $B(-2|-\frac{1}{3})$ h) $A(21|3)$; $B(-1{,}2|3)$

16. Bestimme die Gleichung der linearen Funktion, die zu der Wertetabelle gehört.

a)

x	−3	−2	−1	0	1	2
y	−2	−1,5	−1	−0,5	0	0,5

b)

x	−3	−2	−1	0	1	2
y	1,25	1	0,75	0,5	0,25	0

17. Die Wertetabelle gehört zu einer linearen Funktion. Ergänze die fehlenden Werte.

a)

x	−3	−2	−1	0	1	2
y	6			−3		−9

b)

x	−3	0			2	5
y	−15		0	1		17

18. Der Lehrer schreibt die Funktionsgleichung $f(x) = 2$ an die Tafel.
a) Diskutiert die Kommentare der Schüler.

Anna: „$f(x) = 2$ ist keine Funktion, da kommt rechts kein x vor."

Kevin: „Der Graph von $f(x) = 2$ geht durch $x = 2$."

Lisa zeichnet:

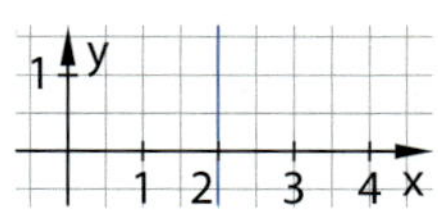

Torsten: „Ich kann $f(x) = 2$ doch als $f(x) = 0 \cdot x + 2$ schreiben."

b) Zeichne den Graphen zu $f(x) = 2$ und gib die Steigung an.

Tipp zu 19:
Berechne zunächst, wie lange eine Fahrt dauert.

19. Die Seilbahn „Unterstell" in Südtirol befördert Wanderer zum Meraner Höhenweg. Bestimme eine lineare Funktion, die eine Fahrt hinauf beschreibt, und eine Funktion, die eine Fahrt hinab beschreibt. Dabei soll x die Minuten seit Fahrtbeginn und y die Höhe in Metern beschreiben.

Höhe Bergstation	1282 m
Höhenunterschied zwischen den Stationen	774,62 m
Länge der schrägen Fahrstrecke	1304,89 m
Fahrgeschwindigkeit	6 Meter pro Sekunde

20. Die Gerade f hat die Funktionsgleichung $f(x) = -2x + 4$. Gib die Gleichung der Geraden g an,
a) die gegenüber f um 4 Einheiten nach unten verschoben ist,
b) die parallel zu f ist und durch den Punkt $A(-3|5)$ verläuft,
c) die y-Achse an der gleichen Stelle wie f schneidet und durch den Punkt $B(4|0)$ verläuft,
d) die entsteht, wenn f an der y-Achse gespiegelt wird.

21. Ein Mobilfunkanbieter verlangt für einen Mobilfunkvertrag mit SMS-Flatrate eine monatliche Grundgebühr von 10 € und 5 ct pro Gesprächsminute in jedes Netz.
a) Stelle eine Funktionsgleichung auf, mit der die monatlichen Kosten berechnet werden können.
b) Stelle eine Kostentabelle auf, in der die monatlichen Kosten für 40, 80 und 150 Gesprächsminuten enthalten sind.
c) Für den Preis von 26 € wird eine „All-net-Flat" angeboten. Ab wie vielen Gesprächsminuten lohnt sich dieses Angebot?

22. a) Das Dreieck ABC ist im Koordinatensystem durch die Punkte $A(2|2)$, $B(-4|1)$ und $C(0|-2)$ gegeben. Bestimme die Gleichungen der Geraden, die das Dreieck begrenzen.
b) Arbeitet in Gruppen. Einer denkt sich eine einfache Figur aus Dreiecken aus und die anderen bestimmen die Gleichungen der begrenzenden Geraden.

23. Welche der linearen Funktionen haben zueinander parallele Graphen? Welche Graphen gehen durch denselben Punkt der y-Achse?

$f_1(x) = \frac{3}{4}x + 2$ $\quad f_2(x) = 2{,}1x + 2$ $\quad f_3(x) = -0{,}75x + 1{,}5$ $\quad f_4(x) = -\frac{3}{4}x$

$f_5(x) = 5$ $\quad f_6(x) = -2{,}1x + 5$ $\quad f_7(x) = 0$ $\quad f_8(x) = \frac{21}{10}x$

● **24.** Gegeben sind zwei beliebige, aber fest gewählte Punkte $A(x_1|y_1)$ und $B(x_2|y_2)$.
Stelle die Funktionsgleichung der linearen Funktion f auf, die durch diese Punkte verläuft. Verwende hierzu die Formel für die Steigung und bestimme den y-Achsenabschnitt b.

● **25.** Betrachte das Diagramm.

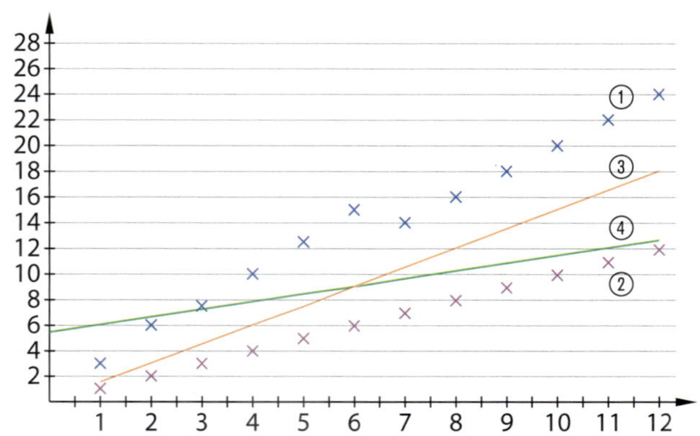

a) Begründe, welcher Sachzusammenhang zu welchem Graphen passt. Begründe.
① Preis für Gurken in Abhängigkeit von der Anzahl.
② Preis für Orangen in Abhängigkeit vom Gewicht.
③ Leihgebühr für ein Kinderfahrrad in Abhängigkeit von der Anzahl der Tage.
④ Höhe der Seilbahnkabine auf der Fahrt von der Talstation aus in Abhängigkeit von der Zeit seit dem Start.
b) Gib, falls möglich, eine Funktionsgleichung zum Graphen an. Begründe, ob es sich um eine lineare Funktion handelt.
c) Formuliere zu jedem Sachzusammenhang eine Frage und stelle sie deinem Nachbarn.

● **26.** **Ausblick:** Zeichne den Graphen der linearen Funktion f und die dazu senkrechte Gerade durch den Punkt A. Bestimme die zugehörige Funktionsgleichung. Was fällt dir auf?

a) $f(x) = 2x$; $A(0|0)$ $\quad$ b) $f(x) = \frac{1}{3}x + 2$; $A(0|2)$ $\quad$ c) $f(x) = -\frac{1}{2}x + 3$; $A(1|2{,}5)$

Funkionen mit einem GTR zeichnen

■ Jan möchte den Graphen der Funktion f(x) = 0,001x mit einem grafikfähigen Taschenrechner zeichnen. Sein Rechner zeigt das Bild rechts an.
„Wieso zeichnet der Rechner die Funktion nicht?“, fragt sich Jan. Finde eine Erklärung. ■

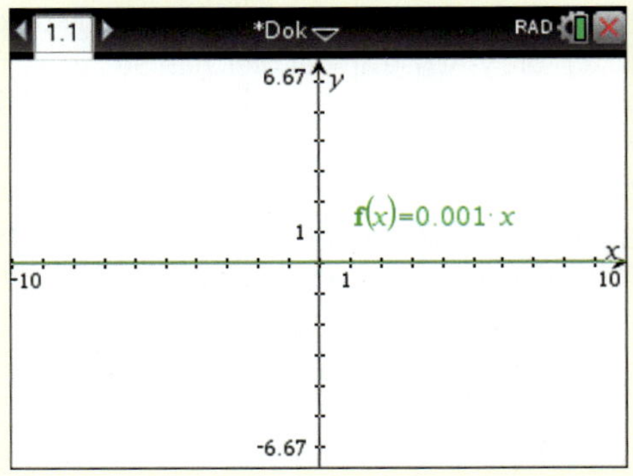

Das Zeichnen von Graphen mittels Wertetabellen ist häufig zeitaufwändig. Schnell und bequem lassen sie sich mithilfe von grafikfähigen Taschenrechnern (GTR) zeichnen.

Beispiel 1: Stelle die Funktion $f(x) = -\frac{3}{5} \cdot x + 5$ grafisch mit einem GTR dar.

Hinweis:
Häufig sprich man beim Zeichnen mit einem GTR oder einem Computer vom Plotten statt vom Zeichnen (von englisch *„plot“* = zeichnen).

Lösung:
Öffne die Anwendung Graphs. Gib hinter f1(x) = den Funktionsterm −3/5x + 5 ein.

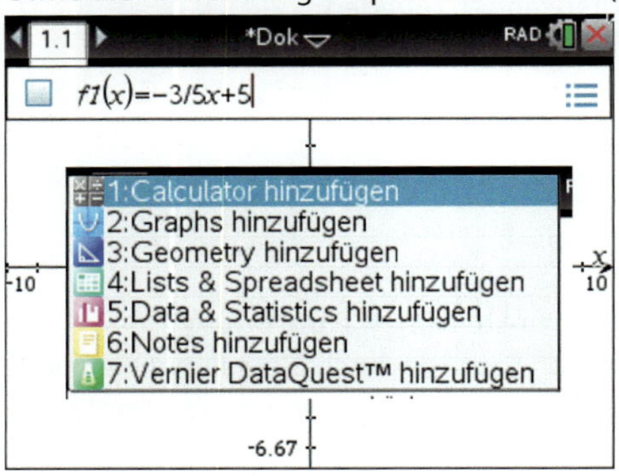

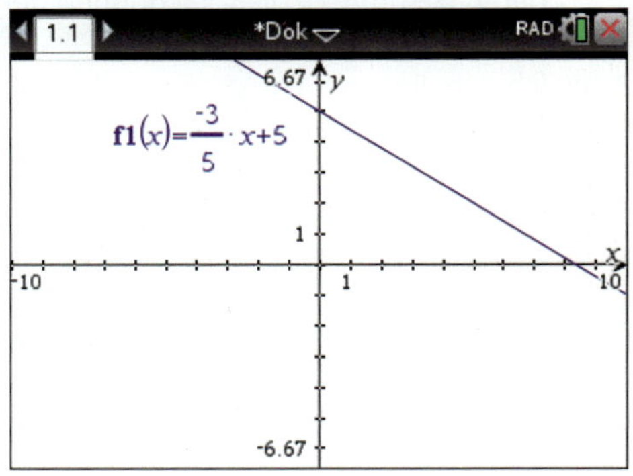

Aufgaben

GTR **1.** Zeichne den Graphen der Funktion und bestimme einen Näherungswert für die Nullstelle durch Ablesen aus dem Graphen.
Bei c) und d) musst du die Fenstereinstellungen anpassen.

a) $f(x) = 2x - 3$ b) $f(x) = -\frac{1}{2}x - 2$
c) $f(x) = x + 12$ d) $f(x) = -x - 20$

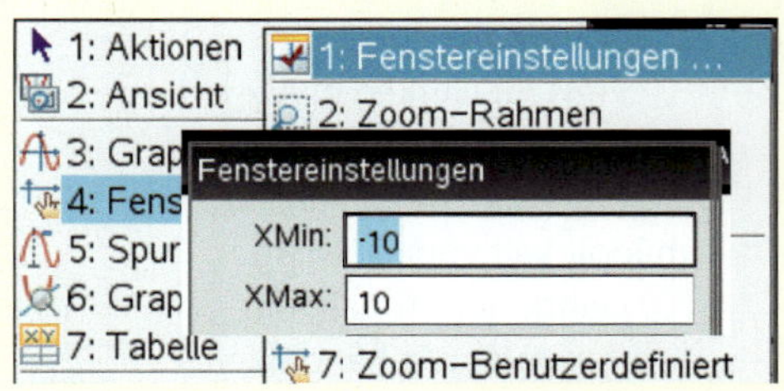

GTR **2.** Zeichne den Graphen der Funktion f(x) = 2x − 3 mit einem GTR. Mit dem Befehl *Grafikspur* kannst du einzelne Wertepaare ablesen, die auf dem Graphen der Funktion liegen. Ergänze die Wertepaare.

a) (1,5 | ■) b) (■ | 1,8)
c) (■ | −3) d) (−1,5 | ■)

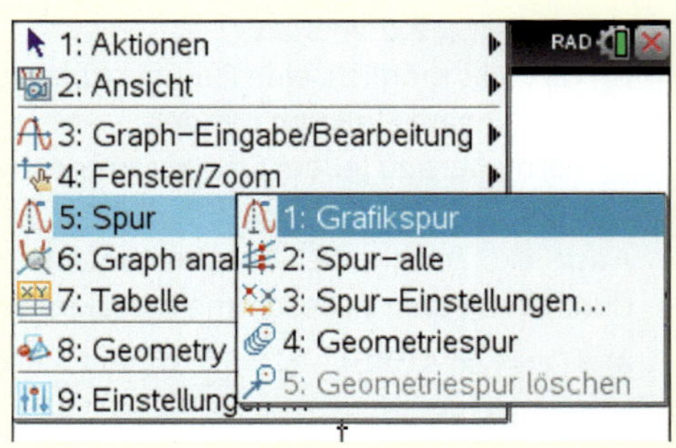

4.4 Nullstellen

■ Ein Bauer verfüttert täglich 1,5 kg Kraftfutter an seine Hühner. Wie viele Tage reicht das Futter, wenn er einen Vorrat von 90 kg hat? ■

Bei vielen Vorgängen interessiert es, wann ein linear verlaufender Prozess den Funktionswert Null annimmt: Wie lange dauert der Download, wenn die Downloadgeschwindigkeit konstant bleibt?

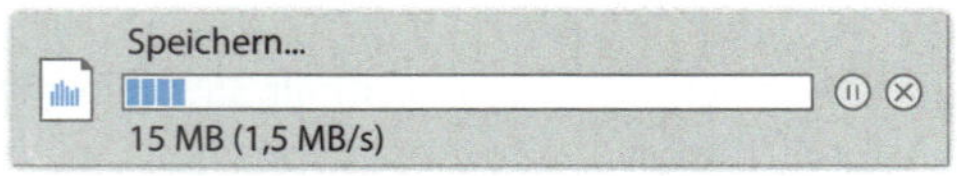

Um solche Fragen zu beantworten, muss man die Stelle x bestimmen, an der $f(x) = 15 - 1{,}5x$ den Wert 0 annimmt.
Die Stelle, die den Funktionswert 0 hat, gehört zum Schnittpunkt des Graphen mit der x-Achse.

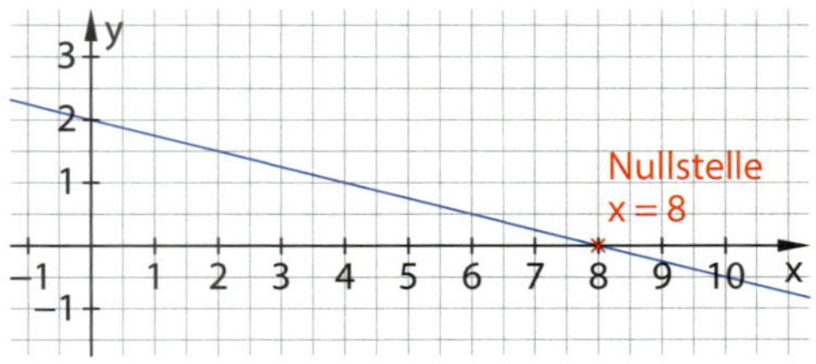

Wissen: Nullstelle
Eine Stelle x, an der eine Funktion f den y-Wert 0 hat, heißt **Nullstelle**. Es gilt: $f(x) = 0$

Nullstellen bestimmen

Zur Bestimmung der Nullstelle einer linearen Funktion f kann man den Graphen der Funktion zeichnen und näherungsweise die Stelle x ablesen, an der die Gerade die x-Achse schneidet. Man kann die Nullstelle auch berechnen, in dem man die Gleichung $f(x) = 0$ nach x auflöst.

Beispiel 1: Bestimme die Nullstelle der Funktion $f(x) = -\frac{4}{5}x + 3$
a) grafisch,
b) rechnerisch.

Lösung:
a) Zeichne den Graphen der Funktion.

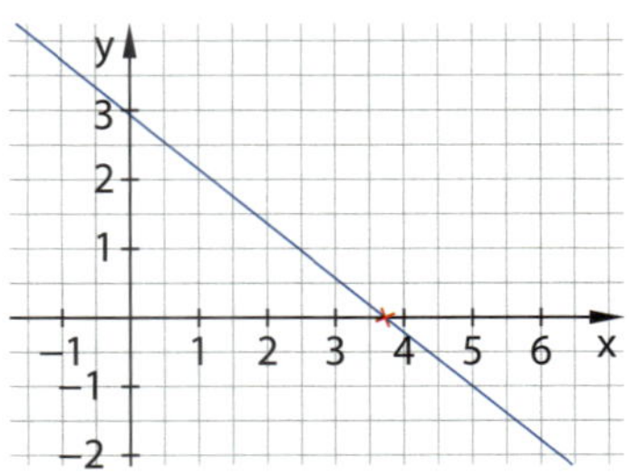

Lies zur Bestimmung der Nullstelle näherungsweise die x-Koordinate des Punktes ab, an dem die Gerade die x-Achse schneidet.

Die Nullstelle ist ungefähr $x \approx 3{,}8$.

b) Die Nullstelle lässt sich exakt mit der Gleichung $f(x) = 0$ berechnen. Schreibe anstelle von $f(x)$ den Funktionsterm $-\frac{4}{5}x + 3$. Löse dann die Gleichung nach x auf.

$$-\frac{4}{5}x + 3 = 0 \quad |-3$$
$$-\frac{4}{5}x = -3 \quad |\cdot\left(-\frac{5}{4}\right)$$
$$x = -3 \cdot \left(-\frac{5}{4}\right) = \frac{3 \cdot 5}{4} = \frac{15}{4} = 3\frac{3}{4} = 3{,}75$$

Die Nullstelle ist $x = 3{,}75$.

Setze zur Probe 3,75 ein.

Probe: $f(3{,}75) = -\frac{4}{5} \cdot 3{,}75 + 3 = -3 + 3 = 0$

Basisaufgaben

1. Zeichne den Graphen der Funktion in dein Heft. Ermittle (falls möglich) einen Näherungswert für die Nullstelle der Funktion durch Ablesen am Graphen. Bestimme anschließend rechnerisch einen exakten Wert. Führe eine Probe durch.
   a) $f(x) = 2x - 4$ b) $f(x) = -\frac{1}{2}x + 5$ c) $f(x) = 0{,}4x + 2{,}4$

2. Prüfe, ob die angegebene Zahl die Nullstelle der zugehörigen Funktion ist.
   a) $f(x) = 3x - 9;\ x = 3$ b) $f(x) = 2x + 7;\ x = 3{,}5$ c) $g(z) = -z + 1;\ z = -1$

3. Ein Feuerlöschwagen enthält 3500 Liter Wasser. Ermittle, wie lange dieser Vorrat reicht, wenn pro Minute 175 Liter Wasser verspritzt werden.

Nullstellen mit CAS und GTR bestimmen

Beispiel 1: Bestimme die Nullstelle der Funktion $f(x) = -\frac{5}{2} \cdot x + 2$ mit einem GTR.

Lösungsmöglichkeit 1:
Mit dem Befehl *Grafikspur* kannst du die Nullstelle ablesen.

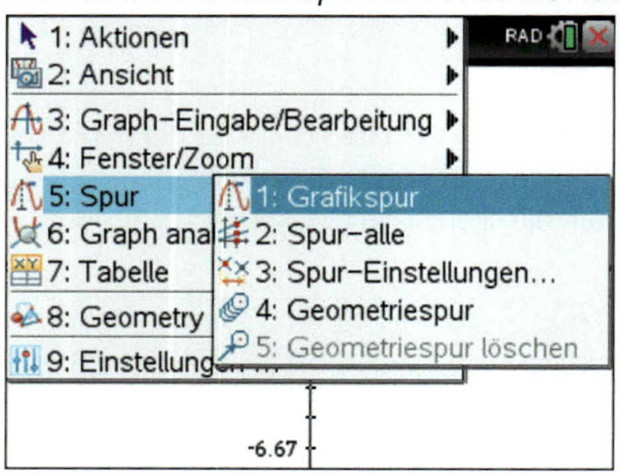

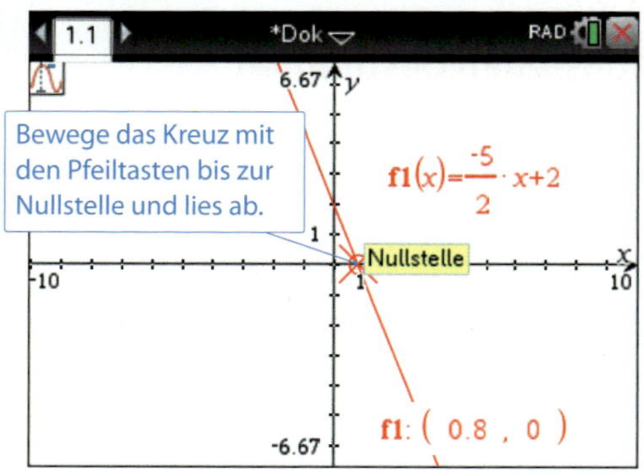

Überprüfe den abgelesenen Wert $x = 0{,}8$ durch eine Probe: $f(0{,}8) = -\frac{5}{2} \cdot 0{,}8 + 2 = 0$

Hinweis:
Nutze die Hilfe am oberen linken Bildschirmrand.

Lösungsmöglichkeit 2:
Ein weitere Möglichkeit ist der Befehl *Null (Nullstelle)*. Dazu musst du einen Bereich angeben, in welchem die Nullstelle liegt.

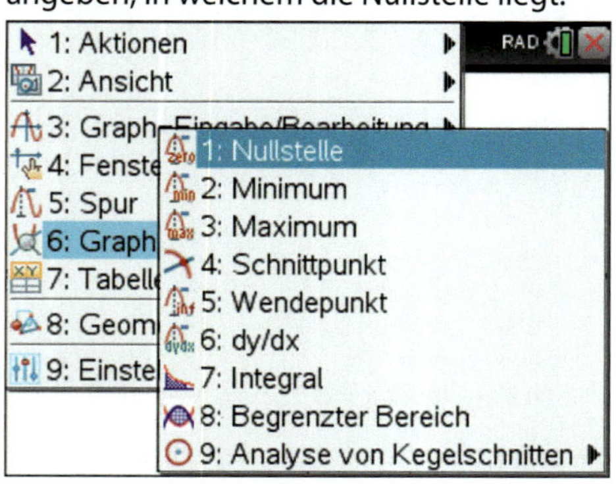

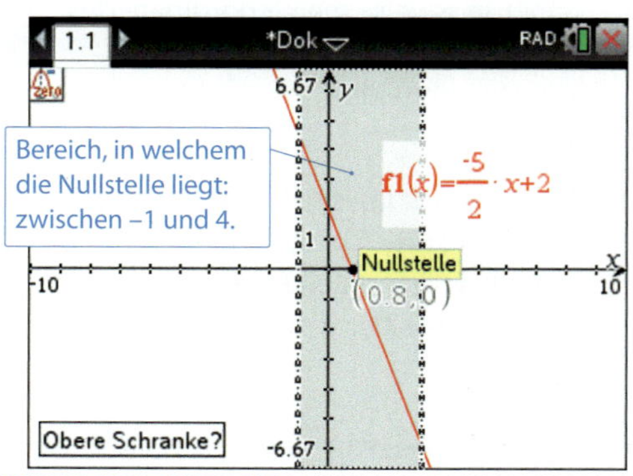

Basisaufgaben

GTR **4.** Stelle die Funktion mit einem GTR grafisch dar. Ermittle (falls möglich) einen Näherungswert für die Nullstelle der Funktion anhand des Graphen.

a) $f(x) = -\frac{3}{2}x + 3$ b) $f(x) = \frac{3}{4}x - 3$ c) $f(x) = 1{,}6x + 4$
d) $f(x) = \frac{3}{5}x + 1{,}5$ e) $f(x) = 4$ f) $f(x) = 3x + 1$
g) $f(x) = 0{,}1x - 15$ h) $f(x) = -\frac{3}{2}x + 18$ i) $f(x) = -\frac{4}{5}x + 2{,}2$

Hinweis zu 4:
Hier findest du die Nullstellen.

CAS **5.** Mit einem CAS kann man die Gleichung f(x) = 0 auch mit dem Befehl *solve* lösen.
a) Lies die Funktion und ihre Nullstelle aus der CAS-Anzeige rechts ab.
b) Bestimme die Nullstelle mithilfe eines CAS auch grafisch. Was fällt dir auf? Erkläre.

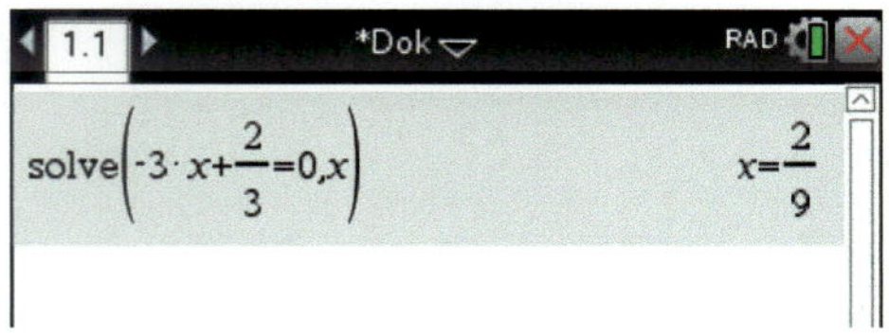

CAS **6.** Berechne die Nullstelle der Funktion mit einem CAS.

a) $f(x) = 5x - 15$ b) $f(x) = 0{,}6x + 3$ c) $f(x) = -0{,}15x + 2{,}7$
d) $g(x) = \frac{3}{5}x - 2{,}4$ e) $g(z) = -7\frac{1}{3}z + 10$ f) $x(t) = -5t$

Zu einem beliebigen y-Wert die Stelle x bestimmen

Beim Bestimmen der Nullstelle der linearen Funktion f sucht man die Stelle x, an der die Gleichung f(x) = 0 gilt. Analog kann man auch die Stelle x suchen, an der f(x) = c für eine beliebige Zahl c gilt.

Beispiel 2: Bestimme die Stelle x, an der die Funktion mit der Gleichung $f(x) = -\frac{3}{5} \cdot x + 3$ den Wert y = 5 hat,
a) grafisch, b) rechnerisch.

Lösung:
a) Stelle die Funktion $f(x) = -\frac{3}{5} \cdot x + 3$ und die Funktion g(x) = 5 grafisch dar.
Beim GTR kannst du mit dem Befehl *Grafikspur* das Kreuz so genau wie möglich auf den Schnittpunkt der Graphen verschieben.
Lies dann den x-Wert ab.
Die Funktion hat an der Stelle $x \approx -3{,}3$ den Funktionswert $y = 4{,}98 \approx 5$.

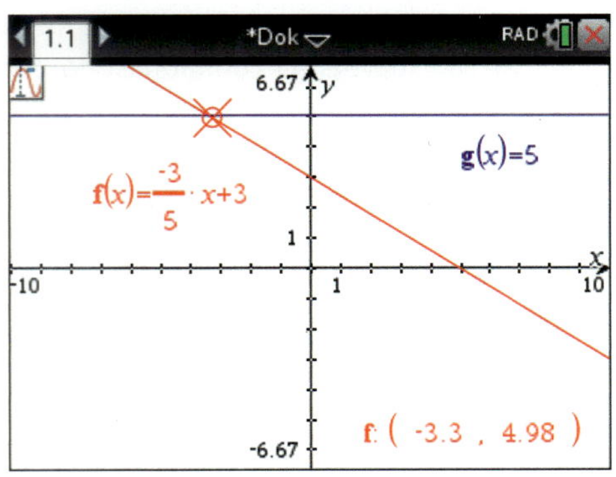

b) Löse die Gleichung f(x) = 5, mit eingesetztem Funktionsterm also
$-\frac{3}{5} \cdot x + 3 = 5$
Bei der Berechnung ergibt sich die exakte Lösung:
$x = -\frac{10}{3}$

$$-\frac{3}{5} \cdot x + 3 = 5 \quad | -3$$
$$-\frac{3}{5} \cdot x = 2 \quad |:\left(-\frac{3}{5}\right)$$
$$x = -\frac{(2 \cdot 5)}{3} = -\frac{10}{3}$$

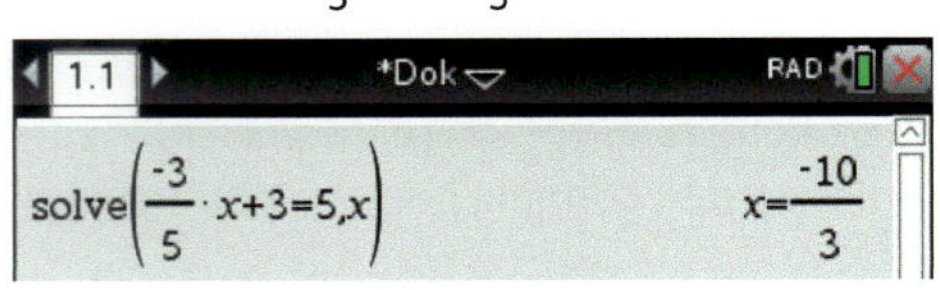

Basisaufgaben

7. Ermittle grafisch und rechnerisch die Stelle x, an der die Funktion mit der Gleichung $f(x) = 3x - 2$ den Funktionswert $y = 3$ hat.

8. Bestimme grafisch und rechnerisch ohne Verwendung eines GTR oder eines CAS für $f(x) = -2 \cdot x + 7$ den x-Wert für $y = 9$.

9. Eine Kerze ist 12 cm lang und brennt gleichmäßig ab. Nach 6 Minuten Brenndauer hat sie noch eine Länge von 9 cm. Nach welcher Brenndauer ist die Kerze noch 2 cm lang?

Weiterführende Aufgaben

GTR

10. a) Lies die Nullstellen der Funktionen aus ihren Graphen ab, die im Bild rechts dargestellt sind.
b) Lasse die Funktionen von einem GTR darstellen und lies die Nullstellen ab.
① $f(x) = -3{,}6x + 7$
② $f(x) = 4\frac{1}{2} - x^2$
③ $f(x) = |x| - 3$

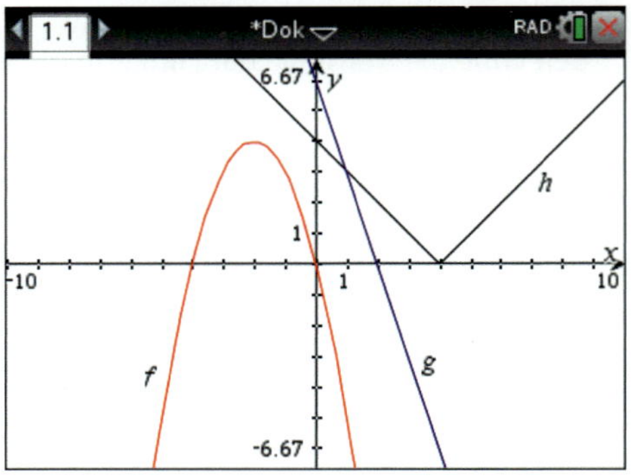

11. Gib die Anzahl der Nullstellen der Funktion an.
a) $f(x) = 2$
b) $g(x) = 0$
c) $h(x) = -\frac{1}{100}x + 100$

12. **Stolperstelle** Wahr oder falsch? Begründe.
a) Die Nullstelle einer Funktion ist der Schnittpunkt des Graphen mit der x-Achse.
b) Die Nullstelle einer linearen Funktion ist die Zahl 0.
c) Jede Funktion hat mindestens eine Nullstelle.
d) Die Nullstellen einer Funktion f sind die Lösungen der Gleichung $f(x) = 0$.

13. Akkus entladen sich, auch wenn sie nicht verwendet werden. Die Prozentzahlen in der Tabelle beziehen sich auf die Anfangsladung.

Akku	Selbstentladung pro Monat (ca.)
Lithium-Ionen	2 %
Lithium-Polymer	5 %
Nickel-Cadmium	15 %

a) Beschreibe die Selbstentladung für jeden Akku-Typ durch eine lineare Funktion.
b) Berechne, wie lange die verschiedenen Akku-Typen nach voller Aufladung gelagert werden können, bis sie vollständig entladen sind.

GTR **14.** Bestimme die Steigung m oder den y-Achsenabschnitt b so, dass f die vorgegebene Nullstelle hat.

a) $f(x) = mx + 3$; Nullstelle $x = 1{,}5$
b) $f(x) = 2x + b$; Nullstelle $x = -2{,}5$
c) $f(x) = mx + 40$; Nullstelle $x = 8$
d) $f(x) = -\frac{6}{5}x + b$; Nullstelle $x = 4$
e) $f(x) = 0{,}3x + b$; Nullstelle $x = \frac{10}{3}$
f) $f(x) = mx$; Nullstelle $x = 0$

15. Stelle die Funktionsgleichung zu zwei unterschiedlichen linearen Funktionen auf, die die angegebene Nullstelle haben.

a) $x = 1$ b) $x = -3$ c) $x = -0{,}5$ d) $x = 5\frac{2}{3}$ e) keine Nullstelle

GTR **16.** Bestimme für jede Funktion grafisch und rechnerisch denjenigen x-Wert, der zum gegebenen Funktionswert gehört. Finde Regelmäßigkeiten und erkläre sie.

a) $y = 0$; $f(x) = 2x + 1$; $g(x) = 2x + 2$; $h(x) = 2x + 3$; $k(x) = 2x + 4$
b) $y = 7$; $f(x) = 2x + 1$; $g(x) = 2x + 2$; $h(x) = 2x + 3$; $k(x) = 2x + 4$
c) $y = 0$; $f(x) = x - 12$; $g(x) = 2x - 12$; $h(x) = 3x - 12$; $k(x) = 4x - 12$

● **17.** a) Erläutere den Unterschied zwischen der Nullstelle einer Funktion und der Stelle $x = 0$.
b) Beschreibe den Unterschied zwischen dem Schnittpunkt des Graphen einer Funktion mit der x-Achse und ihrer Nullstelle.

GTR **18.** Berechne die Schnittpunkte des Graphen der Funktion mit den Koordinatenachsen. Lasse die Graphen von einem GTR zeichnen und kontrolliere deine Rechnung anhand des Graphen.

a) $f(x) = x - 1$ b) $g(x) = \frac{1}{2}x + 2$ c) $h(x) = 2x - 0{,}8$
d) $k(x) = -0{,}4x + 0{,}5$ e) $m(x) = \frac{5}{2}x - 3$ f) $x + y - 4 = 0$

◗ GTR **19.** Bestimme die Gleichung $f(x) = m \cdot x + n$ der linearen Funktion f so, dass die Bedingungen erfüllt sind. Kontrolliere mit einem GTR.

a) f hat die Steigung $m = 2$ und die Nullstelle $x = -3$.
b) f hat die Nullstelle $x = 4$ und den y-Achsenabschnitt $n = -3$.
c) Der Graph von f schneidet die Achsen in den Punkten $A(-4|0)$ und $B(0|5)$.

◗ GTR **20.** Ein Fallschirmspringer sinkt nach dem Öffnen des Fallschirms jede Sekunde um 5 m. Er befindet sich 12 s nach dem sich der Fallschirm geöffnet hat in einer Höhe von 400 m über dem Landeplatz.

a) Berechne wie hoch über dem Landeplatz er beim Öffnen des Fallschirms war.
b) Ermittle eine Gleichung der Funktion, die den Zusammenhang zwischen der Zeit und der Höhe über dem Landeplatz nach Öffnung des Fallschirms beschreibt.
c) Stelle die Funktion aus b mit einem GTR grafisch dar.
d) Bestimme grafisch und rechnerisch die Zeit, die der Fallschirmspringer vom Öffnen des Fallschirms bis zur Landung braucht.

● **21.** **Ausblick:** Betrachte die Funktionen mit Parameter a. a ist eine rationale Zahl ungleich Null. Beurteile, ob die Eigenschaften ① und ② gelten.

① Wird x um 1 verringert, so verringert sich auch y um 1.
② Wird x halbiert, sie halbiert sich auch y.

a) $y = a \cdot x$ b) $y = a \cdot x + a$ c) $y = a \cdot x^2$

Ausgleichsgeraden

■ Die Tabelle zeigt die durchschnittliche Lebenserwartung von Neugeborenen aus verschiedenen Jahrzehnten.

Geburtsjahr	1880	1910	1980	2010
Lebenserwartung	40 Jahre	47 Jahre	70 Jahre	78 Jahre

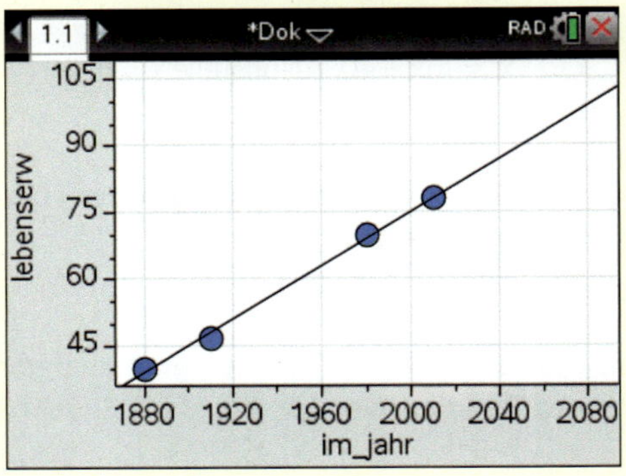

Beschreibe die zugehörige grafische Darstellung. Wie könnte man bestimmen, in welchem Jahr ein Neugeborenes eine durchschnittliche Lebenserwartung von 100 Jahre haben wird? ■

Hinweis:
Eine grafische Darstellung von Wertepaaren als Punktwolke in einem Koordinatensystem heißt **Streudiagramm**.

Den Zusammenhang zwischen Größen kann man durch Versuche oder Datenerhebungen untersuchen. Die Ergebnisse sind oft Wertepaare, die man als einzelne Punkte im Koordinatensystem darstellen kann **(Punktwolke)**.

Liegen die Punkte ungefähr auf einer Geraden, so lässt sich ein **linearer Zusammenhang** zwischen den Größen vermuten. Man kann dann eine **Ausgleichsgerade** durch die Punktwolke legen. Einzelne Punkte der Punktwolke können etwas ober- oder unterhalb dieser Geraden liegen. Mithilfe der Ausgleichsgeraden lassen sich weitere (bisher unbekannte) Werte berechnen.

Beispiel 1: Je mehr Masse an einer Feder hängt, desto größer ist die Länge der Feder. Diese Werte wurden in einem Experiment gemessen.

Masse (in g)	0	20	40	60	80	100	120
Länge (in cm)	5	7,1	9,2	10,8	12,9	15,1	16,9

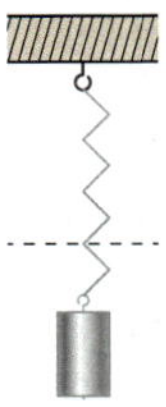

a) Stelle die Werte als Punktwolke im Koordinatensystem dar. Zeichne nach Augenmaß eine Ausgleichsgerade ein.
b) Ermittle eine Funktionsgleichung der Ausgleichsgeraden.
c) Bestimme rechnerisch die Länge der Feder bei einer Belastung mit 30 g.

Lösung:

a) Trage auf der x-Achse die Masse m und auf der y-Achse die Ausdehnung l ab.

Trage die Wertepaare als Punkte in das Diagramm ein.

Zeichne die Ausgleichsgerade. Versuche, die Gerade so zu legen, dass die Punkte möglichst nahe an ihr liegen.

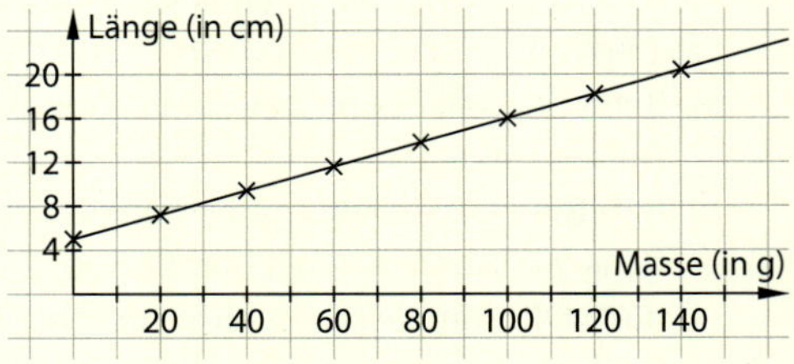

b) Suche auf der Ausgleichsgeraden zwei geeignete Punkte $P_1(m_1 \mid l_1)$ und $P_2(m_2 \mid l_2)$ und bestimme daraus die Funktionsgleichung.

Steigung: $m = \frac{l_2 - l_1}{m_2 - m_1} = \frac{10{,}8 - 5}{60 - 0} = \frac{5{,}8}{60} \approx 0{,}1$

y-Achsenabschnitt: $b = 5$
$l(m) = 0{,}1 \cdot m + 5$

c) Bei einer Belastung mit 30 g ergibt sich eine Länge von 8 cm.

$l(30) = 0{,}1 \cdot 30 + 5 = 8$

Basisaufgaben

1. Stelle die ersten vier Wertepaare aus der Tabelle als Punkte in einem Diagramm dar. Lege eine Ausgleichsgerade durch die Punktwolke und ermittle deren Gleichung. Bestimme mit dieser Gleichung die fehlenden x- und y-Werte aus der Tabelle.

x	1	2	3	4	5	2,5	100	120
y	2,5	5,6	6,3	9,2		4		15,1

2. Die Entwicklung der Preise für eine Maß Bier zum Münchner Oktoberfest wurde 2013 in der Presse in einer Grafik dargestellt.
   a) Übertrage die Daten aus der Grafik in ein Streudiagramm in dein Heft.
   b) Zeichne eine Ausgleichsgerade und ermittle deren Gleichung. Erkläre, welche Bedeutung die Steigung der Geraden hier hat.
   c) Wie hoch war nach deiner Ausgleichsgeraden der Preis für eine Maß Bier im Jahr 2007?
   d) Wie hoch ist er nach deinem Modell in diesem Jahr? Recherchiere, ob deine Prognose zutrifft.

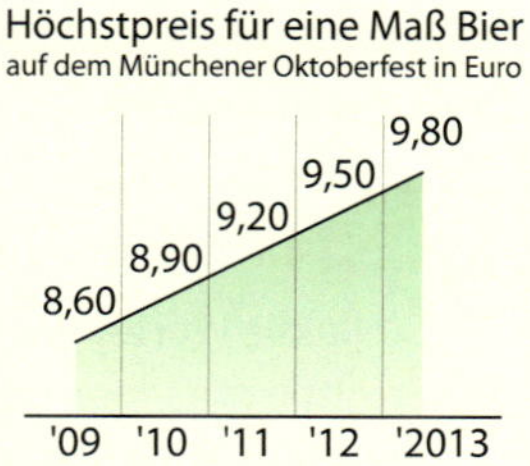

3. Die Tabelle enthält die Größe und das Körpergewicht von neugeborenen Kindern.

Größe (in cm)	50	57	52	48
Masse (in kg)	3,29	4,30	3,69	2,28

   a) Ermittle eine Gleichung der Ausgleichsgeraden.
   b) „Eine Polin gebar im Januar 2007 in Stettin einen sieben Kilo schweren Jungen, der zudem 66 Zentimeter lang und auf diesem Gebiet Weltrekordhalter war, bis sieben Monate später ein 75 Zentimeter langer Chinese zur Welt kam, der aber nicht allzu schwer war. Stattliche 8,7 Kilo wog ein Junge, der im September 2009 in Indonesien geboren wurde – fast das Dreifache eines normalen Babys."
   Untersuche, ob diese Daten zu deiner Ausgleichsgeraden aus a) passen.
   Ermittle mithilfe deiner Ausgleichsgeraden die Größe bzw. das Körpergewicht, falls diese nicht im zitierten Text angegeben sind.

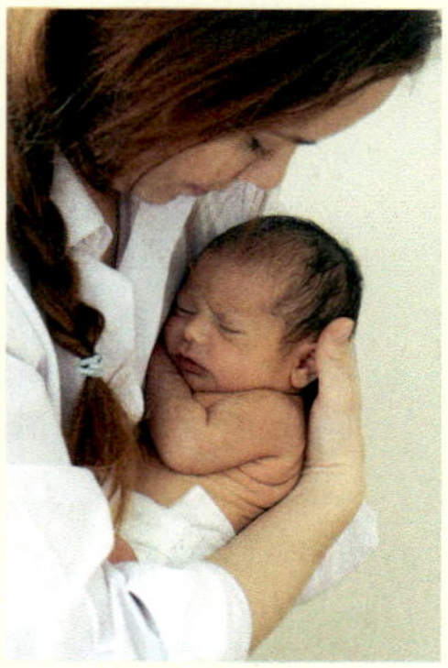

4. a) Übernimm die Angaben aus der Zeitungsmeldung in ein Streudiagramm.
   b) Lege eine Ausgleichsgerade durch die Punktwolke und ermittle deren Gleichung. Erkläre, welche Bedeutung die Steigung der Geraden hier hat.
   c) Wie hoch wäre nach deiner Ausgleichsgeraden der Strompreis unter vergleichbaren Bedingungen heute? Vergleiche mit dem tatsächlichen heutigen Strompreis. Recherchiere dazu im Internet.

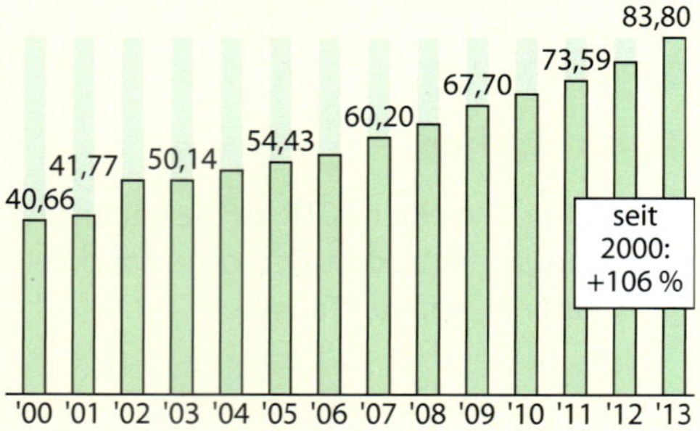

Ausgleichsgeraden mit einem GTR ermitteln

In GTR ist ein Verfahren installiert, das eine automatische Erstellung einer optimalen Ausgleichsgeraden für eine Punktwolke ermöglicht. Dieses Verfahren wird **lineare Regression** genannt. Es geht auf den Mathematiker Carl Friedrich Gauß (1777–1855) zurück.

Carl Friedrich Gauß

Bei der linearen Regression betrachtet man die Abstände der Messpunkte von der Ausgleichsgeraden in y-Richtung und berechnet die Gleichung der Ausgleichsgeraden so, dass die Summe der quadrierten Abstände möglichst klein ist. Durch das Quadrieren werden positive und negative Werte bei den Abständen nicht unterschieden und größere Abstände stärker gewichtet.

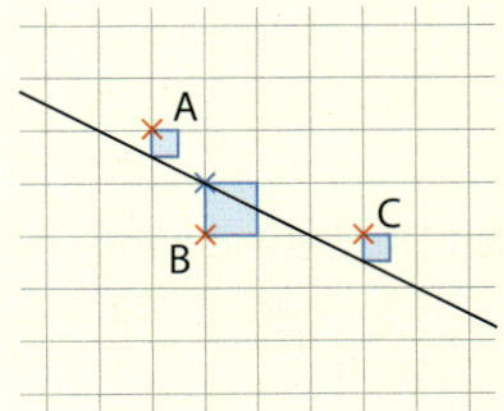

Beispiel 2:

a) Stelle die Wertepaare aus der Tabelle als Punktwolke dar.
b) Ermittle mit einem GTR die Gleichung einer Ausgleichsgeraden durch lineare Regression.

x	0	1	2	3	4
y	2,0	2,7	2,9	3,3	4,3

Lösung:

a) Trage die x- und y-Werte in der Tabellenkalkulation *Lists&Spreadsheet* in den Spalten A und B ein. Gib den Spalten Namen, z. B. *x_wert* und *y_wert*.
Öffne die Anwendung *Data&Statistics*. Wähle für die waagerechte Achse die Variable *x_wert*, für die senkrechte Achse *y_wert*. Das Diagramm wird automatisch erzeugt.

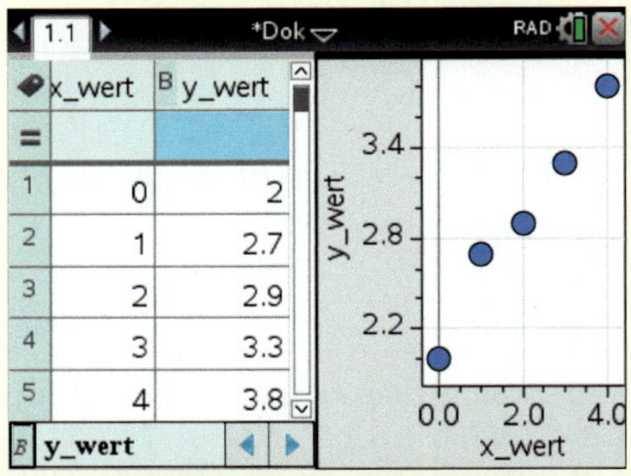

b) Mit *Menü – Analysieren – Regression – lineare Regression (mx + b) anzeigen* wird die Berechnung der Ausgleichsgeraden ausgelöst.

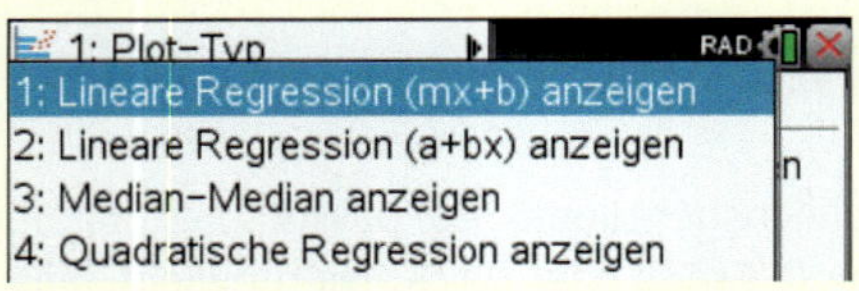

Die Ausgleichsgerade wird automatisch eingezeichnet und ihre Gleichung angezeigt.

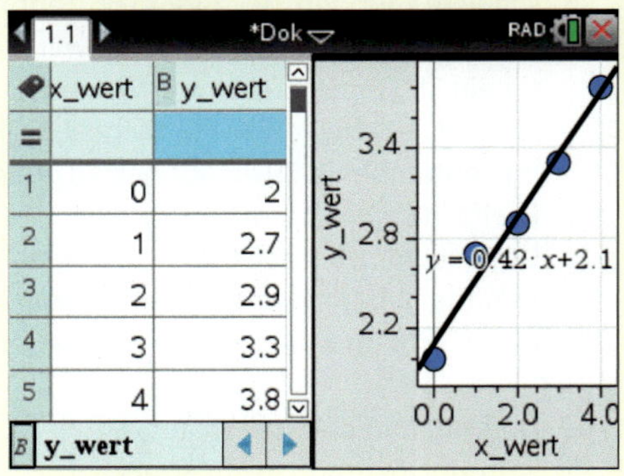

Notiere die Gleichung der Ausgleichsgeraden.

y = 0,42x + 2,1

Basisaufgaben

GTR **5.** Ermittle mit einem GTR für die ersten vier Wertepaare (x | y) eine Gleichung der Regressionsgeraden. Berechne anschließend mithilfe der Gleichung die fehlenden Koordinaten in der Tabelle.

x	1	2	3	4	−10	200		
y	0,9	−1,2	−2,7	−5,3			−100	1000

Weiterführende Aufgaben

GTR **6.** Die Geschwindigkeit eines Autos, das aus dem Stand beschleunigt, wurde in Zeitabständen von einer halben Sekunde gemessen. Die Messdaten sind in der Tabelle angegeben.

a) Stelle die Wertepaare als Punkte in einem Geschwindigkeit-Zeit-Diagramm dar und ermittle mithilfe linearer Regression eine Ausgleichsgerade.

b) Bestimme mit der Gleichung der Regressionsgeraden einen ungefähren Wert für die Geschwindigkeit nach 5s. Nach wie viel Sekunden ist eine Geschwindigkeit von $7\,\frac{m}{s}$ erreich?

c) Welche physikalische Bedeutung hat die Steigung der Geraden?

d) Nenne Vorteile und Nachteile dieses mathematischen Modells für den Anfahrvorgang.

Zeit (in s)	Geschwindigkeit (in $\frac{m}{s}$)
0,5	1,6
1	3,6
1,5	4.8
2	6,4
2,5	8,9

7. Bei Drahtseilen gibt es einen Zusammenhang zwischen Durchmesser (in mm) und Tragfähigkeit (in kg):

Durchmesser (in mm)	4	5	6	8	10	12	14	16
Tragfähigkeit (in kg)	80	130	190	350	500	750	1000	1350

a) Stelle die Wertepaare in einem Streudiagramm dar.

b) Beurteile, ob eine lineare Regression hier sinnvoll ist.

GTR **8.** Die Tabelle zeigt die Abhängigkeit der Siedetemperatur des Wassers von der Höhe über dem Meeresspiegel.

Siedetemperatur (in °C)	100	98	96	90	80
Höhe über dem Meer (in m)	0	570	1150	2900	5800

a) Gib eine Gleichung der Regressionsgeraden an.

b) Ermittle mithilfe der Gleichung die Siedetemperatur in 8000 m Höhe über dem Meeresspiegel.

c) In welche Höhe über dem Meeresspiegel beträgt die Siedetemperatur 95°C?

9. Messt in eurer Klasse gegenseitig die Spannweite der Arme und die Körpergröße. Legt eine Datentabelle für alle Teilnehmer nach Mädchen und Jungen getrennt an und untersucht, ob es einen linearen Zusammenhang zwischen der Spannweite der Arme und der Körpergröße gibt.

GTR **10.** Tim und Tom legen jeder eine Ausgleichsgerade durch die Punktwolke mit den Punkten A(−1 | 2,7), B(0 | 1) und C(1 | −0,2).

Tim: $y = -1{,}2x + 1{,}1$ Tom: $y = -1{,}6x + 1$

a) Beurteile, wer von beiden die bessere Ausgleichsgerade hat.

b) Ermittle die Gleichung der optimalen Ausgleichsgeraden.

GTR **11. Forschungsauftrag:** Lara meint, dass die Gleichung $y = -x + 1$ eine gute Ausgleichsgerade für die Punkte A(−1| 2,3), B(0| 1), C(1| −0,3), D(2,8|−1,4) und E(−1,7|2,5) beschreibt.

a) Bestimme die Abstände der Punkte A, B und C von Laras Ausgleichsgeraden in y-Richtung. Berechne die Summe der Quadrate dieser Abstände.

b) Ermittle mit einem GTR die Gleichung der Regressionsgeraden und berechne auch für diese die Summe der Quadrate der Abstände von der Regressionsgeraden in y-Richtung.

c) Vergleiche die beiden Summen aus a) und b).

4.5 Vermischte Aufgaben

1. Übertrage die Tabelle in dein Heft und ergänze die Felder.

Sachverhalt	Bei einem Taxiunternehmen kostet die Anfahrt 2,50 €. Jeder gefahrene Kilometer kostet 30 ct.			
Wertetabelle			x: 3, 4, 6; y: 6,5, 7, 8	
Funktionsgleichung				$y = -3x + 6$
Graph		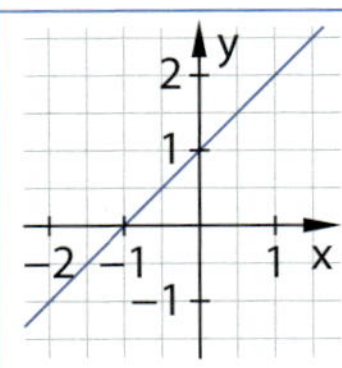		
Nullstelle				

2. Entscheide, ob die Aussage wahr oder falsch ist, und begründe deine Antwort.
a) Bei einer Funktion wird jedem y-Wert genau ein x-Wert zugeordnet.
b) Zu jeder Zuordnung lässt sich eine Funktionsgleichung aufstellen.
c) Zum Zeichnen einer proportionalen Funktion genügen zwei Wertepaare.
d) Der Punkt $P(0|1)$ liegt auf den Graphen aller proportionalen Funktionen.
e) Den y-Achsenabschnitt einer linearen Funktion kann man an der Gleichung ablesen.

3. Ein Mobilfunkanbieter hat zwei verschiedene Tarife. Tarif A hat eine Grundgebühr von 10 € pro Monat und jede Gesprächsminute kostet 6 ct. Tarif B hat keine Grundgebühr, dafür kostet jede Gesprächsminute 15 ct. SMS sind bei beiden Tarifen gratis.
a) Stelle für beide Tarife eine Funktionsgleichung für die Zuordnung *Anzahl telefonierter Minuten → monatlicher Preis (in €)* auf.
b) Anna telefoniert durchschnittlich 250 Minuten pro Monat und schreibt 100 SMS. Welchen Tarif würdest du ihr empfehlen?

GTR

c) Bestimme mithilfe eines GTR oder eines CAS, bei wie vielen Gesprächsminuten pro Monat Tarif A günstiger ist als Tarif B.

4. Sinterröhrchen sind Tropfsteine, die durch Ablagerung von kalkhaltigem Wasser entstehen. In einer Höhle wachsen sie 15 mm in 100 Jahren. Es gibt zwei Formen: Stalaktiten hängen von der Decke herab, Stalagmiten wachsen vom Boden hoch.
a) Wann werden zwei Sinterröhrchen sich berühren, wenn der Abstand zwischen Boden und Decke an dieser Stelle 1 m beträgt?
b) Wann war ein heute 11 cm langes Sinterröhrchen 2 cm lang?
c) Wie lang ist ein neues Sinterröhrchen nach 12 (120, 1200) Jahren?

5. a) Bestimme eine Funktionsgleichung einer linearen Funktion, deren Graph durch die Punkte A und B verläuft.
① A(2|4); B(−3|−12)   ② A(8,2|2,4); B(9,2|5,6)
b) Gib an, wie die Geraden aus a) zueinander liegen. Gib jeweils die Steigung an.

6. Gegeben ist die Funktionsgleichung $y = 5x + 7$.
a) Überprüfe, ob die folgenden Punkte auf dem Graphen der Funktion liegen.
A(1|2); B(0|7); C(12|67); D(−4,5|−14,5)
b) Bestimme die fehlenden Koordinaten, sodass die Punkte auf dem Graphen der Funktion liegen. E(2,5|■); F(■|−3); G(20|■); H(■|52)
c) Erkläre die rechnerische Lösung von b) in eigenen Worten.

7. Bei Infusionen im Krankenhaus nimmt die Menge der Lösung in der Infusionsflasche gleichmäßig ab.
a) In einer Infusionsflasche sind zu Beginn 0,5 ℓ Lösung, nach 20 min sind es noch 0,4 ℓ. Bestimme eine Funktionsgleichung der Zuordnung *Zeit (in Stunden) → Inhalt der Infusionsflasche (in Liter)* und zeichne den Funktionsgraphen.
b) Bei einer anderen Infusion sind nach 30 min noch 0,7 ℓ und nach 90 min noch 0,1 ℓ Lösung in der Flasche. Wie lange dauert es, bis die Flasche leer ist?

8. Ein aufblasbarer Swimmingpool wird mit einem Gartenschlauch befüllt. Der Pool fasst 1200 Liter Wasser. Aus dem Schlauch kommen 9 Liter Wasser pro Minute.
a) Stelle eine Funktionsgleichung auf, mit der sich die Füllmenge des Pools berechnen lässt.
b) Wie viel Liter Wasser befinden sich nach 10 min (20 min; 30 min; 60 min) im Pool?
c) Nach welcher Zeit befinden sich 225 ℓ (450 ℓ; 1000 ℓ; 3500 ℓ) Wasser im Pool?
d) Bestimme den Zeitpunkt, zu dem der Pool überläuft.

9. Familie Kreuzer möchte am Mittelmeer Urlaub machen. Jeder Tag im Hotel kostet 80 €. Hinzu kommen 620 € für Hin- und Rückflug.
a) Erstelle eine Funktionsgleichung der Zuordnung *Anzahl der Tage → Reisekosten (in €)*.
b) Wie teuer ist die Reise, wenn die Familie acht Tage (zwei Wochen) im Hotel bleibt?
c) Wie viele Tage kann die Familie für insgesamt 1500 € (2000 €) verreisen?

10. Familie Johanssen fährt in den Urlaub nach Südtirol. Die Autobahn-Route ist 831 km lang. Der durchschnittliche Benzinverbrauch ihres Wagens beträgt 6,4 ℓ pro 100 km.

Bestimme eine Funktionsgleichung, die die Zuordnung *Gefahrene Kilometer → Verbrauchte Benzinmenge (in ℓ)* beschreibt.

Die Tankfüllung kann ungefähr durch die Funktionsgleichung $y = -6{,}4x + 50$ beschrieben werden. Erkläre die Bedeutung von x und y. Berechne, nach wie vielen Kilometern sich noch 30 ℓ im Tank befinden.

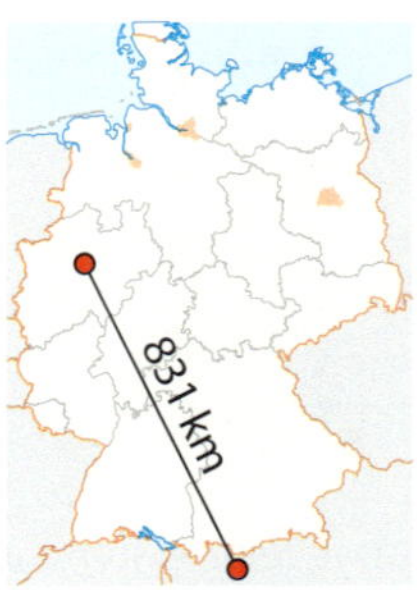

Auf der Landstraße verbraucht der Wagen durchschnittlich nur 5,9 ℓ pro 100 km. Wie viele Kilometer dürfte der Weg über die Landstraßen höchstens länger sein als die Autobahn-Route, damit insgesamt weniger Benzin verbraucht wird?

Nach 125 km sind noch 42 ℓ im Tank, nach 250 km sind es noch 34 ℓ. Berechne mithilfe einer geeigneten Funktionsgleichung, wie weit die Familie mit dieser Tankfüllung bei konstantem Verbrauch fahren kann. Beschreibe die Schwächen einer solchen Prognose.

Prüfe dein neues Fundament

Lösungen ↗ S. 220

1. Prüfe, ob die Zuordnung eine Funktion ist.

a) *Sprunghöhe beim Hochsprung → Schüler, die diese Höhe gesprungen sind*
b) *Anzahl Eiskugeln → Preis*

2. Stelle für die Funktion eine Wertetabelle für $x = -2$ bis $x = 4$ auf und zeichne den Funktionsgraphen.

a) $f(x) = 1{,}5x + 1$ b) $f(x) = -2x + 1$ c) $g(x) = 0{,}5x - 1$

3. Bestimme die Steigung und eine Funktionsgleichung des Graphen.

a)
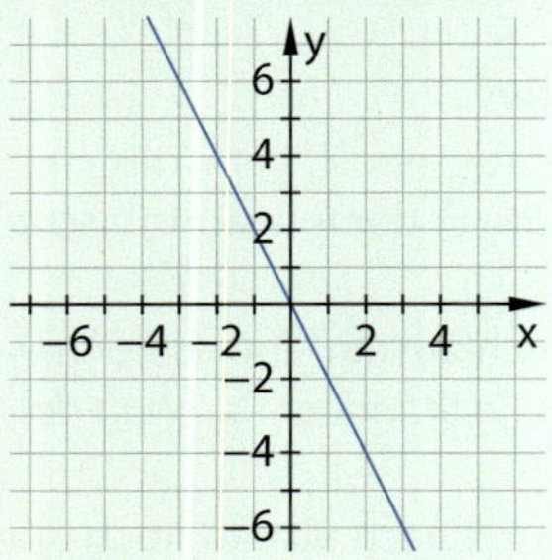

b)
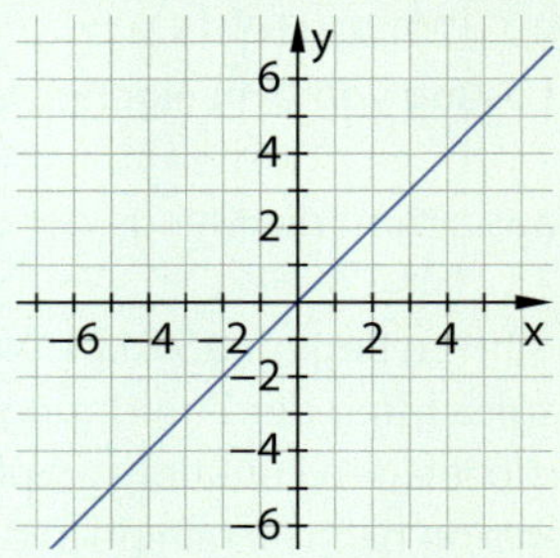

c)
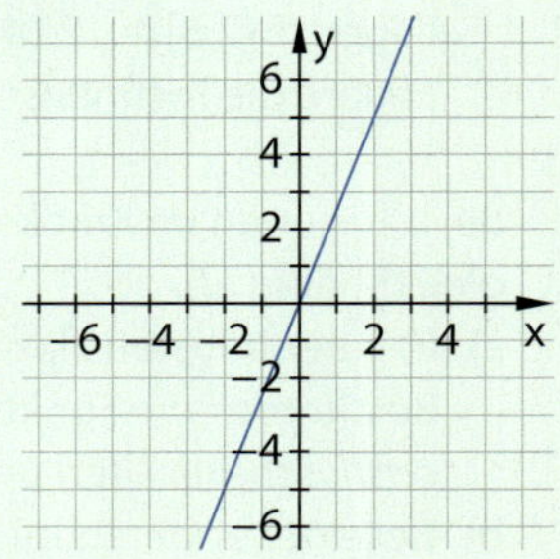

4. Zeichne den Graphen der proportionalen Funktion mit der angegebenen Funktionsgleichung.

a) $y = 4x$ b) $y = 2x$ c) $y = 0{,}4x$ d) $y = -0{,}3x$ e) $v(t) = -\frac{7}{9}t$

5. Drei unterschiedliche Autos haben auf der Autobahn folgenden durchschnittlichen Benzinverbrauch:
- 7 Liter Benzin auf 100 km
- 8 Liter Benzin auf 100 km
- 9 Liter Benzin auf 100 km

Die Tabelle und der Graph stellen jeweils den Benzinverbrauch eines dieser Autos dar.

Strecke in km	Verbrauch in Litern
50	4,0
80	6,4
200	16,0
250	20,0
300	24,0
360	28,8

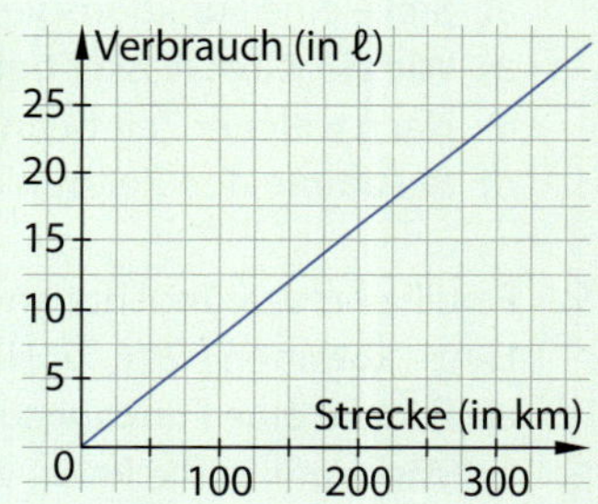

a) Gib an, zu welchem Auto die Tabelle passt. Begründe deine Antwort.
b) Gib an, zu welchem Auto der Graph passt. Begründe deine Antwort.

6. Zeichne den Graphen zur Funktionsgleichung.

a) $y = 2x - 3$ b) $y = -\frac{1}{2}x + 2$ c) $y = -3x + 9$ d) $y = \frac{1}{4}x + \frac{1}{2}$

7. Bestimme eine passende Funktionsgleichung zum Graphen.

a)
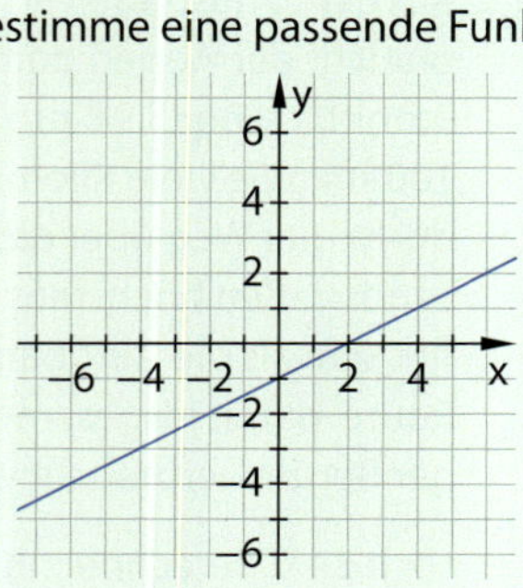

b)
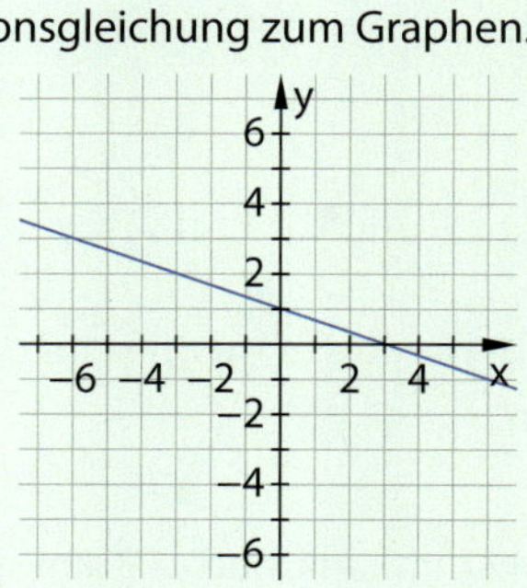

c)
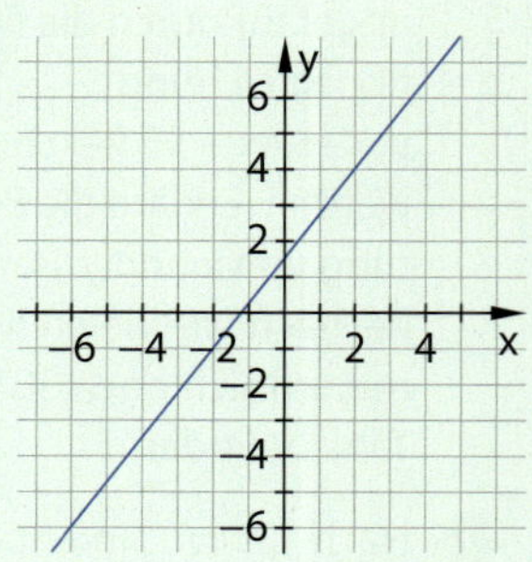

8. Bestimme eine Funktionsgleichung der Geraden, auf der die Punkte A und B liegen.

a) $A(-6|0)$; $B(2|4)$ b) $A(-6|-4)$; $B(6|1)$ c) $A(-3|7)$; $B(3|-9)$ d) $A(0|-23)$; $B(-10|3)$

9. Bestimme sowohl grafisch als auch rechnerisch die Nullstelle der Funktion f.
a) $f(x) = \frac{1}{3}x - 1{,}5$ b) $f(x) = \frac{5}{3}x + 5$ c) $f(x) = 0{,}875x - 3{,}5$ d) $f(x) = \frac{1}{6}x + \frac{1}{3}$

Hinweis zu 9:
Die Ergebnisse können mit einem **Funktionenplotter** überprüft werden.

10. Bestimme sowohl grafisch als auch rechnerisch den x-Wert, an dem die Funktion den gegebenen y-Wert annimmt.
a) $f(x) = 2x + 1;\ y = 7$ b) $f(x) = -\frac{1}{5}x - 1;\ y = -2$
c) $f(x) = 2{,}5x + 2{,}5;\ y = -2{,}5$ d) $f(x) = 0{,}75x - 1\frac{1}{2};\ y = 3$

11. Beim Fotoanbieter A kostet ein Abzug 12 ct. zzgl. 2,95 € Versandkosten.
Beim Anbieter B kostet ein Abzug 17 Cent ohne Versandkosten.
Stelle dar, welcher Anbieter in Abhängigkeit von der Anzahl der Fotos der günstigere ist.

12. Die Funktion $h(x) = -200x + 12\,000$ beschreibt die sich verringernde Flughöhe (in Meter) eines Passagierjets im Landeanflug auf einen Flughafen, wobei x die vergangenen Minuten seit Beginn des Sinkfluges angibt.
a) Berechne die Nullstelle der Funktion. Interpretiere das Ergebnis.
b) Wie viele Minuten vor der Landung befindet sich das Flugzeug in 1000 m Höhe?

13. Petra hat mit einem Funktionenplotter $x = -1$ als Nullstelle der Funktion $f(x) = \frac{99}{100}x + \frac{100}{99}$ bestimmt. Beschreibe, wie Petra dabei vorgegangen sein könnte.
Überprüfe das Ergebnis rechnerisch.

Wiederholungsaufgaben

1. Runde die Zahl auf die angegebene Stelle.
a) Hundertstel: 43 856 b) Zehntel: 108,025 c) Tausendstel: 4,789789

2. Birgit findet im Atlas eine Karte mit dem Maßstab 1 : 2 500 000. Dieser Maßstab bedeutet, dass 1 cm in der Karte 2 500 000 cm in der Wirklichkeit entspricht.
Birgit misst auf der Karte den Abstand zwischen Frankfurt und München. Er beträgt 12 cm. Berechne mithilfe des Maßstabs, wie weit Frankfurt von München in der Wirklichkeit (Luftlinie) entfernt ist. Gib dein Ergebnis in Kilometer an.

3. Zeichne in ein Koordinatensystem die Punkte A (0|0), B (8|0) und C (4|3). Zeichne das Dreieck ABC. Bestimme seinen Flächeninhalt und seinen Umfang.

4. Berechne.
a) $\frac{5}{6} + \frac{3}{5}$ b) $\frac{5}{6} - \frac{3}{5}$ c) $\frac{5}{6} \cdot \frac{3}{5}$ d) $\frac{5}{6} : \frac{3}{5}$

5. Fasse den Term $3 \cdot x + 7 \cdot y - 4 + 3 \cdot y - 2 \cdot x + 2$ zusammen und vereinfache.

6. In einer Schülergruppe wurden die folgenden Größen gemessen (in cm):

160	176	157	183	176	161	176	177	178	176

Bestimme zu diesen Daten die Kennwerte arithmetisches Mittel, Maximum, Minimum, Spannweite und Modalwert.

7. Bestimme x: a) $-2x = -8$ b) $3x = -4$ c) $\frac{1}{2}x = \frac{1}{3}$ d) $4x + 1 = -7$

Zusammenfassung

Funktion

Eine **Funktion** ist eine **eindeutige Zuordnung**.
Bei einer Funktion wird jedem **Argument** (x-Wert) aus dem Definitionsbereich genau ein **Funktionswert** (y-Wert) zugeordnet.

Die Zuordnung
Zahl x → Quadrat der Zahl x
ist eine eindeutige Zuordnung, also eine Funktion. Durch diese Funktion wird der Zahl 4 eindeutig die Zahl 16 zugordnet.

Darstellung von Funktionen

Funktionen lassen sich darstellen durch
- eine Wortvorschrift,
- eine Funktionsgleichung,
- eine Wertetabelle
- einen Funktionsgraphen im Koordinatensystem
- ein Pfeildiagramm.

Jeder Zahl wird ihr Betrag zugeordnet.
$y = |x|$

x	−3	−1,2	0	3
y	3	1,2	0	3

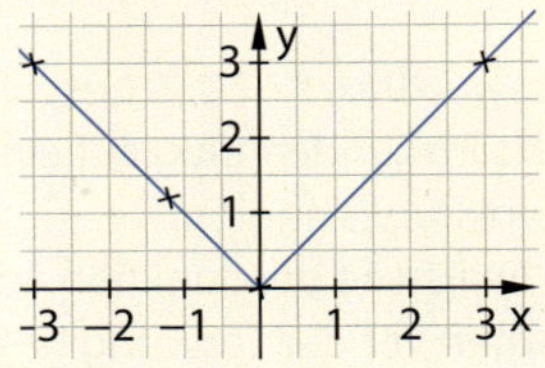

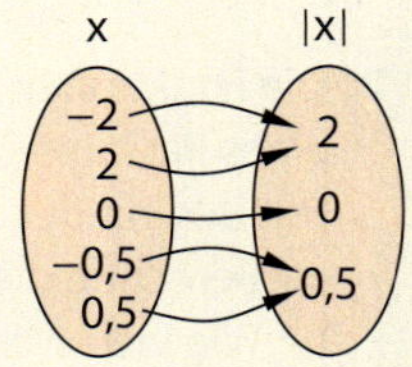

Lineare Funktionen

Funktionen mit Gleichungen der Form **f(x) = m · x + b** nennt man **lineare Funktionen**. Der Graph hat die **Steigung m** und schneidet die y-Achse im Punkt (0|b). Der Wert **b** wird deshalb auch **y-Achsenabschnitt** genannt. Die Steigung ist das Verhältnis der Änderung der Funktionswerte zur Änderung der x-Werte.

Zeichne den Graphen zu $y = \frac{3}{4}x - 2$

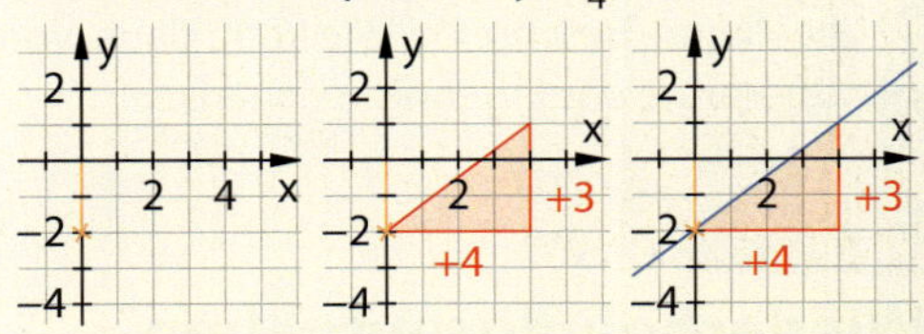

1. Schritt: b = −2
2. Schritt: $m = \frac{3}{4}$
3. Schritt

Den Graphen einer linearen Funktion kann man mithilfe des y-Achsenabschnitts b und der Steigung m zeichnen.

Sind zwei Punkte $P_1(x_1|y_1)$ und $P_2(x_2|y_2)$ einer linearen Funktion gegeben, so kann man die Steigung m wie folgt ermitteln: $m = \frac{y_2 - y_1}{x_2 - x_1}$.
Die Gerade durch P_1 und P_2 hat den y-Achsenabschnitt $b = y_1 - m \cdot x_1$.

Wenn $P_1(2|5)$ und $P_2(4|9)$ zwei Punkte einer linearen Funktion sind, gilt:

$$m = \frac{9-5}{4-2} = 2$$

Funktionsgleichung: f(x) = 2x + 1

Nullstellen einer Funktion

Einen x-Wert einer Funktion, für den der zugehörige Funktionswert f(x) = 0 ist, nennt man **Nullstelle**.
Im Koordinatensystem kann man die Nullstelle am Schnittpunkt des Funktionsgraphen mit der x-Achse ablesen.

f(x) = −2x + 2

Nullstelle: x = 1

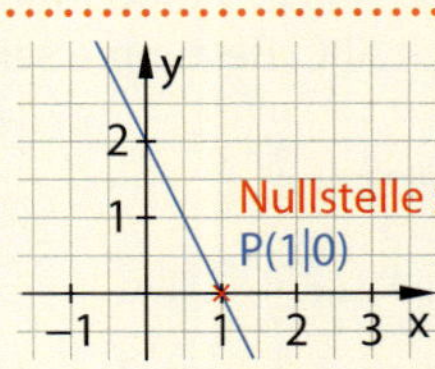

5. Lineare Gleichungssysteme

Wie bei Waagschalen bleiben die Seiten einer Gleichung im Gleichgewicht, wenn man auf beiden Seiten gleich viel hinzufügt oder entfernt.

Nach diesem Kapitel kannst du …

- Gleichungen mit zwei Variablen lösen,
- lineare Gleichungssysteme zeichnerisch und rechnerisch lösen.

Lösungen ↗ S. 223

Termwerte ermitteln

1. Berechne den Wert des Terms für $a = -2$.

a) $a - 7$ b) $2a + 1{,}7$ c) $3 - (4 + a)$ d) $\frac{6a}{3} - 4$
e) $3 \cdot \frac{8}{a}$ f) $a - 3 \cdot a$ g) $-4a + a$ h) $a^2 - a$

2. Überprüfe ohne Taschenrechner. Korrigiere, falls erforderlich.

a) $4 + 5 \cdot 7 = 63$ b) $-2 \cdot (3 - 18) = -30$ c) $\frac{5 + 135}{5} = 136$ d) $2 - (17 + 19) = 4$

3. Gib – falls möglich – mindestens eine Zahl an, die man für die Variable einsetzen kann, dass der Wert des Terms größer als null (kleiner als null, gleich null) ist.

a) $x + 3$ b) $a - 4$ c) $-4a$ d) x^2

4. Berechne mit einem Taschenrechner. Gib zunächst einen Überschlag an.

a) $-4{,}73 - 5{,}24 : 2{,}2$ b) $-123 : (-23{,}47 - 18{,}93)$ c) $\frac{2{,}73 - 5{,}98}{2{,}42}$ d) $17{,}7 : (3{,}72 + 6{,}78)$

5. Setze für x die Zahl 1,5 ein und berechne y. Verdopple den Wert von x und berechne erneut.

a) $y = 3x$ b) $y = \frac{3}{x}$ c) $y = x \cdot x$ d) $y = -2x - 2$

Gleichungen lösen – Formeln umstellen

6. Löse die Gleichung.

a) $3x + 5 = 20$ b) $2x + 1 = x + 2$ c) $3x - 4 = 2x + 4$ d) $3(x + 4) = 2x + 6$
e) $\frac{x}{2} = \frac{3}{4}$ f) $5(x + 3) = -3x - 1$ g) $-2(x + 4) = 2x - 8$ h) $-\frac{1}{2}(2x - 8) = 2(x + 2)$

7. Stelle die Formel nach der in Klammern stehenden Variablen um.

a) $A = a \cdot b$ [b] b) $u = 4a$ [a] c) $A = \frac{c \cdot h_c}{2}$ [h_c] d) $\alpha + \beta + \gamma = 180°$ [γ]
e) $u = 2a + b$ [a] f) $V = G \cdot h$ [G] g) $y = k \cdot x$ [k] h) $y = k \cdot \frac{1}{x}$ [x]

8. Stelle die Gleichung einmal nach x und einmal nach y um.

a) $x + y = 7$ b) $-2x = 6y$ c) $-x + y + 3 = 0$ d) $3(x + y) = 18$

9. Frau Friedrich, Frau Blum und Herr Müller haben im Lotto gemeinsam 21 000 € gewonnen. Sie beschließen aufgrund des unterschiedlichen Einsatzes den Gewinn wie folgt gerecht aufzuteilen: Frau Friedrich bekommt doppelt so viel Geld wie Frau Blum und Herr Müller bekommt halb so viel Geld wie Frau Blum.
Wie viel Geld erhält jeder?

10. Aus einem Märchen: „Ein Kaufmann hatte vier Söhne. Er vererbte dem ersten Sohn $\frac{1}{4}$, dem zweiten $\frac{1}{5}$, dem dritten Sohn $\frac{1}{6}$ seines Vermögens. Der vierte Sohn erhielt die noch verbleibenden 92 Gulden. Wie groß war das Vermögen des Kaufmanns?"

Lineare Funktionen

11. Stelle die Graphen der Funktionen mit den Funktionsgleichungen $f(x) = x + 2$ und $g(x) = 0{,}5x + 3$ in einem Koordinatensystem dar.

12. Welcher Graph gehört zu welcher Funktionsgleichung? Begründe.

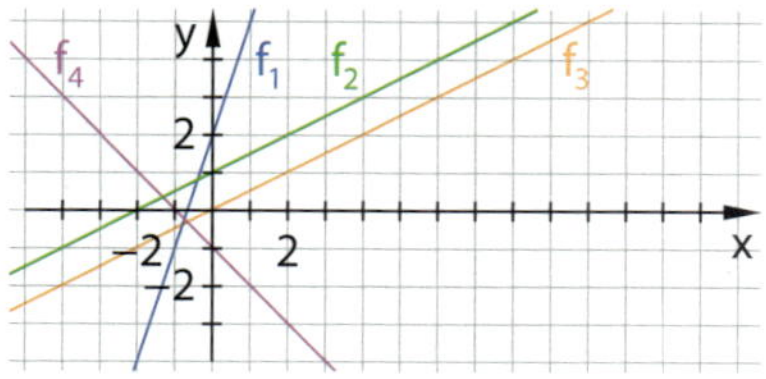

① $y = 0{,}5x$
② $y = 3x + 2$
③ $y = 0{,}5x + 1$
④ $y = -x - 1$

13. Zeichne den Graphen zu der linearen Funktion mit der angegebenen Steigung m und dem y-Achsenabschnitt b.

a) $m = 1;\ b = 2$ b) $m = -2;\ b = 5$ c) $m = 3;\ b = 0{,}5$ d) $m = \frac{4}{5};\ b = -1{,}75$

14. Benenne jeweils die Gemeinsamkeiten und die Unterschiede der vier Graphen. Stelle anschließend Funktionsgleichungen für jeden Graphen auf.

①
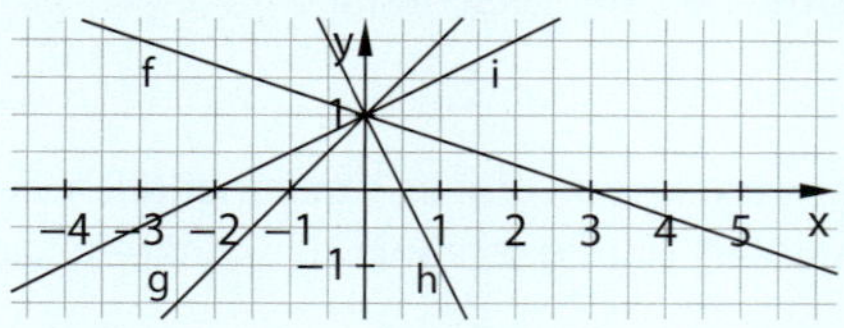

②
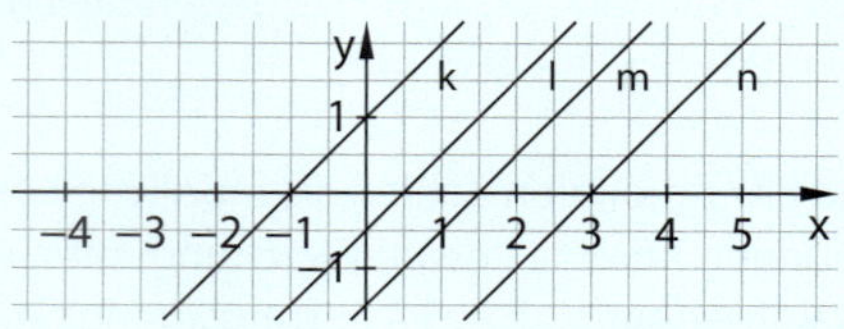

15. Eine 9 cm lange Kerze brennt gleichmäßig ab. Nach 40 Minuten, ist sie noch 7 cm lang.

a) Gib an, welche der Gleichungen den Zusammenhang zwischen Brennzeit x (in min) und der Länge der Kerze y (in cm) beschreiben.

① $y = 9 - \frac{1}{40}x$ ② $y = 9 - 20x$ ③ $y = 9 - \frac{1}{20}x$ $y = -0{,}05x + 9$

b) Nach wie viel Minuten ist die Kerze vollständig abgebrannt?

16. Übertrage die Tabelle in dein Heft und vervollständige sie.

x	−1	0	1	2	3
y = x + 1		1			

x	−1	0	1	2	3
y = 2x − 1			1		

Vermischtes

17. Überprüfe. Korrigiere, falls erforderlich.

a) $2x + 3 = 5x + 2 \quad |-3$
$2x = 5x + 2$

b) $3x = 6x + 9 \quad |:3$
$x = 2x + 9$

c) $5x + 2 = 2x - 3 \quad |-2x$
$3x + 2 = -3$

d) $x + 4 = 3 \quad |-4$
$x = -1$

18. Die Kantenlänge eines Würfels wird verdoppelt. Wie ändert sich sein Oberflächeninhalt?

19. Herr und Frau Blum fuhren von ihrer Wohnung mit dem Taxi zum Bahnhof. Herr Blum bezahlte für die Taxifahrt um 5:30 Uhr 20,70 €.

a) Gib an, wie viele Kilometer Herr Blum mit dem Taxi fuhr.

b) Wie viel zahlte Frau Blum um 8:00 Uhr?

TAXI VON *A* nach *B*

Grundpreis			2,50 €
Unter 10 km	Tagtarif	06:00 - 22:00 Uhr	1,50 €
Unter 10 km	Nachttarif	22:00 - 06:00 Uhr	1,60 €
Über 10 km	Tagtarif	06:00 - 22:00 Uhr	1,40 €
Über 10 km	Nachttarif	22:00 - 06:00 Uhr	1,50 €

5.1 Lineare Gleichungen mit zwei Variablen

■ Die C-Jugend eines Fußballvereins plant eine Wochenendfahrt. Im Hostel gibt es 3-Bett- und 4-Bett-Zimmer. Welche Zimmer müssen für die 28 Jungen gebucht werden, wenn kein Bett leer bleiben soll? Gib alle Möglichkeiten an. ■

„Das Doppelte einer Zahl vermindert um eine andere Zahl ergibt 6." Diesen Sachverhalt kann man mit der Gleichung $2x - y = 6$ beschreiben. Eine Lösung dieser Gleichung besteht aus zwei Zahlen, einer Zahl für x und einer Zahl für y. Lösungspaare sind zum Beispiel $x = 4$ und $y = 2$ (denn $2 \cdot 4 - 2 = 6$), $x = 1{,}5$ und $y = -3$ oder $x = 100$ und $y = 194$.

Wissen: Lineare Gleichung mit zwei Variablen

Eine Gleichung der Form $a \cdot x + b \cdot y = c$ mit den Variablen x und y (für rationale Zahlen a, b, c; $a, b \neq 0$) nennt man **lineare Gleichung mit zwei Variablen**. Die Lösungen sind stets Wertepaare $(x|y)$.

Alle Lösungen zusammen ergeben die Lösungsmenge L der Gleichung.

$L = \{(x|y) \mid a \cdot x + b \cdot y = c\}$

Sind alle rationalen Zahlen als mögliche Lösungen zugelassen, gibt es stets unendlich viele Lösungen für eine lineare Gleichung mit zwei Variablen. Häufig schränkt der konkrete Sachzusammenhang aber die Lösungsmenge ein.

Beispiel 1: 18 Ruderer wollen für eine gemeinsame Bootstour Ruderboote ausleihen. Es stehen Vierer- und Dreierboote zur Verfügung.

a) Beschreibe den Sachverhalt mit einer linearen Gleichung mit zwei Variablen.
b) Gib alle Möglichkeiten für die Auswahl solcher Boote an, wenn kein Platz frei bleiben soll.

Lösung:

a) Schreibe auf, wofür die Variablen x und y stehen. Für x und y kommen nur natürliche Zahlen in Frage.
Stelle eine Gleichung auf.

x: Anzahl der Boote mit vier Plätzen
y: Anzahl der Boote mit drei Plätzen

$4x + 3y = 18$

b) **Lösungen durch Probieren finden:**
Setze für x einen sinnvollen Wert ein. Ermittle dann einen Wert für y, sodass die Gleichung erfüllt ist.

$(3|2)$ ist eine Lösung der Gleichung, denn $4 \cdot 3 + 3 \cdot 2 = 18$.

Lösungen systematisch finden:
Du kannst Lösungen auch systematisch finden, indem du die Gleichung nach y umstellst.
Hier sind nur Werte für x bis 4 sinnvoll, da bei 5 Viererbooten zwei Plätze frei bleiben würden.

Setze für x die Zahlen 0, 1, 2, 3 und 4 ein und berechne die zugehörigen y-Werte.

$$4x + 3y = 18 \quad | -4x$$
$$3y = 18 - 4x \quad | :3$$
$$y = 6 - \tfrac{4}{3}x \quad \text{oder} \quad y = -\tfrac{4}{3}x + 6$$

Für $x = 0$: $y = -\frac{4}{3} \cdot 0 + 6 = 6$.
Für $x = 1$, $x = 2$ und $x = 4$ ergeben sich für y keine natürlichen Zahlen.
Für $x = 3$: $y = -\frac{4}{3} \cdot 3 + 6 = 2$.
Die Ruderer können 6 Dreier und keinen Vierer oder 3 Vierer und 2 Dreier ausleihen.

Basisaufgaben

1. Prüfe, ob das angegebene Wertepaar eine Lösung der Gleichung $4x - 3y = 6$ ist.
a) $(3|2)$ b) $(-3|-2)$ c) $(1{,}8|0{,}4)$ d) $(0{,}5|-1{,}5)$

2. Nora und ihre Freundinnen kaufen für 6 € Kekse und Chips. Eine Packung Kekse kostet 1,60 €, eine Packung Chips 1,40 €.
a) Notiere eine passende lineare Gleichung und gib die Bedeutung der Variablen an.
b) Bestimme, welche Werte für x und y sinnvoll sind.
c) Prüfe, ob $(1|3)$ ein Lösung ist.

3. Eva bezahlt ihren Einkauf von 9,50 € nur mit 50-Cent-Münzen und 2-Euro-Münzen.
a) Beschreibe den Sachverhalt mit einer linearen Gleichung mit zwei Variablen.
b) Mit wie viel 50-Cent-Münzen und mit wie viel 2-Euro-Münzen könnte Eva ihren Einkauf bezahlt haben? Gib alle Möglichkeiten an. Vergleiche deine Lösungen mit deinem Nachbarn.

4. a) Welche Gleichung gehört zu welchem Sachverhalt? Welche Bedeutung haben die Variablen x und y jeweils im Sachverhalt?

$x - y = 8$	Die Quersumme einer zweistelligen Zahl ist 8.	$2x + 2y = 8$
Ein Rechteck hat einen Umfang von 8 cm.	$x + y = 8$	Die Differenz zweier dreistelliger Zahlen beträgt 8.

b) Gib zu jedem Sachverhalt aus a) zwei mögliche Lösungen an.

5. Beschreibe den Sachverhalt mit einer linearen Gleichung mit zwei Variablen und gib jeweils zwei mögliche Lösungen an.
a) Katrin ist doppelt so alt wie Eileen.
b) Das arithmetische Mittel zweier Zahlen ist 6.
c) Eine kleine Jugendherberge verfügt über 60 Betten in Zwei- und Vierbettzimmern.
d) In einem Kuchenteig ist dreimal so viel Mehl wie Zucker.
e) Anna ist 33 cm größer als Hanna.

Hinweis zu 5:
Bei Sachverhalten mit Größen kann man in der Rechnung zur Vereinfachung die Maßeinheiten weglassen.

6. Stelle zuerst die Gleichungen nach y um. Wähle einen Wert für x. Bestimme den zugehörigen y-Wert. Gib für jede Gleichung drei Lösungspaare an.
a) $8x + 2y = 6$ b) $-12x + 6y = -15$ c) $11 - y = -0{,}9x$ d) $\frac{1}{6} - \frac{1}{3}x = -\frac{1}{2}y$

Lineare Gleichungen grafisch lösen

Wenn man die Gleichung $4x + 2y = 16$ nach y umstellt, erhält man die Gleichung $y = -2x + 8$. Diese Gleichung kann man als Funktionsgleichung auffassen. Der Graph dieser Funktion ist eine Gerade. Auf dieser Geraden liegen alle Lösungen der linearen Gleichung $4x + 2y = 16$, zum Beispiel $x = 1$ und $y = 6$ oder $x = 3$ und $y = 2$.

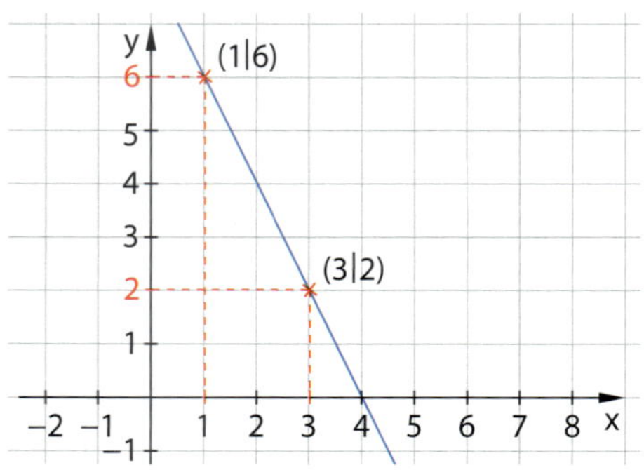

Hinweis:
Nicht jeder Punkt auf der Geraden muss auch eine Lösung der Gleichung (bzw. genauer des Sachverhalts) sein.

Wissen: Lineare Gleichungen grafisch lösen
Jede lineare Gleichung kann als Graph in einem Koordinatensystem dargestellt werden. Der Graph ist eine Gerade. Die Lösungen der linearen Gleichung liegen auf der Geraden.

Beispiel 2: Gegeben ist die lineare Gleichung $8x + 4y = 12$.
a) Zeichne in ein Koordinatensystem eine Gerade, auf der die Lösungen der Gleichung liegen.
b) Lies an deiner Zeichnung drei Lösungen ab.

Lösung:
a) Stelle die Gleichung nach y um.

$$8x + 4y = 12 \quad | -8x$$
$$4y = -8x + 12 \quad | :4$$
$$y = -2x + 3$$

$y = -2x + 3$ kannst du als Funktionsgleichung auffassen. Zeichne mithilfe der Steigung $m = -2$ und des y-Achsenabschnitts $b = 3$ die zugehörige Gerade in ein Koordinatensystem.

b) Jedes Wertepaar kann am Graphen abgelesen werden.
Zum Wert $x = 0{,}5$ gehört $y = 2$;
zum Wert $x = 1$ gehört $y = 1$;
zum Wert $x = 0$ gehört $y = 3$.

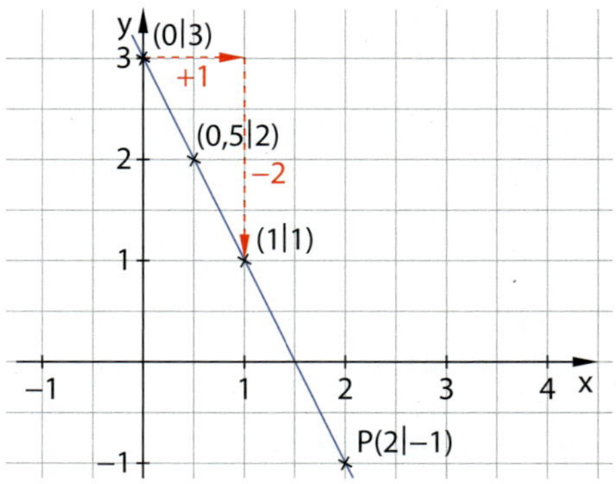

Lösungen z. B.:
(0,5|2), (1|1), (0|3)

Basisaufgaben

7. Zeichne in ein Koordinatensystem eine Gerade, auf der die Lösungen der linearen Gleichung liegen. Bestimme aus der Zeichnung drei Lösungen der Gleichung.
a) $2x + y = 5$ b) $-x + y = 4$ c) $y - 4 = 2x$ d) $-4x = 1{,}5 + y$

8. Auf den abgebildeten Geraden liegen die Lösungen der linearen Gleichungen:
① $x - y = 1$
② $4x + 2y = 6$
③ $-3x + y = -3$
a) Welche lineare Gleichung passt zu welcher Geraden? Begründe.
b) Zu welcher Gleichung gehört die Lösung (1|0)?
c) Zu welcher Gleichung gehört die Lösung (1|1)?

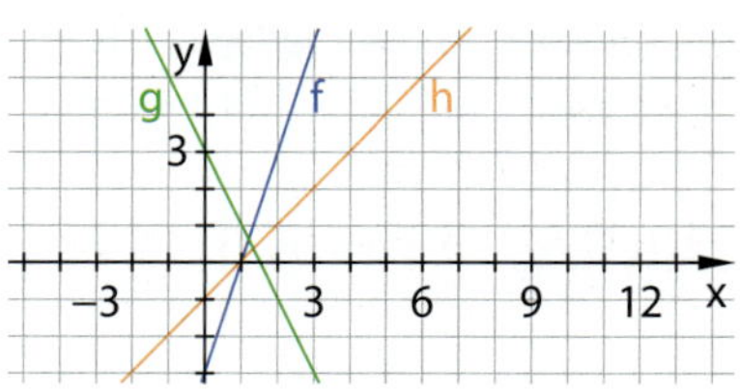

9. Zeichne in ein Koordinatensystem eine Gerade, auf der die Lösungen der linearen Gleichung liegen. Lies aus der Zeichnung drei Lösungen ab. Lasse deinen Nachbarn deine Lösung anhand seiner Zeichnung überprüfen.
a) $4x + 2y = 16$ b) $2y - 4x = 8$ c) $3y - 6x = 9$ d) $4x + 3y = 2$

Weiterführende Aufgaben

10. Zeichne in ein Koordinatensystem eine Gerade, auf der die Lösungen der linearen Gleichung liegen, und vervollständige die Lösungen im Heft.

a) $x + y = 5$ Lösungen: $(3|■)$; $(0|■)$; $(■|-0{,}5)$

b) $-3x + y = 4$ Lösungen: $(0|■)$; $(■|0)$; $(\frac{1}{3}|■)$

c) $2x + 3y = 21$ Lösungen: $(■|0)$; $(0|■)$; $(44|■)$

11. Betrachte folgende Sachverhalte.

① Paula kauft für 4,50 € Hefte zu 0,45 € und Blöcke zu 0,90 €.

② Die Summe aus einer Zahl und dem Doppelten einer anderen Zahl ergibt 12.

③ Kay hat 35 Cent in seiner Hosentasche, und zwar 5-Cent- und 10-Cent-Münzen.

a) Beschreibe jeden Sachverhalt durch eine Gleichung mit zwei Variablen.

b) Gib jeweils drei mögliche Lösungen an.

c) Zeichne jeweils eine Gerade, auf der die Lösungen der Gleichung liegen.

d) Überlege für welche Sachverhalte jeder Punkt auf der Geraden eine Lösung ist.

e) Für welche Sachverhalte sind negative Werte für x oder y möglich?

12. Eine Lösung einer linearen Gleichung ist $(5|6)$. Gib eine Gleichung dazu an.

13. Stolperstelle: Überprüfe die Schülerlösungen und berichtige.

a) Anna ist halb so alt wie ihr Bruder Paul, der in diesem Schuljahr am Schiller-Gymnasium Abitur macht. Frank behauptet, dass Anna dann 6 Jahre und Paul 12 Jahre alt ist.

b) Leon sollte folgende Aufgabe lösen: Ein Heft kostet 1,99 €, ein Stift 1,82 €. Wie viele Hefte und wie viele Stifte wurden bei einem Gesamtpreis von 4,72 € gekauft? Leon sagt: „Ich habe die Lösung gefunden: $h \cdot 1{,}99 + s \cdot 1{,}82 = 4{,}72$, das gilt für $h = 1$ und $s = 1{,}5$."

c) Tolga hatte folgende Aufgabe: Aysha kauft auf dem Wochenmarkt Äpfel und Birnen für insgesamt 5,50 €, dabei kostet 1 kg Äpfel 1,50 € und 1 kg Birnen 2 €. Tolga hat folgende Lösungsmenge angegeben: $L = \{(5|-1), (1|2), (3|\frac{1}{2}), (0|\frac{11}{4})\}$.

14. Die folgende Aufgabe stammt von Leonhard Euler, einem bedeutenden Schweizer Mathematiker des 18. Jahrhunderts. „Ein Amtmann kauft Pferde und Ochsen für insgesamt 1770 Taler. Er zahlt für ein Pferd 31 Taler, für einen Ochsen aber 21 Taler. Wie viele Pferde und wie viele Ochsen können es gewesen sein?"

Leonhard Euler (1707–1783)

Hinweis zu 14:
Drei der fünf Wertepaare in der Batterie sind Lösungen.

15. Eine 6 cm lange weiße und eine 9 cm lange rote Kerze werden zugleich angezündet. Die rote Kerze brennt in einer Stunde 1 cm und die weiße Kerze 0,5 cm ab.

a) Ordne die Gleichungen $y = -0{,}5x + 6$ und $y = -x + 9$ den beiden Sachverhalten richtig zu und gib die Bedeutung der Variablen an.

b) Zeichne für jede der Gleichungen eine Gerade in ein Koordinatensystem.

c) Nach wie viel Stunden ist die rote Kerze abgebrannt?

● **16. Sonderfälle $a = 0$ oder $b = 0$:**

a) Zeichne den Graphen zur Gleichung $0x + y = 1$. Beschreibe die Lage des Graphen.

b) Gegeben ist die Gleichung $x + 0y = 1$. Eine solche Gleichung ist keine Funktionsgleichung. Zeichne die Lösungspaare in ein Koordinatensystem. Beschreibe die Lage.

● **17. Ausblick:** Betrachte die Gleichungen ① $y - x = 0$ und ② $y + x = 4$.

a) Gib ein Wertepaar an, dass eine Lösung der Gleichung ① ist.

b) Gib ein Wertepaar an, dass eine Lösung der Gleichung ② ist.

c) Gib ein Wertepaar an, dass sowohl eine Lösung der Gleichung ① als auch eine der Gleichung ② ist.

5.2 Lineare Gleichungssysteme

■ Timo will Annika zum Geburtstag eine Rikscha-Fahrt schenken. Das erste Angebot lautet: 10 € Grundgebühr und 7 € pro angefangene Viertelstunde. Der zweite Fahrer bietet: 13 € Grundgebühr und 6 € pro angefangene Viertelstunde.
Bei welcher Fahrzeit kosten beide Angebote gleich viel? ■

Bei Aufgaben dieser Art lassen sich zwei Gleichungen mit zwei Variablen aufstellen. Das nennt man ein lineares Gleichungssystem. Die Lösung ist ein Wertepaar (oder mehrere Wertepaare), das sowohl die erste als auch die zweite Gleichung erfüllt.

Hinweis:
Oft werden die Gleichungen eines linearen Gleichungssystems auch durch Nummern wie I und II gekennzeichnet.

Wissen: Lineares Gleichungssystem
Wenn ein Sachverhalt durch zwei lineare Gleichungen mit zwei Variablen beschrieben wird, zu denen eine gemeinsame Lösung gesucht ist, so spricht man von einem **linearen Gleichungssystem mit zwei Variablen.** Zur Kennzeichnung, dass die beiden Gleichungen zusammen gehören, schreibt man:

$$\left| \begin{array}{l} a \cdot x + b \cdot y = c \\ d \cdot x + e \cdot y = f \end{array} \right|$$ für rationale Zahlen a, b, c, d, e, f.

Die Lösung eines Gleichungssystems ist ein Wertepaar $(x|y)$, welches Lösung beider Gleichungen ist.

Beispiel 1: Vater und Sohn sind zusammen 64 Jahre alt. Der Altersunterschied beträgt 22 Jahre. Stelle ein passendes Gleichungssystems mit zwei Gleichungen auf und finde durch Probieren eine Lösung.

Lösung:

Führe Variablen ein und stelle dann ein Gleichungssystem auf.
x: Alter des Vaters in Jahren
y: Alter des Sohnes in Jahren

Die erste Gleichung beschreibt das Gesamtalter.
$x + y = 64$

Die zweite Gleichung beschreibt den Altersunterschied.
$x - y = 22$

Gleichungssystem:
$$\left| \begin{array}{l} x + y = 64 \\ x - y = 22 \end{array} \right|$$

Durch Probieren lässt sich die Lösung finden.
Der Vater ist 43 Jahre, der Sohn 21 Jahre alt.

Basisaufgaben

1. Die erste Zahl ist doppelt so groß wie die zweite. Subtrahiert man die zweite Zahl von 8, so erhält man die erste Zahl. Gib ein passendes Gleichungssystem mit zwei Gleichungen an. Finde eine Lösung des Zahlenrätsels durch Probieren.

2. Überprüfe durch Einsetzen jeweils die angegebene Lösung.

a) $\left| \begin{array}{l} x + 2y = 7 \\ 2x + 2y = 8 \end{array} \right|$ Lösung: $(1|3)$

b) $\left| \begin{array}{l} x - 4y = 0 \\ y = 0{,}5x - 1 \end{array} \right|$ Lösung: $(4|1)$

c) $\left| \begin{array}{l} 2a + 5b = 11 \\ -2a + 3b = 5 \end{array} \right|$ Lösung: $(0{,}5|2)$

d) $\left| \begin{array}{l} \frac{3}{4}x + \frac{1}{4}y = 5 \\ \frac{7}{11}x - \frac{2}{3}y = -\frac{4}{33} \end{array} \right|$ Lösung: $(4|8)$

3. Die eine Seite eines Rechtecks ist 2,8 cm länger als die andere. Der Umfang des Rechtecks beträgt 22 cm. Stelle ein passendes lineares Gleichungssystem auf. Finde eine Lösung.

Grafisches Lösen

Für eine lineare Gleichung mit zwei Variablen entsprechen die Lösungen jeder einzelnen Gleichung Punkten auf einer Geraden. Der Schnittpunkt der beiden Geraden gibt die gemeinsame Lösung für beide Gleichungen an, also die Lösung des linearen Gleichungssystems.

Beispiel 2: Löse das lineare Gleichungssystem grafisch. $\left| \begin{array}{l} -x + y = 1 \\ 2x + y = 4 \end{array} \right|$

Lösung:

Bringe beide Gleichungen in die Form $y = mx + b$.

$\left| \begin{array}{l} -x + y = 1 \\ 2x + y = 4 \end{array} \right|$ umgestellt: $\left| \begin{array}{l} y = x + 1 \\ y = -2x + 4 \end{array} \right|$

Diese Gleichungen lassen sich als Funktionsgleichungen linearer Funktionen auffassen. Zeichne deren Graphen in ein Koordinatensystem ein.

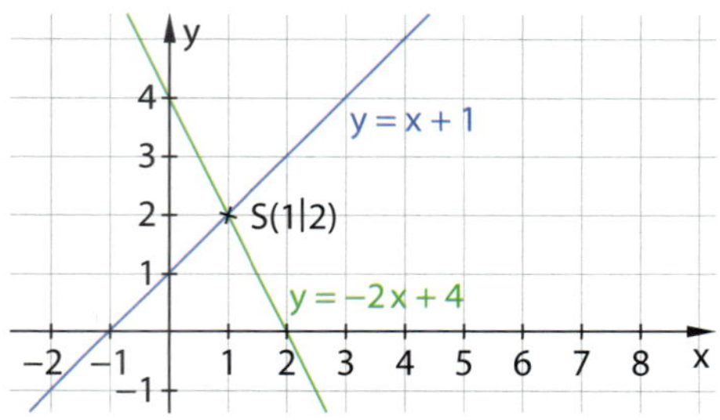

Der Schnittpunkt der Geraden S(1 | 2) entspricht der Lösung des linearen Gleichungssystems. Die Lösung ist daher das Wertepaar (1 | 2).

Setze zur Probe die Lösung $x = 1$ und $y = 2$ in beide Gleichungen ein und gib die Lösungsmenge an.

Probe: $\left| \begin{array}{r} -1 + 2 = 1 \\ 2 \cdot 1 + 2 = 4 \end{array} \right|$

$L = \{(1|2)\}$

Hinweis:
Mithilfe von Äquivalenzumformungen kann man ein lineares Gleichungssystem in diese Form bringen.

Da sich zwei Geraden entweder genau in einem Punkt schneiden, parallel zueinander sind oder identisch sind, kann ein Gleichungssystem eine, keine oder unendlich viele Lösungen haben. Die Lösungen werden auch zu einer Menge zusammengefasst. Diese Menge nennt man **Lösungsmenge L**, die Lösungen stehen in geschweiften Klammern.

Wissen: Grafisches Lösen eines linearen Gleichungssystems

Die Lösung eines linearen Gleichungssystems entspricht dem Schnittpunkt der zugehörigen Geraden. Es kann drei Fälle geben. Die Lösungsmenge…

hat **ein Element**, wenn die Geraden sich schneiden,

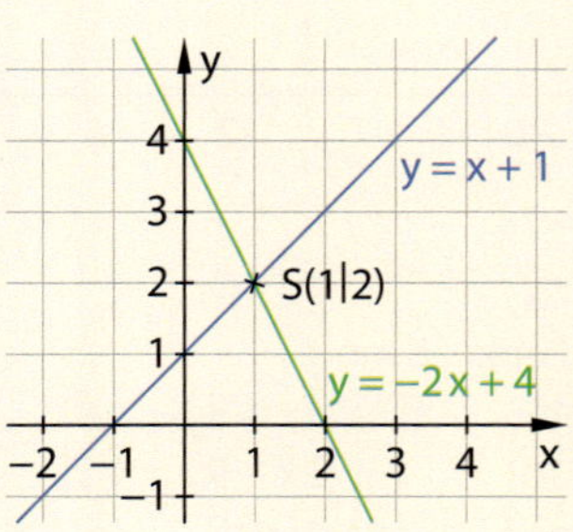

$L = \{(1|2)\}$

ist **leer**, wenn die Geraden parallel liegen,

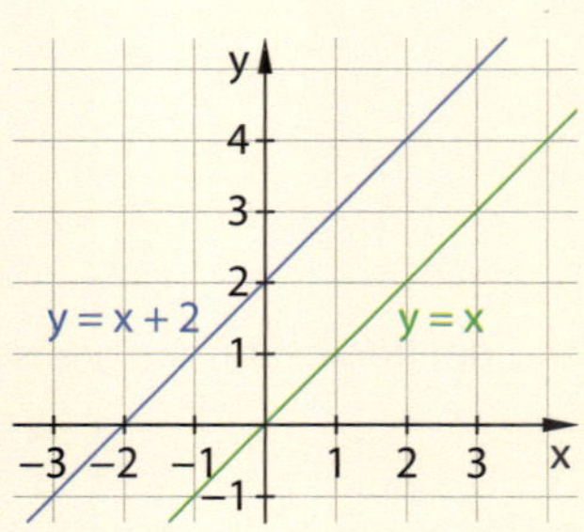

$L = \{\}$

hat **unendlich viele Elemente**, wenn die Geraden übereinander liegen.

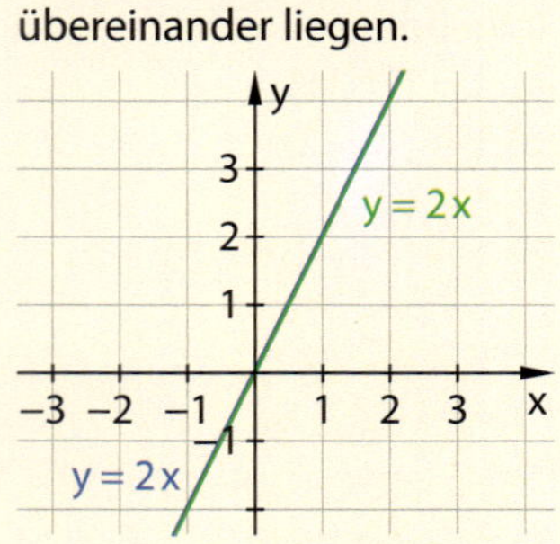

$L = \{(x|y) | y = 2x\}$

Hinweis:
Du kannst die Geraden zu den Gleichungen auch mit einem Funktionenplotter zeichnen.

Basisaufgaben

4. Überprüfe grafisch die angegebene Lösung und korrigiere, wenn nötig.

a) $\left|\begin{array}{l} y = 2x - 1 \\ y = -3x + 4 \end{array}\right|$ $L = \{(1|0)\}$
b) $\left|\begin{array}{l} y = -x + 2 \\ y = -3x - 4 \end{array}\right|$ $L = \{(-3|5)\}$
c) $\left|\begin{array}{l} -3x + y = 5{,}5 \\ -2x + y = 3{,}5 \end{array}\right|$ $L = \{(-2|-1)\}$
d) $\left|\begin{array}{l} 1{,}5 = \frac{1}{2}x - y \\ 3{,}5 = x - y \end{array}\right|$ $L = \{(4|0{,}5)\}$

Hinweis zu 4:
Entscheide selbst, welche Achse im Koordinatensystem du für welche Variable verwendest..

5. Löse das lineare Gleichungssystem grafisch.

a) $\left|\begin{array}{l} y = x - 1 \\ y = -3x + 3 \end{array}\right|$
b) $\left|\begin{array}{l} y = -x + 7 \\ y = 3x - 3 \end{array}\right|$
c) $\left|\begin{array}{l} 1{,}5x + y = 5{,}5 \\ 2x + y = 2 \end{array}\right|$
d) $\left|\begin{array}{l} 1 = \frac{1}{2} - y \\ 3 = x - y \end{array}\right|$

Hinweis zu 6:
Hier findest du die x- und y-Werte der Lösungen.

6. Löse das lineare Gleichungssystem grafisch und mache eine Probe. Alle Lösungen sind ganzzahlig.

a) $\left|\begin{array}{l} 3x + y = 7 \\ 2x + 2y = 6 \end{array}\right|$
b) $\left|\begin{array}{l} -5y = 15 - 10x \\ 3y - 3x = 0 \end{array}\right|$
c) $\left|\begin{array}{l} 8x + 4y = 0 \\ 6y = 3x - 30 \end{array}\right|$
d) $\left|\begin{array}{l} -4x + 8y = -24 \\ -7x - 28y = 126 \end{array}\right|$

7. Entscheide, welche Koordinatenachse du für jede Variable verwendest. Zeichne ein Koordinatensystem mit geeigneter Einteilung. Löse das lineare Gleichungssystem grafisch. Überprüfe dein Ergebnis durch eine Rechnung.

a) $\left|\begin{array}{l} s = 120t \\ s = 85t + 30 \end{array}\right|$
b) $\left|\begin{array}{l} s = 30t + 15 \\ s = 100t + 10 \end{array}\right|$
c) $\left|\begin{array}{l} 3a + 2b = 2 \\ 2a + 3b = 5{,}5 \end{array}\right|$
d) $\left|\begin{array}{l} 2p - q = -\frac{1}{4} \\ -p - 2q = 2 \end{array}\right|$

8. Gib ein lineares Gleichungssystem mit zwei Variablen an, das zu der Zeichnung passt. Gib auch die Lösung an.

Hinweis zu 8:
Es können verschiedene lineare Gleichungssysteme angegeben werden.

a) b) c) d)

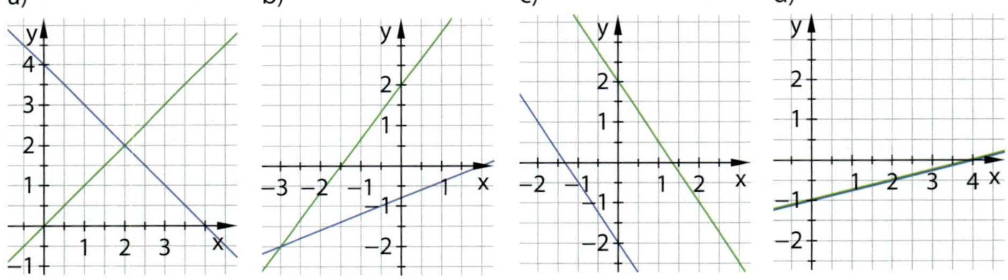

9. Löse das Gleichungssystem zuerst grafisch und begründe dann, dass es sich bei der Lösung nur um eine Näherungslösung handelt.

$$\left|\begin{array}{r} x + y = 3 \\ -0{,}3x + y = 1{,}5 \end{array}\right|$$

10. Gib zur Gleichung $3x + y = 4$ eine zweite Gleichung mit zwei Variablen an, sodass das lineare Gleichungssystem folgende Lösung hat.

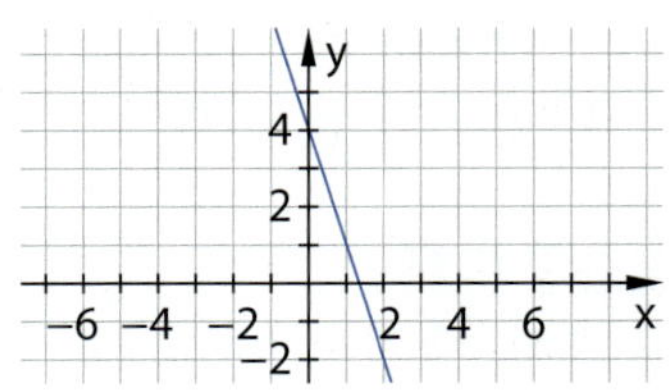

a) $L = \{(1|1)\}$
b) $L = \{(2|-2)\}$
c) $L = \{\ \}$
d) $L = \{(x|y) \mid y = -2x + 2\}$

11. a) Forme die Gleichungen nach y um und bestimme grafisch eine Lösung.

① $\left|\begin{array}{l} 6x - 3y = 0 \\ 10x + 2y = 12 \end{array}\right|$
② $\left|\begin{array}{r} 4x - 4y = 4 \\ 2x + y = 0{,}8 \end{array}\right|$
③ $\left|\begin{array}{r} 10x + 5y = 15 \\ 8x + 4y = 16 \end{array}\right|$
④ $\left|\begin{array}{l} 24x + 3y = 1{,}5 \\ 72x + 9y = 4{,}5 \end{array}\right|$

b) Hättest du bereits nach dem Umformen nach y entscheiden können, ob das Gleichungssysteme ① bis ④ eine, keine oder unendlich viele Lösungen haben? Begründe deine Antwort.

Weiterführende Aufgaben

12. Stolperstelle: Lukas behauptet, das Gleichungssystem

$$\left|\begin{array}{l} -3x + 5y = 5 \\ -x + 2y = -4 \end{array}\right|$$

hat keine Lösung. Seine Zeichnung für die grafische Lösung ist rechts abgebildet.
Begründe, warum Lukas nicht Recht hat.

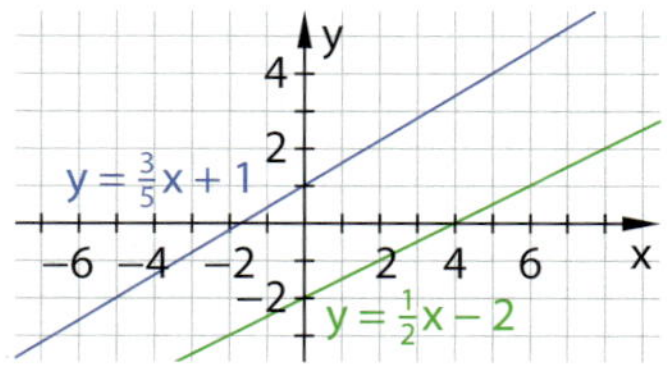

13. In eine Kaffeerösterei werden die beiden Kaffeesorten Arabica (100 g zu 1,70 €) und Robusta (100 g zu 1,50 €) in verschiedenen Mischungsverhältnissen angeboten.
a) Wie viel Gramm von jeder der beiden Kaffeesorten sind in einer Mischung zu einem Preis von 1,55 € pro 100 g?
b) Wie viel Gramm von jeder der beiden Kaffeesorten sind in einer Mischung zu einem Preis von 1,65 € pro 100 g?

14. Ein Parallelogramm hat einen Umfang von 26 cm. Die eine Seite ist 3 cm länger als die andere. Wie lang sind die Seiten des Parallelogramms?

15. Sarah hat in ihrem Buch die folgende Aufgabe gefunden:
Im Land der Drachenreiter leben 42 Drachen. Alle zusammen haben 106 Flügel. Es gibt Drachen mit 2 Flügeln und Drachen mit 4 Flügeln. Wie viele gibt es von jeder Sorte?
a) Löse die Aufgabe.
b) Sarah hat als Lösungen 10,5 und 31,5 angegeben, Benni 13 und 20. Erläutere, was an ihren Lösungen falsch ist.

● **16.** Gib ein lineares Gleichungssystem an, das die angegebene Lösung hat.
Formuliere anschließend jeweils eine passende Textaufgabe zu dem linearen Gleichungssystem.
a) $x = 1; y = 2$ b) $s = 4; t = 2,5$ c) $p = 10; q = 25$ d) $a = 9,2; b = 3,1$

CAS GTR **17.** Löse das lineare Gleichungssystem grafisch mit einem CAS oder einem GTR.
a) $\left|\begin{array}{r} -x = -y \\ -7x - 14y = 7 \end{array}\right|$ b) $\left|\begin{array}{l} 65x + 13y - 2 = 11 \\ 12 - 8y = 40x \end{array}\right|$ c) $\left|\begin{array}{l} 6x + 3 = 12y - 3 \\ 4y - 2x = 2 \end{array}\right|$ d) $\left|\begin{array}{l} \frac{1}{2}y + 2x = 1 \\ 0,8x + 1 = 0,8y - 0,6 \end{array}\right|$

18. Vergleiche die Preisangebote der beiden Internetanbieter.

	Hypernet	Befree
Verbindungsaufbau	39 Cent	19 Cent
pro Minute	1,6 Cent	2,2 Cent

a) Bei welchen Verbindungsdauern ist Hypernet günstiger?
b) Ein dritter Anbieter möchte den Preis für eine Flatrate festlegen. Welchen Preis würdest du empfehlen?

● **19. Ausblick:** Addiert man zu einer Zahl eine zweite Zahl, so erhält man 41. Subtrahiert man das Fünffache der zweiten Zahl vom Zehnfachen der ersten Zahl, so erhält man 141. Wie lauten die beiden Zahlen? Stelle ein lineares Gleichungssystem auf und löse es grafisch. Führe eine Probe durch und begründe, warum diese eventuell nicht stimmt.

5.3 Gleichsetzungs- und Einsetzungsverfahren

■ In jedem Kästchen befindet sich die gleiche Anzahl von Münzen, ebenso in jedem Säckchen. Beide Gleichungen sollen erfüllt sein.
Wie viele Münzen sind in einem Kästchen, wie viele in einem Säckchen? ■

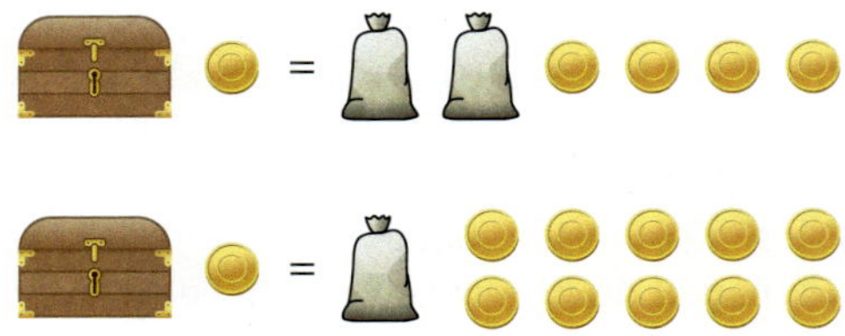

Gleichsetzungsverfahren

Mit dem grafischen Lösungsverfahren kann man häufig nur eine **Näherungslösung** eines linearen Gleichungssystems bestimmen. Mit rechnerischen Verfahren lässt sich die exakte Lösung berechnen.

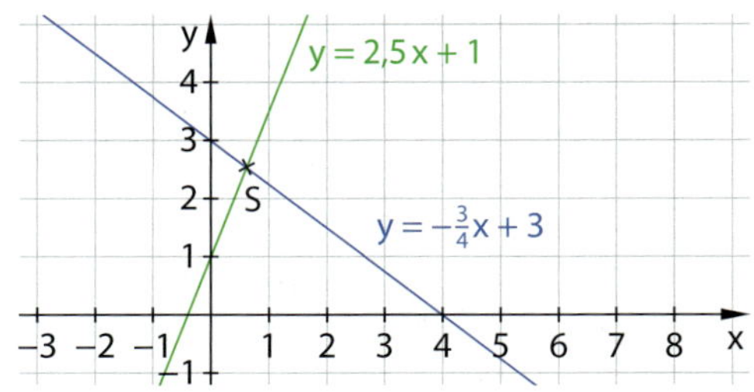

Wissen: Gleichsetzungsverfahren
Ein lineares Gleichungssystem mit zwei Variablen kann man rechnerisch lösen, indem man beide Gleichungen nach einer Variablen umstellt und dann die beiden erhaltenen Terme gleichsetzt.

Beispiel 1: Löse das lineare Gleichungssystem mit dem Gleichsetzungsverfahren und mache dann eine Probe.

$$\left| \begin{array}{l} 3x + y = 5 \\ 2x + y = 4 \end{array} \right|$$

Hinweis:
Du kannst die Gleichungen nach x oder nach y auflösen.

Lösung:

① Entscheide zunächst, nach welcher Variablen sich die Gleichungen einfacher umstellen lassen. Hier bietet es sich an, die Gleichungen nach y umzustellen.

$$\left| \begin{array}{l} 3x + y = 5 \\ 2x + y = 4 \end{array} \right| \quad \begin{array}{l} | -3x \\ | -2x \end{array}$$

$$\left| \begin{array}{l} y = 5 - 3x \\ y = 4 - 2x \end{array} \right|$$

② Setze die Terme auf den beiden rechten Seiten des Gleichungssystems $5 - 3x$ und $4 - 2x$ gleich. Du erhältst eine neue Gleichung mit nur einer Variablen und kannst das Ergebnis für x berechnen.

Gleichsetzen: $5 - 3x = 4 - 2x \quad | +3x$
$5 = 4 + x \quad | -4$
$1 = x$

Hinweis:
Es ist auch möglich, das Ergebnis in die andere Ausgangsgleichung einzusetzen.

③ Setze $x = 1$ in eine der beiden umgestellten Gleichungen ein und berechne $y = 2$.

$x = 1$ einsetzen in: $y = 5 - 3x$:
$y = 5 - 3 \cdot 1 = 2$

④ Probe: Setze die Lösung für x und y in beide Ausgangsgleichungen ein und überprüfe, ob beide Gleichungen erfüllt sind.

$3 \cdot 1 + 2 = 5$ ✓
$2 \cdot 1 + 2 = 4$ ✓

⑤ Gib die Lösungsmenge an.

$L = \{(1|2)\}$

Basisaufgaben

1. Löse das lineare Gleichungssystem mit dem Gleichsetzungsverfahren. Mache eine Probe.
   a) $\left|\begin{array}{l} y = 10x - 4 \\ y = 15x + 6 \end{array}\right|$ b) $\left|\begin{array}{l} y = 2x - 5 \\ y = x + 6 \end{array}\right|$ c) $\left|\begin{array}{l} a = 4b - 1 \\ a = 3b + 6 \end{array}\right|$ d) $\left|\begin{array}{l} 6y = x - 7 \\ 6y = 6x + 6 \end{array}\right|$

2. Stelle die Gleichungen um und löse mit dem Gleichsetzungsverfahren. Mache eine Probe.
   a) $\left|\begin{array}{l} x + y = 10 \\ x - y = 0 \end{array}\right|$ b) $\left|\begin{array}{l} 8p = 4q - 1 \\ 4p = -4p + 2q \end{array}\right|$ c) $\left|\begin{array}{l} y = 3x + 7 \\ 6x - 2 = y \end{array}\right|$ d) $\left|\begin{array}{l} 9x = 5 + y \\ 9x = 4 + y \end{array}\right|$

3. Berechne die Lösung mit dem Gleichsetzungsverfahren. Mache anschließend eine Probe.
   a) $\left|\begin{array}{l} 5y + 1 = 2x - 2 \\ 5y + 1 = -4x + 22 \end{array}\right|$ b) $\left|\begin{array}{l} 15a + b = 6 \\ 16a + b = 6b + a \end{array}\right|$ c) $\left|\begin{array}{l} 14x - y = 6 \\ -16x + y = 4 \end{array}\right|$ d) $\left|\begin{array}{r} -4y + 2x = 6 \\ 2y = 2x - 6 \end{array}\right|$

   e) $\left|\begin{array}{l} a - 6b = 14 \\ 6a + 4b = 24 \end{array}\right|$ f) $\left|\begin{array}{l} 3u - 2v = 2v - 4 \\ 3u - 3v = 2 \end{array}\right|$ g) $\left|\begin{array}{l} -9{,}5s + t = s - t \\ s - t = 5 - 9{,}5s \end{array}\right|$ h) $\left|\begin{array}{l} \frac{1}{2}a - 2 = \frac{1}{9}b + 2 \\ \frac{2}{5}a + 1 = \frac{1}{9}b + 4 \end{array}\right|$

Tipp zu 1d:
Wenn in beiden Gleichungen auf einer der beiden Seiten derselbe Term steht, kannst du die Terme auf den anderen Seiten gleichsetzen:
$\left|\begin{array}{l} 6y = \ldots \\ 6y = \ldots \end{array}\right|$

Einsetzungsverfahren

In diesem Gleichungssystem ist das Umstellen der ersten Gleichung nach y etwas aufwändig.

$$\left|\begin{array}{r} 2x + 5y = 34 \\ y = x + 4 \end{array}\right|$$

Es ist einfacher, den Term $x + 4$ aus der zweiten Gleichung $y = x + 4$ in die erste Gleichung einzusetzen. So erhält man die Gleichung $2x + 5 \cdot (x + 4) = 34$.
Dies darf man tun, da nach der zweiten Gleichung die Terme y und $x + 4$ gleichwertig sind.

Wissen: Einsetzungsverfahren
Ein lineares Gleichungssystem mit zwei Variablen kann man rechnerisch lösen, indem man eine der Gleichungen nach einer Variablen umstellt und dann den erhaltenen Term in die andere Gleichung einsetzt.

Beispiel 2: Löse das lineare Gleichungssystem mit dem Einsetzungsverfahren. Mache eine Probe.

$$\left|\begin{array}{r} y + 7 = 5x - 2 \\ 4x + 3y = -8 \end{array}\right|$$

Lösung:

① Entscheide, welche der Gleichungen sich leichter nach x oder y umstellen lassen. Die erste Gleichung lässt sich einfach nach y umstellen.

$$\left|\begin{array}{r} y + 7 = 5x - 2 \\ 4x + 3y = -8 \end{array}\right| \quad | -7$$
$$\left|\begin{array}{r} y = 5x - 9 \\ 4x + 3y = -8 \end{array}\right|$$

② Setze in der zweiten Gleichung für y den Term $5x - 9$ ein. Du erhältst eine neue Gleichung mit nur einer Variablen und kannst den Wert für x berechnen.

$$\begin{aligned} 4x + 3(5x - 9) &= -8 \quad | \text{ Ausmultiplizieren} \\ 4x + 15x - 27 &= -8 \quad | +27 \\ 19x &= 19 \quad | :19 \\ x &= 1 \end{aligned}$$

Erinnere dich:
Nach dem Distributivgesetz gilt:
$3 \cdot (5x - 9) = 15x - 27$

③ Setze $x = 1$ in eine der beiden Gleichungen ein und berechne $y = -4$.

$x = 1$ einsetzen in: $y = 5x - 9$:
$y = 5 \cdot 1 - 9 = -4$

④ Probe: Setze die Lösung für x und y in beide Ausgangsgleichungen ein und überprüfe, ob beide Gleichungen erfüllt sind.

$x = 1$ und $y = -4$ einsetzen:
$-4 + 7 = 5 \cdot 1 - 2$ $\quad$ $4 \cdot 1 + 3 \cdot (-4) = -8$
$3 = 3$ ✓ $\quad$ $-8 = -8$ ✓

⑤ Gib die Lösungsmenge an.

$L = \{(1 | -4)\}$

Basisaufgaben

Hinweis zu 4:
Hier findest du die Werte der Variablen bei den Lösungen.

4. Stelle jeweils eine der Gleichungen um und löse mit dem Einsetzungsverfahren. Mache anschließend eine Probe.

a) $\left|\begin{array}{r} 2x + 2y = 38 \\ y = 4x + 4 \end{array}\right|$ b) $\left|\begin{array}{l} 8r + s = 6 \\ s = 24 + 10r \end{array}\right|$ c) $\left|\begin{array}{l} 6a - 4b = -38 \\ a = b - 8 \end{array}\right|$ d) $\left|\begin{array}{r} x - y = 2 \\ 5x - y = 10 \end{array}\right|$

5. Löse das lineare Gleichungssystem mit dem Einsetzungsverfahren und mache eine Probe.

a) $\left|\begin{array}{r} a + b = 5 \\ -2a - 3b = -5 \end{array}\right|$ b) $\left|\begin{array}{l} 8x = 4y - 2 \\ 6y = 3x - 30 \end{array}\right|$ c) $\left|\begin{array}{l} 3y = 6x + 30 \\ 2y = 14x - 10 \end{array}\right|$ d) $\left|\begin{array}{r} 3x + 2y = 6 \\ 3y = 6x + 16 \end{array}\right|$

Tipp zu 6 c:
Du musst nicht immer für eine Variable einen Term einsetzen: Du kannst auch für einen Term wie 5y einen Term einsetzen.

6. Berechne die Lösung mit dem Einsetzungsverfahren. Mache anschließend eine Probe.

a) $\left|\begin{array}{r} 20x + 2y = -6 \\ 80 = 10y - 10x \end{array}\right|$ b) $\left|\begin{array}{r} a + b = 5 \\ -2a - 3b = -5 \end{array}\right|$ c) $\left|\begin{array}{r} -5x + 5y = -5 \\ 5y = 7x + 7 \end{array}\right|$ d) $\left|\begin{array}{r} \frac{1}{2}a + b = 14 \\ 2a - \frac{1}{5}b = 14 \end{array}\right|$

e) $\left|\begin{array}{l} -6x + 32y = 0 \\ 32x - 24y = -30 \end{array}\right|$ f) $\left|\begin{array}{l} \frac{1}{10}x + 27 = \frac{1}{2}y - \frac{7}{2} \\ 5x = -10 - 0{,}25y \end{array}\right|$ g) $\left|\begin{array}{l} 4u + \frac{1}{3}t = -3 \\ -2u + t = 5 \end{array}\right|$ h) $\left|\begin{array}{l} 4a + 4b = -568 \\ 0{,}2b + 7 = 0{,}5a - 6 \end{array}\right|$

Weiterführende Aufgaben

7. Der Umfang eines Rechtecks beträgt 30 cm. Die eine Seite des Rechtecks ist 3 cm kürzer als die andere. Bestimme die Seitenlängen des Rechtecks und gib seinen Flächeninhalt an.

8. Begründe, ob zur Berechnung der Lösung des linearen Gleichungssystems die Anwendung des Gleichsetzungs- oder des Einsetzungsverfahrens günstiger ist. Bestimme dann die Lösung mit dem gewähltem Verfahren.

a) $\left|\begin{array}{r} 6x + 2y = 8 \\ y = 5x \end{array}\right|$ b) $\left|\begin{array}{l} 2x = 6y - 16 \\ 2x = 2y + 18 \end{array}\right|$ c) $\left|\begin{array}{r} 3a - 4b = 6 \\ 10a + 20b = -40 \end{array}\right|$ d) $\left|\begin{array}{l} 4{,}5a + 1 = 10y \\ 10y = 2a - 0{,}5 \end{array}\right|$

9. Die erste Gleichung eines linearen Gleichungssystems ist $3x = 2y - 6$. Gib eine zweite Gleichung an, sodass das Gleichungssystem besonders leicht mit dem

a) Gleichsetzungsverfahren b) Einsetzungsverfahren

zu lösen ist. Beschreibe jeweils deinen Lösungsweg.

10. Stolperstelle: Finde die Fehler und löse die Gleichungssysteme anschließend korrekt.

a)
$\left|\begin{array}{l} x = 2y + 7 \\ y = 3x - 8 \end{array}\right|$

$\left|\begin{array}{r} x = 2y + 7 \\ 2y + 7 = 3x - 8 \end{array}\right|$

$\left|\begin{array}{r} x = 2y + 7 \\ 2y + 15 = 3x \end{array}\right|$

keine Lösung

b)
$\left|\begin{array}{r} 2a + 4b = 18 \\ a = 3b - 2 \end{array}\right|$

$\left|\begin{array}{r} 2 \cdot 3b - 2 + 4b = 18 \\ a = 3b - 2 \end{array}\right|$

$\left|\begin{array}{r} 10b = 20 \\ a = 3b - 2 \end{array}\right|$

$\left|\begin{array}{l} b = 2 \\ a = 4 \end{array}\right|$

c)
$\left|\begin{array}{r} 3x = y + 4 \\ 3x - 2y = 10 \end{array}\right|$

$\left|\begin{array}{r} 3x = y + 4 \\ 3(y + 4) - 2y = 10 \end{array}\right|$

$\left|\begin{array}{r} 3x = y + 4 \\ y + 12 = 10 \end{array}\right|$

$\left|\begin{array}{l} x = \frac{2}{3} \\ y = -2 \end{array}\right|$

11. a) Die Summe zweier Zahlen ist 30. Das Zweifache der Differenz dieser Zahlen beträgt 40.
b) Die Quersumme einer zweistelligen Zahl ist 12 und die Differenz beider Ziffern ergibt 6.
c) Ein Drittel der ersten Ziffer ergibt das Doppelte der zweiten Ziffer. Das Doppelte der Quersumme der zweistelligen Zahl ergibt 14.

12. Robert und Paul benötigen für den Kunstunterricht Ölfarben, die sie sich bei demselben Online-Händler besorgen wollen. Robert hat 3 Ölfarben in den Warenkorb gelegt. Inklusive Versandkosten muss er 11,55 € bezahlen. Paul hat 5 Ölfarben in seinem Warenkorb und zahlt dafür mit Versandkosten 17,25 €.
Bestimme den Einzelpreis der Ölfarben und die Versandkostenpauschale.

13. Bei einem Blumenhändler kostet eine Gerbera 1,60 € und eine Rose 1,00 €. Pia kauft einen Strauß aus Gerbera und Rosen. Sie erzählt ihrer Freundin: „Der Strauß besteht aus acht Blumen und kostet 10,10 €."
Kann Pias Aussage stimmen?

14. Aus einem Rätselbuch:

> Jeder Zwerg isst zwei, jeder Räuber isst vier Hühner. Jeder Zwerg trinkt zwei, jeder Räuber trinkt fünf Flaschen Honigtrunk. Bei diesem Mahl werden insgesamt 116 Hühner und 137 Flaschen Honigtrunk gegessen und getrunken. Wie viele Zwerge und Räuber nehmen an dem Mahl teil?

15. Ein Rechteck hat einen Umfang von 28 cm. Verkürzt man die längere Seite um 1 cm und verlängert die kürzere Seite um 2 cm, so entsteht ein Rechteck, dessen Flächeninhalt um 8 cm^2 größer ist als der Flächeninhalt des ursprünglichen Rechtecks. Wie lang sind die beiden Seiten des ursprünglichem Rechtecks?

● **16.** 1000 l Orangenfruchtsaftgetränk mit einem Fruchtanteil von 6 % sollen durch Zugabe von Direktsaft mit 100 % Fruchtanteil als Fruchtnektar verkauft werden. Dafür muss der Fruchtanteil mindestens 25 % betragen.
a) Wie viel Liter Direktsaft benötigt man dafür?
b) Wenn statt des Direktsaftes nur ein Saft mit einem Fruchtanteil von 30 % zur Verfügung steht, wie viel Liter werden dann benötigt?

● **17. Ausblick:** Frau Peter möchte mit dem Taxi zum 28 km entfernten Flughafen fahren. Sie weiß, dass eine 10 km lange Fahrt 19,80 € und eine 4 km lange Fahrt 9,60 € kostet.
a) Wie teuer ist die Fahrt zum Flughafen?
b) Frau Peters überlegt, ob es nicht günstiger ist, wenn sie sich mit dem Taxi zum Bahnhof bringen lässt und dann mit dem Zug zum Flughafen fährt. Das Zugticket kostet 10,20 €. Wie weit darf der Bahnhof entfernt sein, damit dies günstiger wird?

Hinweis zu 17:
In einem Taxi zahlt man einen Grundbetrag und einen Betrag pro Kilometer.

Additionsverfahren

■ Wie lautet der Eintrittspreis für 5 Kinder und 3 Erwachsene?
Sophie sagt: „Das geht leicht. Ich notiere das Gleichungssystem:

$$\left|\begin{array}{l} 2x + 2y = 18 \\ 3x + 1y = 15 \end{array}\right|$$

Dann kann ich den Preis für ein Kind und einen Erwachsenen berechnen."
Jonas sagt: „Ich glaube, es geht noch schneller."
Er markiert in Sophies Gleichungssystem die Zahlen so:

$$\left|\begin{array}{l} 2x + 2y = 18 \\ 3x + 1y = 15 \end{array}\right|$$

Wie könnte Jonas den Preis für 5 Kinder und 3 Erwachsene berechnen? ■

„2 Kinder + 2 Erwachsene..."
„Macht 18 Euro."
„3 Kinder + 1 Erwachsener..."
„Macht 15 Euro."
„5 Kinder + 3 Erwachsene"
„..."

Wenn bei einem linearen Gleichungssystem das Umstellen nach x oder y sehr mühselig ist oder komplizierte Terme entstehen, kann man das Additionsverfahren nutzen.

Gegeben ist das folgende lineare Gleichungssystem:

$$\left|\begin{array}{l} 2x + 2y = 2 \\ 3x - 2y = 8 \end{array}\right|.$$

Die beiden Gleichungen kann man sich als Waagen vorstellen, die sich im Gleichgewicht befinden (Bild 1 und 2).

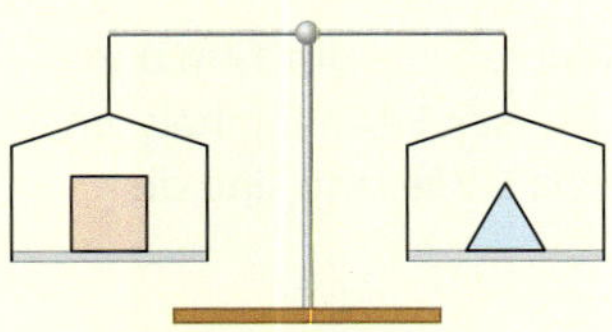
Bild 1

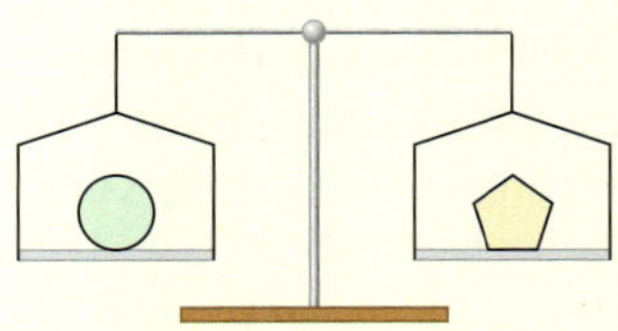
Bild 2

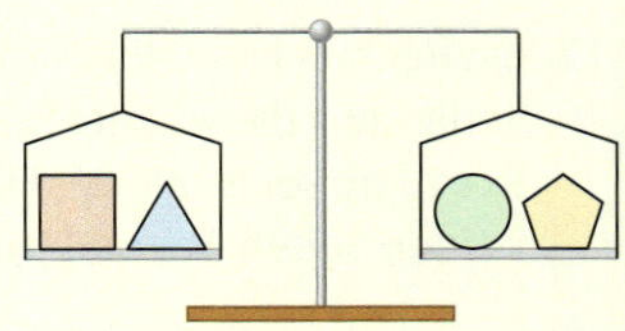
Bild 3

Legt man die Dinge der linken Waagschale und die der rechten Waagschale jeweils zusammen, so bleibt die Waage im Gleichgewicht (Bild 3). Das Gleiche gilt für die Gleichungen des Gleichungssystems: Die Summe der beiden Terme auf der linken Seite und die Summe der Terme auf der rechten Seite ist gleich: $2x + 2y + 3x - 2y = 2 + 8$, zusammengefasst: $5x = 10$.
So erhält man eine Gleichung mit nur einer Variablen und kann $x = 2$ berechnen. Eingesetzt in eine der Gleichung erhält man $2 \cdot 2 + 2y = 2$, also $y = -1$. $L = \{(2|-1)\}$.

Damit man das Additionsverfahren anwenden kann, muss man häufig eine oder beide Gleichungen geschickt umformen. Zum Beispiel bei folgendem linearen Gleichungssystem:

$\left|\begin{array}{l} 4x - 2y = 2 \\ 3x + y = 4 \end{array}\right|$ dividiere die erste Gleichung durch 2, so ergibt sich $\left|\begin{array}{l} 2x - y = 1 \\ 3x + y = 4 \end{array}\right|$

Nun fällt beim Addieren der beiden Gleichungen die Variable y heraus und x lässt sich berechnen und anschließend y.

Wissen: Additionsverfahren
Ein lineares Gleichungssystem mit zwei Variablen kann man rechnerisch lösen, indem man die Gleichungen so umformt, dass man beim Addieren der Gleichungen eine neue Gleichung mit nur einer Variablen erhält.

Beispiel 1: Berechne die Lösung mit dem Additionsverfahren und mache eine Probe.

$$\left|\begin{array}{l} 3x + 2y = 12 \\ 2x + 3y = 13 \end{array}\right|$$

Lösung:

① Multipliziere die erste Gleichung mit 2 und die zweite mit 3, dann sind die Faktoren der Variable y Gegenzahlen.

$$\left|\begin{array}{l} 3x + 2y = 12 \\ 2x + 3y = 13 \end{array}\right| \quad \begin{array}{l} |\cdot 3 \\ |\cdot(-2) \end{array}$$

$$\left|\begin{array}{r} 9x + 6y = 36 \\ -4x - 6y = -26 \end{array}\right| \; +$$

② Die mit 2 bzw. 3 multiplizierten Gleichungen werden addiert.

Addieren: $5x = 10 \quad |:5$

$x = 2$

③ Berechne x und setze das Ergebnis x = 2 in eine der beiden Gleichungen ein und berechne y = 3.

x = 2 einsetzen: $3 \cdot 2 + 2y = 12 \quad |-6$

$2y = 6 \quad |:2$

$y = 3$

④ Setze zur Probe die Lösung in beide Ausgangsgleichungen ein.

Probe: $3 \cdot 2 + 2 \cdot 3 = 6 + 6 = 12$ ✓

$2 \cdot 2 + 3 \cdot 3 = 4 + 9 = 13$ ✓

⑤ Gib die Lösungsmensmenge an.

$L = \{(2|3)\}$

Hinweis:
Die Gleichungen, die noch nicht umgeformt sind, werden auch Ausgangsgleichungen genannt.

Basisaufgaben

1. a) Mit welcher der Zahlen auf den Karten würdest du die Gleichungen multiplizieren, um das Additionsverfahren anzuwenden? Begründe.

① $\left|\begin{array}{r} 3x + 7y = 15 \\ -6x + 3y = 21 \end{array}\right|$ Karten: 6, 0,5, −3, −7, −1, 3

② $\left|\begin{array}{l} 3x - 4y = -4 \\ 5x - 3y = 8 \end{array}\right|$ Karten: 5, −3, 4, 2, −4, 3

b) Berechne die Lösung von ① und ② und mache eine Probe.

2. Beim Addieren der beiden Gleichungen fällt eine Variable weg. Berechne die Lösung mit dem Additionsverfahren und mache eine Probe.

a) $\left|\begin{array}{l} 3x - 2y = -12 \\ 2x + 2y = 2 \end{array}\right|$ b) $\left|\begin{array}{l} 3x - 4y = 0 \\ 2x + 4y = 20 \end{array}\right|$ c) $\left|\begin{array}{r} 3x + 6y = 9 \\ -3x + 8y = 5 \end{array}\right|$ d) $\left|\begin{array}{l} 2a + 2b = 2 \\ -a - 2b = -2 \end{array}\right|$

3. Forme eine Gleichung um und berechne die Lösung mit dem Additionsverfahren.

a) $\left|\begin{array}{l} 3x - 3y = 18 \\ -9x + 6y = 0 \end{array}\right|$ b) $\left|\begin{array}{l} 2x + 5y = -1 \\ 2x + 4y = 1 \end{array}\right|$ c) $\left|\begin{array}{l} 6p - 3q = 30 \\ 2p - 1{,}5q = 10 \end{array}\right|$ d) $\left|\begin{array}{r} 3a - 2b = 8 \\ 2a - b = 6 \end{array}\right|$

e) $\left|\begin{array}{r} 7s + 2t = 26 \\ -2s - 7t = -46 \end{array}\right|$ f) $\left|\begin{array}{l} 15y - 2x = 25 \\ 4x - 31y = -49 \end{array}\right|$ g) $\left|\begin{array}{l} 2x + 11 = 3y - 2 \\ 4y - 4x = 20 \end{array}\right|$ h) $\left|\begin{array}{l} 3m - \frac{1}{5}n = 4 \\ \frac{1}{2}m + \frac{1}{10}n = 1 \end{array}\right|$

Tipp zu 3c:
Du kannst die beiden Gleichungen auch subtrahieren, sodass die Variable x entfällt.

$\left|\begin{array}{l} 2x + \ldots = \ldots \\ 2x + \ldots = \ldots \end{array}\right| -$

4. Die erste Gleichung eines linearen Gleichungssystems ist $3x - 2y = -6$. Gib eine zweite Gleichung so an, dass sich das Gleichungssystem mit dem Additionsverfahren einfach lösen lässt. Beschreibe deinen Lösungsweg.

Hinweis zu 5:
Hier findest du die Werte der Variablen bei den Lösungen zu sechs der Aufgaben.

5. Forme eine oder beide Gleichungen durch Multiplikation oder Division geschickt um und berechne die Lösung mit dem Additionsverfahren. Mache anschließend eine Probe.

a) $\left|\begin{array}{l} 3x + 9y = 3 \\ -x + 7y = -11 \end{array}\right|$ b) $\left|\begin{array}{r} 27x - 9y = 63 \\ 2x + 3y = 12 \end{array}\right|$ c) $\left|\begin{array}{r} \frac{3}{2}x - \frac{1}{2}y = 5 \\ 3x + y = 14 \end{array}\right|$ d) $\left|\begin{array}{r} 23a - 7b = -25 \\ -21a + 14b = 0 \end{array}\right|$

e) $\left|\begin{array}{l} \frac{3}{5}x + y = \frac{1}{5} \\ \frac{1}{3}x + \frac{2}{3}y = -3 \end{array}\right|$ f) $\left|\begin{array}{l} \frac{2}{3}u + \frac{1}{3}v = 5 + \frac{1}{6}v \\ 5u + \frac{1}{2}v = -3 \end{array}\right|$ g) $\left|\begin{array}{l} \frac{3}{2}x + \frac{5}{4}y + 2 = \frac{25}{4} \\ 3x + \frac{1}{3} = -3y + 10 \end{array}\right|$ h) $\left|\begin{array}{l} 0{,}3m = -0{,}54 + 0{,}6n \\ 0{,}5m + 0{,}2n = 0{,}7 \end{array}\right|$

Weiterführende Aufgaben

6. a) Lara sagt: „Wenn ich von dem Doppelten meines Alters das Alter meiner Schwester abziehe, erhalte ich 22. Meine Schwester und ich sind zusammen 20 Jahre alt."
Wie alt ist Lara und wie alt ist ihre Schwester?

b) Martha ist 24 Jahre älter als ihre Tochter. In 8 Jahren wird sie doppelt so alt sein wie sie. Wie alt sind Mutter und Tochter?

7. Anne, Timo und Kim sollen ein lineares Gleichungssystem mit dem Additionsverfahren lösen.

a) Prüfe, ob die Lösungsansätze richtig sind. Überlege, ob man geschickter rechnen kann.

Anne

$$\left|\begin{array}{l} 3x+2y=-1 \\ x-3y=7 \end{array}\right| \quad \begin{array}{l} \\ |\cdot(-3) \end{array}$$

$$\left|\begin{array}{l} 3x+2y=-1 \\ -3x+9y=7 \end{array}\right| \quad +$$

Timo

$$\left|\begin{array}{l} 9a+12b=12 \\ 6a+6b=9 \end{array}\right| \quad \begin{array}{l} |\cdot 6 \\ |\cdot 9 \end{array}$$

$$\left|\begin{array}{l} 54a+72b=72 \\ 54a+54b=81 \end{array}\right| \quad -$$

Kim

$$\left|\begin{array}{l} 6x+9y=15 \\ 2x+23y=-15 \end{array}\right| \quad \begin{array}{l} \\ |\cdot(-3) \end{array}$$

$$\left|\begin{array}{l} 6x+9y=15 \\ -6x-69y=45 \end{array}\right| \quad +$$

b) Löse die drei Gleichungssysteme mit dem Additionsverfahren.

8. Formuliere eine Textaufgabe, die dein Nachbar mit einem linearen Gleichungssystem löst.

9. Direktsaft hat einen Fruchtanteil von 100 %, ein Fruchtnektar hat einen Fruchtanteil von 25 %. Wie viel Liter Direktsaft und wie viel Liter Fruchtnektar müssen gemischt werden, um 10 Liter Apfelfruchtsaftgetränk mit 30 % Fruchtanteil zu erhalten?

10. Die Stromrechnung enthält einen monatlichen Grundpreis von 6,68 € und einen Arbeitspreis pro verbrauchter Kilowattstunde (kWh). Bei Familie Kienapfel ergab das einen Gesamtbetrag von 480,16 € im letzten Jahr. Familie Schulz hat 200 kWh weniger verbraucht, ihr Gesamtbetrag war 448,16 €. Bestimme den Arbeitspreis.

11. Ein Sportboot und ein Tanker fahren auf dem Nord-Ostsee-Kanal aufeinander zu. Das Sportboot fährt mit einer Höchstgeschwindigkeit von 13 km/h. Der Tanker hat besondere Auflagen und darf nur mit der erlaubten Geschwindigkeit von 4 km/h fahren. Beide Schiffe sind noch 21 km voneinander entfernt. Wie viel Zeit vergeht, bis die Schiffe einander passieren?

12. Forschungsauftrag: Mara kauft 3 Rosinenbrötchen und 5 Sesamstangen für 5,55 €, Tom kauft 3 Rosinenbrötchen und 2 Mohnhörnchen für 3,50 €, Leonie nimmt 4 Mohnhörnchen für 3,40 €.

a) Prüfe, ob das lineare Gleichungssystem zur Situation passt:

$$\left|\begin{array}{lllll} 3r & +5s & & = & 5,55 \\ 3r & & +2m & = & 3,50 \\ & & 4m & = & 3,40 \end{array}\right|$$

b) Bestimme den Preis für ein Rosinenbrötchen, eine Sesamstange und ein Mohnhörnchen.

c) Kannst du die Preise auch bestimmen, wenn Leonie statt der 4 Mohnhörnchen nur 2 Mohnhörnchen und dazu 5 Sesamstangen für 5,45 € gekauft hätte?

d) Kannst du die Preise auch bestimmen, wenn Leonie statt der 4 Mohnhörnchen 6 Rosinenbrötchen und 4 Mohnhörnchen für 7 € gekauft hätte?

5.4 Sonderfälle beim rechnerischen Lösen

■ Lena löst ein lineares Gleichungssystem rechnerisch. Bei der Gleichung 0x + 0y = 2 kommt sie ins Grübeln. Moritz hat die Idee, das Gleichungssystem grafisch zu lösen. Welche Lösung ergibt sich damit? ■

$$\left| \begin{array}{l} x + 2y = 4 \\ -x - 2y = -2 \end{array} \right| \quad +$$

$$\left| \begin{array}{l} x + 2y = 4 \\ 0 + 0 = 2 \end{array} \right|$$

Vom grafischen Lösen linearer Gleichungssysteme ist bekannt, dass ein Gleichungssystem **genau eine Lösung, unendlich viele Lösungen** oder **keine Lösung** haben kann. Auch beim rechnerischen Lösen linearer Gleichungssysteme treten diese Fälle auf: Die Lösungsmenge kann leer sein, unendlich viele Elemente oder genau ein Element enthalten.

Beispiel 1: Lineare Gleichungssysteme, die keine Lösung haben

Löse das lineare Gleichungssystem. $\left| \begin{array}{l} y = x + 2 \\ -1 = y - x \end{array} \right|$

Lösung:

Zur Berechnung der Lösung bietet sich das Einsetzungsverfahren an.

$\left| \begin{array}{l} y = x + 2 \\ -1 = y - x \end{array} \right|$ | y = x + 2 einsetzen

Setze in der zweiten Gleichung für y den Term x + 2 ein.

$\left| \begin{array}{l} y = x + 2 \\ -1 = x + 2 - x \end{array} \right|$

Du erhältst die falsche Aussage −1 = 2 und findest kein Wertepaar x, y, das beide Gleichungen erfüllt.

$\left| \begin{array}{l} y = x + 2 \\ -1 = 2 \end{array} \right|$ Das Gleichungssystem hat keine Lösung. L = { }

Wenn du beide Gleichungen nach y umstellst und als Geraden zeichnest, so erkennst du, dass die Geraden parallel zueinander verlaufen. Es gibt keine gemeinsamen Punkte.

$y = x + 2$

$y = x - 1$

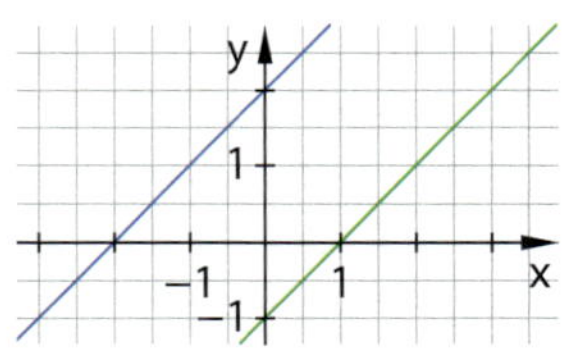

Hinweis:
Die Funktionsgleichungen
$y = x + 2$
$y = x - 1$
haben beide die gleiche Steigung m = 1, aber verschiedene y-Achsenabschnitte.

Beispiel 2: Lineare Gleichungssysteme, die unendlich viele Lösungen haben

Löse das lineare Gleichungssystem. $\left| \begin{array}{l} 4x + 6y = 12 \\ -4x - 6y = -12 \end{array} \right|$

Lösung:

Zur Lösungsberechnung bietet sich das Additionsverfahren an.

$\left| \begin{array}{l} 4x + 6y = 12 \\ -4x - 6y = -12 \end{array} \right| \quad +$

Es führt zur wahren Aussage 0 = 0. Alle Wertepaare, die die eine Gleichung erfüllen, erfüllen auch die andere Gleichung.

Addieren:
$0 + 0 = 0$

Das Gleichungssystem hat unendlich viele Lösungen
$L = \{(x|y) \mid y = -\frac{2}{3}x + 2\}$

Wenn du beide Gleichungen nach y umstellst und als Geraden zeichnest, so erkennst du, dass die Geraden aufeinanderliegen.

$y = -\frac{2}{3}x + 2$

$y = -\frac{2}{3}x + 2$

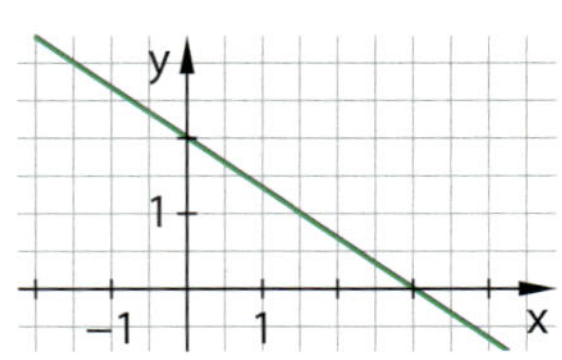

Wissen: Sonderfälle beim Lösen linearer Gleichungssysteme

Führt das Lösen eines linearen Gleichungssystems

- zu einer falschen Aussage (z. B. $-1 = 2$), so hat das Gleichungssystem **keine Lösung.** Die Lösungsmenge ist leer: $L = \{\ \}$
- zu einer wahren Aussage (z. B. $0 = 0$), so hat das Gleichungssystem **unendlich viele Lösungen.** Die Lösungsmenge besteht aus allen Wertepaaren, die eine (und damit beide) Gleichungen erfüllen: $L = \{(x|y) \mid y = mx + b\}$

Basisaufgaben

1. Zeige, dass das lineare Gleichungssystem die vorgegebene Lösung hat.

a) $\left|\begin{array}{l} y = 2x + 6 \\ 9 = 6x - 3y \end{array}\right|$ $L = \{\ \}$

b) $\left|\begin{array}{r} a = 13 - 2b \\ -1 = -2a - 4b \end{array}\right|$ $L = \{\ \}$

c) $\left|\begin{array}{l} x + y = 2 \\ x - y = -2 \end{array}\right|$ $L = \{(0|2)\}$

d) $\left|\begin{array}{r} 4x = 2y \\ 4(x + y) = 6y \end{array}\right|$ $L = \{(x|y) \mid y = 2x\}$

2. Löse das lineare Gleichungssystem. Gib – falls möglich – drei verschiedene Lösungen an.

a) $\left|\begin{array}{l} 2x - y = -3 \\ -4x + 2y = 6 \end{array}\right|$

b) $\left|\begin{array}{l} 2a + 2 = b - 2 \\ \frac{1}{2}b - a = 2 \end{array}\right|$

c) $\left|\begin{array}{l} s = t - 2 \\ t = s \end{array}\right|$

d) $\left|\begin{array}{l} 2p = q \\ p - 4q = 0 \end{array}\right|$

3. Nimm begründet Stellung zu Noras Behauptungen: „Drei Brötchen und fünf Hörnchen kosten zusammen 6,60 €. Wenn ich zusätzlich weiß, dass

a) 4 Brötchen und 6 Hörnchen zusammen 7,80 € kosten, dann kostet ein Hörnchen 1,50 €."

b) 6 Brötchen und 10 Hörnchen zusammen 12,20 € kosten, dann kann ich den Preis nicht bestimmen."

4. Bestimme die Lösung rechnerisch oder grafisch. Gib bei unendlich vielen Lösungen zwei unterschiedliche Lösungen an.

a) $\left|\begin{array}{r} 2x + 3 = y \\ x + y = 0 \end{array}\right|$

b) $\left|\begin{array}{r} a - b = 1 \\ 2a - 2 = 2b \end{array}\right|$

c) $\left|\begin{array}{l} y = \frac{1}{2}x + 2 \\ 2y - \frac{1}{2}x = 1 + y \end{array}\right|$

d) $\left|\begin{array}{r} 2t - s = -3 \\ -4t + 2s = 6 \end{array}\right|$

5. Bilde aus zwei der Gleichungen ein Gleichungssystem, das

a) die Lösung $x = 1$ und $y = 2$ hat,

b) keine Lösung hat,

c) unendlich viele Lösungen hat.

$x + y = 5$ $\quad$ $x = 2y - 3$ $\quad$ $\frac{1}{2}x = -\frac{1}{2}y + 2{,}5$ $\quad$ $x - y = -1$ $\quad$ $2x + 2y = 8$

6. Gib jeweils eine zweite Gleichung mit denselben beiden Variablen so an, dass das Gleichungssystem genau eine Lösung (unendlich viele Lösungen, keine Lösung) hat. Gib deine Gleichungssysteme deinem Nachbarn zum Lösen. Stimmt die Anzahl der Lösungen?

a) $x + y = 3$ $\quad$ b) $2a + b = 3$ $\quad$ c) $4p = 3q - 5$ $\quad$ d) $2(2x + 3) = -(5 - 2y)$

7. Michael meint, er könne allein durch „scharfes Hinsehen" erkennen, dass das Gleichungssystem ① keine Lösung hat, das Gleichungssystem ② unendlich viele Lösungen hat und das Gleichungssystem ③ genau eine Lösung hat. Ist das möglich? Begründe.

① $\left|\begin{array}{l} y = 4x - 2 \\ y = 4x + 2 \end{array}\right|$

② $\left|\begin{array}{r} y = x + 4 \\ 2y = 2x + 8 \end{array}\right|$

③ $\left|\begin{array}{l} y = -2x - 2 \\ y = 2x + 2 \end{array}\right|$

8. Löse das lineare Gleichungssystem rechnerisch. Überprüfe dein Ergebnis grafisch.

a) $\left|\begin{array}{l} y = 2x + 1 \\ 2y - 4x = -2 \end{array}\right|$

b) $\left|\begin{array}{l} y = 2x + 4 \\ -2 - x + y = x + 2 \end{array}\right|$

c) $\left|\begin{array}{r} 0{,}6x + 0{,}3y = 0{,}1 \\ 2y - 1 + y = -6x \end{array}\right|$

d) $\left|\begin{array}{r} 2x + y = 2 \\ -2x - y = 2 \end{array}\right|$

Weiterführende Aufgaben

9. Auf einem Bauernhof leben Hühner und Schafe. Sie haben zusammen 14 Köpfe und 18 Füße. Wie viele Hühner und Schafe sind es?
Sina behauptet: $L = \{(4{,}5 | 9{,}5)\}$.
Überprüfe ihre Lösung.

10. Michael hat Hefte und Schulbücher in seiner Tasche, zusammen sind es heute 16 Stück. Wie viele Hefte het er heute dabei und wie viele Bücher, wenn es
a) gestern bei halb so vielen Büchern insgesamt 13 Stück waren?
b) gestern insgesamt 32 Stück bei doppelt so vielen Büchern und Heften waren?
c) gestern insgesamt 14 Stück bei halb so vielen Büchern und Heften waren?

11. Stolperstelle: Eva hat folgende Gleichungssysteme gelöst. Kontrolliere die Lösungen.

a) $\left| \begin{array}{l} -3x - y = 5 \\ 3x + y = -5 \end{array} \right|$
Bei der Addition der Gleichungen erhält man $0 = 0$. Das Gleichungs-system hat keine Lösung.

b) $\left| \begin{array}{l} y + 2x = 2 \\ y - 2x = 2 \end{array} \right|$
$y + 2x \neq y - 2x$
Das Gleichungssystem hat keine Lösung.

c) $\left| \begin{array}{l} y = -x + 4 \\ x + y = 4 \end{array} \right|$
$\left| \begin{array}{l} y = -x + 4 \\ 4 = 4 \end{array} \right|$
Lösung: $x = -1$, $y = 5$

12. Eine 6 cm lange, dicke weiße Kerze und eine 30 cm lange, dünne rote Kerze werden gleichzeitig angezündet. Die rote Kerze brennt in einer Stunde 2 cm ab, die weiße Kerze brennt in einer Stunde 0,5 cm ab.
Nach wie vielen Stunden sind beide Kerzen gleich lang?
a) Stelle ein lineares Gleichungssystem dazu auf und löse es.
b) Beurteile deine Lösung in diesem Sachzusammenhang.

13. Löse das lineare Gleichungssystem und gib möglichst ohne viele Umformungsschritte an, wie viele Lösungen es gibt.

a) $\left| \begin{array}{l} 8y - 4x = 15 \\ 4y - 2x = 7{,}5 \end{array} \right|$
b) $\left| \begin{array}{l} 9x - 2y = 0 \\ 9x = 2y \end{array} \right|$
c) $\left| \begin{array}{l} 3x + y = 7 \\ y = -4x + 8 \end{array} \right|$
d) $\left| \begin{array}{l} 5x + \frac{1}{2}y = 3 \\ y = 7 - 10x \end{array} \right|$
e) $\left| \begin{array}{l} 5x - \frac{1}{2}y = \frac{1}{3} \\ 29x - 3y = 0 \end{array} \right|$
f) $\left| \begin{array}{l} 4x = -5{,}25 \\ -3y = 1 \end{array} \right|$

14. Zeichne in ein Koordinatensystem zwei geeignete Geraden und erstelle damit ein lineares Gleichungssystem, das a) eine, b) keine, c) unendlich viele Lösungen hat.

15. Jeder in der Gruppe notiert drei lineare Gleichungssysteme, von denen mindestens zwei keine oder unendlich viele Lösungen haben. Gebt eure Aufgaben einer anderen Gruppe. Bearbeitet die Aufgaben reihum und schreibt jeweils dazu, wie viel Zeit für die Bestimmung der Lösung benötigt wurde. Wenn jeder alle Aufgaben gelöst hat, vergleicht die Zeiten.

16. Ausblick: Ersetze, falls möglich, a so durch eine Zahl, dass das Gleichungssystem ① genau eine Lösung hat, ② unendlich viele Lösungen hat, ③ keine Lösung hat.

a) $\left| \begin{array}{l} y = ax + 3 \\ y = 3x + 3 \end{array} \right|$
b) $\left| \begin{array}{l} y = 2x + a \\ y = 2x + 4 \end{array} \right|$
c) $\left| \begin{array}{l} y = 2x + 1 \\ y = ax + 2 \end{array} \right|$

Lineare Gleichungssysteme mit CAS oder GTR lösen

■ Wie viel kostet ein Croissant und eine Tasse Kaffee?

„2 Croissant, ein Kaffee, das sind 4,20 €, bitte."

„3 Croissant und 2 Kaffee, das macht 6,90 €."

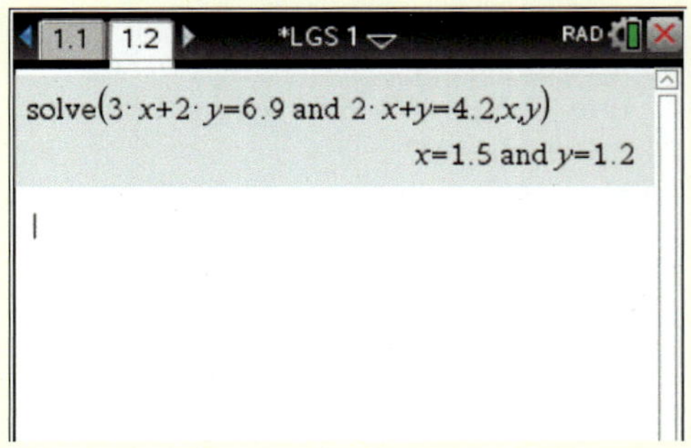

Prüfe, ob Malte mit seinem CAS richtig gerechnet hat. Erkläre seine Eingabe und die Ausgabe des CAS. ■

Mit einem CAS oder einem GTR kann man lineare Gleichungssysteme nicht nur grafisch, sondern auch rechnerisch lösen. Dazu gibt es mehrere Möglichkeiten. Zum Beispiel kann man den Befehl ***solve*** nutzen.

Beispiel 1: Löse das Gleichungssystem mit einem CAS. $\left|\begin{array}{l} 2x - 6y = 8 \\ 3x - 6y = 9 \end{array}\right|$

Rufe im *Calculator* den Befehl *solve* auf. Definiere die Anzahl der Gleichungen und die Variablennamen.

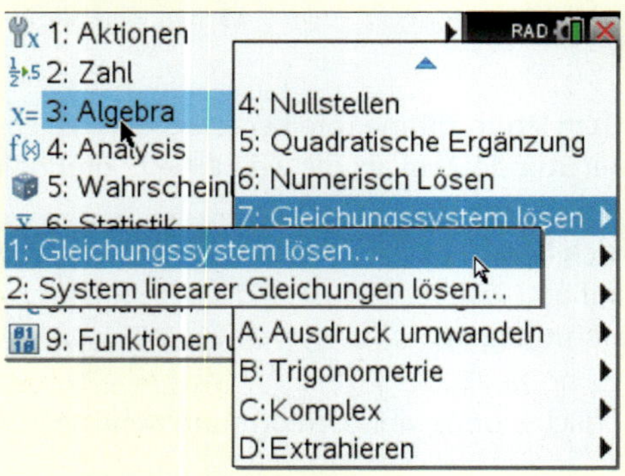

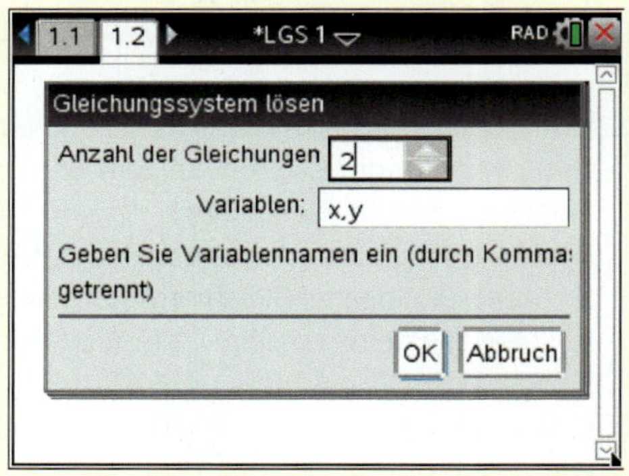

Hinweis:
Man kann die Gleichungen auch durch „and" verbinden:
solve(2 · x – 6 · y = 8 and 3 · x – 6 · y = 9, x, y)

Gib die Gleichungen ein.

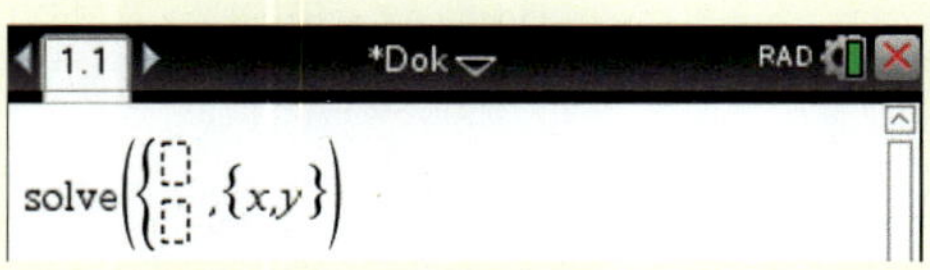

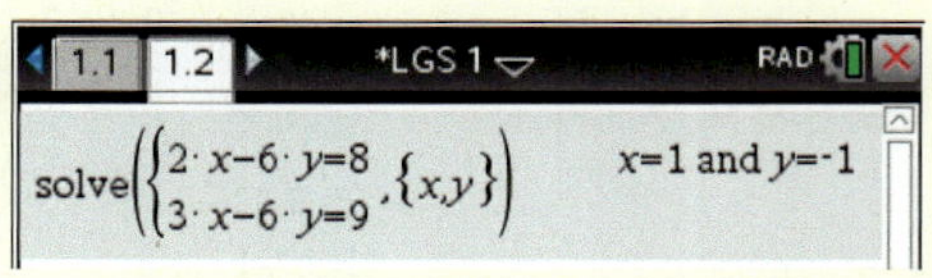

Beispiel 2:

a) Berechne die Lösung des linearen Gleichungssystems handschriftlich. $\left|\begin{array}{l} x + \ \ y = 4 \\ 2x + 2y = 8 \end{array}\right|$

b) Berechne das lineare Gleichungssystem aus a) mit einem CAS und erkläre die Ausgabe.

Lösung:

a) Offensichtlich erhält man die zweite Gleichung, wenn man die erste mit 2 multipliziert.

$$\left|\begin{array}{l} x + y = 4 \\ 2(x + y) = 2 \cdot 4 \end{array}\right|$$

$$\left|\begin{array}{l} x = 4 - y \\ x = 4 - y \end{array}\right|$$

$$L = \{(x|y) | x = 4 - y\}$$

b) Die Anzeige $y = c1$ bedeutet, dass y eine beliebige rationale Zahl ist.
$x = -(c1 - 4)$ ist gleichbedeutend mit $x = -(y - 4)$ und ist damit dieselbe Lösung wie in a), denn:
$x = -(y - 4) = -y + 4 = 4 - y$

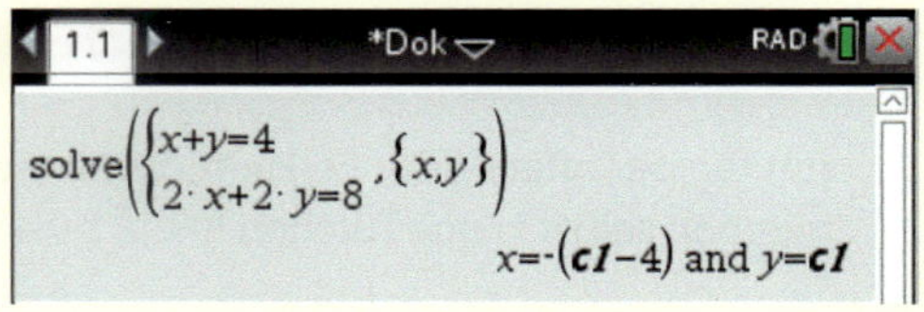

Hinweis:
Die Variablen **c1 (c2, c3, ...)** werden **„Zählvariable"** genannt. Sie weisen auf unendlich viele Lösungen des linearen Gelichungssystems hin.

Aufgaben

CAS **1.** Löse das Gleichungssystem mit einem CAS.

a) $\left| \begin{array}{l} y - 5 = 12x \\ 0{,}5y = -6x - 2{,}5 \end{array} \right|$ b) $\left| \begin{array}{l} \frac{3}{5}s - t + 2 = 0 \\ -14s - 7t = 28 \end{array} \right|$ c) $\left| \begin{array}{l} 33 - (2y - 2x) = 7y - 2x \\ 5x - 4y = -2(3x - y - 18) \end{array} \right|$

CAS **2.** Bestimme den Schnittpunkt S

a) näherungsweise durch Ablesen aus der Anzeige rechts,
b) durch Schnittpunktermittlung in der Anwendung *Graphs*,
c) als Lösung des Gleichungssystems mit dem Befehl *solve*.

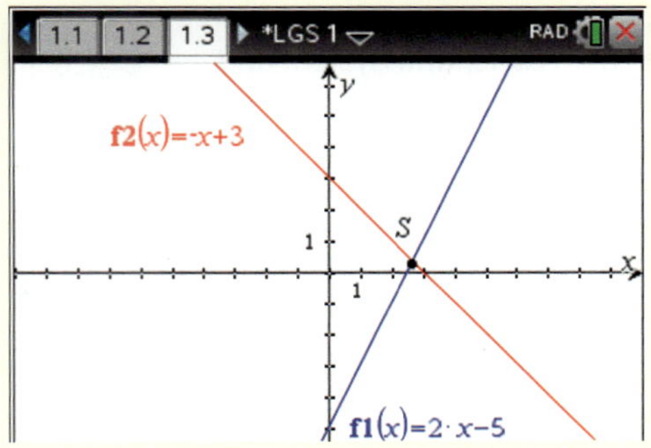

CAS **3.** Gegeben ist das lineare Gleichungssystem $\left| \begin{array}{l} x + 6y = 9 \\ x + 2y = 3 \end{array} \right|$.

a) Bestimme die Lösung handschriftlich.
b) Interpretiere die Anzeige des CAS.

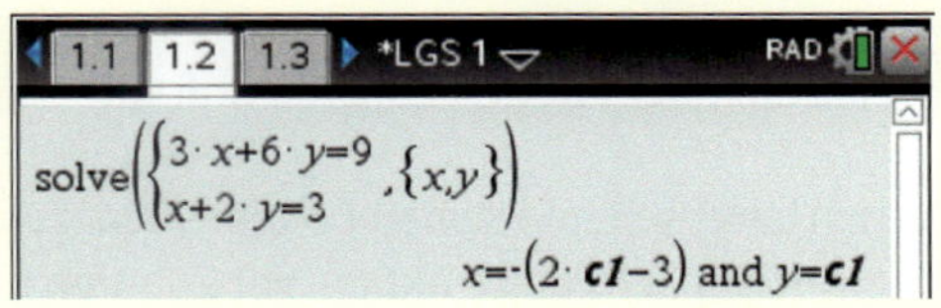

CAS **4.** a) Begründe, dass die beiden Geraden $y = -x + 2$ und $y = -x - 3$ keinen Schnittpunkt haben.
b) Interpretiere die Anzeige, die dein CAS-Rechner liefert, wenn du das zugehörige lineare Gleichungssystem $\left| \begin{array}{l} y = -x + 2 \\ y = -x - 3 \end{array} \right|$ mit dem Rechner löst.

CAS **5.** a) Gib eine zweite Gleichung an, sodass $\left| \begin{array}{l} x - y = 1 \\ \end{array} \right|$ unendlich viele Lösungen hat.
Gib die Lösungsmenge an und kontrolliere mit einem CAS.
b) Gib eine zweite Gleichung an, sodass $\left| \begin{array}{l} -2x + y = 4 \\ \end{array} \right|$ keine Lösung hat.
Kontrolliere mit einem CAS.

CAS **6.** Löse die beiden Gleichungssysteme $\left| \begin{array}{l} -x + y = 5 \\ -x + y = 1 \end{array} \right|$ und $\left| \begin{array}{r} -0{,}999\,x + y = 5 \\ -x + y = 1 \end{array} \right|$ mit einem CAS sowohl rechnerisch als auch grafisch. Vergleiche die Lösungen. Begründe, weshalb die kleine Änderung eines Koeffizienten solche drastischen Auswirkungen hat.

CAS **7.** **Forschungsauftrag:** Gegeben sind lineare Gleichungssysteme mit mehr als zwei Gleichungen oder mehr als zwei Variablen. Ermittle ihre Lösung mit einem CAS. Beschreibe dein Vorgehen.

a) $\left| \begin{array}{r} x + y + 2z = 2 \\ 2x + y - 2z = 1 \\ -x - 3y - z = -2 \end{array} \right|$ b) $\left| \begin{array}{r} x + y + 2z = 2 \\ 2x + y - 2z = 1 \end{array} \right|$ c) $\left| \begin{array}{r} x - y + z = 1 \\ 2x - 2y + 2z = 2 \\ -x + y - z = 1 \end{array} \right|$

5.5 Vermischte Aufgaben

1. Am Tag der offenen Tür verkauft die Klasse 8 d Süßigkeiten für ihre Klassenkasse. Sie mischen selbst kleine Tütchen mit je zwei verschiedenen Süßigkeiten.

Eine gemischte Tüte aus Schokotalern und Schokolinsen soll 2 € kosten und 15 Teile enthalten. Ein Schokotaler kostet 0,20 € und eine Schokolinse 0,10 €. Berechne, wie viele Schokolinsen und wie viele Schokotaler die Schüler in jede Tüte packen müssen.

Erfinde eine passende Geschichte zu dem Gleichungssystem und löse es dann mit einem Verfahren deiner Wahl.

$$\left| \begin{aligned} x + y &= 21 \\ 8x + 12y &= 200 \end{aligned} \right|$$

In einer Pralinentüte sollen 21 Teile enthalten sein. $\frac{1}{3}$ der Pralinen sind Schokopralinen zu 0,30 € pro Stück, der Rest wird mit Marzipantalern zu 15 ct pro Stück aufgefüllt. Berechne den Preis, den die Schüler verlangen müssen, damit sie 1 € Gewinn pro Tüte machen.

Bei den Weingummitüten wollen die Schüler Smileys für 0,11 € pro Stück und Herzen für 0,16 € pro Stück mischen. Der Wert der Süßigkeiten in einer Tüte soll genau 2 € betragen. Ist dies möglich?

Hinweis zu 2:
Tipps für Präsentationen findest du auf Methodenkarte 8F.

2. Erstelle ein Plakat zum Thema „Lineare Gleichungssysteme“.

3. Gesucht sind zwei Zahlen. Addiert man zum Vierfachen einer Zahl das Doppelte einer anderen, so erhält man 158. Dagegen ergibt sich 6, wenn das Fünffache der ersten Zahl vom Produkt der zweiten Zahl mit drei subtrahiert wird.

4. Ein Vater schenkt seinen Söhnen Klaus und Ralf zu jedem Geburtstag eine Aktie. Beide Söhne sparen diese Aktien. Vor 2 Jahren hatte Klaus viermal so viele Aktien wie Ralf. In 4 Jahren wird er nur noch doppelt so viel haben. Wie alt sind Klaus und Ralf?

5. Berechne das Alter der Personen.
a) Leons Alter beträgt heute $\frac{1}{16}$ des Alters seines Opas. Vor zwei Jahren war sein Opa noch 31-mal so alt wie Leon.
b) Vor zwei Jahren war Frau Krämer 15-mal so alt wie ihre Tochter. In 6 Jahren wird sie nur noch 3,8-mal so alt sein.
c) Laura ist vier Jahre älter als ihr Bruder Emil. Zusammen sind sie heute $\frac{1}{4}$-mal so alt wie ihr Vater. In fünf Jahren wird der Vater nur noch $2\frac{1}{4}$-mal so alt sein wie beide zusammen.

6. Entscheide, ob es die Figuren mit den folgenden Eigenschaften geben kann.
a) Ein gleichschenkliges Dreieck hat einen Umfang von 8 cm. Seine Schenkel sind 6 cm länger als die Basis.
b) Der Umfang eines Rechtecks ist 12 cm länger als die längere Seite und 15 cm länger als die kürzere Seite.
c) Der Umfang eines Rechtecks beträgt 24 cm. Eine Seite ist 12 cm länger als die andere.

7. Familie Hirsch hat einen Telefonvertrag, bei dem pro Monat 17,95 € Grundgebühr und pro angefangene Minute 0,19 € Zusatzgebühr anfallen. Sie haben ein Angebot erhalten mit 19,95 € Grundgebühr und 0,09 € pro angefangene halbe Minute. Wie lange können sie im Monat telefonieren, ohne dass sich der Wechsel lohnt?

8. Das abgebildete Sechseck hat einen Umfang von 30 cm. Die Maßzahlen der Seitenlängen in Zentimeter sind natürliche Zahlen.

a) Gib eine Gleichung für den Umfang des Sechsecks an.

b) Gib eine Lösung der Gleichung an, die dem Sachverhalt entspricht.

c) Gib die größtmögliche Länge von a (bzw. b) an.

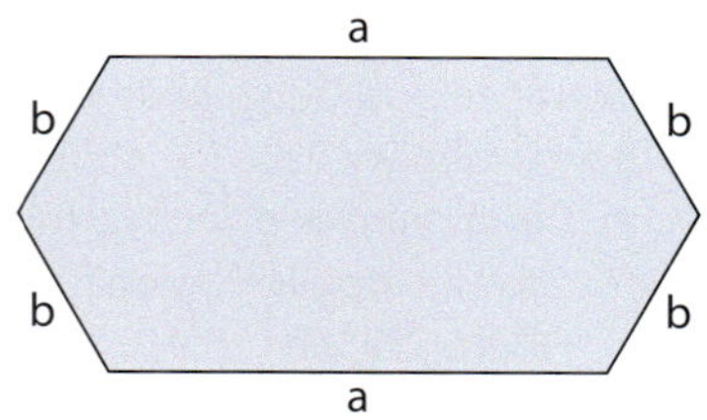

9. Bilde aus den Karten A bis E mehrere lineare Gleichungssysteme. Ordne jeder Lösungskarte eines dieser linearen Gleichungssysteme zu. Wie viele Lösungskarten müsste man ergänzen?

A: $3x - 4y = 20$

D: $-9x - 9y = 45$

3: $L = \{(0|-5)\}$

4: $L = \{(2|-1)\}$

2: $L = \{(-10|5)\}$

E: $-6 = 42 - 24x$

C: $3 + 6x + 12y = 3$

B: $2x + 1 = y + 6$

1: $L = \{(4|-2)\}$

10. Bestimme die Geradengleichungen.

a)

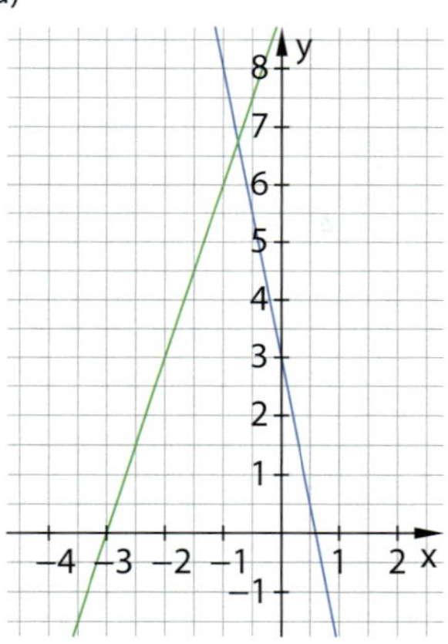

b)

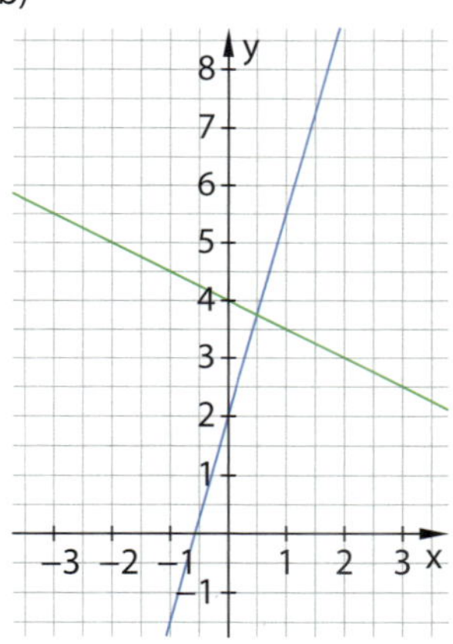

c)

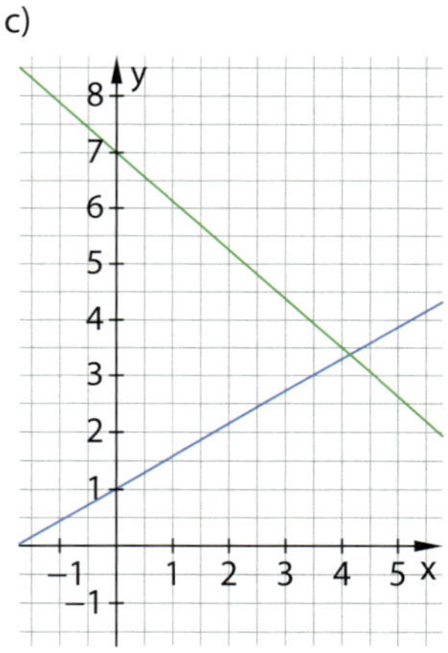

11. Es gibt Tüten mit Himbeer- und mit Zitronenbonbons. In jeder einzelnen Sorte ist immer die gleiche Anzahl an Bonbons enthalten. Nimmt man zwei Tüten Himbeerbonbons und drei Tüten Zitronenbonbons, dann hat man insgesamt 90 Bonbons. Nimmt man dagegen zwei Tüten Himbeerbonbons und fünf Tüten Zitronenbonbons, dann sind es zusammen 130 Bonbons. Wie viele Bonbons sind in den Tüten jeder Sorte enthalten?

12. Leonie und Lara wohnen 10 km voneinander entfernt. Sie fahren beide zur gleichen Zeit mit dem Fahrrad los, um sich zu treffen. Leonie fährt mit einer Geschwindigkeit von $13\,\frac{\text{km}}{\text{h}}$ und Lara mit einer Geschwindigkeit von $17\,\frac{\text{km}}{\text{h}}$. Berechne die Zeit, bis sich Lara und Leonie treffen, und berechne außerdem die Strecke, die Lara, und die Strecke, die Leonie zurückgelegt hat.

Hinweis zu 12:
$s = v \cdot t$
s: Strecke
v: Geschwindigkeit
t: Zeit

Prüfe dein neues Fundament

Lösungen ↗ S. 224

1. In der Kasse der Klasse 7c befinden sich 40 €. Davon wollen die Schülerinnen und Schüler Getränke und Gebäck für ein Klassenfest kaufen. Ein Getränk kostet im Einkauf 1 €, ein Beutel Gebäck 2 €.

a) Beschreibe den Sachverhalt mit einer linearen Gleichung mit zwei Variablen.

b) Gib alle Möglichkeiten für den Einkauf an Getränken und Beuteln mit Gebäck an.

c) Überprüfe, ob $(20|10)$; $(10|20)$; $(36|2)$ Lösungen sind.

2. Mara kauft vier Dinkelbrötchen und drei Roggenbrötchen für 4,65 €, Ronja zahlt für vier Roggenbrötchen und zwei Dinkelbrötchen 3,70 €.

a) Begründe, welche der linearen Gleichungssysteme zu dieser Situation passen.

① $\left| \begin{array}{l} 4d + 3s = 4{,}65 \\ 2d + 4s = 3{,}70 \end{array} \right|$ ② $\left| \begin{array}{l} 2d + 4s = 3{,}70 \\ 4d + 3s = 4{,}65 \end{array} \right|$ ③ $\left| \begin{array}{l} 4x + 3y = 4{,}65 \\ 2y + 4x = 3{,}70 \end{array} \right|$ ④ $\left| \begin{array}{l} 4x + 3y = 4{,}65 \\ 2x + 4y = 3{,}70 \end{array} \right|$

b) Begründe, dass $L = \{(1{,}35|-0{,}25)\}$ keine Lösung sein kann.

3. Zeichne in ein Koordinatensystem eine Gerade, auf der die Lösungen der linearen Gleichung liegen, und bestimme aus der Zeichnung drei Lösungen der Gleichung.

a) $2x + 2y = 4$ b) $9x - 6y = 12$ c) $-10x + 5y = 40$ d) $-0{,}5x + 0{,}25y = 0{,}75$

4. Gib ein Gleichungssystem mit zwei linearen Gleichungen an, das den folgenden Sachverhalt beschreibt: Addiert man zu einer Zahl das Doppelte einer anderen Zahl, so erhält man 5. Subtrahiert man vom Dreifachen der ersten Zahl die zweite Zahl, so erhält man 1.

5. Ermittle grafisch eine Lösung des linearen Gleichungssystems.

a) $\left| \begin{array}{r} -2x + y = 1 \\ x + y = 1 \end{array} \right|$ b) $\left| \begin{array}{r} -3x + y = -2 \\ x - y = -2 \end{array} \right|$ c) $\left| \begin{array}{l} -3x + y = 5 \\ 2x - 2y = -2 \end{array} \right|$ d) $\left| \begin{array}{l} -a + 2b = 1 \\ 5a - 3b = 2 \end{array} \right|$

6. Ermittle eine Lösung des linearen Gleichungssystems. Begründe, für welches Verfahren du dich entscheidest.

a) $\left| \begin{array}{l} y = 4x - 1 \\ y = 2x + 1 \end{array} \right|$ b) $\left| \begin{array}{r} 5y = 5x + 25 \\ -2y = 5x + 4 \end{array} \right|$ c) $\left| \begin{array}{r} -10x - 3y = 15 \\ 5x + 5y = 10 \end{array} \right|$ d) $\left| \begin{array}{l} 0{,}5x + y = 1{,}5 \\ 2x + 3y = 4 \end{array} \right|$

e) $\left| \begin{array}{r} x + y = 4 \\ y = 2x - 2 \end{array} \right|$ f) $\left| \begin{array}{l} x - 2y = 5 \\ 3x - y = 10 \end{array} \right|$ g) $\left| \begin{array}{l} 2x + y = 2 \\ -x + y = 5 \end{array} \right|$ h) $\left| \begin{array}{l} \frac{1}{3}a + b = 2 \\ a + \frac{1}{2}b = 6 \end{array} \right|$

7. Gib an, ob das Gleichungssystem eine, keine oder unendlich viele Lösungen hat.

a) $\left| \begin{array}{r} x + y = 1 \\ 2y - 2 = -2x \end{array} \right|$ b) $\left| \begin{array}{l} 3x + 2y = 4 \\ 6x + 4y = 16 \end{array} \right|$ c) $\left| \begin{array}{l} \frac{1}{5}x + \frac{1}{2}y = \frac{1}{3} \\ \frac{2}{10}x + \frac{3}{6}y = \frac{5}{20} \end{array} \right|$ d) $\left| \begin{array}{r} y = -0{,}2x + 1 \\ 0{,}5y = -0{,}1x + 0{,}5 \end{array} \right|$

8. Löse das lineare Gleichungssystem und mache die Probe. Gib das gewählte Lösungsverfahren an und begründe, wieso du dich für dieses entschieden hast.

a) $\left| \begin{array}{r} x + y = 2 \\ 2x - y = 1 \end{array} \right|$ b) $\left| \begin{array}{l} 2x + 3y = 4 \\ 4x = 24 - 6y \end{array} \right|$ c) $\left| \begin{array}{l} u - 3v = 16 \\ v = 2u + 8 \end{array} \right|$ d) $\left| \begin{array}{l} \frac{1}{2}x + \frac{1}{3}y = \frac{1}{4} \\ y = -\frac{3}{2}x + 3 \end{array} \right|$

e) $\left| \begin{array}{r} x - 3y = 6 \\ 2x + 4y = 20 \end{array} \right|$ f) $\left| \begin{array}{r} 4a + b = 4 \\ 2a - 3b = -40 \end{array} \right|$ g) $\left| \begin{array}{l} 5y - 2x = 10 \\ y = \frac{2}{5}x + 2 \end{array} \right|$ h) $\left| \begin{array}{l} \frac{7}{6}x + 2y = 4 \\ \frac{1}{4}x + \frac{3}{2}y = -\frac{9}{2} \end{array} \right|$

9. Ein rechteckiges, $810\,m^2$ großes Grundstück wird von einem 122 m langen Zaun und einem 4 m breiten Tor begrenzt. Wie lang und wie breit ist das Grundstück?

10. Löse die Zahlenrätsel.
a) Die Summe zweier Zahlen ist 50, ihre Differenz ist 42.
b) Addiert man zum Produkt zweier Zahlen 14, so erhält man 150. Das 39-fache der ersten Zahl minus 12 ist 300.
c) Das 3-fache der Summe zweier Zahlen ist 69. Das Quadrat der Summe der beiden Zahlen ist 529.

11. Tobias hat eine 1,80 m lange Holzleiste. Er möchte daraus einen Bilderrahmen anfertigen, bei dem die längeren Seiten 1,5-mal so lang sind wie die kürzeren Seiten.

12. Familie Schmidts Stromrechnung betrug in diesem Monat 39,16 € bei einem Verbrauch von 203 kWh. Im letzten Monat waren es 49,40 € bei 267 kWh. Wie hoch ist die Grundgebühr und wie hoch der Preis pro kWh?

Wiederholungsaufgaben

1. Gib das Ergebnis in der vorgegebenen Maßeinheit an.
a) ein Drittel von 6 km in m
b) das Doppelte von 1 m^3 in ℓ
c) der zehnte Teil von 48,7 kg in t

2. Rechts siehst du eine Figur.
a) Stelle einen Term zur Berechnung ihres Umfangs auf.
b) Berechne den Umfang, wenn a = 12 cm und b = 7 cm sind.

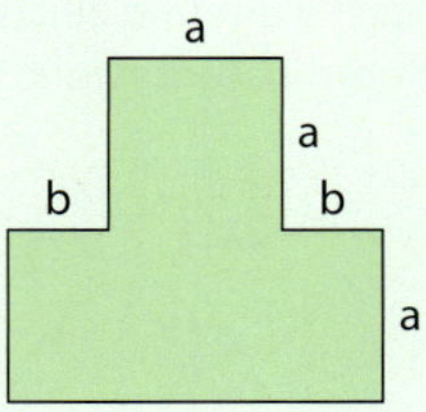

3. Welche Brüche gehören zu den Punkten A, B, C und D?

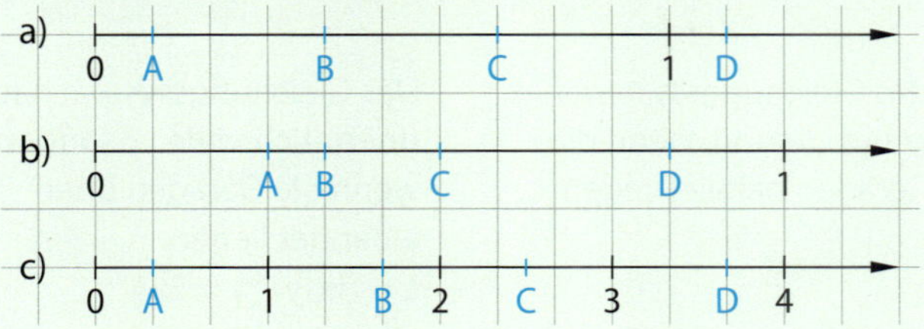

4. Die beiden Geraden g und h sind parallel. Gib die Größe der Winkel α_1 bis α_5 an.

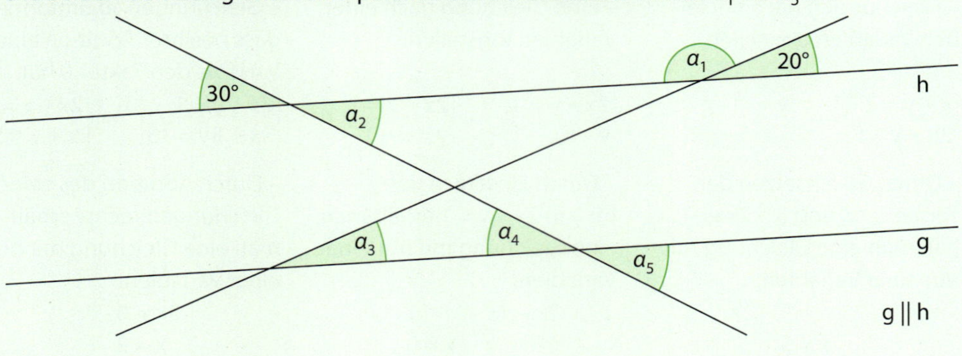

5. Berechne.
a) −4,5 + 5,4 b) −4,5 − 5,4 c) −4,5 · 5,4 d) −4,5 : 5,4

Zusammenfassung

Lineare Gleichungen mit zwei Variablen

Jede Gleichung der Form $a \cdot x + b \cdot y = c$ nennt man **lineare Gleichung mit zwei Variablen** (a, b, c, sind reelle Zahlen).

Die Lösungen sind **Wertepaare** $(\mathbf{x}|\mathbf{y})$.

In einem Koordinatensystem liegen die **Lösungen auf einer Geraden**.

$6x + 2y = 4$
Lösungen sind z. B.: $(-1|5)$; $(0|2)$

$6x + 2y = 4$ wird umgeformt zu $y = -3x + 2$.

Die Lösungen liegen auf dem Graphen von $f(x) = -3x + 2$.
$L = \{(x|y) \mid y = -3x + 2\}$

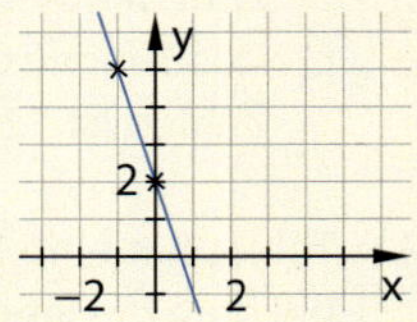

Lineares Gleichungssystem mit zwei Variablen

Zwei lineare Gleichungen mit zwei Variablen, zu denen eine gemeinsame Lösung gesucht ist, bilden ein **lineares Gleichungssystem**.

Jedes Wertepaar, das beide Gleichungen des Gleichungssystems zugleich erfüllt und zur Grundmenge gehört, ist eine Lösung dieses Gleichungssystems.

$$\left| \begin{array}{r} x + y = 7 \\ 2x + y = 10 \end{array} \right|$$

Lösung: $L = \{(3|4)\}$

Probe: $\left| \begin{array}{r} 3 + 4 = 7 \\ 2 \cdot 3 + 4 = 10 \end{array} \right|$

Grafisches Lösen eines linearen Gleichungssystems mit zwei Variablen

Zur **grafischen Lösung** eines linearen Gleichungssystems stellt man die beiden Gleichungen nach y um und zeichnet die Graphen der entsprechenden linearen Funktionen in ein Koordinatensystem. Die Lösung entspricht dem Schnittpunkt der beiden Graphen.

$$\left| \begin{array}{l} x + y = 3 \\ y = 5 - 2x \end{array} \right| \rightarrow \left| \begin{array}{l} y = -x + 3 \\ y = -2x + 5 \end{array} \right|$$

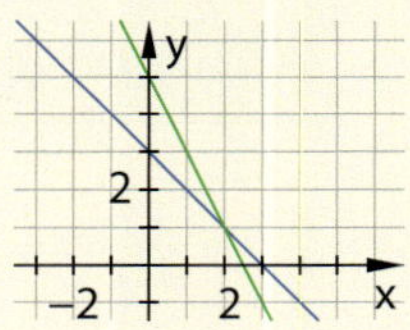

Das Gleichungssystem hat **genau eine Lösung**, wenn die Geraden sich schneiden:
$L = \{(2|1)\}$

$$\left| \begin{array}{l} x + y = 5 \\ x = 2 - y \end{array} \right| \rightarrow \left| \begin{array}{l} y = -x + 5 \\ y = -x + 2 \end{array} \right|$$

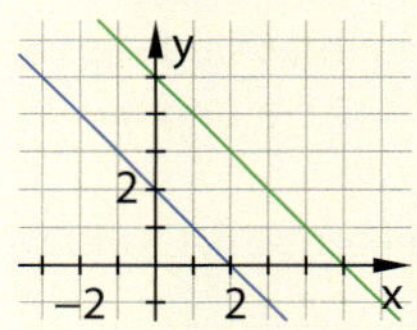

Das Gleichungssystem hat **keine Lösung**, wenn die Geraden parallel liegen:
$L = \{ \ \}$

$$\left| \begin{array}{l} y - 2x = 0 \\ 4x = 2y \end{array} \right| \rightarrow \left| \begin{array}{l} y = 2x \\ y = 2x \end{array} \right|$$

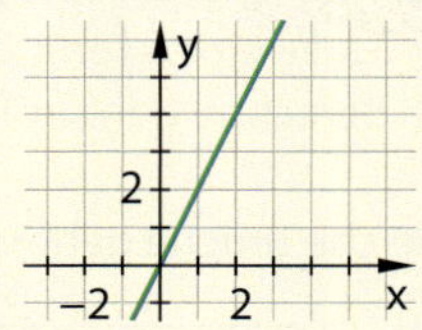

Das Gleichungssystem hat **unendlich viele Lösungen**, wenn die Geraden übereinander liegen:
$L = \{(x|y) \mid y = 2x\}$

Rechnerisches Lösen eines linearen Gleichungssystems mit zwei Variablen

Gleichsetzungsverfahren
– Gleichungen nach derselben Variablen umstellen.

$$\left| \begin{array}{l} x + y = 2 \\ 2x + y = 5 \end{array} \right| \rightarrow \left| \begin{array}{l} y = 2 - x \\ y = 5 - 2x \end{array} \right|$$

– Durch Gleichsetzen der Terme $2 - x$ und $5 - 2x$ erhält man eine Gleichung mit nur einer Variablen:

$$2 - x = 5 - 2x$$
$$x = 3$$

Einsetzungsverfahren
– Eine Gleichung nach einer Variablen umstellen.

$$\left| \begin{array}{l} 2x - y = 1 \\ y - x = -1 \end{array} \right| \rightarrow \left| \begin{array}{l} 2x - y = 1 \\ y = x - 1 \end{array} \right|$$

– Durch Einsetzen von $x - 1$ für y in $2x - y = 1$ erhält man eine Gleichung mit nur einer Variablen:

$$2x - (x - 1) = 1$$
$$x = 0$$

Additionsverfahren
– Gleichungen so umformen, dass bei ihrer Addition eine Variable den Faktor 0 hat.

$$\left| \begin{array}{l} 2x - y = 1 \\ 3x + 3y = 15 \end{array} \right| \rightarrow \left| \begin{array}{r} 2x - y = 1 \\ x + y = 5 \end{array} \right|$$

– Durch Addition der beiden Gleichungen rechts erhält man eine Gleichung mit nur einer Variablen:

$$3x = 6$$
$$x = 2$$

Durch Einsetzen in eine der Ausgangsgleichungen erhält man den Wert der anderen Variablen.

Lösung: $L = \{(3|-1)\}$ Lösung: $L = \{(0|-1)\}$ Lösung: $L = \{(2|3)\}$

6. Mehrstufige Zufallsexperimente

Beim Roulette kann man auf Rot oder Schwarz setzen. Wenn fünf Mal hintereinander Rot fällt, wie groß ist die Wahrscheinlichkeit, dass in der nächste Runde Schwarz fällt?

Nach diesem Kapitel kannst du …

- mehrstufige Zufallsexperimente in einem Baumdiagramm übersichtlich darstellen,
- Wahrscheinlichkeiten für mehrstufige Zufallsexperimente berechnen.

Lösungen
↗ S. 226

Brüche, Dezimalzahlen, Prozentangaben

1. Gib den Bruch als Dezimalzahl sowie in Prozentschreibweise an.

a) $\frac{1}{2}$ b) $\frac{3}{4}$ c) $\frac{7}{10}$ d) $\frac{3}{50}$ e) $\frac{18}{20}$ f) $\frac{12}{40}$

2. Gib als Bruch an, kürze vollständig.

a) 0,2 b) 0,25 c) 0,02 d) 0,125 e) 0,72 f) 0,06

3. Gib die Prozentangabe als Bruch und als Dezimalzahl an.

a) 1 % b) 25 % c) 75 % d) 40 % e) 22 % f) 30 %

4. Berechne die fehlenden Angaben in jeder Spalte.

	a)	b)	c)	d)	e)	f)	g)	h)
Prozentangabe	10 %				8 %			125 %
Bruch mit Nenner 100		$\frac{20}{100}$						
Bruch (gekürzt)				$\frac{4}{5}$			$\frac{3}{2}$	
Dezimalzahl			0,04			0,6		

Mit Brüchen und Dezimalzahlen rechnen

5. Berechne.

a) $\frac{1}{6} \cdot \frac{5}{6}$ b) $5 \cdot \frac{1}{6}$ c) $\frac{2}{3} \cdot \frac{1}{3} \cdot \frac{2}{3}$ d) $\frac{3}{8} \cdot \frac{2}{7}$ e) $6 \cdot \frac{3}{48}$

f) $\frac{1}{8} \cdot \frac{2}{8} \cdot \frac{3}{8}$ g) $\frac{3}{4} \cdot 0{,}5$ h) $0{,}25 \cdot \frac{2}{5}$ i) $0{,}1 \cdot \frac{3}{4}$ j) $4 \cdot \frac{2}{5} \cdot 0{,}6$

6. Multipliziere.

a) $0{,}8 \cdot 0{,}5$ b) $0{,}6 \cdot 0{,}2$ c) $0{,}25 \cdot 0{,}3$ d) $0{,}7 \cdot 0{,}02$ e) $0{,}17 \cdot 0 \cdot 0{,}3$

7. Addiere oder subtrahiere die Brüche.

a) $\frac{1}{3} + \frac{1}{4}$ b) $\frac{5}{8} - \frac{1}{4}$ c) $\frac{2}{3} + \frac{5}{9}$ d) $\frac{1}{20} + \frac{1}{10} + \frac{2}{5}$ e) $\frac{1}{4} + \frac{3}{8} - \frac{1}{2}$

8. Berechne.

a) $\frac{3}{4} \cdot \frac{2}{3} + \frac{2}{3} \cdot \frac{3}{4}$ b) $\frac{3}{8} \cdot \frac{5}{7} + \frac{5}{8} \cdot \frac{3}{7}$ c) $\frac{2}{3} \cdot \frac{3}{4} + \frac{3}{4} \cdot \frac{2}{3}$ d) $\frac{1}{6} \cdot \frac{3}{5} + \frac{3}{5} \cdot \frac{5}{6}$ e) $\frac{4}{7} \cdot \frac{7}{8} + \frac{7}{8} \cdot \frac{3}{7}$

Zufallsexperimente

9. Entscheide, ob es sich um ein Zufallsexperiment handelt. Begründe.

a) Aus einem Schuhschrank werden im Dunkeln zwei Schuhe genommen.
b) Am 24. 12. ist schulfrei.
c) Aus einer Spielesammlung wird mit verbundenen Augen eine Halmafigur herausgenommen.
d) Eine Stoppuhr wird gestoppt.

10. Gib die möglichen Ergebnisse an.

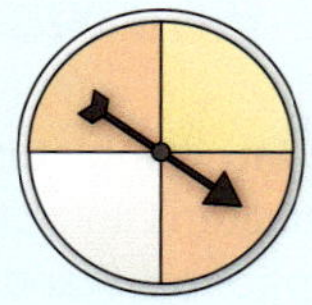

a) Das Glücksrad in der Abbildung wird gedreht.
b) Zwei Münzen werden geworfen.
c) Es werden zwei Murmeln aus einem Beutel gezogen, in dem sich zwei rote, zwei grüne und zwei gelbe Murmeln befinden.

11. Gib an, was die größeren Chancen beim einmaligen Würfeln mit einem Spielwürfel hat.
① Würfeln einer Primzahl
② Würfeln einer durch 3 teilbaren Zahl
Begründe deine Antwort, indem du die Anzahl der möglichen Ergebnisse betrachtest.

Laplace-Experimente

12. Entscheide und begründe, ob es sich um ein Laplace-Experiment handelt.
a) Eine Münze wird geworfen.
b) Ein Legostein wird geworfen.
c) Eine Reißzwecke wird geworfen.
d) Aus 32 Spielkarten wird eine Karte gezogen.

13. a) Handelt es sich beim Drehen des jeweiligen Glücksrades um ein Laplace-Experiment?
b) Gib für jedes Glücksrad die Wahrscheinlichkeit für „Gelb" an.
c) Zeichne ein Glücksrad mit vier Farben und acht Feldern, mit dem man ein Laplace-Experiment durchführen kann.

①

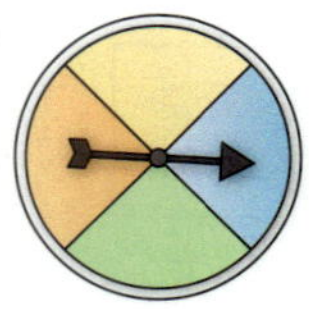

②

14. Gib ein Laplace-Experiment mit folgender Wahrscheinlichkeit für jedes Ergebnis an.
a) 50 %
b) $\frac{1}{6}$
c) 0,25
d) $\frac{1}{36}$

15. Ines soll mit verbundenen Augen eine Kugel aus der Schale ziehen.

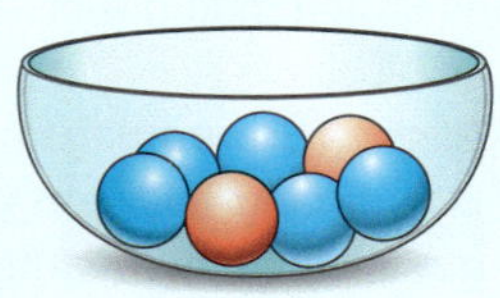

a) Handelt es sich um ein Laplace-Experiment?
b) Wie groß ist die Wahrscheinlichkeit, eine blaue Kugel zu ziehen?
c) Wie könnte man das Experiment verändern, sodass es ein Laplace-Experiment ist? Begründe deinen Vorschlag.

Vermischtes

16. Ordne der Größe nach. Beginne mit der kleinsten Zahl.
a) 0,7; 50 %; $\frac{9}{8}$; $1\frac{3}{4}$
b) 125 %; 0,9; $1\frac{1}{2}$; 1,7; 1 %
c) 0,75; $0{,}1^2$; $\frac{1}{10}$; $1\frac{1}{4}$; 120 %

17. Bezahl 2, nimm 3. Wie viele Möglichkeiten gibt es, drei Flaschen aus den drei Angebotssäften zu wählen?

18. Gib an, wie viele verschiedene dreistellige Zahlen man aus den Ziffern 1, 2 und 3 bilden kann.

6.1 Baumdiagramme

■ Ein Musikanbieter bietet Abos mit 3, 6 und 12 Monaten Laufzeit an. In jedem Abo gibt es die Optionen „Standard“ und „Premium“. Zwischen wie vielen Möglichkeiten kann man insgesamt wählen? ■

Bei einem Take-away-Imbiss kann man sich sein eigenes Spar-Menü zusammenstellen: Zur Auswahl stehen ein Classic Burger oder Chicken Nuggets oder Curry-Wurst. Dazu kann man Pommes oder Potato Wedges und ein 0,5-ℓ-Getränk oder ein Smoothie wählen.

Mit einem **Baumdiagramm** lassen sich alle Möglichkeiten für ein Menü darstellen:

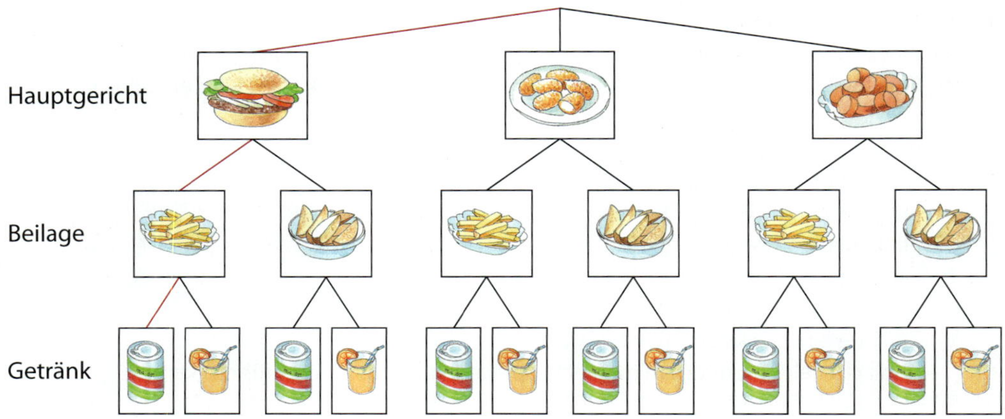

Jeder Pfad durch den Baum entspricht einer Menükombination. Zum Beispiel steht der rote Pfad für die Menükombination Classic Burger, Pommes und ein 0,5-ℓ-Getränk.
Die Anzahl der unterschiedlichen Menüs erhält man, indem man die Möglichkeiten der einzelnen Stufen multipliziert. Es gibt also $3 \cdot 2 \cdot 2 = 12$ Möglichkeiten, ein Menü zusammenzustellen.

Wissen: Baumdiagramm – Zählprinzip
Ein Vorgang, aus dem sich unterschiedliche **Kombinationsmöglichkeiten** ergeben, kann gut in einem mehrstufigen **Baumdiagramm** dargestellt werden.
Die **Gesamtzahl der Möglichkeiten** entspricht der Anzahl der Baumenden.
Die Gesamtzahl ist das Produkt aus den Anzahlen der Möglichkeiten auf jeder Stufe.

Beispiel 1: Mick, Ali und Sean wollen Elfmeterschießen üben. Wie viele Möglichkeiten gibt es, einen Schützen und einen Torwart zu bestimmen? Zeichne ein Baumdiagramm.

Hinweis:
Bei einem Baumdiagramm muss man immer darauf achten, ob die Wahl auf einer Stufe die weiteren Wahlmöglichkeiten einschränkt.

Lösung:
Es gibt 3 Möglichkeiten, einen Schützen zu bestimmen. Anschließend gibt es nur noch 2 Möglichkeiten für den Torwart, da der Schütze nicht gleichzeitig Torwart sein kann.

Multipliziere die Anzahl der Möglichkeiten in beiden Stufen, um die Anzahl aller Möglichkeiten zu erhalten.

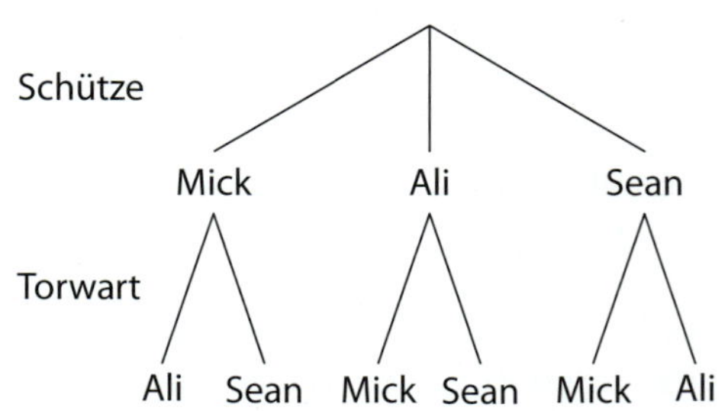

Es gibt $3 \cdot 2 = 6$ Möglichkeiten.

Basisaufgaben

1. Wie viele Möglichkeiten gibt es, aus vier T-Shirts und zwei Hosen auszuwählen?
a) Stelle alle Möglichkeiten in einem Baumdiagramm dar.
b) Bestimme die Anzahl der Kombinationsmöglichkeiten auch rechnerisch.
c) Wie verändert sich die Anzahl der Möglichkeiten, wenn ein Hose dazu kommt?

2. Beim Werfen einer Münze kann diese „Kopf" oder „Zahl" zeigen. Eine Münze wird dreimal nacheinander geworfen.
a) Zeichne ein dreistufiges Baumdiagramm mit allen möglichen Ergebnissen.
b) Wie viele Möglichkeiten gibt es insgesamt?

3. Ole, Mia, Tom, Ben und Lea machen ein Wettrennen. Stelle alle Möglichkeiten für die ersten beiden Plätze in einem Baumdiagramm dar. Wie viele Möglichkeiten gibt es?

Weiterführende Aufgaben

4. In einem Salsa-Kurs sind 12 Jungen und 14 Mädchen. Wie viele mögliche Tanzpaare gibt es?

5. **Stolperstelle:** In der Klasse 8c soll aus 20 Schülern ein Schülersprecher und ein Stellvertreter gewählt werden. Lenny meint: „Für jeden Posten gibt es 20 mögliche Schüler. Insgesamt sind es also $20 \cdot 20 = 400$ Möglichkeiten." Erkläre, warum das nicht stimmt, und korrigiere.

6. Wie viele verschiedene dreistellige Zahlen lassen sich aus den Ziffern 1, 2, 3, 4 und 5 bilden,
a) wenn jede Ziffer mehrfach vorkommen kann,
b) wenn jede Ziffer nur einmal vorkommen darf?

7. Bei einem Musikfestival treten sechs Musikgruppen auf. Wie viele Möglichkeiten gibt es für die Reihenfolge, in der die Gruppen auftreten?

8. Anna hat für ihr Fahrrad ein vierstelliges Zahlenschloss mit den Ziffern von 0 bis 9.
a) Wie viele verschiedene Zahlenkombinationen kann sie im Schloss einstellen?
b) Ein Fahrraddieb benötigt etwa zwei Sekunden, um eine Kombination zu prüfen. Wie lange dauert es, bis er alle Zahlenkombinationen ausprobiert hat?

● **9.** In Phils Zimmer hängen vier Bilder. Er überlegt, die Bilder umzuhängen.
a) Wie viele Möglichkeiten gibt es, die vier Bilder auf die vier Plätze zu verteilen?
b) Wie ändert sich die Anzahl der Möglichkeiten, wenn Phil nur drei Bilder wieder aufhängt?

● **10.** **Ausblick:** Bei einem Volleyball-Turnier soll jedes Team einmal gegen jedes andere Team spielen. Wie viele Spiele gibt es insgesamt, wenn sechs Teams (zehn Teams) teilnehmen?

6.2 Wahrscheinlichkeiten bei Baumdiagrammen

■ In einer Lostrommel liegen noch 5 Lose. Chris, Mia, Loreen, Paula und Karl dürfen ziehen und alle wissen, dass noch genau 2 Gewinne enthalten sind. Chris und Mia ziehen zuerst und haben beide ein Gewinnlos. Jetzt beschweren sich die drei anderen und sagen: „Wir hatten ja gar keine Chance, den Gewinn zu ziehen." Was sagst du dazu? ■

Ein Zufallsexperiment, bei dem aus einer Lostrommel nacheinander mehrere Lose gezogen werden oder bei dem mehrfach gewürfelt wird, nennt man ein **mehrstufiges Zufallsexperiment**. Die Ergebnisse dieser Zufallsexperimente sind **zusammengesetzte Ergebnisse**, zum Beispiel beim Ziehen von 5 Losen (Gewinn; Niete; Gewinn; Niete; Niete) oder beim zweifachen Würfeln (3; 5).

Pfadmultiplikationsregel

Besonders übersichtlich lassen sich mehrstufige Zufallsexperimente in einem **Baumdiagramm** darstellen. So kann man beispielsweise das zweifache Werfen einer Münze durch das folgende Baumdiagramm darstellen.

Zu jedem der Ergebnisse gehört ein **Pfad**, der oben an der „Wurzel" beginnt und bis nach unten durchläuft. Der Pfad für das Ergebnis (Kopf; Kopf) ist blau gefärbt.

Beim 1. und beim 2. Wurf sind die Teilergebnisse „Kopf" oder „Zahl" mit einer Wahrscheinlichkeit von $\frac{1}{2}$ (50 %) möglich. Die Wahrscheinlichkeiten werden jeweils an den Zweigen notiert.

Die Wahrscheinlichkeit für das Ergebnis (Kopf; Kopf) beträgt 50 % von 50 % = 25 %, also $\frac{1}{2} \cdot \frac{1}{2} = \frac{1}{4} = 25\,\%$.

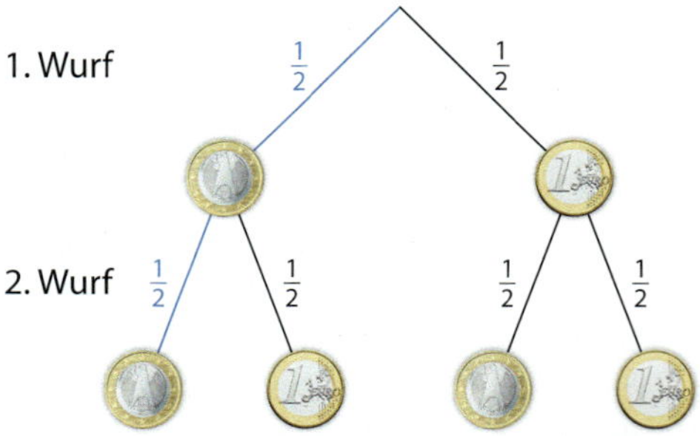

Ergebnis	Wahrscheinlichkeit
(Kopf; Kopf)	$\frac{1}{2} \cdot \frac{1}{2} = \frac{1}{4} = 25\,\%$
(Kopf; Zahl)	$\frac{1}{2} \cdot \frac{1}{2} = \frac{1}{4} = 25\,\%$
(Zahl; Kopf)	$\frac{1}{2} \cdot \frac{1}{2} = \frac{1}{4} = 25\,\%$
(Zahl; Zahl)	$\frac{1}{2} \cdot \frac{1}{2} = \frac{1}{4} = 25\,\%$

Wissen: Pfadmultiplikationsregel
Die **Wahrscheinlichkeit für ein zusammengesetztes Ergebnis** erhält man, indem man die Einzelwahrscheinlichkeiten längs des zugehörigen Pfades multipliziert.

Für mehrstufige Zufallsexperimente gilt:
- Die Wahrscheinlichkeiten der zusammengesetzten Ergebnisse am Ende der Pfade addieren sich zu 1 (100 %).
- Die Summe der Wahrscheinlichkeiten unter jeder Verzweigung ist 1 (100 %).

Beispiel 1: Das Glücksrad wird zweimal gedreht.
Wie groß ist die Wahrscheinlichkeit, dass man zweimal die Farbe Rot erhält?
Erstelle ein Baumdiagramm und berechne die gesuchte Wahrscheinlichkeit.

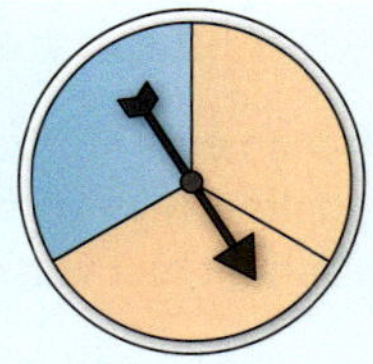

Lösung:
Die Wahrscheinlichkeit für die Farbe Rot beträgt $\frac{2}{3}$ bei der ersten und $\frac{2}{3}$ bei der zweiten Drehung.

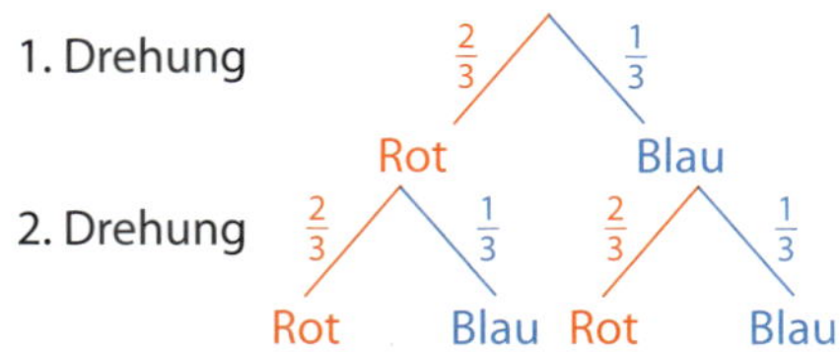

Multipliziere die Einzelwahrscheinlichkeiten, um die Wahrscheinlichkeit für zweimal Rot zu erhalten.

$P(\text{Rot; Rot}) = \frac{2}{3} \cdot \frac{2}{3} = \frac{4}{9}$

Hinweis:
Die Summe der Wahrscheinlichkeiten unter jeder Verzweigung ist 1.

Basisaufgaben

1. Karla zieht zweimal hintereinander eine Kugel und legt sie wieder zurück. Als Ergebnis notiert sie (Gelb; Gelb).
   a) Was bedeutet das zusammengesetzte Ergebnis (Gelb; Gelb)? Erstelle ein Baumdiagramm und beschreibe mit eigenen Worten.
   b) Schreibe alle zusammengesetzten Ergebnisse auf, bei denen zuerst eine blaue Kugel gezogen wird. Notiere wie Karla.

2. Das Glücksrad wird zweimal gedreht.
   a) Zeichne das zugehörige Baumdiagramm und trage die Wahrscheinlichkeiten an den Zweigen ein.
   b) Welche zusammengesetzten Ergebnisse sind möglich? Bestimme jeweils die Wahrscheinlichkeit.
   c) Kontrolliere deine Rechnung, indem du prüfst, ob die Summe aller Wahrscheinlichkeiten 1 (100 %) ergibt.

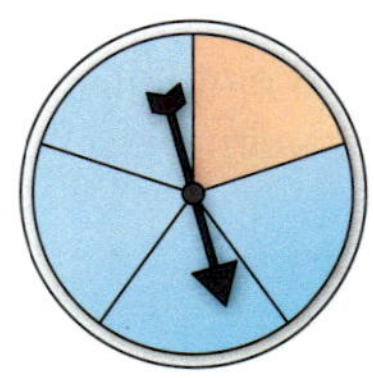

3. Jannes trifft den Korb beim Basketball-Freiwurf mit einer Wahrscheinlichkeit von 0,6 und verfehlt ihn mit einer Wahrscheinlichkeit von 0,4. Er wirft dreimal.
   a) Zeichne ein Baumdiagramm mit Wahrscheinlichkeiten.
   b) Berechne die Wahrscheinlichkeit dafür, dass Jannes dreimal trifft.
   c) Berechne die Wahrscheinlichkeit für das Ergebnis (Korb; Korb; kein Korb).

4. Die beiden Glücksräder werden gleichzeitig gedreht.

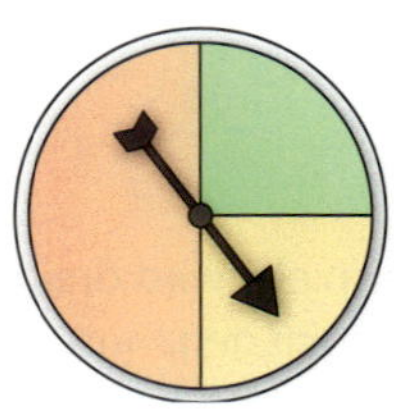

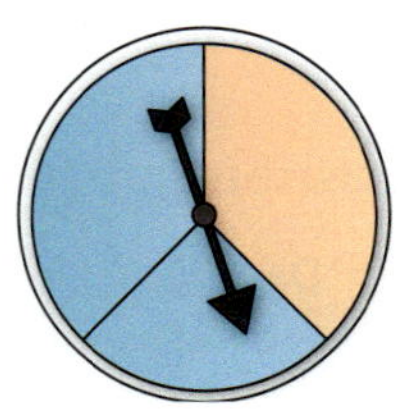

   a) Zeichne ein Baumdiagramm mit der Farbe des linken Glücksrads als 1. Stufe und mit der Farbe des rechten Glücksrads als 2. Stufe. Trage die Wahrscheinlichkeiten ein.
   b) Zeichne ein Baumdiagramm mit der Farbe des rechten Glücksrads als 1. Stufe und mit der Farbe des linken Glücksrads als 2. Stufe. Trage die Wahrscheinlichkeiten ein.
   c) Bestimme die Wahrscheinlichkeit, dass beide Glücksräder Rot zeigen. Verwende einmal das Baumdiagramm in a) und einmal das in b). Vergleiche die Ergebnisse.

Pfadadditionsregel

Wirft man eine Münze zweimal, so gibt es zwei Möglichkeiten, einmal „Kopf" und einmal „Zahl" zu erhalten. Man wirft erst „Kopf" und dann „Zahl" oder umgekehrt: erst „Zahl", dann „Kopf". Man spricht hier von einem Ereignis, das aus mehreren Ergebnissen bestehen kann.

Entsprechend gibt es zum Ereignis „einmal Kopf, einmal Zahl" auch zwei Pfade im Baumdiagramm.
Die Wahrscheinlichkeit für „einmal Kopf, einmal Zahl" ergibt sich als Summe der Wahrscheinlichkeiten der einzelnen Pfade.

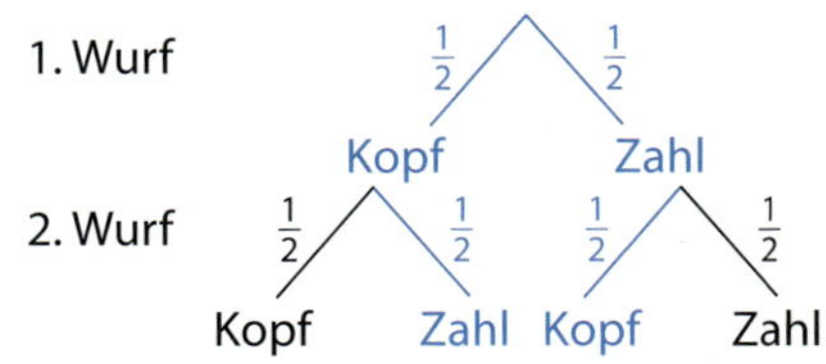

P(„einmal Kopf, einmal Zahl") = P(Kopf; Zahl) + P(Zahl; Kopf) $= \frac{1}{2} \cdot \frac{1}{2} + \frac{1}{2} \cdot \frac{1}{2} = \frac{1}{4} + \frac{1}{4} = \frac{1}{2}$

Wissen: Pfadadditionsregel
Die **Wahrscheinlichkeit für ein Ereignis** erhält man, indem man die Wahrscheinlichkeiten der zugehörigen Pfade addiert.

Beispiel 2: Ein Glücksrad wird zweimal gedreht.
Wie groß ist die Wahrscheinlichkeit, dass man zweimal dieselbe Farbe erhält?

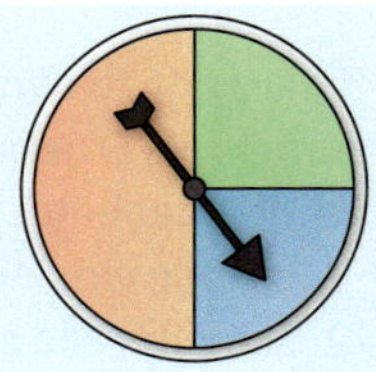

Lösung:
Es gibt drei Möglichkeiten: Zweimal erscheint Rot, zweimal erscheint Grün oder zweimal erscheint Blau.

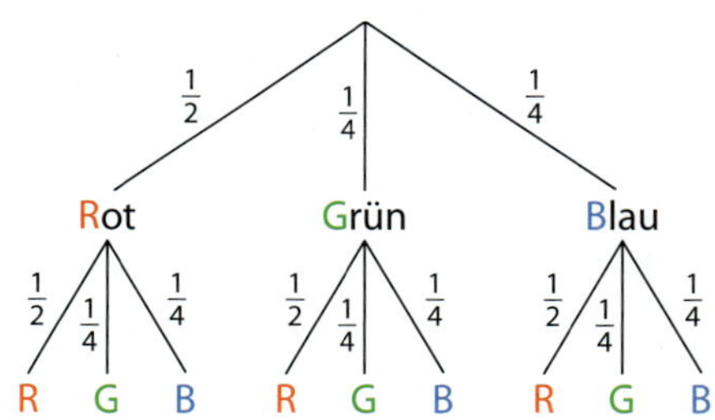

Die Wahrscheinlichkeiten für die einzelnen Pfade werden einzeln berechnet und dann addiert.

Hinweis:
Man schreibt für ein Ereignis häufig kurz E und für die Wahrscheinlichkeit des Ereignisses P(E).

E: zweimal dieselbe Farbe

$$P(E) = P(R; R) + P(G; G) + P(B; B)$$
$$= \frac{1}{2} \cdot \frac{1}{2} + \frac{1}{4} \cdot \frac{1}{4} + \frac{1}{4} \cdot \frac{1}{4}$$
$$= \frac{1}{4} + \frac{1}{16} + \frac{1}{16} = \frac{3}{8} = 37{,}5\,\%$$

Basisaufgaben

5. Das Glücksrad aus Beispiel 2 wird dreimal gedreht. Schreibe alle zusammengesetzten Ergebnisse auf, die zu dem genannten Ereignis gehören.
Beispiel: „Insgesamt zweimal Blau und einmal Grün" besteht aus den Ergebnissen (Blau; Blau; Grün); (Blau; Grün; Blau); (Grün; Blau; Blau).

a) beim 1. und 2. Drehen Rot, beim 3. Drehen eine andere Farbe
b) dreimal Blau
c) drei verschiedene Farben
d) keine Farbe mehrfach
e) insgesamt genau zweimal Grün

6. Philipps Spielzeugkiste ist voll von Plastikschrauben: 20 mit dem Durchmesser 6 mm, 40 mit dem Durchmesser 8 mm und 60 mit dem Durchmesser 10 mm. In einer anderen Kiste befindet sich jeweils dieselbe Zahl von Muttern, die über die Schrauben von entsprechender Größe passen. Philipp entnimmt zufällig eine Schraube und eine Mutter. Berechne die Wahrscheinlichkeit, dass beide zusammenpassen.

7. Die Wahrscheinlichkeit für eine Jungengeburt beträgt ca. 51,3 %. Mit welcher Wahrscheinlichkeit hat eine Familie mit drei Kindern genau zwei Söhne? Zeichne zunächst ein Baumdiagramm.

Baumdiagramme mit abhängigen Stufen

Beispiel 3: Aus einer Kiste mit fünf neuen und drei gebrauchten Tennisbällen werden zwei Bälle entnommen. Wie groß ist die Wahrscheinlichkeit, dass es ein gebrauchter und ein neuer Ball sind? Zeichne zunächst ein Baumdiagramm.

Lösung:

Du musst beim zweiten Zug berücksichtigen, dass der Ball nicht wieder zurückgelegt wird.

Es gibt zwei Fälle:

① Der zuerst gezogene Ball ist gebraucht. Dann gibt es noch 2 gebrauchte und 5 neue Bälle in der Kiste.

② Der zuerst gezogene Ball ist neu. Dann gibt es noch 3 gebrauchte und 4 neue Bälle in der Kiste.

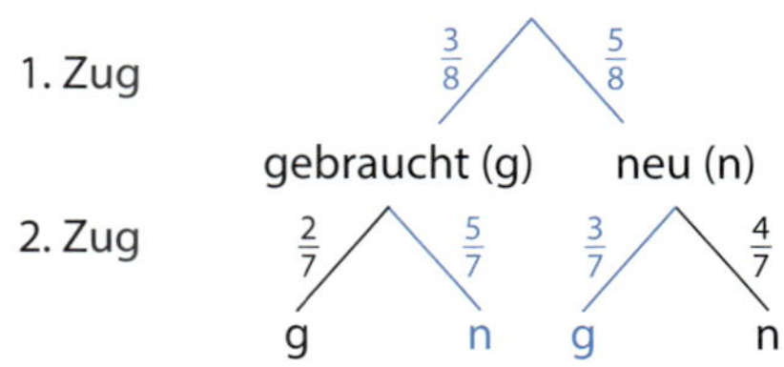

E: einmal gebraucht, einmal neu

$$P(E) = P(g; n) + P(n; g)$$
$$= \frac{3}{8} \cdot \frac{5}{7} + \frac{5}{8} \cdot \frac{3}{7}$$
$$= \frac{15}{56} + \frac{15}{56} = \frac{15}{28} \approx 54\,\%$$

Erinnere dich:
Die Summe der Wahrscheinlichkeiten unter jeder Verzweigung ist 1.

Basisaufgaben

8. In einem Gefäß liegen drei weiße und zwei schwarze Kugeln. Zwei Kugeln werden nacheinander zufällig entnommen.

a) Zeichne ein Baumdiagramm und berechne die Wahrscheinlichkeit, dass zwei gleiche Kugeln gezogen werden, wenn gezogene Kugeln zurückgelegt (nicht zurückgelegt) werden.
b) Erkläre anschaulich, warum die Wahrscheinlichkeit in dem einen Fall größer ist.

9. In einem Behälter liegen 12 Glühlampen, darunter sind 3 defekte Glühlampen. Man entnimmt dem Behälter zwei Glühlampen. Zeichne ein Baumdiagramm und berechne die folgenden Wahrscheinlichkeiten.
a) Beide Glühlampen sind defekt.
b) Genau eine der beiden entnommenen Glühlampen ist defekt.
c) Beide Glühlampen funktionieren.

Hinweis zu 9:
Hier findest du die gerundeten Wahrscheinlichkeiten.

10. In der Klasse 8c sind 12 Jungen und 13 Mädchen. Zwei Schüler sollen aus der Klasse zufällig ausgewählt werden. Berechne die Wahrscheinlichkeit, dass man einen Jungen und ein Mädchen wählt. Zeichne zunächst ein Baumdiagramm.

Weiterführende Aufgaben

11. Drei Karten werden gemischt, sie enthalten die Ziffern 2, 3 und 7. Eine Karte wird gezogen und auf den Tisch gelegt. Danach wird eine zweite Karte gezogen und hinter die erste Karte gelegt, sodass eine zweistellige Zahl entsteht.

a) Zeichne ein Baumdiagramm. Welche zweistelligen Zahlen können entstehen? Wie groß ist die Wahrscheinlichkeit, dass die Zahl 37 zu sehen ist?

b) Berechne die Wahrscheinlichkeit dafür, dass die Zahl durch 9 teilbar ist.

12. Prinz Leo und Prinzessin Lea leben in einem fernen Land. Wenn die Prinzessin von ihrem Prinzen einen Brief erhält, schreibt sie mit einer Wahrscheinlichkeit von 70 % einen Antwortbrief. Jetzt hat der Prinz ihr wieder einen Brief geschrieben. Mit welcher Wahrscheinlichkeit bekommt er eine Antwort, wenn nur 80 % der abgeschickten Briefe wirklich zugestellt werden und der Rest auf dem Postweg verloren geht?

13. Stolperstelle: Stell dir vor, du hast zwei Beutel Lose. In einem Beutel gibt es zwei Nieten und einen Gewinn. Im zweiten Beutel befinden sich drei Nieten und drei Gewinne. Es wird zufällig ein Beutel ausgewählt und aus diesem ein Los gezogen.
Niklas überlegt: „Insgesamt gibt es vier Gewinne und neun Lose. Die Wahrscheinlichkeit für einen Gewinn ist also $\frac{4}{9}$."
Überlege, ob Niklas recht hat. Bestimme die Wahrscheinlichkeit, indem du ein zweistufiges Baumdiagramm zeichnest.

14. Ein Glücksrad mit den Farben Blau und Rot wird zweimal gedreht. Die zusammengesetzten Ergebnisse aus Blau und Rot haben folgende Wahrscheinlichkeiten:

Ergebnis	(Blau; Blau)	(Rot; Blau)	(Blau; Rot)	(Rot; Rot)
Wahrscheinlichkeit	$\frac{1}{16}$	$\frac{3}{16}$	$\frac{3}{16}$	$\frac{9}{16}$

a) Erstelle das zugehörige Baumdiagramm.

b) Zeichne das Glücksrad.

15. a) Übertrage das Baumdiagramm ins Heft und ergänze die fehlenden Wahrscheinlichkeiten.

b) Erfinde zum Baumdiagramm eine passende Aufgabenstellung und berechne die Lösung.

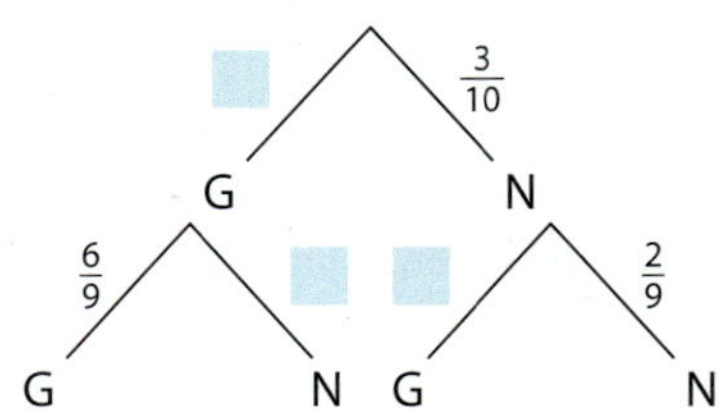

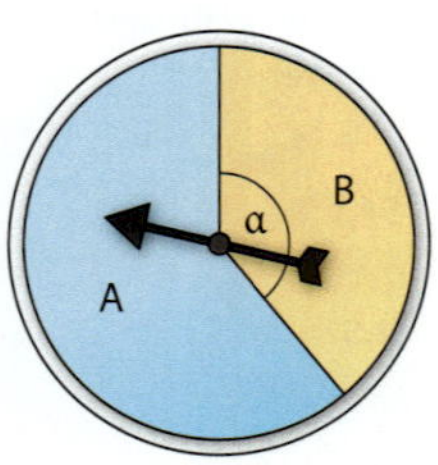

16. Bei einem Glücksrad mit zwei unterschiedlich gefärbten Sektoren A und B beträgt die Größe des Winkels $\alpha = 140°$. Berechne die Wahrscheinlichkeit, dass bei zweimaligem Drehen unterschiedliche Sektoren angezeigt werden.

17. In der Klasse 8d sind 15 Jungen und 15 Mädchen. Zwei Fünftel der Klasse tragen Ohrringe. Thommy behauptet: „Die Wahrscheinlichkeit für ein Mädchen ist $\frac{1}{2}$, die Wahrscheinlichkeit, dass es Ohrringe trägt, $\frac{2}{5}$. Also ist insgesamt die Wahrscheinlichkeit, dass eine zufällige Person ein Mädchen mit Ohrringen ist, $\frac{1}{2} \cdot \frac{2}{5} = \frac{1}{5}$." Was meinst du dazu?

18. Ein Sportschütze trifft beim ersten Schuss mit einer Wahrscheinlichkeit von 0,8. War der erste Versuch ein Treffer, so trifft der Schütze beim zweiten Versuch mit der gleichen Wahrscheinlichkeit. Geht der erste Schuss daneben, dann verringert sich die Treffsicherheit beim zweiten Versuch um 10 % des ursprünglichen Wertes. Der Schütze schießt zweimal. Berechne die Wahrscheinlichkeit des folgenden Ereignisses: „Es wurde genau ein Treffer erzielt."

19. Sascha und Alexander sind für das Klassenbuch zuständig. Derjenige von beiden, der zuerst morgens in der Schule ist, bringt es vom Verwaltungsbereich in den Klassenraum. Für jeden von beiden gilt, dass er mit Wahrscheinlichkeit von 1 % zu spät kommt.

a) Berechne mithilfe eines Baumdiagramms die Wahrscheinlichkeit, dass das Klassenbuch an einem bestimmten Schultag nicht pünktlich im Klassenraum ist.

b) Überlege, ob das rechnerische Ergebnis auch dann zutrifft, wenn Sascha und Alex Zwillinge sind.

● **20.** Nimm Folgendes an: Scheint an einem Tag die Sonne, so scheint am nächsten Tag mit Wahrscheinlichkeit von 80 % auch die Sonne, andernfalls regnet es. Regnet es an einem Tag, so wiederholt sich am nächsten Tag mit Wahrscheinlichkeit von 50 % dieses Wetter, sonst scheint die Sonne.

a) Heute scheint die Sonne. Markus will übermorgen eine Gartenparty geben. Mit welcher Wahrscheinlichkeit hat er mit dem Wetter Glück?

b) Es regnet am Donnerstag. Mirjam will jetzt den Termin für ihre kurzfristig geplante Gartenparty festlegen. Kann sie eher für Samstag oder für Sonntag mit schönem Wetter rechnen?

● **21.** Bei einem Tennisturnier wird über drei Gewinnsätze gespielt. Bei einem Spiel gewinnt derjenige Spieler, der zuerst drei Sätze gewinnt.

a) Beim Endspiel der Herren kann man davon ausgehen, dass der Favorit jeden Satz mit einer Wahrscheinlichkeit von 60 % gewinnt. Wie groß ist die Wahrscheinlichkeit, dass der vermeintlich schwächere Spieler beim Endspiel siegt?

b) Beim Herren-Doppel treffen im Finale zwei gleichstarke Teams aufeinander. Beim Stand von 2 : 1 muss die Partie abgebrochen werden und kann wegen schlechten Wetters nicht beendet werden. Wie soll die Siegprämie von 200 000 € aufgeteilt werden? Begründe deine Entscheidung, indem du die Gewinnwahrscheinlichkeiten betrachtest.

● **22.** **Ausblick:** 0,1 % der Bevölkerung hat eine bestimmte Allergie. Um festzustellen, ob man selbst davon betroffen ist, kann man einen Test machen. Der Test ist allerdings nicht fehlerfrei: Bei einem Prozent der Personen, die die Allergie nicht haben, zeigt der Test dennoch die Allergie an („falsch positiv"), umgekehrt hat der Test bei einem Prozent der Allergiker ein „falsch negatives" Ergebnis.

a) 100 000 Menschen machen einen Allergietest. Bestimme mit einem Baumdiagramm, welche zusammengesetzten Ergebnisse möglich sind und für wie viele der Getesteten diese Kombinationen jeweils zutreffen müssten.

b) Hannas Test ist „positiv", zeigt also die Allergie an. Bestimme mit dem Ergebnis aus a) die Wahrscheinlichkeit, mit der sie tatsächlich Allergikerin ist.

6.3 Sinnvoller Umgang mit Baumdiagrammen

■ Jana und Jonas stehen auf dem Schulfest beim Glücksrad. Wer beim zweimaligen Drehen zweimal die 10 erhält, bekommt einen Preis. Jonas sagt: „Um die Wahrscheinlichkeit für einen Preis zu berechnen, müssen wir ein Baumdiagramm zeichnen." Jana meint: „Das geht nicht, es hat ja 10 · 10 Pfade." Kannst du das Rechenproblem lösen? ■

Verkürzte Baumdiagramme

Beispiel 1: Bestimme die Wahrscheinlichkeit, mit der beim dreifachen Wurf mit einem Spielwürfel genau zweimal eine 6 gewürfelt wird.

Lösung:

Es ist nicht nötig, im Baumdiagramm Pfade für alle Ergebnisse 1 bis 6 anzugeben, da nur das Ergebnis 6 interessiert. Es genügt, die beiden Fälle „6" und „keine 6" zu unterscheiden.

Zum Ereignis „genau zweimal 6" gehören die drei zusammengesetzten Ergebnisse (6; 6; keine 6), (6; keine 6; 6) und (keine 6; 6; 6). Es ist ausreichend, nur die zugehörigen Pfade zu zeichnen und ihre Wahrscheinlichkeiten zu bestimmen.

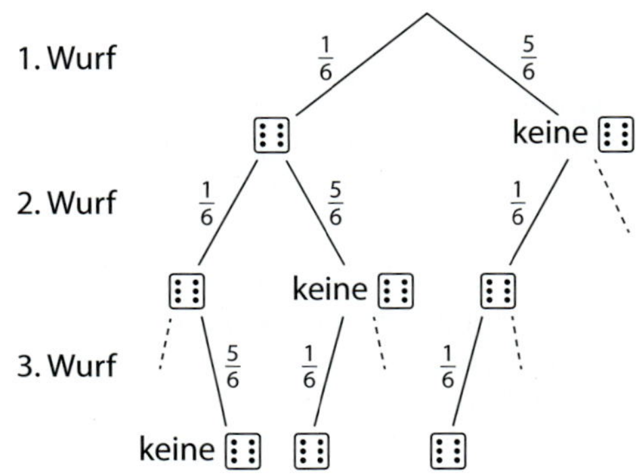

E: genau zweimal 6

Die gesuchte Wahrscheinlichkeit ergibt sich durch Addition der Wahrscheinlichkeiten der drei Ergebnisse.

$P(E) = P(6; 6; \text{keine } 6) + P(6; \text{keine } 6; 6) + P(\text{keine } 6; 6; 6)$

$= \frac{1}{6} \cdot \frac{1}{6} \cdot \frac{5}{6} + \frac{1}{6} \cdot \frac{5}{6} \cdot \frac{1}{6} + \frac{5}{6} \cdot \frac{1}{6} \cdot \frac{1}{6}$

$= \frac{5}{216} + \frac{5}{216} + \frac{5}{216} = \frac{15}{216} \approx 6{,}9\,\%$

Wissen: Sinnvoller Umgang mit Baumdiagrammen

Möchte man die Wahrscheinlichkeit eines Ereignisses bestimmen, genügt es, nur den Teil des Baumdiagramms mit den zugehörigen Pfaden zu zeichnen.

Basisaufgaben

1. Bestimme die Wahrscheinlichkeit, dass man jedes Mal eine Sechs erhält, wenn man viermal einen Spielwürfel wirft. Zeichne dazu nur den Teil eines Baumdiagramms, der für die Bestimmung der Wahrscheinlichkeit nötig ist.

2. Bei einem Quiz sollen fünf gegebene Flüsse der Länge nach geordnet werden, vom kürzesten bis zum längsten. Ermittle, mit welcher Wahrscheinlichkeit ein ahnungsloser Kandidat, der die Flüsse rein zufällig ordnet, die richtige Reihenfolge rät.

3. In einer Schale liegen vier Kugeln, die mit N, N, I, A beschriftet sind. Mit welcher Wahrscheinlichkeit zeigen die Kugeln in der gezogenen Reihenfolge ihren Namen, wenn Ina genau dreimal zufällig zieht und
a) die Kugeln nach dem Ziehen zurücklegt,
b) die Kugeln nach dem Ziehen nicht zurücklegt?

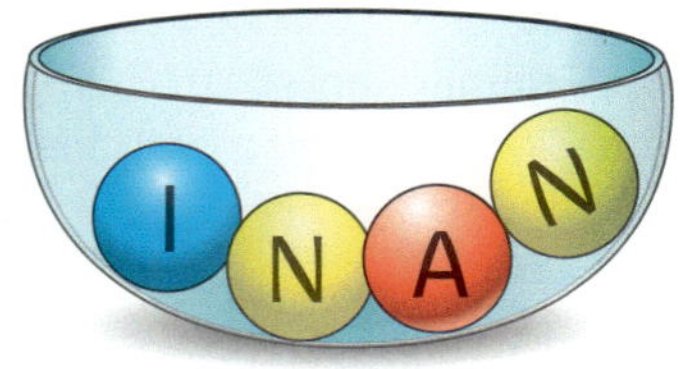

4. In einem Gefäß befinden sich vier Kugeln mit den Zahlen 1 bis 4. Es wird zweimal eine Kugel zufällig gezogen und wieder zurückgelegt. Die Schüler der Klasse 8a sollen berechnen, wie groß die Wahrscheinlichkeit ist, erst eine gerade und dann eine ungerade Zahl zu ziehen.
a) Beurteile die Lösungen von Simon und Emma. Sind sie richtig? Worin unterscheiden sie sich?

Simon

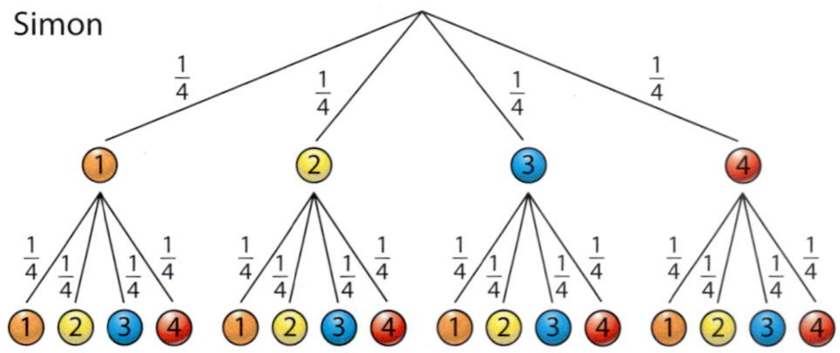

P(„erst gerade, dann ungerade")
$= P(2; 1) + P(2; 3) + P(4; 1) + P(4; 3)$
$= \frac{1}{4}\cdot\frac{1}{4} + \frac{1}{4}\cdot\frac{1}{4} + \frac{1}{4}\cdot\frac{1}{4} + \frac{1}{4}\cdot\frac{1}{4} = 4\cdot\frac{1}{16} = \frac{1}{4}$

Emma

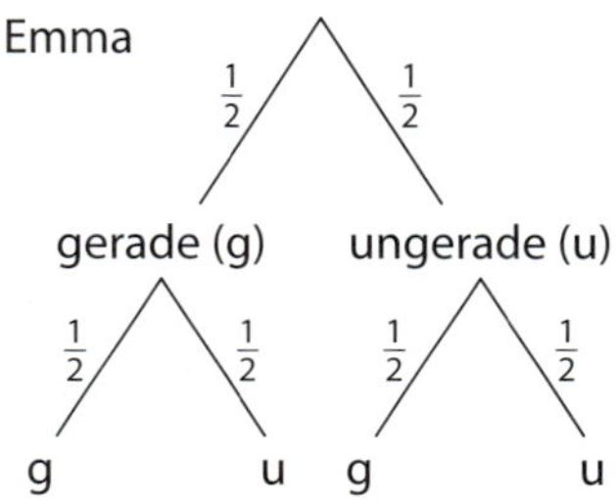

$P(g; u) = \frac{1}{2}\cdot\frac{1}{2} = \frac{1}{4}$

b) Das Baumdiagramm von Elisa hat nur einen Pfad. Kann das richtig sein? Begründe.

Wahrscheinlichkeit des Gegenereignisses

Pascal ist Basketballfan. Sein Lieblingsteam benötigt in den nächsten beiden Spielen zwei Siege. Er nimmt an, dass das Team jedes Spiel mit einer Wahrscheinlichkeit von 70 % gewinnt. Nun möchte er die Wahrscheinlichkeit für folgende Ereignisse berechnen.

E_1: Das Team gewinnt beide Spiele. E_2: Das Team gewinnt höchstens ein Spiel.

Das Ereignis E_2 tritt genau dann ein, wenn das Ereignis E_1 nicht eintritt. Man sagt, E_2 ist das **Gegenereignis** zu E_1.

Aus dem Baumdiagramm sieht man:
$P(E_1) = 0{,}7 \cdot 0{,}7 = 0{,}49 = 49\,\%$
$P(E_2) = 0{,}7 \cdot 0{,}3 + 0{,}3 \cdot 0{,}7 + 0{,}3 \cdot 0{,}3 = 0{,}51 = 51\,\%$

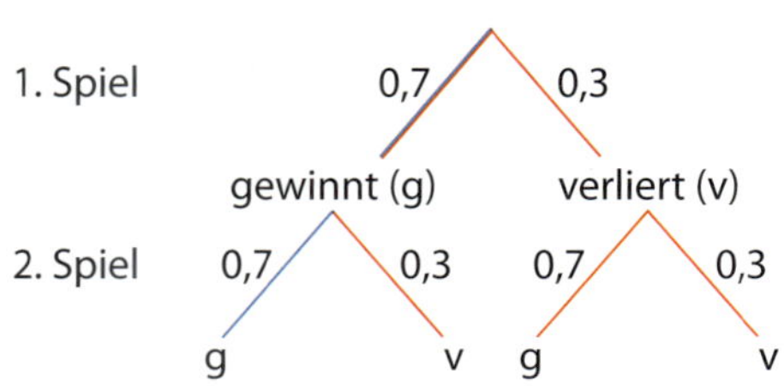

Zum Ereignis E_2 gehören genau die Pfade, die nicht zum Ereignis E_1 gehören. Da sich die Wahrscheinlichkeiten bei allen vier Pfaden zu 1 addieren, muss gelten: $P(E_1) + P(E_2) = 1$
Man kann daher die Wahrscheinlichkeit für E_2 auch so berechnen:
$P(E_2) = 1 - P(E_1) = 1 - 0{,}49 = 0{,}51$

Wissen: Wahrscheinlichkeit des Gegenereignisses

Das **Gegenereignis $\overline{E}$** zu einem Ereignis E tritt genau dann ein, wenn das Ereignis E nicht eintritt. Für seine Wahrscheinlichkeit gilt:

$$P(\overline{E}) = 1 - P(E)$$

Beispiel 2: Bestimme die Wahrscheinlichkeit, mit der beim dreifachen Wurf mit einem Spielwürfel mindestens eine 6 gewürfelt wird.

Lösung:

Du kannst dir hier viel Arbeit sparen, indem du zunächst die Wahrscheinlichkeit für das Gegenereignis bestimmst, also die Wahrscheinlichkeit dafür, dreimal hintereinander keine 6 zu würfeln.

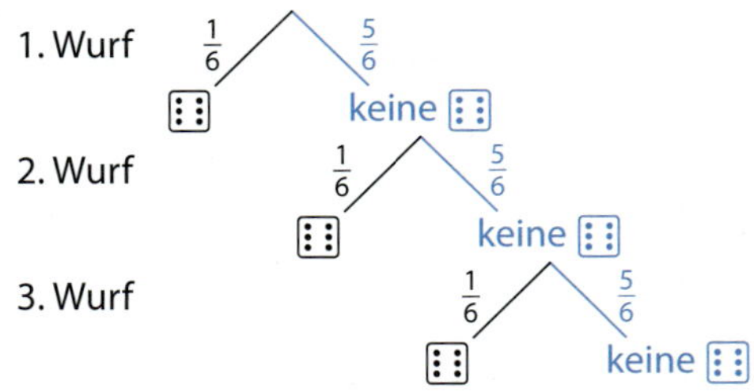

Im Baumdiagramm brauchst du nur den Pfad für das Gegenereignis zu zeichnen. Bei allen anderen Pfaden wird mindestens eine 6 gewürfelt.

Da die Summe der Wahrscheinlichkeiten von Ereignis und Gegenereignis 1 ist, kannst du nun die Wahrscheinlichkeit für das Ereignis, dass mindestens eine 6 gewürfelt wird, aus der Wahrscheinlichkeit für das Gegenereignis berechnen.

Gegenereignis $\overline{E}$: dreimal keine 6

$P(\overline{E}) = \frac{5}{6} \cdot \frac{5}{6} \cdot \frac{5}{6} = \frac{125}{216} \approx 58\,\%$

Ereignis E: mindestens eine 6

$P(E) = 1 - P(\overline{E}) = 1 - \frac{125}{216} = \frac{91}{216} \approx 42\,\%$

Basisaufgaben

5. Gib das Gegenereignis in Worten an.
   a) Beim Werfen eines Spielwürfels kommt eine gerade Augenzahl.
   b) Aus einem Beutel mit farbigen Kugeln wird eine gelbe Kugel gezogen.
   c) Eine zufällige natürliche Zahl zwischen 1 und 49 ist kleiner als 20.
   d) Bei der zufälligen Auswahl zweier Schüler der Klasse 8a werden ein Mädchen und ein Junge gewählt.

6. Das Glücksrad wird zweimal gedreht und jeweils die Farbe notiert.
   a) Bilde aus den sechs Ereignissen drei Paare bestehend aus einem Ereignis und einem Gegenereignis.

E_1: zwei gleiche Farben	E_2: höchstens einmal Rot
E_3: mindestens einmal Rot	E_4: nur Rot
E_5: nur Blau oder Grün	E_6: zwei verschiedene Farben

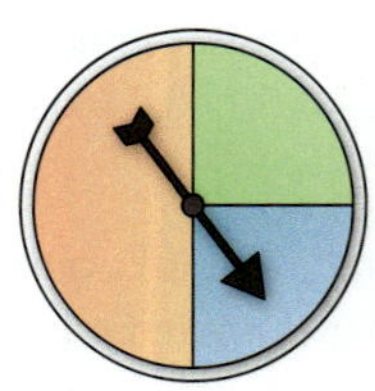

   b) Berechne die Wahrscheinlichkeiten der Ereignisse aus a).

7. Eine Münze wird viermal geworfen. Bestimme die Wahrscheinlichkeit, dass man mindestens einmal Zahl erhält.

8. In einem Gefäß liegen drei rote, drei blaue und drei weiße Kugeln. Viktoria zieht drei Kugeln ohne Zurücklegen. Berechne die Wahrscheinlichkeit, dass sie
a) drei rote Kugeln,
b) mindestens eine rote Kugel zieht.

9. Bei der Produktion von Handyakkus sind durchschnittlich 2 % defekt. In einer Packung werden vier Akkus geliefert. Berechne die Wahrscheinlichkeit, dass in der Packung mindestens ein defekter Akku ist.

Weiterführende Aufgaben

10. In einer Lostrommel liegen 200 Lose, 50 davon sind Gewinnlose. Nicole kauft 4 Lose. Wie groß ist die Wahrscheinlichkeit für die folgenden Ereignisse?
a) kein Gewinnlos
b) genau ein Gewinnlos
c) mindestens ein Gewinnlos

11. Stolperstelle: Karim spielt häufig Schach gegen seinen Computer, aber meistens verliert er. Er überlegt: „Angenommen, ich gewinne jedes Spiel zu 10 %, dann ist die Wahrscheinlichkeit, dass ich bei fünf Spielen wenigstens einmal gewinne, fünfmal so hoch. Sie beträgt dann immerhin 50 %." Stimmt die Behauptung von Karim? Begründe deine Entscheidung mithilfe eines geeigneten Baumdiagramms.

12. Der Zimmerkellner eines Hotels soll vier Gästen Tabletts mit Frühstück vor die jeweilige Zimmertür abstellen, nämlich je eins mit französischem, holländischem, Gourmet-Frühstück und Fitness-Frühstück. Leider hat er völlig vergessen, welches Frühstück zu welchem Zimmer gehört und stellt die Tabletts zufällig vor den vier Türen ab. Mit welcher Wahrscheinlichkeit stehen alle Tabletts vor dem richtigen Zimmer?

13. Silke ist Torhüterin im Fußball. Sie überlegt sich: „Bisher habe ich 20 % aller Elfmeter gehalten. Das bedeutet, dass ich im Durchschnitt von fünf Elfmetern genau einen halte."
a) Berechne die Wahrscheinlichkeit, dass Silke tatsächlich genau einen von fünf Elfmetern hält, wenn sie jeden Elfmeter mit einer Wahrscheinlichkeit von 20 % pariert. Schätze zunächst, bevor du rechnest.
b) Steht das Ergebnis von a) im Widerspruch zu Silkes Überlegung? Begründe deine Meinung.

● **14.** Ein Multiple-Choice-Test hat drei Fragen. Pro Frage muss man richtig oder falsch ankreuzen. Eine Person, die die Antworten nicht weiß und deshalb rät, füllt den Test aus. Bestimme die Wahrscheinlichkeiten für die folgenden Ereignisse.
a) alle Antworten richtig
b) mindestens eine Antwort falsch
c) höchstens eine Antwort falsch
d) richtige Antwort bei der ersten Frage
e) nur die erste Frage falsch
f) häufiger falsch als richtig geraten
g) die zweite Frage falsch
h) nicht nur falsch geraten
i) genauso oft richtig wie falsch geraten
j) häufiger richtig als falsch geraten

Hinweis zu 14:
Hier findest du die Lösungen.

15. Ein Würfel wird dreimal geworfen. Berechne die Wahrscheinlichkeit, dass die Augensumme mindestens 5 beträgt.

16. Elias behauptet, dass auch der dreifache Münzwurf ein Laplace-Experiment ist. Überprüfe seine Behauptung, indem du ein Baumdiagramm zeichnest und für jedes zusammengesetzte Ergebnis die Wahrscheinlichkeit berechnest.

Hinweis zu 17:
Das gleichzeitige Würfeln kann auch stufenweise im Baumdiagramm dargestellt werden, als ob die Würfel einzeln nacheinander geworfen werden.

17. Zwei Würfel werden geworfen.

a) Berechne die Wahrscheinlichkeit, dass die Augensumme 7 ist. Zeichne dazu ein zweistufiges Baumdiagramm.

b) In der Tabelle kann man alle möglichen Ergebnisse beim Werfen zweier Würfel darstellen. Zum Beispiel zeigt das grüne Feld das Ergebnis 5 und 3, das blaue Feld zeigt das Ergebnis 4 und 6. Beschreibe, wie man hiermit die Wahrscheinlichkeit für die Augensumme 7 berechnen könnte.

c) Berechne mithilfe der Tabelle die Wahrscheinlichkeit für die Augensumme 11.

	1	2	3	4	5	6
1						
2						
3						
4						(blau)
5			(grün)			
6						

● **18.** Galtonbretter sind Nagelbretter, bei denen kleine Kugeln an mehreren gleichartigen Nägeln nach links (L) bzw. rechts (R) abgelenkt werden. Beim einfachen Galtonbrett ist die Wahrscheinlichkeit für eine Links- bzw. Rechtsablenkung gleich.

a) Wo landen Kugeln, deren Weg sich beschreiben lässt mit LRRL oder RRLL?

b) Berechne die folgenden Wahrscheinlichkeiten.
① Die Kugel fällt nach ganz links.
② Die Kugel fällt in das zweite Fach von rechts.

c) Halte eine Präsentation über Galtonbretter. Informiere dich dazu im Internet. Präsentiere dabei auch die Aufgabe und deinen Lösungsweg.

● **19.** Erik hat beim Mini-Biathlon eine Trefferquote von 90 % beim Liegend- und 75 % beim Stehendschießen. Es wird jeweils dreimal geschossen. Für jeden Fehlschuss muss man eine Strafrunde laufen. Bestimme die Wahrscheinlichkeit dafür, dass Erik

a) nach dem Liegendschießen keine Strafrunde laufen muss,

b) nach dem Stehendschießen zwei Strafrunden zu absolvieren hat,

c) in beiden Schießdurchgängen keinen Fehler macht.

● **20.** Beim Roulette landet die Kugel in einem von 37 Fächern, die von 0 bis 36 nummeriert sind. Ein Spieler besitzt zu Beginn einen Chip und setzt diesen auf „Impair", sodass er bei einer geraden Zahl seinen Einsatz verliert, bei einer ungeraden Zahl seinen Einsatz zurück- und einen zweiten Chip dazubekommt. Sofern er noch Chips hat, setzt er erneut einen auf „Impair". Nach spätestens drei (vier) Spielen hört er auf. Ermittle, welche Zahl von Chips er dann besitzen kann und wie groß die Wahrscheinlichkeit dafür jeweils ist.

● **21.** **Ausblick:** Max hat sechs der Zahlen von 1 bis 49 auf seinem Lottoschein angekreuzt und sieht sich jetzt die Ziehung der Lottozahlen im Fernsehen an. Ermittle mit einem vereinfachten Baumdiagramm die Wahrscheinlichkeit, dass er auf seinem Schein

a) sechs Richtige hat,

b) keine Zahl richtig hat.

Bananensuche

■ Der Affe hat Hunger und möchte sich Bananen holen, die auf den Inseln verteilt liegen. Es gelingt ihm immer dann, wenn das Würfelergebnis passt:
Die Differenz aus größerer und kleinerer Augenzahl ergibt die Zahl 0, 1, 2, 3, 4 bzw. 5 einer Insel. ■

Zwei Würfel werfen:

Differenz: 5 – 2 = 3
Der Affe kann eine Banane (●) von der Insel 3 nehmen.

Wissen: Spielregeln

Anzahl Spieler:
Spielt zu zweit oder zu dritt.

Material:
- Ihr benötigt zwei Spielwürfel.
- Das Spielfeld findet ihr auf der Rückseite des Buches. Jeder Spieler verwendet ein eigenes Spielfeld.
- Je Spieler werden 12 Chips, Münzen o. ä. benötigt. Sie stellen die Bananen dar.

Je Spieler:

Vorbereitung:
Jeder Spieler verteilt die 12 „Bananen" auf die Inseln seines Spielfelds (siehe oben). Wie die Bananen verteilt werden, kannst du frei wählen.

Spielverlauf:
1. Der jüngste Spieler beginnt.
2. Er würfelt mit zwei Würfeln.
3. Dann bildet er die Differenz aus der größeren und der kleineren Augenzahl. Sind beide Augenzahlen gleich, ist die Differenz 0.
4. Liegen auf der Insel mit der entsprechenden Zahl Bananen, dann kann man von dieser Insel eine Banane für den Affen wegnehmen. Liegt auf der Insel keine Banane, dann hat der Affe Pech …
5. Anschließend ist der nächste Spieler an der Reihe. Gewonnen hat der Spieler, der als Erster alle 12 Bananen von den Inseln seines Spielfelds eingesammelt hat.

Spielvariante 1: Merkwürdige Würfel
Es werden andere Würfel als normale Spielwürfel verwendet:
- zwei Tetraederwürfel
- ein Tetraederwürfel und ein normaler Spielwürfel
- zwei Streichholzschachteln, deren Flächen mit 1 bis 6 beschriftet sind.

Spielvariante 2: Würfelsumme
Beim Werfen zweier Würfel wird nicht die Differenz der Augenzahlen gebildet, sondern die Summe.

Beispiel 1: Rechts siehst du, wie Nico und Lara ihre Bananen verteilt haben. Wer hat die besseren Gewinnchancen? Begründe.

Lösung:
Nico hat seine Bananen auf alle Inseln gleichmäßig verteilt. Er muss darauf warten, dass zweimal die Differenz 5 gewürfelt wird. Das passiert nur dann, wenn gleichzeitig eine 6 und eine 1 geworfen werden. Dies passiert aber nur relativ selten.
Lara weiß, dass die Differenz 1 häufiger auftritt als andere Differenzen. Deshalb hat sie viele Bananen auf der Insel 1 platziert.
Beide Spieler können gewinnen, aber Lara hat die besseren Gewinnchancen.

Aufgaben

1. Untersucht die Wahrscheinlichkeiten, mit denen die Differenzen beim Würfeln auftreten.

Differenz	0	1	2	3	4	5
Strichliste						
Anzahl						
Anteil in %						

a) Würfelt 50-mal mit zwei normalen Würfeln und tragt die Ergebnisse in einer Tabelle ein.
b) Beantwortet zur Auswertung die folgenden Fragen:
- Traten alle Differenzen mit der gleichen Häufigkeit auf?
- Welche Differenz trat am häufigsten (am seltensten) auf? Wie groß war ihr Anteil etwa?
- Ordnet die Differenzen nach der Häufigkeit ihres Auftretens.

c) Vergleicht die Ergebnisse in der Klasse. Was stellt ihr fest?
d) Berechnet die Wahrscheinlichkeiten für die Differenzen, zum Beispiel mithilfe eines Baumdiagramms.

2. Begründe, dass die Strategie, alle Bananen gleichmäßig zu verteilen, nicht optimal ist.

3. Welche Strategie hat die höheren Gewinnchancen?
A: Alle Bananen werden auf die Insel gesetzt, deren Zahl die größte Wahrscheinlichkeit hat.
B: Die Bananen werden entsprechend der berechneten Wahrscheinlichkeiten aus Aufgabe 1d auf die Inseln verteilt.

4. Arbeitet in kleinen Gruppen.
a) Testet eine der Spielvarianten 1. Beschreibt, wie sich der andere Würfel auf die Strategien auswirkt.
b) Entwerft ein passendes Spielfeld für die Variante Würfelsumme.

6.4 Vermischte Aufgaben

1. Jedes Jahr nehmen zehn Schulen an einem Schulwettbewerb teil. Die besten drei Schulen werden mit einer Gold-, einer Silber- und einer Bronzemedaille ausgezeichnet.
   a) Wie viele Möglichkeiten gibt es für die ersten drei Plätze?
   b) Angenommen alle Schulen sind gleich gut und die Platzierung ist zufällig: Wie wahrscheinlich ist es dann, dass die ersten drei Plätze dieselben sind wie im letzten Jahr? Betrachte die Platzierung als Laplace-Experiment und berechne so die Wahrscheinlichkeit.
   c) Bestimme die Wahrscheinlichkeit aus b) mit einem Baumdiagramm.

2. Einen Körper, der aus vier gleichseitigen Dreiecken besteht, nennt man Tetraeder. Beim Würfeln mit einem Tetraeder bleibt stets eine Spitze oben liegen. Die Augenzahlen auf einem solchen Spielwürfel sind deshalb an den Seitenflächen unten abzulesen.

   Wie wahrscheinlich ist es, bei zweimaligem Würfeln jeweils eine gerade Augenzahl zu werfen? Zeichne ein Baumdiagramm und berechne die Wahrscheinlichkeit.

   Die Wahrscheinlichkeit für ein Ereignis beträgt $\frac{3}{16}$. Welches Ereignis könnte dieser Wahrscheinlichkeit zugrunde liegen?

   Wie wahrscheinlich ist es, dass die Augensumme beim zweimaligen Würfeln durch 3 teilbar ist?

   Das Ergebnis eines Wurfes mit zwei Tetraedern ist die Differenz der Augenzahlen. Hierbei gilt stets: größere minus kleinere Augenzahl. Stelle die möglichen Ergebnisse strukturiert (z. B. mithilfe einer Tabelle) dar und gib an, welche Differenz die größte Wahrscheinlichkeit hat.

3. Vivien fragt einen Passanten nach einer Straße. Der Passant ist zu 80 % ein Einheimischer. Während ein Einheimischer die Straße zu 80 % kennt, kennt eine andere Person sie nur zu 20 %. Bestimme die die Wahrscheinlichkeiten für folgende Ereignisse.
   a) Ein Einheimischer kennt die Straße nicht.
   b) Der Passant ist ein Einheimischer, der die Straße nicht kennt.
   c) Der Passant kennt die Straße nicht.

4. Alina hört die Playlist mit ihren vier Lieblingssongs. Da sie die Zufallswiedergabe eingestellt hat, werden die vier Titel in zufälliger Reihenfolge abgespielt.
   a) Wie groß ist die Wahrscheinlichkeit, dass die Reihenfolge der Titel die gleiche ist wie beim Mal davor?
   b) Wie ändert sich diese Wahrscheinlichkeit, wenn die Playlist nicht vier, sondern neun Titel enthält?

5. a) Bestimme die Wahrscheinlichkeit, beim zweimaligen (viermaligen) Werfen eines Würfels wenigstens einmal eine Sechs zu würfeln.
   b) Bestimme, wie oft man einen Würfel werfen muss, um mit einer Wahrscheinlichkeit von mindestens 80 % wenigstens einmal eine Sechs zu würfeln.
   c) Bestimme, wie oft man eine Münze werfen muss, um mit einer Wahrscheinlichkeit von mindestens 80 % wenigstens einmal Zahl zu werfen.

Prüfe dein neues Fundament

Lösungen ↗ S. 228

1. Ein Autohändler bietet einen Kleinwagen, eine Limousine, einen Kombi und ein SUV an. Jedes Modell ist in den Farben weiß, rot, grün, blau, silber und schwarz erhältlich.
a) Frau Rubin möchte ein rotes Auto kaufen. Zwischen wie vielen Modellen kann sie wählen?
b) Herr Groß interessiert sich für einen Kombi. Wie viele Wahlmöglichkeiten hat er?
c) Wie viele Autos muss der Händler ausstellen, wenn jedes Modell in jeder Farbe zu sehen sein soll?

2. In einer Schale liegen vier Kugeln mit den Ziffern von 1 bis 4. Es wird eine Kugel gezogen und deren Ziffer notiert. Von den restlichen Kugeln wird eine zweite gezogen und deren Ziffer hinter die erste Ziffer geschrieben.
Wie viele zweistellige Zahlen können dabei entstehen? Zeichne ein Baumdiagramm mit allen Möglichkeiten.

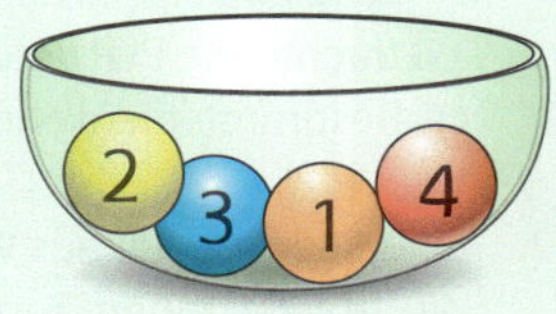

3. Herr Roward kauft zwei neue Glühlampen. Jede neue Glühlampe funktioniert zu 95 %, zu 5 % ist sie bereits defekt. Berechne die Wahrscheinlichkeit, dass beide Glühlampen defekt sind.

4. Ein Skatspiel enthält 32 Karten, unter denen acht Herz-Karten sind. Es wird dreimal zufällig eine Karte gezogen und gleich wieder in den Stapel zurückgesteckt.
a) Zeichne ein dreistufiges Baumdiagramm.
b) Berechne die Wahrscheinlichkeit, dass drei Herz-Karten gezogen werden.
c) Berechne die Wahrscheinlichkeit, dass genau eine Herz-Karte gezogen wird.

5. In einem Gefäß befinden sich fünf gelbe und zwei rote Kugeln. Es werden nacheinander zufällig zwei Kugeln gezogen.
a) Vervollständige das Baumdiagramm im Heft.
b) Wird die erste gezogene Kugel wieder in das Gefäß zurückgelegt? Begründe.
c) Berechne die Wahrscheinlichkeit, dass beide Kugeln verschiedenfarbig sind.

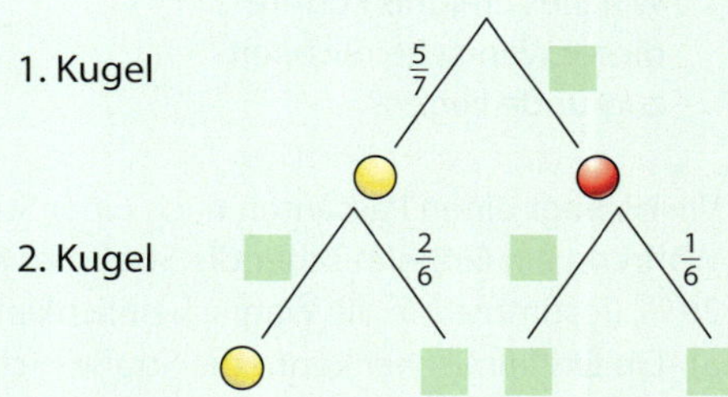

6. Berechne die Wahrscheinlichkeit, dass beim Werfen zweier Würfel die Augensumme mindestens 11 ist. Zeichne ein Baumdiagramm, das nur die Pfade enthält, die zum gesuchten Ereignis gehören.

7. Henri tippt beim Pferderennen den Sieger und den Zweitplatzierten. Da die zehn Pferde etwa gleich schnell sind, kann man annehmen, dass sie in zufälliger Reihenfolge ins Ziel kommen. Bestimme die Wahrscheinlichkeiten für folgende Ereignisse.
a) Henri tippt den Sieger und den Zweitplatzierten richtig.
b) Henri tippt nur den Sieger richtig.
c) Henri tippt nur den Zweitplatzierten richtig.

8. In einer Schublade liegen sechs blaue und sechs schwarze Socken. Xaver greift hinein und nimmt ohne hinzuschauen zufällig zwei Socken heraus. Wie groß ist die Wahrscheinlichkeit dafür, dass beide Socken die gleiche Farbe haben?

9. In einer Lostrommel befinden sich vier Lose, ein Gewinnlos und drei Nieten. Vier Kinder dürfen nacheinander je ein Los ziehen. Cansu behauptet: „Das erste Kind hat eine höhere Gewinnchance als alle anderen Kinder." Überprüfe dies mit einem Baumdiagramm.

10. Eine Münze wird dreimal geworfen. Berechne die Wahrscheinlichkeiten für die folgenden Ereignisse. Erläutere, wie du vorgegangen bist.
a) Man erhält mehr als zweimal Zahl.
b) Man erhält mindestens einmal Zahl.
c) Man erhält höchstens zweimal Kopf.
d) Man erhält genau einmal Kopf.

11. Mira bearbeitet einen Multiple-Choice-Test mit vier Fragen. Bei jeder Frage gibt es drei Antwortmöglichkeiten, von denen genau eine richtig ist. Da Mira die Antworten nicht weiß, kreuzt sie bei jeder Frage zufällig eine Antwort an.
Bestimme die Wahrscheinlichkeit dafür, dass Mira mindestens eine Frage falsch beantwortet.

12. Das Glücksrad wird mehrmals gedreht. Berechne die Wahrscheinlichkeit dafür, dass der Zeiger spätestens beim dritten Drehen auf Blau stehen bleibt.

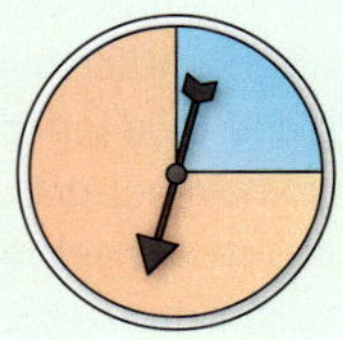

Wiederholungsaufgaben

1. Bestimme die Lösung der Gleichung $4 \cdot (x+1) - 2 \cdot (x-1) = 4$.

2. Gib die Funktionsgleichungen zu den Funktionsgraphen an.

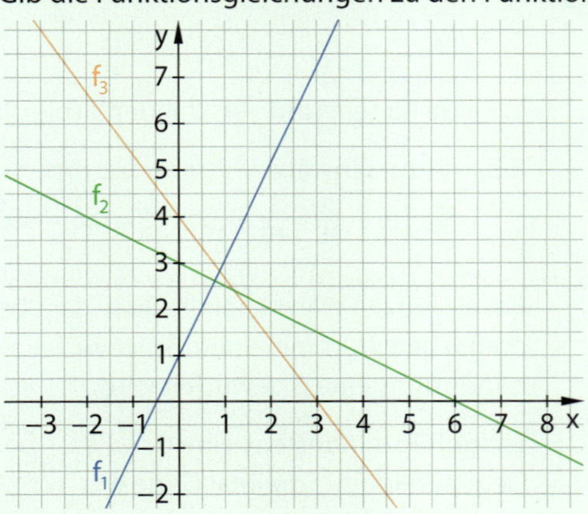

3. Peter erzählt seinem Freund: „In meiner Klasse sind 40 % Mädchen und 15 Jungen."
Berechne, wie viele Mädchen in seiner Klasse sind.

4. Zeichne ein Rechteck mit den Seitenlängen 2 cm und 5 cm und schraffiere darin
a) 60 % der Fläche,
b) $\frac{1}{4}$ der Fläche.

5. Finde die Fehler bei den folgenden Rechnungen und verbessere sie.
a) $\frac{2}{7} + \frac{3}{8} = \frac{5}{15}$
b) $\frac{4}{5} - \frac{1}{4} = \frac{3}{20}$
c) $\frac{8}{9} : \frac{2}{9} = \frac{4}{9}$
d) $5 \cdot \frac{2}{9} = \frac{10}{45}$

Baumdiagramme, Zählprinzip

Ein Vorgang, aus dem sich unterschiedliche **Kombinationsmöglichkeiten** ergeben, kann gut in einem mehrstufigen **Baumdiagramm** dargestellt werden.
Die **Gesamtzahl der Möglichkeiten** entspricht der Anzahl der Baumenden.

Die Gesamtzahl ist das Produkt aus den Anzahlen der Möglichkeiten auf jeder Stufe.

Wie viele Möglichkeiten gibt es, drei Hemden und zwei Krawatten zu kombinieren?

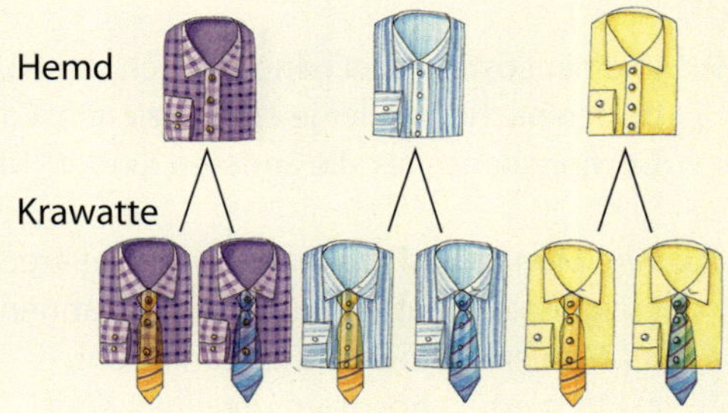

Es gibt $3 \cdot 2 = 6$ Möglichkeiten.

Mehrstufige Zufallsexperimente, Pfadregeln

Setzt sich ein Zufallsexperiment aus mehreren Teilexperimenten zusammen, so nennt man es **mehrstufiges Zufallsexperiment**.
Mehrstufige Zufallsexperimente kann man übersichtlich in einem Baumdiagramm darstellen. Zu jedem Pfad in einem Baumdiagramm gehört genau ein Ergebnis, das sich aus den Ergebnissen der Teilexperimente zusammensetzt.

Aus einer Urne mit drei schwarzen und zwei roten Kugeln werden zwei Kugeln gezogen:

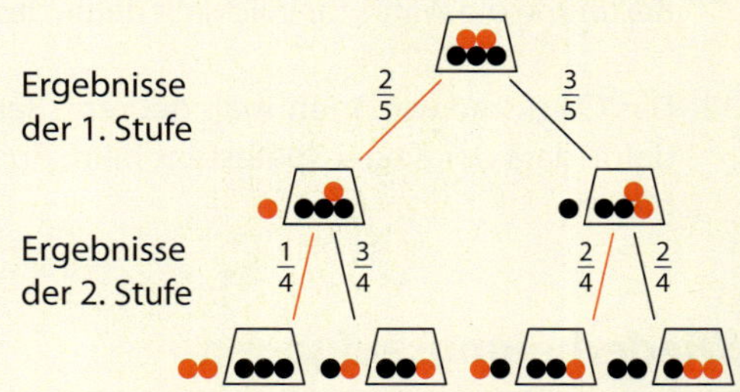

Pfadmultiplikationsregel
Die **Wahrscheinlichkeit für ein zusammengesetztes** Ergebnis erhält man aus dem Produkt der Einzelwahrscheinlichkeiten längs des zugehörigen Pfades.

$P(\text{rot; rot}) = \frac{2}{5} \cdot \frac{1}{4} = \frac{1}{10} = 0{,}1 = 10\,\%$

Pfadadditionsregel
Die **Wahrscheinlichkeit für ein Ereignis** erhält man, indem man die Wahrscheinlichkeiten der zugehörigen Pfade addiert.

E: Beide Kugeln sind verschiedenfarbig

$P(E) = P(\text{rot; schwarz}) + P(\text{schwarz; rot})$
$= \frac{2}{5} \cdot \frac{3}{4} + \frac{3}{5} \cdot \frac{2}{4} = \frac{3}{10} + \frac{3}{10} = \frac{6}{10} = 0{,}6 = 60\,\%$

Gegenereignis, verkürzte Baumdiagramme

Manchmal ist es einfacher, die Wahrscheinlichkeit eines Ereignisses über das Gegenereignis zu bestimmen.
Das **Gegenereignis** $\overline{E}$ zu einem Ereignis E tritt genau dann ein, wenn das Ereignis E nicht eintritt. Für seine Wahrscheinlichkeit gilt:
$P(\overline{E}) = 1 - P(E)$

Möchte man die Wahrscheinlichkeit eines Ereignisses bestimmen, genügt es, nur den Teil des Baumdiagramms mit den zugehörigen Pfaden zu zeichnen.

Bestimme die Wahrscheinlichkeit, dass beim dreifachen Wurf mit einem Spielwürfel mindestens eine 6 gewürfelt wird.

Ereignis E: mindestens eine 6
Gegenereignis $\overline{E}$: dreimal keine 6

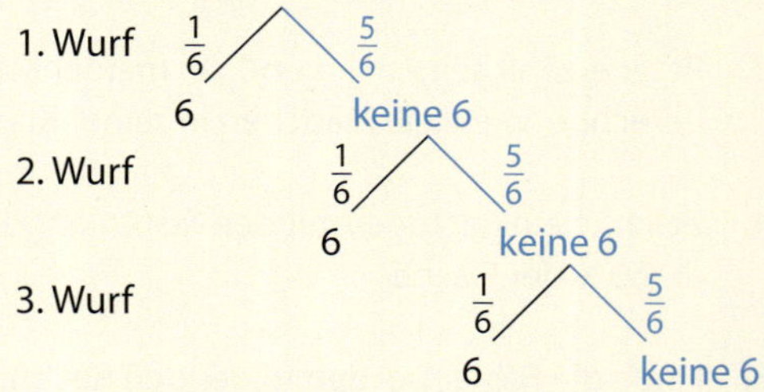

$P(E) = 1 - P(\overline{E}) = 1 - \frac{5}{6} \cdot \frac{5}{6} \cdot \frac{5}{6} = \frac{91}{216} \approx 42\,\%$

7. Komplexe Aufgaben

Die folgenden Aufgaben verbinden Kapitel dieses Buches und methodische Kompetenzen.

Funktionsgleichung einer Geraden ermitteln

1. a) Bestimme die Funktionsgleichung mit den gegebenen Werten.
① Steigung $m = 1{,}5$; $g(2) = 0{,}5$ ② $h(3) = 4{,}5$; $h(7) = 3{,}2$

b) Neben der Form $f(x) = mx + b$ mit der Steigung m und dem y-Achsenabschnitt b gibt es noch weitere Geradengleichungen für lineare Funktionen.

> **Punkt-Steigungsform:** Sind von einer Geraden die Steigung m und ein Punkt $(x_1 | f(x_1))$ bekannt, so gilt: $f(x) = m \cdot (x - x_1) + f(x_1)$
>
> **Zwei-Punkteform:** Sind von einer Geraden zwei Punkte $(x_1 | f(x_1))$ und $(x_2 | f(x_2))$ bekannt, so gilt: $f(x) = \frac{f(x_2) - f(x_1)}{x_2 - x_1} \cdot (x - x_1) + f(x_1)$

Bestimme die Funktionsgleichung von ① mithilfe der Punkt-Steigungsform. Bestimme die Funktionsgleichung von ② mit der Zwei-Punkteform. Vergleiche mit deinen Ergebnissen aus a).

c) Zeige, dass die Punkt-Steigungsform $f(x) = m \cdot (x - x_1) + f(x_1)$ gilt.
Setze dazu $(x_1 | f(x_1))$ in $f(x) = mx + b$ ein und löse nach b auf.

d) Zeige, dass die Zwei-Punkteform $f(x) = \frac{f(x_2) - f(x_1)}{x_2 - x_1} \cdot (x - x_1) + f(x_1)$ gilt.
Nutze dazu die Formel zur Bestimmung der Steigung aus zwei beliebigen Punkten $(x_1 | f(x_1))$ und $(x_2 | f(x_2))$.

e) Wenn eine Gerade die Nullstelle a und den y-Achsenabschnitt b hat, dann kann man die Gerade auch mithilfe der sogenannten Achsenabschnittsform angeben: $\frac{x}{a} + \frac{y}{b} = 1$.
Zeige mithilfe der Zwei-Punkte-Form, dass die Achsenabschnittsform gilt.

Zahnradbahn

2. Vom Ort Grund in der Schweiz fahren Züge zur Kleinen Scheidegg, wobei sie eine Höhendifferenz von ca. 1200 m überwinden. Die Bergfahrt dauert etwa 30 Minuten. In den Zügen findet man im Führerstand die Angaben zur maximal erlaubten Geschwindigkeit, die von der Steilheit der Strecke und von der Fahrtrichtung abhängt (siehe Foto).
Die Steigung in Promille (‰) gibt an, um wie viele Meter sich die Höhe verändert, wenn die Entfernung waagerecht gemessen 1000 m betragen würde.

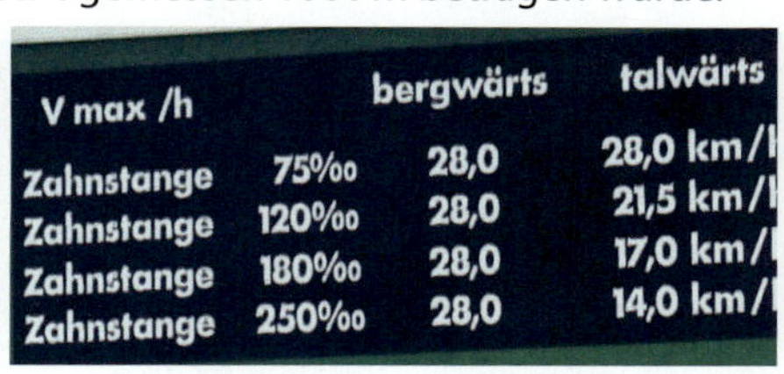

a) Zeichne ein Dreieck im Maßstab 1 : 10000, das eine Steigung von 75 Promille, und ein weiteres, das eine Steigung von 250 Promille zeigt. Miss jeweils den Steigungswinkel, also den Winkel zwischen der Horizontalen und der tatsächlich zurückgelegten Strecke.

b) Anhand der Zeichnungen aus a) kann man vermuten, dass die tatsächlich zurückgelegte Strecke sich um weniger als 5 % von der horizontal zurückgelegten Strecke unterscheidet. Zeige das durch eine Rechnung. Man kann also statt der tatsächlich zurückgelegten Strecke die horizontale Entfernung als gute Näherung nutzen.

c) Nimm an, dass der Zug mit der Maximalgeschwindigkeit bergauf fährt. Zeichne für diesen Sachverhalt das Streckenprofil vereinfacht als Dreieck. Wie groß ist der Steigungswinkel? Berechne auch die Steigung in Promille für diesen Fall.

Bewegungsdiagramme

Wenn man den Ort als Funktion der Zeit graphisch darstellt, so erhält man ein Bewegungsdiagramm. Die Steigung des Graphen im Bewegungsdiagramm gibt die Geschwindigkeit an. In den Aufgaben sollen nur durchschnittliche Geschwindigkeiten betrachtet werden und es wird angenommen, dass sich die Fahrzeuge konstant mit diesen Geschwindigkeiten bewegen. Dann verlaufen die Graphen im Diagramm geradlinig.

3. Familie Wittlich fährt gerne mit dem Wohnwagen zu einem 800 km entfernten Campingplatz. Herr Wittlich startet morgens um 6:00 Uhr und fährt mit einer durchschnittlichen Geschwindigkeit von 80 km/h. Seine Frau und die Kinder wollen nicht so lange im Auto sitzen, sie fahren mit ihrem Sportwagen um 9:00 Uhr mit einer Durchschnittsgeschwindigkeit von 130 km/h hinterher.
   a) Zeichne ein Koordinatensystem und zeichne die Bewegungen der Fahrzeuge ein. Trage auf der x-Achse die Zeit seit 6:00 Uhr in Stunden auf (1 cm entspricht 1 h) und auf der y-Achse die Entfernung von zu Hause (1 cm entspricht 100 km).

   b) Wo und wann holt Frau Wittlich ihren Mann ein? Wie lange muss sie am Ziel auf ihren Mann warten? Wie lange waren beide jeweils unterwegs?
   c) Bestimme rechnerisch, wann und wo sich Herr und Frau Wittlich unterwegs begegnen.
   d) Formuliere eine andere Aufgabe, zu der dasselbe Bewegungsdiagramm passen würde.

Tipp zu 3b:
Rechne die Geschwindigkeiten in Meter pro Minute um.

4. Johanna wohnt nördlich der Marienschule, Paula wohnt südlich der Marienschule. Beide kommen morgens mit ihrem Motorroller zur Schule. Johanna hat einige Ampeln auf dem Weg, sodass sie nur eine Durchschnittsgeschwindigkeit von 18 km/h schafft, Paula hingegen kann mit einer Durchschnittsgeschwindigkeit von 32 km/h fahren. Da beide 12 min unterwegs sind, fahren sie morgens zur gleichen Zeit los, damit an der Schule keiner auf den anderen warten muss.
   a) Ermittle graphisch, wie weit Johanna und Paula voneinander entfernt wohnen.
   Wähle auf der Zeitachse 1 cm für 1 min und auf der Ortsachse 1 cm für 500 m in der Realität.
   b) Überprüfe dein Ergebnis rechnerisch.

Bewegungen untersuchen

5. Bei einer Bewegung legt man eine Strecke s mit einer Geschwindigkeit v in einer gewissen Zeit t zurück. Ist die Geschwindigkeit konstant, so kann man für den in der Zeit t zurückgelegten Weg eine Funktionsgleichung angeben: $s(t) = v \cdot t + s_0$. Die graphische Darstellung zu dieser Gleichung nennt man Weg-Zeit-Diagramm.
   a) Vergleiche diesen Ausdruck mit der üblichen Geradengleichung. Begründe, dass in einem Weg-Zeit-Diagramm die Steigung des Graphen die Geschwindigkeit angibt. Gib eine sinnvolle Bedeutung für s_0 an.
   b) Untersuche das Weg-Zeit-Diagramm rechts
      ① Gib für alle sechs Abschnitte die Funktionsgleichung der passenden Geraden an und interpretiere sie in Bezug auf die Bewegung.
      ② Zeichne ein Geschwindigkeit-Zeit-Diagramm, das die Geschwindigkeit in jedem der sechs Abschnitte als Funktion der Zeit zeigt.

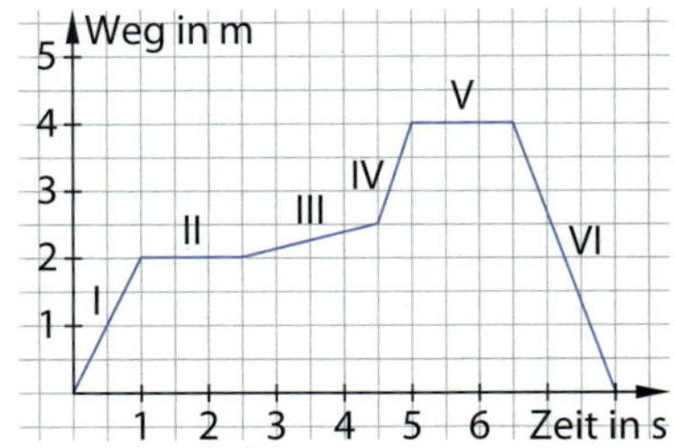

   c) In einem Geschwindigkeit-Zeit-Diagramm kann man den zurückgelegten Weg bestimmen, indem man den Flächeninhalt des Vielecks, das vom Graphen und der Zeitachse gebildet wird, bestimmt.
      ① Bestimme für die sechs Abschnitte des Geschwindigkeit-Zeit-Diagramms aus b) den Flächeninhalt. Berechne daraus den zurückgelegten Gesamtweg.
      ② Überprüfe dein Ergebnis mithilfe des Weg-Zeit-Diagramms.
   d) Das Diagramm rechts zeigt das Geschwindigkeit-Zeit-Diagramm für eine Fahrt mit dem ICE. Bestimme den zurückgelegten Weg.

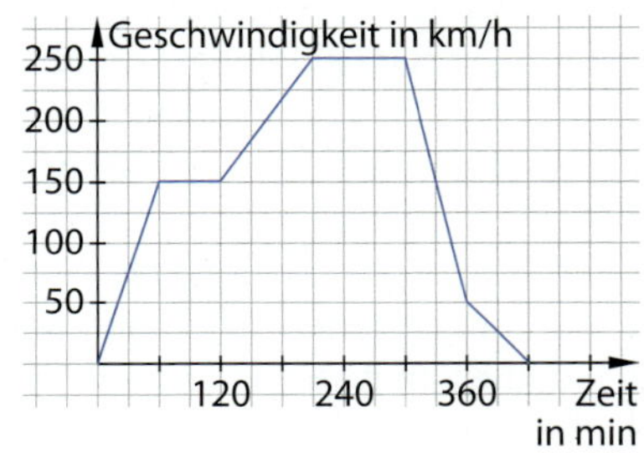

Spielereien mit Termen

6. Es gibt viele interessante Zusammenhänge in der Mathematik, die man mithilfe von Termen beschreiben und verstehen kann.
   a) Zeige folgende Aussage: Wenn man eine ungerade Zahl quadriert und das Ergebnis um 1 verringert, dann erhält man immer eine Zahl, die durch 4 teilbar ist.
   b) Es gilt zum Beispiel $4^2 - 3^2 = 7$; $13^2 - 12^2 = 25$. Man könnte vermuten, dass für zwei aufeinanderfolgende natürliche Zahlen gilt: Die Differenz aus dem Quadrat der größeren Zahl und dem Quadrat der kleineren Zahl ist gleich der Summe der beiden Zahlen. Notiere weitere Beispiele. Zeige dann allgemein, dass diese Besonderheit immer gilt.
   c) Für die Zahlen 35 und 14 gilt: Der Wert ihres Produktes ist das Zehnfache ihrer Summe. Bestimme allgemein Zahlenpaare $(a|b)$, für die diese Eigenschaft erfüllt ist.
   d) Will man 3,5 quadrieren, so kann man rechnen „3 mal 4" und setzt Komma 25 dahinter. Leite aus dieser Erkenntnis eine Behauptung ab und beweise sie.
   e) Multipliziert man zwei Zahlen zwischen 10 und 100, die dieselbe Zehnerziffer haben und deren Einer sich zu 10 ergänzen, so kann man das Ergebnis einfach bestimmen: Multipliziere die erste Zehnerziffer mit der um 1 erhöhten Zehnerziffer und schreibe den Wert des Produkts der Einerziffern dahinter. Notiere drei Beispiele. Zeige dann die Aussage.
   f) Wann wurde Alexander geboren, wenn er im Jahre n^2 den n-ten Geburtstag feiern kann? Betrachte nur Ergebnisse, die aus heutiger Sicht sinnvoll sind.

Nachbarbrüche

7. In der Mathematik arbeitet man mit Definitionen. Hier werden Nachbarbrüche definiert:
Zwei Brüche $\frac{a}{b} < \frac{c}{d}$ heißen Nachbarbrüche, wenn $\frac{c}{d} - \frac{a}{b} = \frac{1}{b \cdot d}$ gilt.

Nachbarbrüche
$\frac{1}{6} - \frac{1}{7} = \frac{7}{42} - \frac{6}{42} = \frac{1}{42} = \frac{1}{6 \cdot 7}$
Also sind $\frac{1}{6}$ und $\frac{1}{7}$ Nachbarbrüche.

a) Zeige, dass $\frac{1}{3}$ und $\frac{1}{4}$ Nachbarbrüche sind. Und dass $\frac{2}{7}$ Nachbarbruch sowohl von $\frac{1}{3}$ als auch von $\frac{1}{4}$ ist.

b) Nenne selbst mindestens zwei weitere Beispiele für Nachbarbrüche.

c) Zeige, dass die folgenden Brüche Nachbarbrüche sind.

① $\frac{3}{10}$ von $\frac{1}{3}$ und von $\frac{2}{7}$
② $\frac{3}{11}$ von $\frac{2}{7}$ und von $\frac{1}{4}$
③ $\frac{4}{13}$ von $\frac{1}{3}$ und $\frac{3}{10}$
④ $\frac{5}{17}$ von $\frac{3}{10}$ und $\frac{2}{7}$
⑤ $\frac{5}{18}$ von $\frac{2}{7}$ und $\frac{3}{11}$
⑥ $\frac{4}{15}$ von $\frac{3}{11}$ und $\frac{1}{4}$

Bestimme einen Nachbarbruch von $\frac{1}{3}$ und $\frac{4}{13}$.

d) Gib ein Verfahren an, wie man zu zwei Nachbarbrüchen einen weiteren Nachbarbruch von beiden finden kann. Wie viele Nachbarbrüche gibt es zu zwei Nachbarbrüchen?

Additionsverfahren veranschaulicht

8. Das Gleichungssystem

$$\left| \begin{array}{r} 2x - y = 6 \\ -x - 4y = -12 \end{array} \right|$$

soll mit dem Additionsverfahren gelöst werden. Die graphischen Darstellungen rechts veranschaulichen die einzelnen Lösungsschritte.

a) Notiere zu jeder graphischen Darstellung den passenden Lösungschritt des Gleichungssystems. Begründe, dass sich die Lösung des linearen Gleichungssystems nicht ändert.

b) Stelle selbst ein lineares Gleichungssystem auf und veranschauliche die Lösungsschritte anhand von geeigneten graphischen Darstellungen. Zum Zeichnen der Graphen kannst du einen Funktionenplotter nutzen.

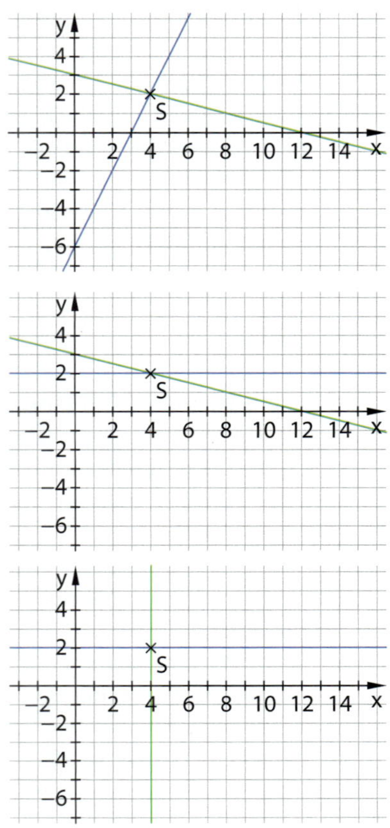

Wer wird Millionär?

9. Bei der Fernseh-Quizsendung „Wer Wird Millionär?" muss ein Kandidat Fragen beantworten. Bei jeder Frage sind vier Antworten vorgegeben, von denen genau eine richtig ist. Beantwortet der Kandidat 15 Fragen richtig, gewinnt er 1 Million Euro. Beantwortet er eine Frage falsch, ist das Spiel für ihn zu Ende.

a) Bestimme die Wahrscheinlichkeit, die Million zu gewinnen, wenn der Kandidat bei jeder Frage die Antwort durch Werfen eines Tetraeders zufällig auswählt. Ist die Wahrscheinlichkeit größer oder kleiner als die Wahrscheinlichkeit 6 Richtige im Lotto 6 aus 49 zu haben?

b) Die Fragen im Fernseh-Quizz werden von Stufe zu Stufe schwerer. Ein Kandidat schafft mit seinem guten Allgemeinwissen und mithilfe der Joker die 16 000-€-Gewinn-Stufe. Berechne die Wahrscheinlichkeit für den Millionengewinn, wenn er für die nächsten fünf Fragen einen Tetraeder nutzt, um die richtige Antwort zu finden.

c) Ein Kandidat hat die 500-€-Gewinn-Stufe erreicht. Die 16 000 Euro schafft er nur, wenn er die nächsten 5 Fragen richtig beantwortet. Antwortet er einmal falsch, scheidet er aus und sein Gewinn fällt auf 500 Euro zurück. Bestimme die Wahrscheinlichkeit, dass sein Gewinn bei 500 Euro bleibt, wenn der Kandidat bei jeder Frage die Antwort zufällig mit dem Tetraeder wählt.

d) Die ersten 5 Fragen bis zur Stufe von 500 Euro sind ziemlich einfach. Bestimme die Wahrscheinlichkeit, dass ein Kandidat diese Stufe erreicht, wenn er die erste Frage zu 99 %, die zweite zu 98 % und die drei nächsten Fragen zu 97 %, 96 % bzw. 95 % richtig beantwortet.
Elena behauptet: „Im Schnitt beantwortet der Kandidat die Fragen zu 97 % richtig. Ich erhalte genau das gleiche Ergebnis, wenn ich davon ausgehe, dass er jede der 5 Fragen zu 97 % richtig beantwortet." Hat Elena Recht?

e) Bevor ein Kandidat am eigentlichen Quiz teilnehmen darf, muss er sich gegen vier andere Kandidaten durchsetzen. Hierbei muss er vier Begriffe, denen die Buchstaben A, B, C, D zugeordnet sind, schneller als die anderen in die richtige Reihenfolge bringen. Es gibt Kandidaten, die – um möglichst schnell zu sein – eine zufällige Reihenfolge der Buchstaben A, B, C, D wählen. Berechne die Wahrscheinlichkeit, dass diese zufällige Reihenfolge korrekt ist.

Zufallsquader

10. Mithilfe von drei Würfeln kann man Zufallsquader erzeugen: Mit dem ersten Würfel wird die erste, mit dem zweiten die zweite und mit dem dritten die dritte Kantenlänge (in cm) erwürfelt.

a) Gib das kleinst- und das größtmögliche Volumen eines solchen Zufallquaders an.

b) Bestimme die Wahrscheinlichkeit dafür, dass ein Quader entsteht, dessen Volumen genau $2\,cm^3$ ($4\,cm^3$; $6\,cm^3$; $24\,cm^3$) beträgt.

c) Bestimme die Wahrscheinlichkeit dafür, dass das Volumen weniger als $10\,cm^3$ beträgt.

d) Bestimme die Wahrscheinlichkeit dafür, dass das Volumen höchstens $150\,cm^3$ beträgt.

8. Digitale Mathematikwerkzeuge

Hier kannst du nachschlagen, wenn du Hilfe bei der Arbeit mit einem GTR oder einem CAS benötigst.

Darstellungen von GeoGebra

Wähle aus dem Startbildschirm im Menü ***Ansicht*** eine Darstellung aus.

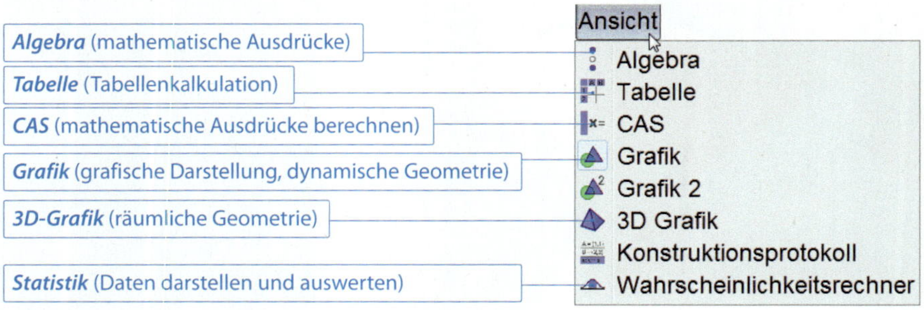

Terme umformen

Wähle die ***CAS***-Darstellung aus.

Das CAS fasst automatisch gleichartige Summanden zusammen und multipliziert Klammern aus. Gib dazu einfach den Term in eine Zeile des CAS-Feldes ein.

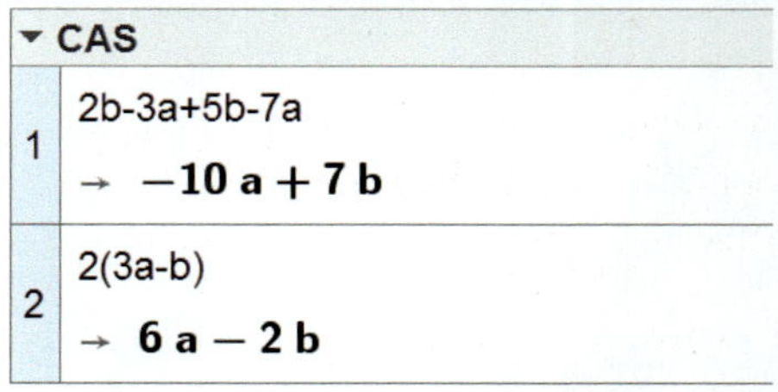

Weitere Termumformungen kann man über **Werkzeuge** oder **Befehle** vornehmen.

Werkzeug für das Faktorisieren von Termen:
Gib erst den Term ein.
Wähle dann das Werkzeug  aus.

Befehl für das Faktorisieren von Termen:
Gib über die Tastatur den Befehl ***Faktorisiere [<Ausdruck>]*** ein. Mit der Eingabe der ersten Buchstaben eines Befehls schlägt das System bereits Befehle mit diesen Anfangsbuchstaben vor.
Gib dann in <Ausdruck> den Term ein.

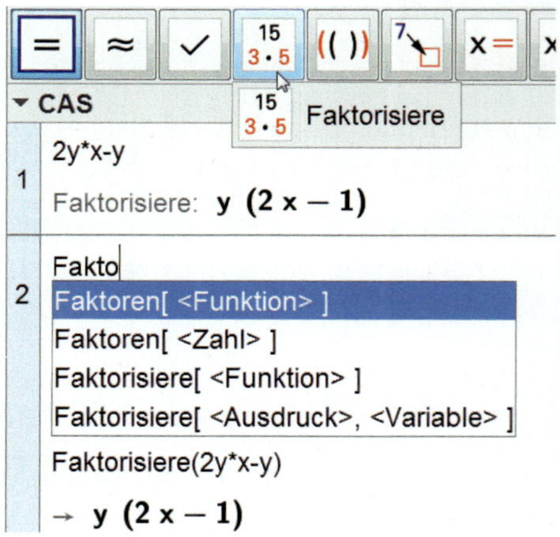

Gleichungen und Gleichungssysteme lösen

Wähle die ***CAS***-Darstellung aus.

Gib den Befehl ***Löse[<Gleichung in x >]*** für das Lösen von Gleichungen ein oder ***Löse[<Liste von Gleichungen>,<Liste von Variablen>]*** für das Lösen von linearen Gleichungssystemen.

Mit der Eingabe der ersten Buchstaben eines Befehls schlägt das System bereits Befehle mit diesen Anfangsbuchstaben vor.

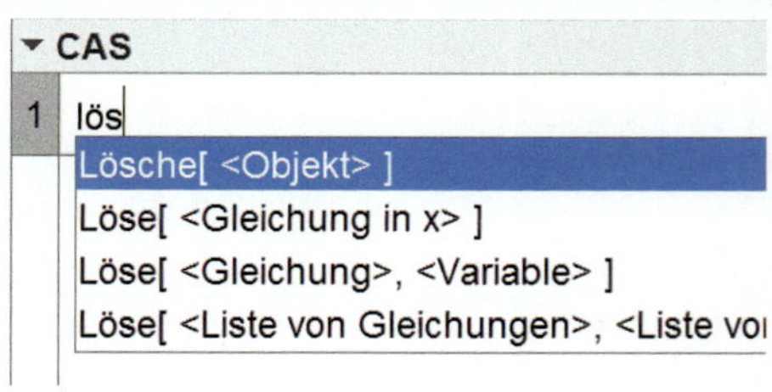

Gib den Befehl ***Löse[<Gleichung in x >]*** und dann die Gleichung in x ein.

Die Anzeige {x = x} weist auf unendlich viele Lösungen hin.

Die Anzeige { } bedeutet, dass es keine Lösung gibt.

CAS

1	Löse[2x-1=3]
○	→ $\{x = 2\}$
2	Löse[x+1=x+1]
○	→ $\{x = x\}$
3	Löse[x+1=x]
○	→ $\{\}$

Gib den Befehl ***Löse[<Liste von Gleichungen>, <Liste von Variablen>]*** ein.
Gib dann alle Gleichungen und alle Variablen als Listen ein.

Die Anzeige {{x = -y + 1, y = y}} weist auf unendlich viele Lösungen für x abhängig von y hin.

Die Anzeige { } bedeutet, dass es keine Lösung gibt.

CAS (Geschweifte Klammern!)

1	Löse[{2x-1=y, y=-x+2}, {x, y}]
○	→ $\{\{x = 1, y = 1\}\}$
2	Löse[{x+y=1, 2x+2y=2}, {x, y}]
○	→ $\{\{x = -y + 1, y = y\}\}$
3	Löse[{x+y=1, x+y=0}, {x, y}]
○	→ $\{\}$

Funktionen grafisch darstellen

Trage in der ***Eingabezeile*** die Funktionsgleichung f(x)=–0.5x + 2 ein.

Eingabe: f(x)=-0.5x+2 (Dezimalpunkt!)

Nach der Eingabe wird in der ***Algebra***-Darstellung die Funktionsgleichung angezeigt und in der ***Grafik***-Darstellung der Graph gezeichnet.

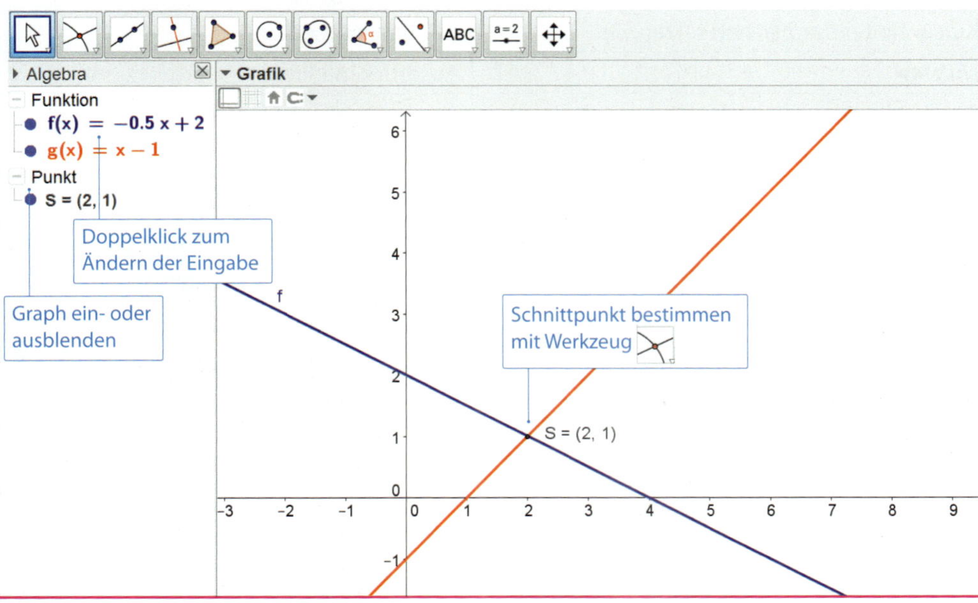

Anwendungen des TI-Nspire CX CAS

Auf dem Homescreen kann man eine der folgenden **Anwendungen** starten.

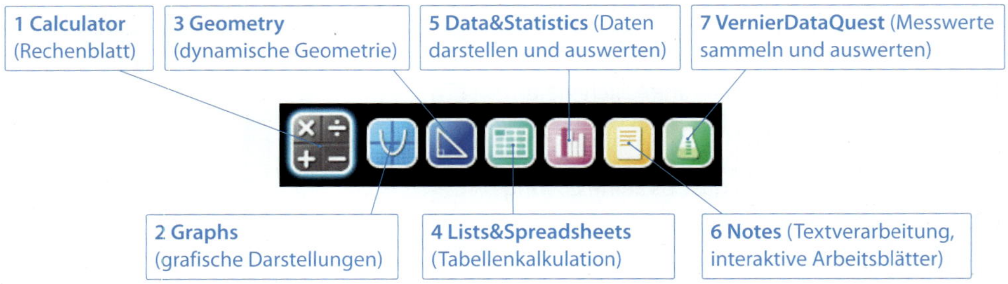

Dokumente erstellen und verwalten

Beim Starten einer Anwendung wird eine neue **Seite** im aktuellen Dokument angelegt.

Eine oder mehrere Seiten können in einem **Dokument** gespeichert werden. Die Seiten innerhalb des Dokuments sind verbunden. Dokumente werden über die Taste ***doc*** oder über den Homescreen ***/on*** erstellt oder verwaltet.

Eingabe abschließen und korrigieren:

Schließe jede vollständige Eingabe mit ***enter*** ab.

Braucht man z. B. beim Rechnen mit Größen einen Näherungswert, drückt man ***ctrl + enter***.

Ist eine Eingabe mit ***enter*** abgeschlossen, kann sie korrigiert werden, indem man den Ausdruck mit der Pfeiltaste ▲ markiert und mit ***enter*** in die Eingabezeile kopiert. Dort kann die Eingabe dann verändert werden.

Tastenkürzel

esc	Befehl rückgängig machen
Kursor hinter das Zeichen setzen, ***del***	Zeichen löschen
shift ◀▶	Ausdruck markieren
Ausdruck markieren und ***ctrl + x***	Ausdruck ausschneiden
Ausdruck markieren und ***ctrl + c***	Ausdruck kopieren
ctrl + v	Ausdruck einfügen
ctrl + del	markierten Ausdruck löschen
ctrl + esc oder ***ctrl + z***	Arbeitsschritte rückgängig machen
ctrl + y	Arbeitsschritt erneut aufrufen
menu – Aktionen – Protokoll löschen	alle Einträge auf einer Seite löschen
doc – Seitenlayout – Seite löschen	Seite in einem Dokument löschen

Standardeinstellungen des Rechners wiederherstellen

/on – Einstellungen – Dokumenteinstellungen – Zurücksetzen - enter - enter - enter

Der Wechsel zwischen den Bereichen bei ***Dokumenteinstellungen*** erfolgt mit ***tab***.

Terme eingeben

In der Anwendung ***Calculator*** lassen sich Terme eingeben.

Manche Terme vereinfacht der CAS-Rechner automatisch. Deshalb kann das CAS auch zur **Selbstkontrolle** von handschriftlichen Lösungen dienen. Gleichartige Summanden werden automatisch zusammengefasst und meistens alphabetisch geordnet.

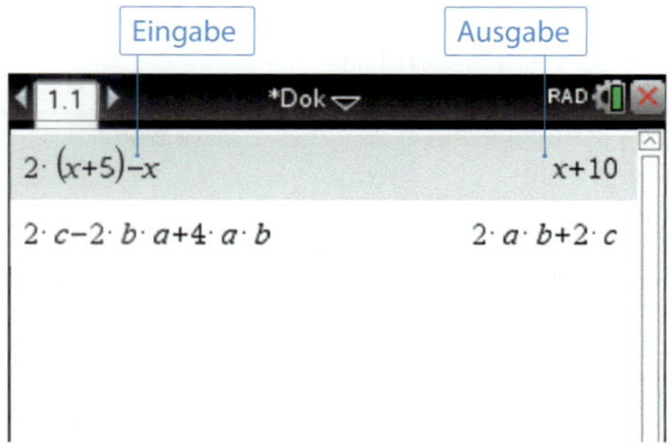

Umgang mit Variablen

Variablen in einem Produkt müssen durch einen Malpunkt getrennt werden, sonst wird die Buchstabenfolge als eine einzige Variable aufgefasst. Der Rechner unterscheidet bei Variablen nicht zwischen Klein- und Großschreibung.

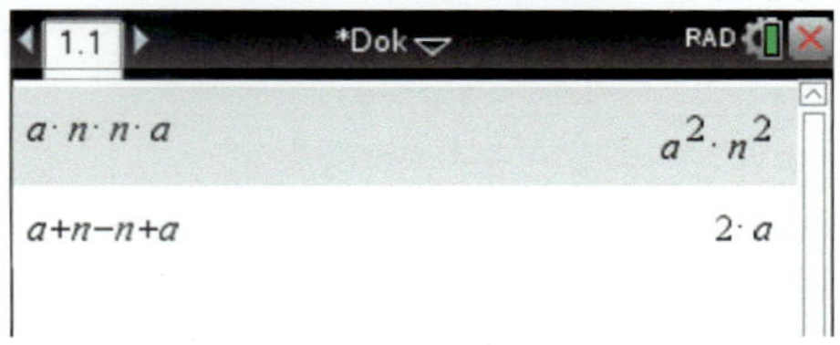

Terme umformen

Die wichtigsten Befehle zum Umformen von Termen findet man im Menü **Algebra**.

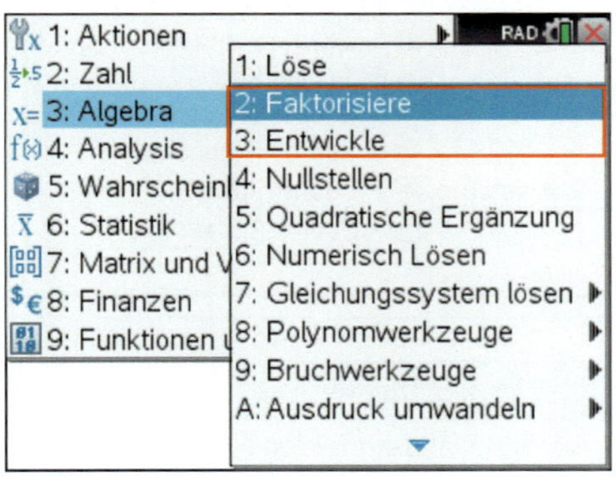

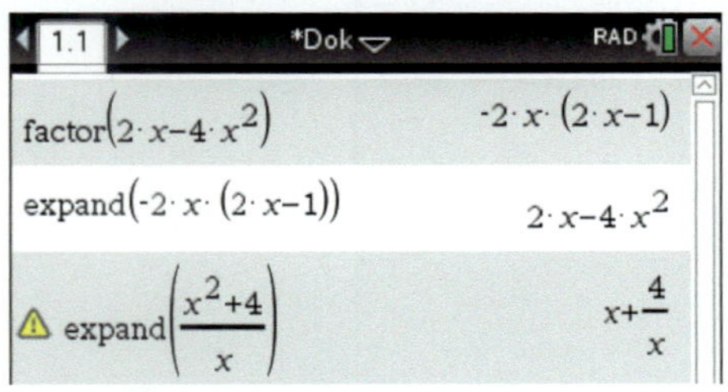

Warnhinweis beachten!

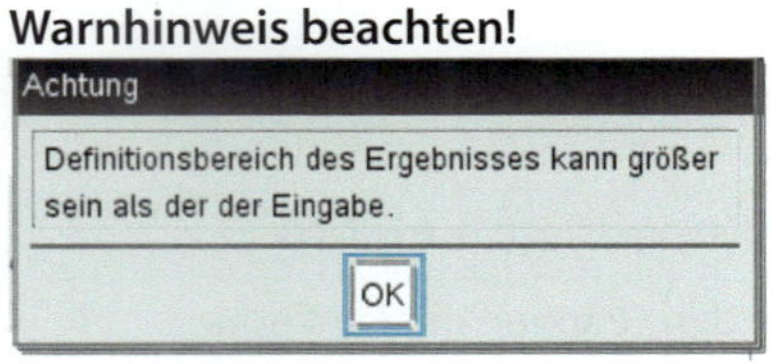

Funktionen definieren und löschen

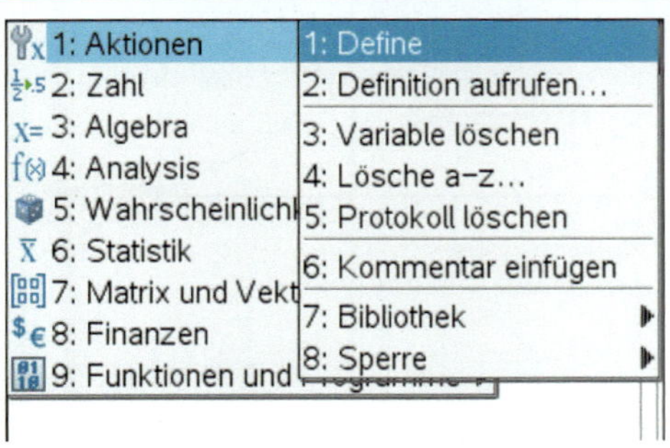

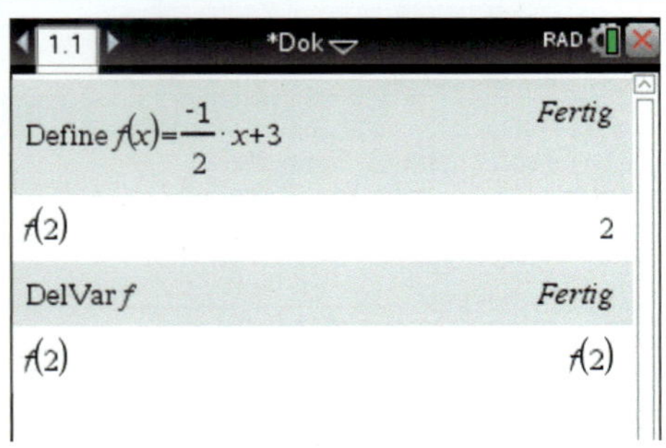

Alternativ: Gib f(x): = … ein.

Gleichungen lösen

Rufe im ***Calculator*** den Befehl ***solve*** auf. Gib dann die Gleichung und die Variable ein, die berechnet werden soll.

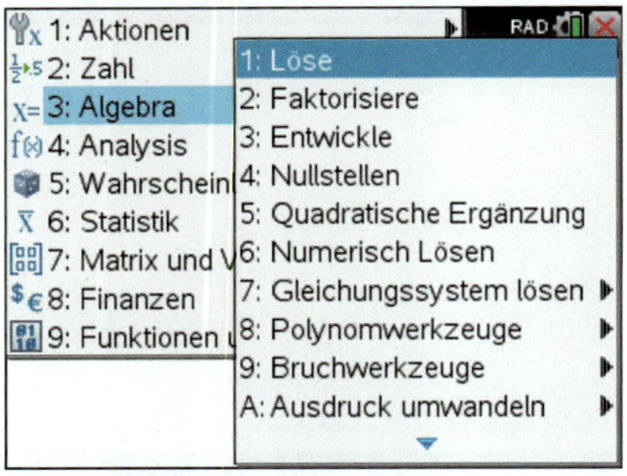

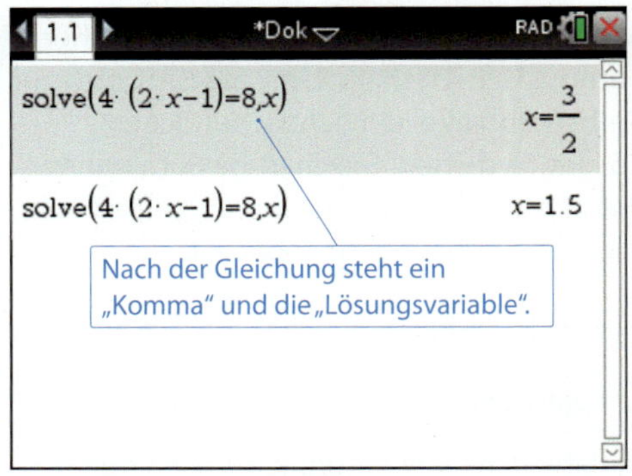

Funktionen grafisch darstellen

Öffne die Anwendung ***Graphs***. Gib hinter f1(x) = den Funktionsterm ein oder die Funktionsbezeichnung einer anderen Seite (z. B. Calculator).

Passe, wenn nötig, die Fenstereinstellungen an.

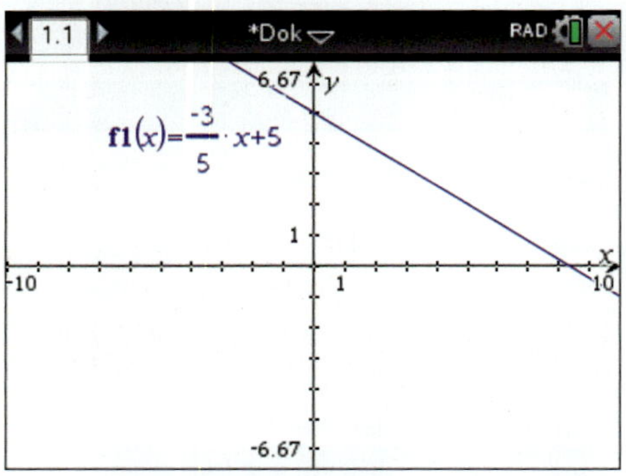

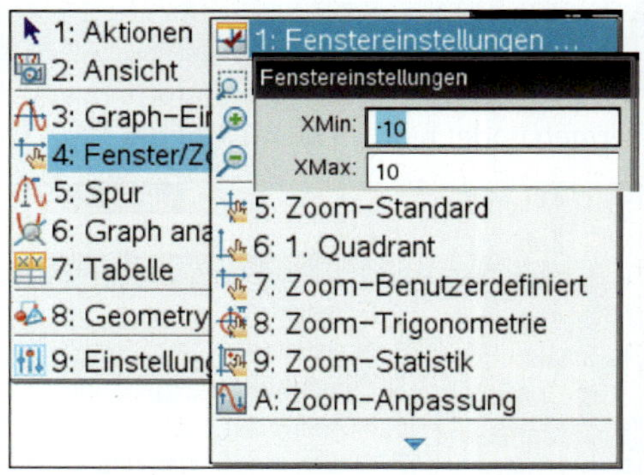

Nullstellen grafisch ermitteln

Zeichne den Graphen der Funktion.

Mit dem Befehl ***Grafikspur*** kannst du nun die Nullstelle ablesen.

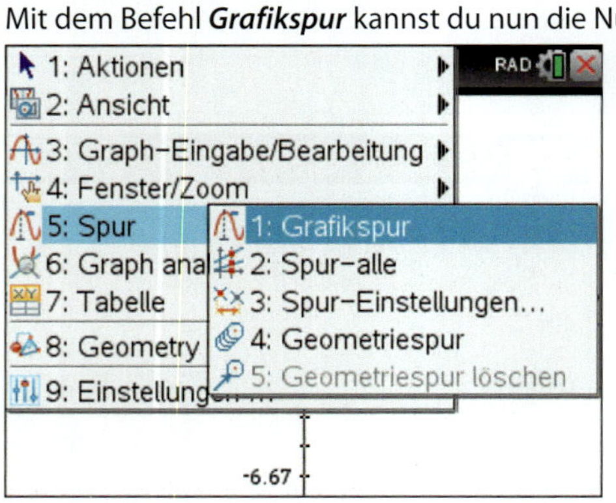

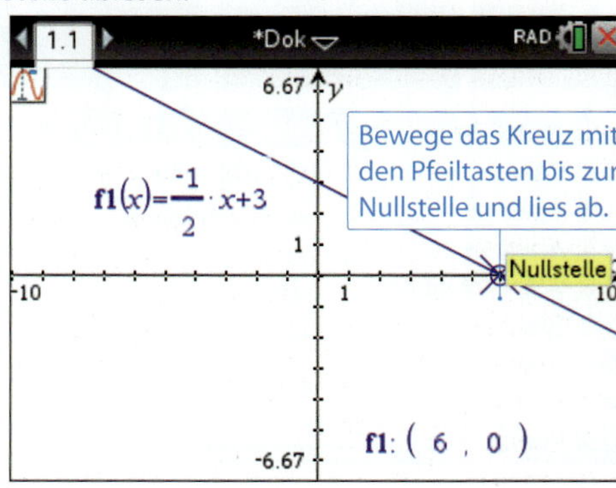

Überprüfe den abgelesenen Wert durch eine Probe:

$f\left(-\frac{3}{5}\right) = -\frac{3}{5} \cdot 5 + 3 = 0$

Nullstellen rechnerisch ermitteln

Setze in der Funktionsgleichung y = 0 und löse die Gleichung mit dem Befehl ***solve***.

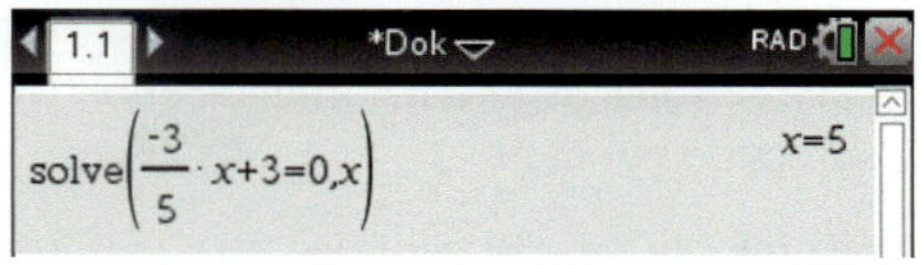

Gleichungssystem rechnerisch lösen

Rufe im Calculator den Befehl ***solve*** auf.

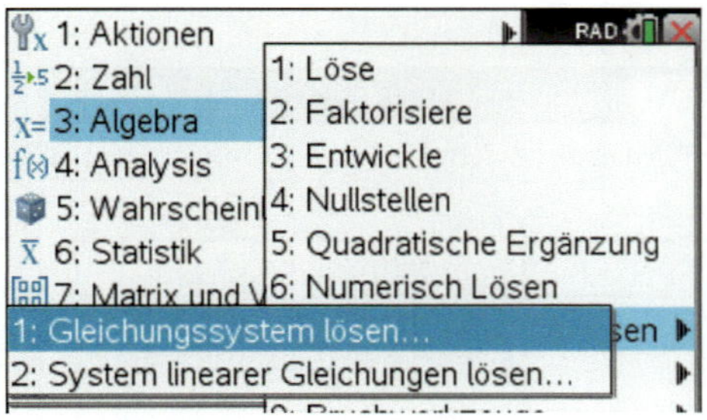

Definiere die Anzahl der Gleichungen und die Variablennamen.

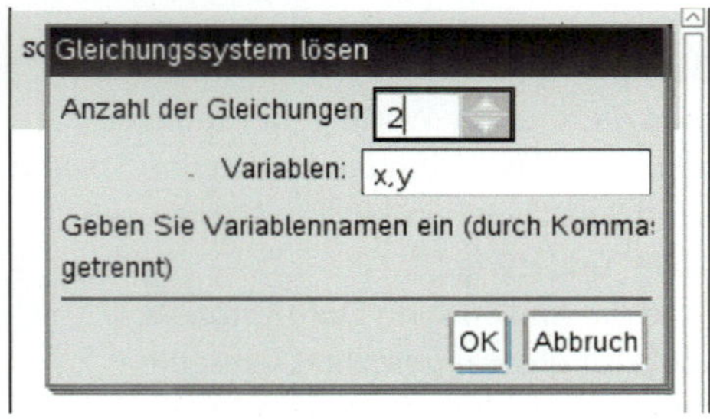

Gib die Gleichung ein.

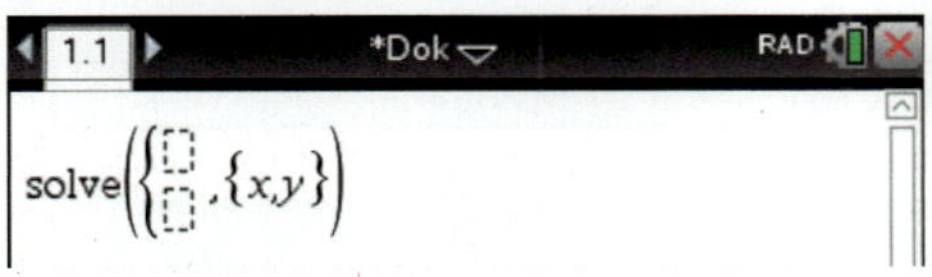

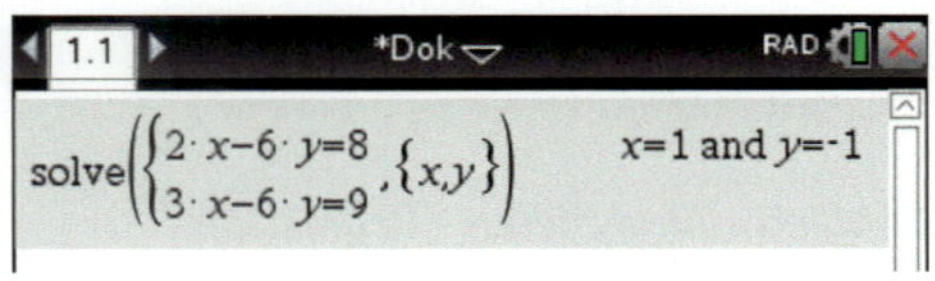

Alternativ: Gib ***solve*** (2x – 6y = 8 and 3x – 6y = 9, x, y) ein.

Anzahl der Lösungen bei Gleichungssystemen

Gibt der Befehl ***solve*** als Ergebnis ***false*** an, so hat das Gleichungssystem keine Lösung.

$\begin{vmatrix} x+y=1 \\ x+y=0 \end{vmatrix} \Rightarrow \mathbb{L} = \varnothing$

Stehen im Ergebnis ***Zählvariablen c1, c2, ...,*** so hat das Gleichungssystem unendlich viele Lösungen.

$\begin{vmatrix} x+y=1 \\ x+y=1 \end{vmatrix} \Rightarrow \mathbb{L} = \{(x;y)\,|\,x = 1-y\}$

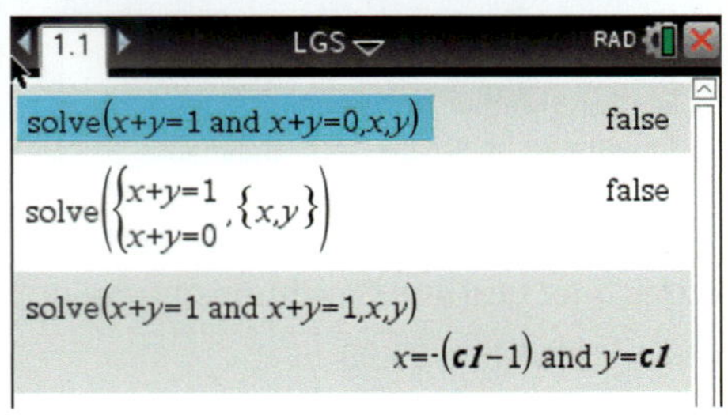

Gleichungssystem grafisch lösen

Zeichne die Graphen aller Funktionen, die zum Gleichungssystem gehören.
Mit dem Befehl ***Schnittpunkt*** kannst du die Lösung ablesen.

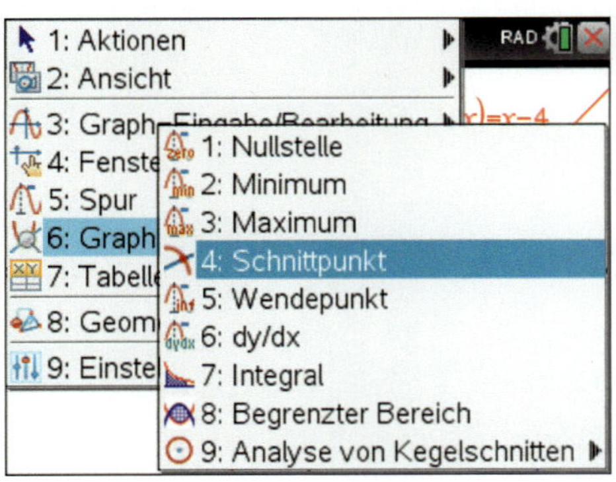

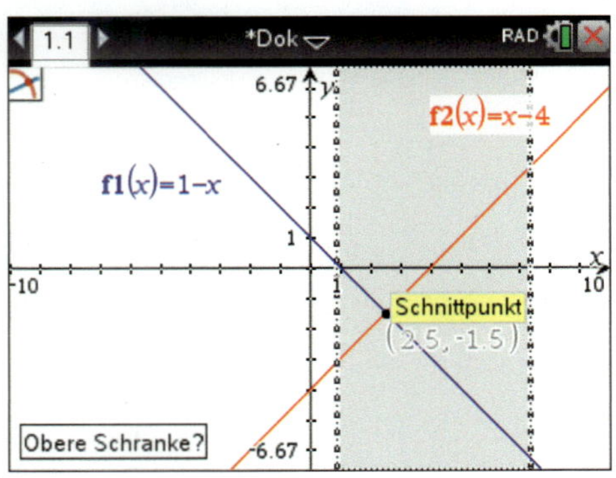

Lineare Regression

In CAS-Rechnern ist ein Verfahren installiert, das eine automatische Erstellung einer optimalen Ausgleichsgeraden für eine Punktwolke ermöglicht. Dieses Verfahren wird lineare Regression genannt.

Beispiel: Die Tabelle zeigt den Zusammenhang zwischen der Siedetemperatur des Wassers und der Höhe über dem Meeresspiegel.

Siedetemperatur (in °C)	100	98	96	90	80
Höhe über NN (in m)	0	570	1150	2900	5800

Gib eine Gleichung der Regressionsgeraden an.

Lösung:
Trage die x- und y-Werte in der Tabellenkalkulation ***Lists&Spreadsheet*** in den Spalten A und B ein. Gib den Spalten Namen, z. B. „höhe" und „temp".
Öffne die Anwendung ***Data&Statistics***. Wähle für die waagerechte Achse die Variable „höhe", für die senkrechte Achse „temp". Das Diagramm wird automatisch erzeugt.

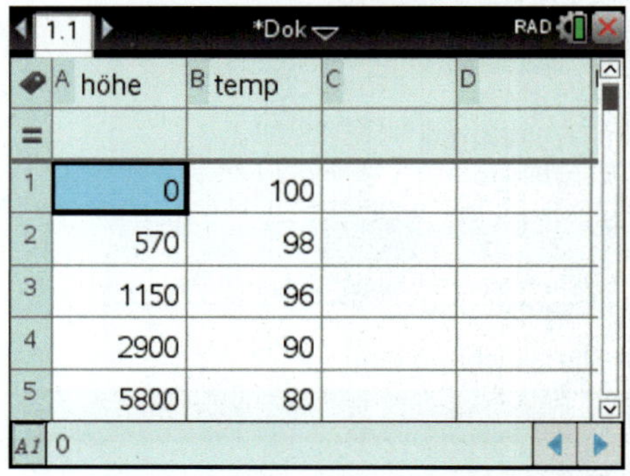

Mit ***Menü – Analysieren – Regression – lineare Regression (mx + b) anzeigen*** wird die Berechnung der Ausgleichsgeraden ausgelöst.

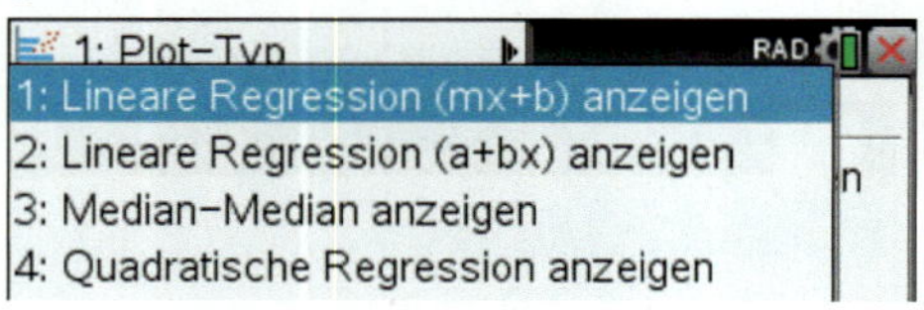

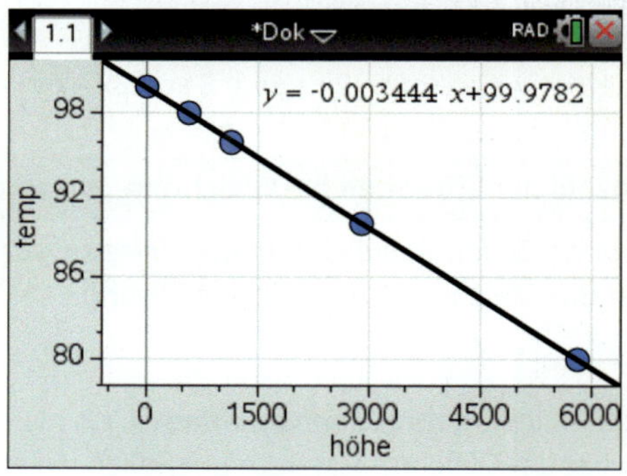

Die Ausgleichsgerade wird automatisch eingezeichnet und ihre Gleichung angezeigt.

t(h) = –0,0034h + 99,98

Zur weiteren Arbeit kannst du die Funktionsgleichung auf einer Calculator-Seite eingeben

9. Anhang

Lösungen zu
- Dein Fundament
- Prüfe dein neues Fundament

Stichwortverzeichnis
Bildnachweis

Lösungen

Lösungen zu Kapitel 1: Gleichungen

Dein Fundament (S. 8/9)

S. 8, 1.
a) $-7 + 28 = 21$ b) $9 - 3 \cdot 5 = -6$
c) $4 \cdot (12 + 8) = 80$ d) $0{,}5 \cdot (13 + 14 + 15) = 21$

S. 8, 2.
Fünfte Zahl: 17, neunte Zahl: 33

S. 8, 3.
a)
$1 \xrightarrow{+1} 2 \xrightarrow{+2} 4 \xrightarrow{+3} 7 \xrightarrow{+4}$
$11 \longrightarrow \ldots$
b) 16 und 22

S. 8, 4.
a) $1 \xrightarrow{\cdot 3} 3 \xrightarrow{\cdot 3} 9 \xrightarrow{\cdot 3} 27 \xrightarrow{\cdot 3}$
$81 \xrightarrow{\cdot 3} 243$

b) $4 \xrightarrow{-1} 3 \xrightarrow{+2} 5 \xrightarrow{-1} 4 \xrightarrow{+2}$
$6 \xrightarrow{-1} 5 \xrightarrow{+2} 7 \xrightarrow{-1} 6 \xrightarrow{+2} 8$

c) $4 \xrightarrow{+1} 5 \xrightarrow{\cdot 2} 10 \xrightarrow{+1} 11 \xrightarrow{\cdot 2}$
$22 \xrightarrow{+1} 23 \xrightarrow{\cdot 2} 46 \xrightarrow{+1} 47$
$\xrightarrow{\cdot 2} 94$

S. 8, 5.
a) Die Hälfte der Summe der Zahlen –7 und 3; Ergebnis –2
b) Das Produkt aus 4,1 und 3 weniger 7; Ergebnis 5,3
c) Das Fünffache der Summe der Zahlen 3,3 und 7,7; Ergebnis 55
d) Die Hälfte des Produkts aus –12 und 9; Ergebnis –54

S. 8, 6
a) $5 \xrightarrow{\cdot 3} 15 \xrightarrow{-7} 8$ Ergebnis 8

b) $15 \xrightarrow{+3} 18 \xrightarrow{-0{,}5} 17{,}5$ Ergebnis 17,5

c) $8 \xrightarrow{:0{,}5} 16 \xrightarrow{-7} 9$ Ergebnis 9

d) $5 \xrightarrow{+4} 9 \xrightarrow{+3} 12 \xrightarrow{:2} 6$ Ergebnis 6

S. 8, 7
a) $5 \xrightarrow{\cdot 2} 10 \xrightarrow{-2} 8 \xrightarrow{+4} 12$

b) z. B. $16 \xrightarrow{:2} 8 \xrightarrow{+6} 14 \xrightarrow{-7} 7$

c) z. B. $18 \xrightarrow{:6} 3 \xrightarrow{+5} 8 \xrightarrow{-9} -1$

S. 8, 8.
a) 4 b) 14 c) 2

S. 8, 9.
a) 62 b) 6 c) –2 d) 1
e) –1 f) 0

S. 8, 10.
a) $246 - \mathbf{15} = 231$ b) $\mathbf{30} + 19 = 49$
c) $\mathbf{3{,}3} - 1{,}3 = 2$ d) $1{,}6 + \mathbf{1{,}4} = 3$

S. 8, 11.
a) $24 \cdot \mathbf{4} = 96$ b) $\mathbf{35} : 5 = 7$
c) $\mathbf{10} \cdot \frac{1}{2} = 5$ d) $8 : \mathbf{0{,}5} = 16$
e) $2 \cdot \mathbf{11} + 4 = 26$ f) $3 \cdot (\mathbf{4{,}5} + 0{,}5) = 15$
g) $\mathbf{24} : 2 + 4 = 16$ h) $7 + \mathbf{7} : 7 = 8$

S. 8, 12.
a) $40 - 17 = 23$ b) $28 + 17 = 45$
c) $470 : 2 = 235$ d) $36 \cdot 4 = 144$

S. 8, 13.
a) 12; 1; 1,2 b) 18; 1,5; 1,8
c) 3; $\frac{1}{4}$; 0,3 d) 60; 5; 6

S. 9, 14.
$u = 2 \cdot 3\,\text{cm} + 2 \cdot 2\,\text{cm} = 10\,\text{cm}$
$A = 2\,\text{cm} \cdot 3\,\text{cm} = 6\,\text{m}^2$

S. 9, 15.
a) $V = 2\,\text{cm} \cdot 3\,\text{cm} \cdot 4\,\text{cm} = 24\,\text{m}^3$
b) $0 = 2 \cdot 2\,\text{cm} \cdot 3\,\text{cm} + 2 \cdot 2\,\text{cm} \cdot 4\,\text{cm} + 2 \cdot 3\,\text{cm} \cdot 4\,\text{cm} = 52\,\text{cm}^2$
c) $K = 4 \cdot 2\,\text{cm} + 4 \cdot 3\,\text{cm} + 4 \cdot 4\,\text{cm} = 36\,\text{cm}$

S. 9, 16.
a) b = 9 cm; u = 26 cm
b) b = 4 cm; u = 16 cm
c) b = 11 cm; u = 30 cm
d) b = 1 cm; u = 10 cm
e) b = 100 cm; u = 208 cm

S. 9, 17.
a) a = 2 cm b) b = 3 cm
c) a = 4 cm d) a = 5 cm

S. 9, 18.
$6\,\text{cm}^3 = 3\,\text{cm} \cdot 2\,\text{cm} \cdot c$
Also ist c = 1 cm.

S. 9, 19.
$\alpha + \beta + \gamma = 180°$
$\gamma = 180° - 30° - 90° = 60°$

Vermischtes

S. 9, 20.
a) 6 €
b) 16,80 €
c) 2,52 ℓ
d) 45 ℓ
e) 11 €

S. 9, 21.
90 g

S. 9, 22.
100 g

S. 9, 23.
3 · Streusel + 4 · Streusel + 0,40 € = 8,80 €
Ein Stück Streuselkuchen kostet 1,20 €.

Prüfe dein neues Fundament (S. 36/37)

S. 36, 1.
a) $8 - 3 \cdot 7 = -13$
b) $(9 + 2 \cdot (-2)) \cdot (-2) = -10$
c) $-1 \cdot 1{,}5 - (-1) = -0{,}5$

S. 36, 2.
a) ③ (x = Anzahl der Werktage)
b) ① (x = Länge des abgeschnittenen Stücks in cm)
c) ② (x = Anzahl der Zeilen)

S. 36, 3.
a) 100 € + 0,5 € · 182 = 191 € werden gespendet.
b) 100 € + x · 0,5 €

S. 36, 4.
a) Nicht äquivalent, z. B. für a = 2 sind die Termwerte verschieden (8 und 7)
b) Äquivalent, da $5b - 11b = -6b$
c) Nicht aquivalent, z. B. für a = 1 und b = 1 sind die Termwerte verschieden (2 und 0)

S. 36, 5.

a) $9a$	b) $12b$	c) $0{,}5x$	d) $8{,}5y$
e) $6x + 4$	f) $5a + 7$	g) $-2y - 3$	h) $0{,}5x - 5$

S. 36, 6.
① = ③ ④ = ⑧ ② = ⑥ ⑤ = ⑦

S. 36, 7.
a) $x = -2$ b) $a = 1$ oder $a = 0$
c) $b = 2$ d) $x = -1$ oder $x = 3$

S. 36, 8.
a) $x = 42$ b) $a = -1$ c) $y = -6$ d) 7

S. 36, 9.
a) $10x = -60 \quad |:10$
$x = -6$
b) $-9 = -3x \quad |:(-3)$
$3 = x$
c) $4a = 6 \quad |:4$
$a = 1{,}5$

S. 36, 10.
a) $x = 12$ b) $s = 1$ c) $w = 5$
d) $x = 4$ e) $a = -\frac{16}{5}$ f) $x = -3$

S. 36, 11.
a) $L = \{3\}$ b) $L = \{\}$
c) $L = \{\}$ d) $L = \mathbb{Q}$
e) $L = \{-\frac{2}{3}\}$ f) $L = \{\}$

S. 36 ,12.
$185\,\text{cm} - 5 \cdot x = 35\,\text{cm}$
x = 30 cm. Jedes Stück ist 30 cm lang.

S. 37, 13.
$x + 10 = 2x - 3$
x = 13. Tom ist 13 Jahre alt.

S. 37, 14.
a) $2 \cdot (x + 4) + 2 \cdot 2 = 2x + 2x + 2x$
$2x + 12 = 6x$
Für x = 3 haben sie den gleichen Umfang.

S. 37, 15.
Die Seitenlänge beträgt 4 cm.

S. 37, 16.
240 mℓ Bananennektar

S. 37, 17.
a) Individuelle Lösungen
b) $4n - 1$
c) $4 \cdot 10 - 1 = 39$
d) $4n - 1 = 89$ hat die Lösung 22,5. Die Anzahl der Punkte muss aber ganzzahlig sein. Daher gibt es keine Figur mit 89 Punkten.

Wiederholungsaufgaben (S. 37)

S. 37, 1.
a)

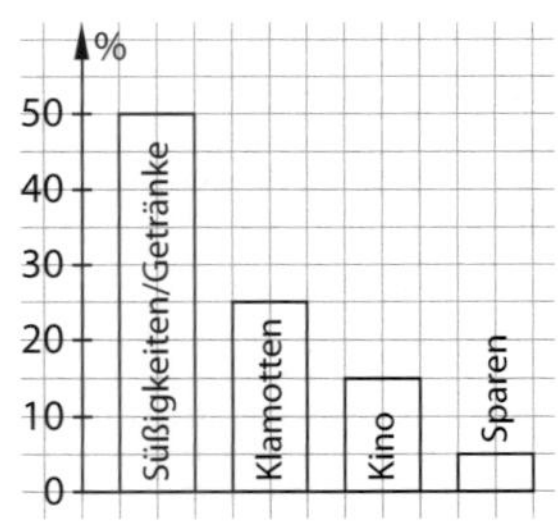

b) Süßigkeiten und Getränke: 100 Schüler
Klamotten: 50 Schüler
Kino: 30 Schüler
Sparen: 20 Schüler

S. 37, 2.
Der Auflauf muss um 12:11 Uhr aus dem Ofen geholt werden.

S. 37, 3.
$u = 2 \cdot (3\,\text{cm} + 4\,\text{cm}) = 14\,\text{cm}$, $A = 3\,\text{cm} \cdot 4\,\text{cm} = 12\,\text{cm}^2$

S. 37, 4.
Es gibt eine Symmetrieachse.

Lösungen zu Kapitel 2: Flächeninhalt und Volumen

Dein Fundament (S. 40/41)

S. 40, 1.

1. Viereck: Rechteck, da es ein Viereck mit vier rechten Innenwinkeln ist.
   Aber auch Parallelogramm und Trapez.
2. Viereck: Drachenviereck, da es zwei Paar gleichlange, benachbarte Seiten besitzt.
3. Viereck: Quadrat, da alle vier Seiten gleich lang sind und es vier rechte Innenwinkel besitzt.
   Aber auch Rechteck, Parallelogramm, Trapez, Raute und Drachenviereck.
4. Viereck: Parallelogramm, da gegenüberliegende Seiten gleich lang und parallel zueinander sind.
   Aber auch Trapez.
5. Viereck: Raute, da zwei spitze und zwei stumpfe Innenwinkel vorliegen und parallele Seiten gleich lang sind.
6. Viereck: Trapez, da zwei Seiten parallel und unterschiedlich lang sind.
7. Viereck: Dieses Viereck erfüllt keine der Bedingungen.

S. 40, 2.

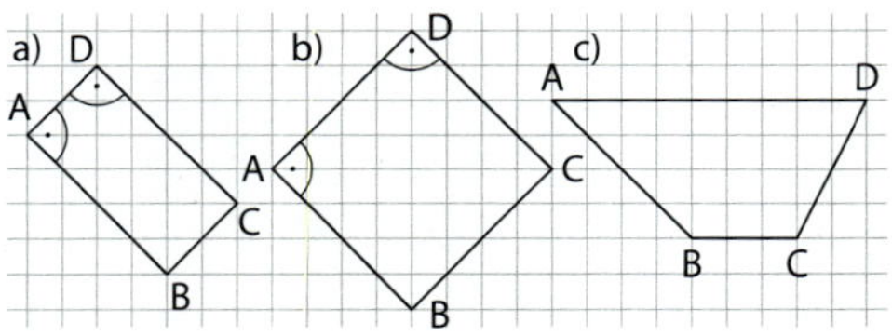

S. 40, 3.

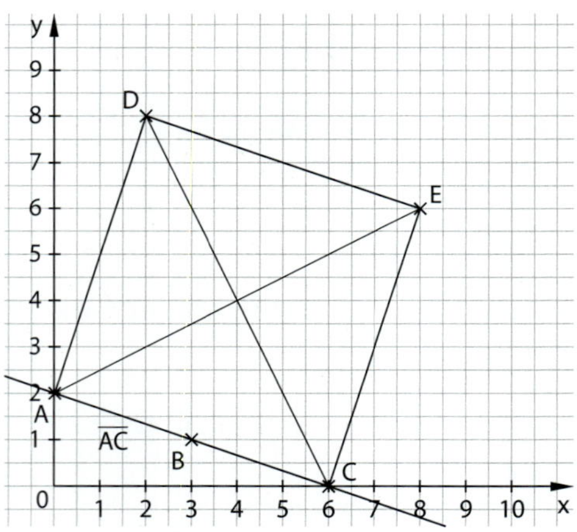

a) Der Punkt B liegt auf der Geraden.
b) Es entsteht ein Dreieck ACD. Das Dreieck hat zwei gleichlange Seiten (gleichschenkliges Dreieck). In Punkt A hat es einen rechten Innenwinkel (rechtwinkliges Dreieck).
c) E(8|6)

S. 40, 4.

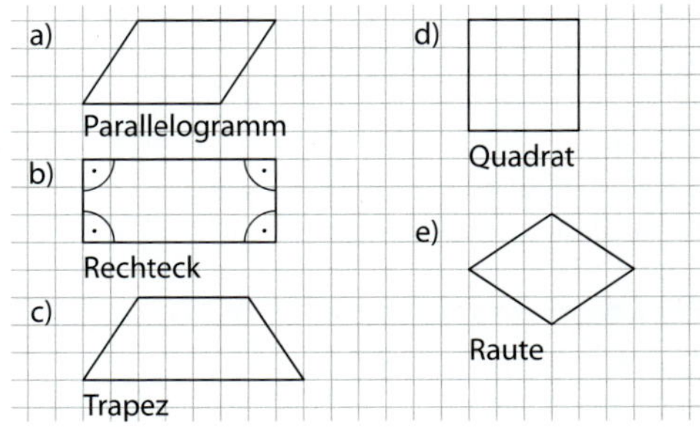

S. 40, 5.
a) $3 \cdot 5 = 15\,\text{cm}^2$
b) $5 \cdot 5 = 25\,\text{cm}^2$
c) $2 \cdot 6 + 2 \cdot 2 = 16\,\text{cm}^2$
d) $5 \cdot 5 - 2 \cdot 2 = 21\,\text{cm}^2$

S. 40, 6.
a) a = 6 cm
b) b = 2,4 mm
c) a = 3 dm = 30 cm
d) b = 200m

S. 40, 7.

	Länge	Breite	Umfang des Rechtecks	Flächeninhalt des Rechtecks
	des Rechtecks			
a)	2 cm	3 cm	10 cm	$6\,\text{cm}^2$
b)	5 dm	4 dm	180 cm	$20\,\text{dm}^2$
c)	20 cm	20 cm	80 cm	$4\,\text{dm}^2$

S. 41, 8.

		a)	**b)**	**c)**	**d)**
Länge	**des Quaders**	1 cm	3 cm	2,5 cm	4m
Breite		2 cm	3 cm	1 cm	1,5m
Höhe		3 cm	3 cm	1 cm	5m
gesamte Kantenlänge des Quaders		24 cm	36 cm	18 cm	42m
Volumen des Quaders		$6\,\text{cm}^3$	$27\,\text{cm}^3$	$2{,}5\,\text{cm}^3$	$30\,\text{m}^3$
Oberflächeninhalt des Quaders		$22\,\text{cm}^2$	$54\,\text{cm}^2$	$12\,\text{cm}^2$	$67\,\text{m}^2$

S. 41, 9.
$V_{Wasser} = 50\,\text{cm} \cdot 30\,\text{cm} \cdot 28\,\text{cm} = 42\,000\,\text{cm}^3$
$= 42\,\text{dm}^3 = 42\,\ell$
$n = \frac{42\,\ell}{2\,\ell} = 21$, Gustav kann in diesem Aquarium maximal 21 Fische halten.

Vermischtes

S. 41, 10.
a) $b = \frac{A}{a}$
b) $c = \frac{V}{a \cdot b}$
c) $a = \frac{u}{4}$

S. 41, 11.

a)

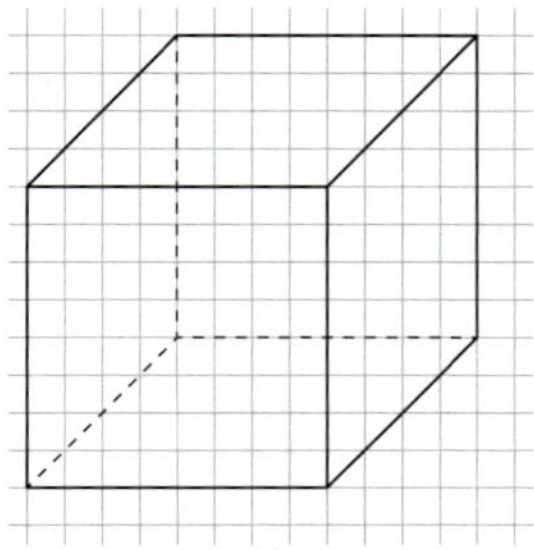

b)

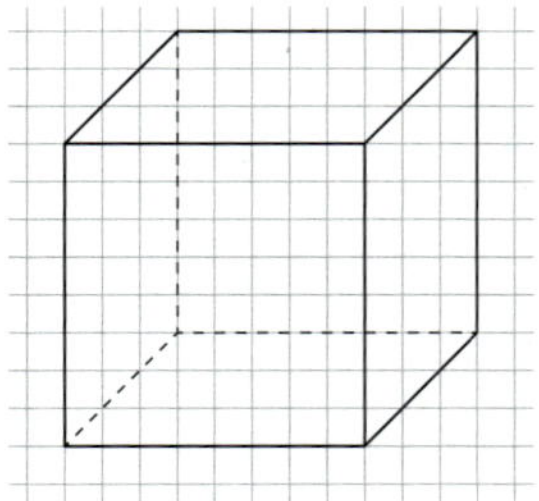

S. 41, 12.

a)

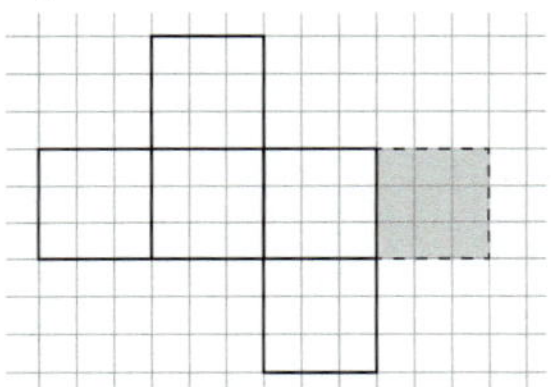

b)

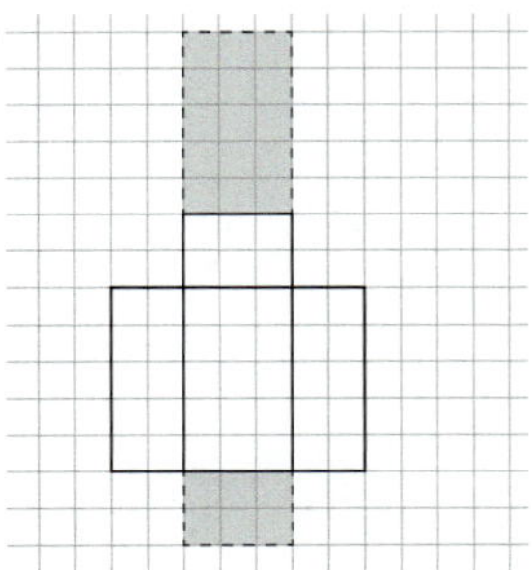

S. 41, 13.

a) $0{,}02\,m^2 < 2153^2 < 2\,m^2 < 1{,}5\,a < 0{,}5\,ha$

b) $0{,}025^3 < 0{,}5\,\ell < 17^3 < 1\,h\ell < 2\,m^3$

Prüfe dein neues Fundament (S. 68/69)

S. 68, 1.

	a)	b)	c)	d)
Grundseite g	3 cm	4 m	8 cm	160 mm
Höhe h_g	6 cm	2,5 m	3 cm	30 mm
Flächeninhalt A	9 cm	5 cm²	12 cm²	24 cm²

S. 68, 2.

a) Grundseite g: 4 cm, Höhe h_g: 3 cm, Flächeninhalt: 6 cm²

b) Grundseite g: 3,9 cm, Höhe h_g: 1,9 cm, Flächeninhalt: 3,705 cm²

c) Grundseite g: 3,5 cm, Höhe h_g : 2,5 cm, Flächeninhalt: 4,375 cm²

S. 68, 3.

a) Fläche des Dreiecks: 12 cm², Breite b des Rechtecks: 3 cm

b) Fläche des Dreiecks: 12 cm², Höhe h des Parallelogramms: 3 cm

S. 68, 4.

	a)	b)	c)	d)
Grundseite g	5 cm	4 m	25 cm	90 mm
Höhe h_g	3 cm	2,4 m	25 cm	80 mm
Flächeninhalt A	15 cm²	9,6 cm²	625 cm²	72 cm²

S. 68, 5.

a) $\frac{4 \cdot 4}{2} + \frac{2 \cdot 4}{2} + 7 \cdot 4 = 40\,cm^2$

b) $2 \cdot \left(\frac{1}{2} \cdot (8+5) \cdot 3{,}5\right) + 2 \cdot \left(\frac{4 \cdot 3{,}5}{2}\right) = 59{,}5\,cm$

S. 68, 6.

Fläche der Rückwand: $10 \cdot 10 + \frac{1}{2} \cdot 4 \cdot 10 = 120\,m^2$,
$120 : 35 = 3{,}429$
Für einen neuen Anstrich braucht Frau Schulz also 4 Eimer Farbe.

S. 69, 7.

a) Prisma – Die Grundflächen sind kongruent und parallel.

b) Kein Prisma – Grundflächen sind nicht kongruent.

c) Prisma

d) Kein Prisma – Es gibt keine zweite Grundfläche

e) Prima

S. 69, 8.

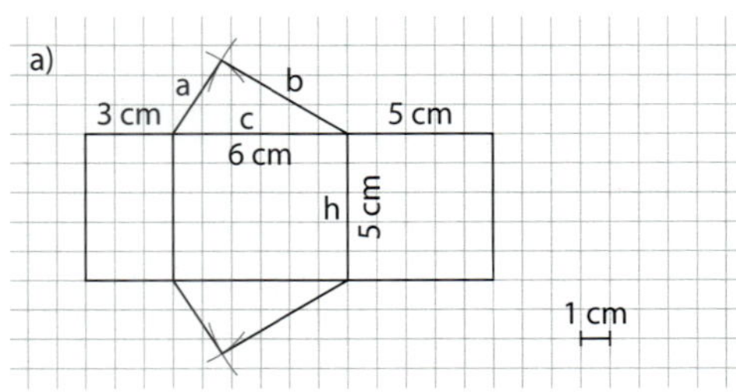

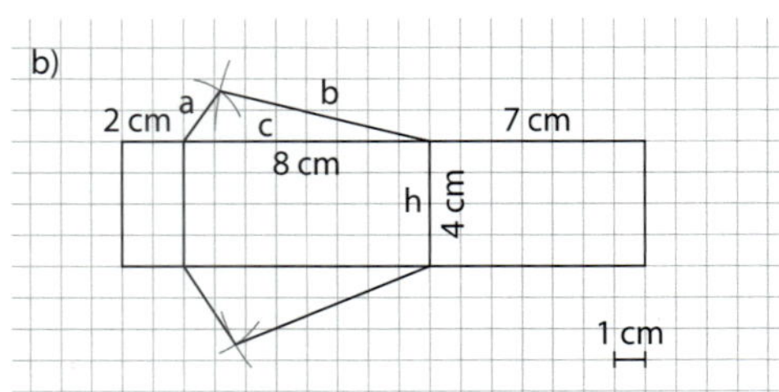

Oberflächeninhalt:

a) Höhe Dreieck: 1,2 cm.

$2 \cdot \left(1{,}2 \cdot 6 \cdot \frac{1}{2}\right)$
$+ 3 \cdot 5 + 6 \cdot 5 + 5 \cdot 5 = 77{,}2\,cm^2$

b) Höhe Dreieck: 0,9 cm.

$2 \cdot \left(0{,}9 \cdot 8 \cdot \frac{1}{2}\right) + 2 \cdot 4 + 8 \cdot 4 + 7 \cdot 4 = 75{,}2\,cm^2$

S. 69, 9.

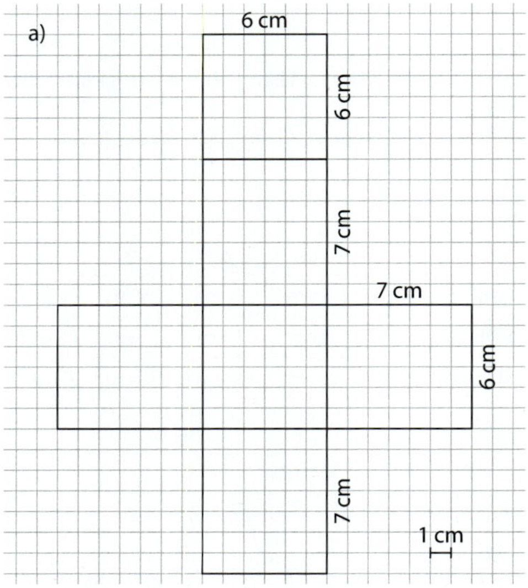

Oberflächeninhalt: $2 \cdot 6 \cdot 6 + 4 \cdot 6 \cdot 7 = 240\,\text{cm}^2$

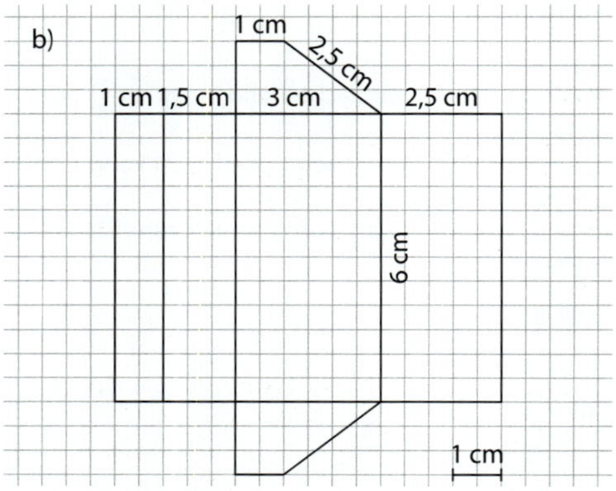

Oberflächeninhalt:
$1 \cdot 6 + 1{,}5 \cdot 6 + 3 \cdot 6 + 2{,}5 \cdot 6 + 2 \cdot 1 \cdot 1{,}5 + 2 \cdot (1{,}5 \cdot 2 \cdot 0{,}5)$
$= 54\,\text{cm}^2$

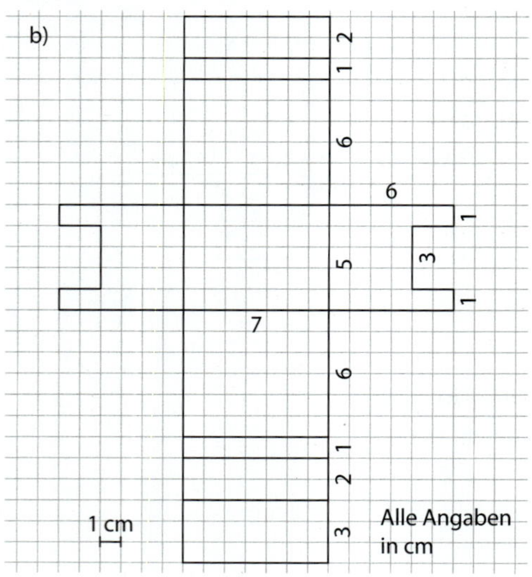

Oberflächeninhalt:
$7 \cdot 26 + 2 \cdot (5 \cdot 6 - 3 \cdot 2) = 230\,\text{cm}^2$

S. 69, 10.
a) $(2{,}5 \cdot 4 \cdot 0{,}5) \cdot 7 = 35\,\text{cm}^3$
b) $2 \cdot 4 \cdot 2 + 2 \cdot 2 \cdot 0{,}5 \cdot 4 = 24\,\text{cm}^3$
c) $5 \cdot 2 \cdot 6 + 4 \cdot 2 \cdot 6 = 108\,\text{cm}^3$

Wiederholungsaufgaben (S. 69)

S. 69, 1.

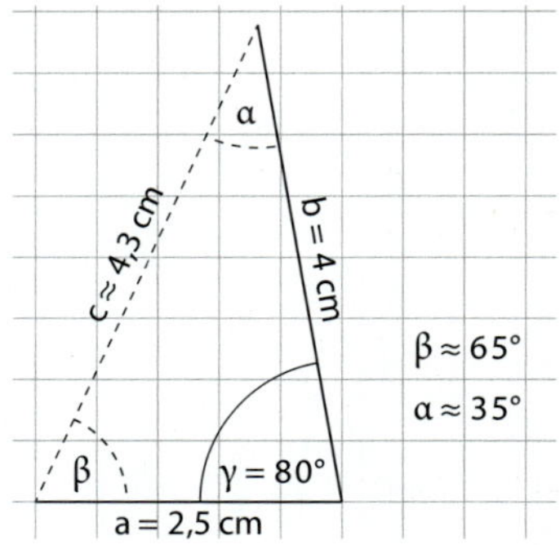

S. 69, 2
a) 2320 b) 4,00
c) 23,9

S. 69, 3
Mittelwert: ca. 58,59
Spannweite: $65 - 51 = 14$

Lösungen zu Kapitel 3
Terme

Dein Fundament (S. 72/73)

S. 72, 1.
a) –21 b) 4 c) 1,5 d) –3
e) –24 f) –160 g) –8 h) 1,5

S. 72, 2.
a) 30 b) –24 c) –40 d) –1,2
e) –5,5 f) –26 g) 38 h) –25,5

S. 72, 3.
a) 57 b) –8 c) 24 d) 3,5

S. 72, 4.

x	a)	b)	c)	d)	e)
1	2,5	0,5	3	1	–0,5
2	4,5	1,5	6	8	1
3	6,5	2,5	9	27	4,5
4	8,5	3,5	12	64	10

S. 72, 5.

a)

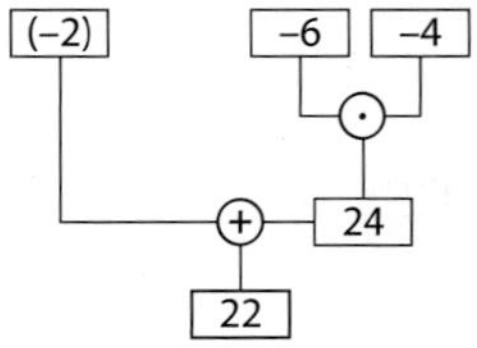

zu a) $(-2) + (-6) \cdot (-4)$

zu b) Berechne:
$(3-(-3)) \cdot (-3-2)$

b)

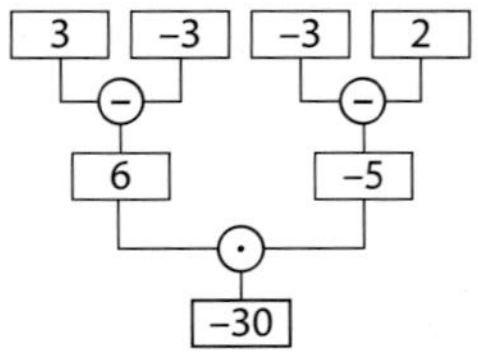

S. 72, 6.

a) $4x$ b) $3x-3$ c) $-a-2{,}5$
d) -2 e) $3{,}5-3{,}8y$ f) $1{,}3-1{,}5x$

S. 72, 7.

a) $8a$ b) $-12x$
c) $6x$ d) $12b$
e) $6a$ f) x

S. 72, 8.

a) $6a-3-4a=2a-3$ b) $5c \cdot 3 = 15c$
c) $3 \cdot 5c + 3 = 15c + 3$
d) $7b-5b+5+(-3)=2b+2$
e) $\frac{2}{3}a \cdot 6 = 4a$
f) $-39y : (-3) = 13y$

S. 72, 9.

a) 6 b) 42 c) 3 d) 4
e) 15 f) 12 g) −0,5 h) 0

S. 73, 10.

a) $u = 22\,cm$; $A = 28\,m^2$ b) $u = 12\,cm$; $A = 9\,m^2$
c) $u = 12\,cm$; $A = \frac{1}{2}bc = 6\,m^2$

S. 73, 11.

a)

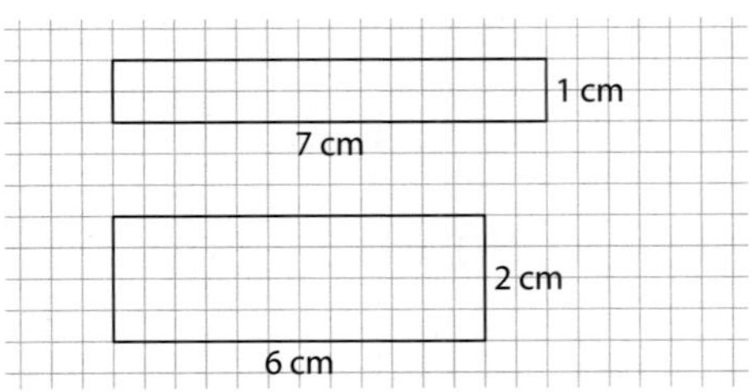

b)

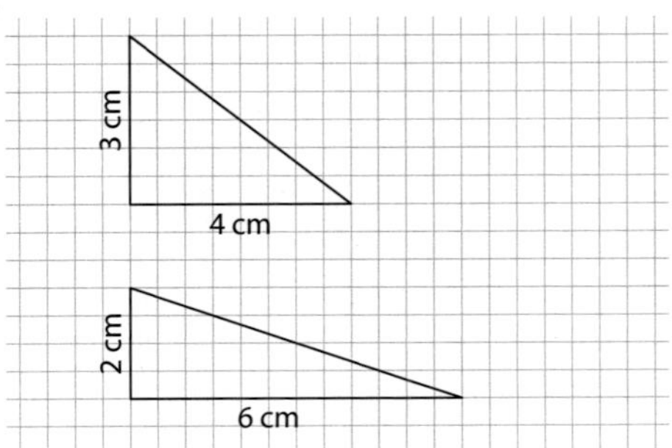

c)

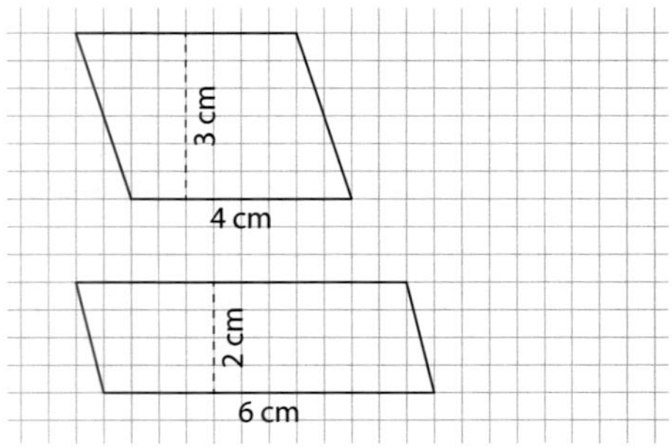

S. 73, 12.

a) ① $A = 3\,cm^2$; ② $A = 1{,}5\,cm^2$
③ $A = 2{,}25\,cm^2$; ④ $A = 2{,}25\,cm^2$
b) ① $u = 7\,cm$; ② $u \approx 5{,}7\,cm$
③ $u \approx 6{,}6\,cm$; ④ $u = 6\,cm$

S. 73, 13.

a) $A = (3\,cm + 2\,cm)^2 = 25\,m^2$
b) grün: $A = 9\,cm^2$; blau: $A = 6\,cm^2$;
gelb: $A = 6\,cm^2$; lila: $A = 4\,cm^2$

S. 73, 14.

a) $A = (a+b) \cdot c$ b) $A = (x+y) \cdot z$
c) $A = (a+b+c) \cdot d$ d) $A = (a+b)^2$

S. 73, 15.

a) $A = x^2 - y^2$ oder $A = x \cdot (x-y) + y \cdot (x-y)$
b) $A = c \cdot d - \frac{1}{2}(c-a) \cdot d$ oder
$A = d \cdot a + \frac{1}{2}(c-a) \cdot d$

S. 73, 16.

a) $5x-3x$; 4
b) $\frac{3x+4}{2}$; 5

Prüfe dein neues Fundament (S. 108/109)

S. 108, 1.

x: Anzahl der Wagen der 1. Klasse
y: Anzahl der Wagen der 2. Klasse
Anzahl der Sitzplätze des Zuges: $60x + 90y$

S. 108, 2.

a) ① $u = 4a + 4b$ ② $u = 24x$ ③ $u = 6x + 2y + 2z$
b) ① $A = 3ab$ ② $A = 11x^2$ ③ $A = xy + 3xz$

S. 108, 3.

a) $3a-4b$ b) $3m+2n$ c) $11r^2+4s$ d) xy^2+x^2y
e) $x+6y$ f) $-2a-b$ g) a h) $2x^2-4xy$

S. 108, 4.

a) $42x$ b) $30r^2$ c) $16u$ d) $\frac{1}{8}xy$
e) $-2x^2y^2$ f) $2st^2$ g) $9x^2$ h) a^3b

S. 108, 5.

a) $2a+2b$; 10 b) $5a-3b$; 9 c) $-5ab$; −30
d) $\frac{5}{2}ab^2$; 30 e) $-2a+b+b^2$; 0 f) $11ab$; 66
g) $b-2a^2b$; −34 h) a^2b^2+ab; 42

S. 108, 6.

a) $6a - 6b$ b) $35 + 28x$
c) $a - 5$ d) $-3 + x$
e) $-10m^2 + 4mn$ f) $8x^2 - 4xy + 6xz$
g) $0{,}6a^2 - 0{,}9ab$ h) $6x^2y - 5xy^2$

S. 108, 7.

a) $6(x + y)$ b) $2u(v + 8w)$
c) $3vw(3u - 1)$ d) $7(4m - n)$
e) $5b(2a - 1 + 2)$ f) $0{,}3(a + 5b + 12c)$
g) $xy(xyz + 1)$ h) $x(xyz + z - xy)$

S. 108, 8.

a) $x^2 + 3x + 2$ b) $4a - ab + 4b - b^2$
c) $-4x - 1 - 8xy - 2y$ d) $-2r^2 + 8r + 3sr - 12s$

S. 108, 9.

a) $A = (4x)^2 - 4 \cdot x^2 = 12x^2$
b) $A = a^2 - (a - 3)^2 = a^2 - (a^2 - 6a + 9) = 6a - 9$

S. 109, 10.

$(a + 2)^2 = 4 + a^2 + 4a$
$a(4 + a + 1) = a^2 + 5a$
$(1 - 2a)(1 + 2a) - 1 = 2a \cdot (-2a)$

S. 109, 11.

a) $9 + 6u + u^2$ b) $25a^2 + 10a + 1$
c) $9x^2 + 12xy + 4y^2$ d) $\frac{1}{9}x^2 + \frac{4}{15}xy + \frac{4}{25}y^2$
e) $(x + 4)^2$ f) $(5u + 2v)^2$
g) $\left(\frac{1}{2} + y\right)^2$ h) $\left(\frac{1}{8}a + \frac{1}{3}b\right)^2$

S. 109, 12.

a) $x^2 - 14x + 49$ b) $9b^2 - 6b + 1$
c) $0{,}01u^2 + 0{,}1uv + 0{,}25v^2$ d) $\frac{1}{16}x^2 - \frac{1}{4}xy + \frac{1}{4}y^2$
e) $(x - 3)^2$ f) $(5a - b)^2$
g) $\left(\frac{1}{3}x - 2\right)^2$ h) $\left(\frac{1}{4} - 9u\right)^2$

S. 109, 13.

a) $x^2 - 25$ b) $4 - 9y^2$
c) $\frac{1}{9}a^2 - \frac{9}{4}$ d) $-\frac{1}{16} + a^2$
e) $(a + 3) \cdot (a - 3)$ f) $(2x + y) \cdot (2x - y)$
g) $(10 + 4x) \cdot (10 - 4x)$ h) $\left(-\frac{5}{3}a + \frac{4}{5}b\right) \cdot \left(\frac{5}{3}a + \frac{4}{5}b\right)$

S. 109, 14.

a) $12b - 2a$ b) $6x^2 - 6x + 8y$ c) $4uv + 2v^2$
d) $x^3 + 7x + 1$ e) $-3ab + b^2$ f) 0

Wiederholungsaufgaben (S. 109)

S. 109, 1.

a) 150° b) 3 Uhr: 90°; 8 Uhr: 120°; 11 Uhr: 30°

S. 109, 2.

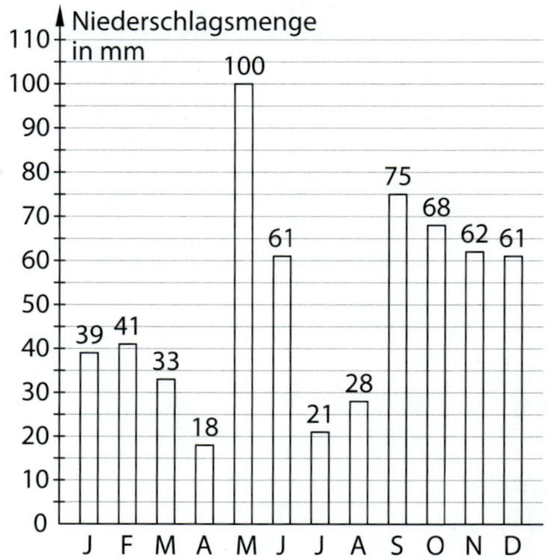

S. 109, 3.

Die Klasse 8a hat Recht: Sie hat sowohl die größere absolute Anzahl an Gewinnlosen (170 zu 140) als auch die bessere relative Anzahl (0,425 zu 0,4), also die besseren Gewinnchancen.

S. 109, 4.

a) 98,658 b) 9,72

S. 109, 5.

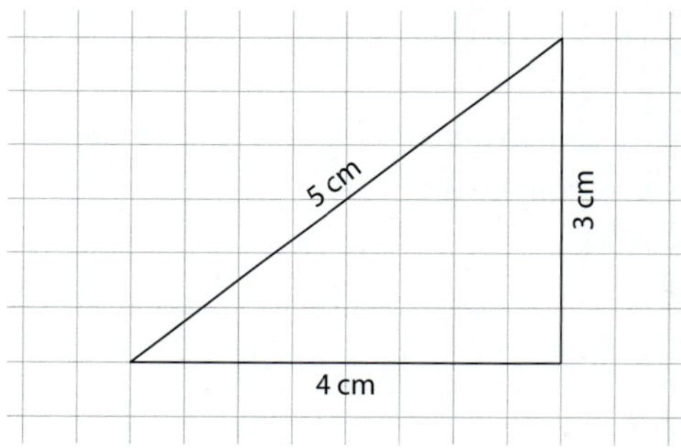

$\alpha \approx 36{,}87°$; $\beta = 90°$; $\gamma \approx 53{,}13°$

Lösungen zu Kapitel 4: Lineare Funktionen

Dein Fundament (S. 112/113)

S. 112, 1.

a) $x = \frac{1}{3}$ b) $x = -\frac{1}{2}$ c) $x_1 = 0$; $x_2 = 3$
d) $x_1 = -1$; $x_2 = 5$

S. 112, 2.

a) $x = -3$ b) $x = 2$ c) $x = 4$ d) $x = 4{,}5$

S. 112, 3.
x: Alter von Anja
$x + \frac{1}{2}x = 18$, also $x = 12$
Anja ist 12 Jahre alt und Paul ist 6 Jahre alt.

S. 112, 4.
a) $3x + 6 = 15;\ x = 3$
b) $5x - 2x = 4x;\ x = 0$
c) $\frac{1}{2}x + \frac{1}{4}x = 9;\ x = 12$
d) $4x - 5x = -x$, jede Zahl erfüllt die Gleichung

S. 112, 5.
a) *Monat → Sonnenscheindauer auf Mallorca (in h)*
b) Im Juli scheint die Sonne am längsten, im Oktober, November, Dezember und Januar am kürzesten.
c)

Monat	Jan.	Feb.	März	April
Sonnenscheindauer (in h)	6	7	7	8

Monat	Mai	Juni	Juli	Aug.
Sonnenscheindauer (in h)	8	9	10	9

Monat	Sep.	Okt.	Nov.	Dez.
Sonnenscheindauer (in h)	7	6	6	6

S. 112, 6.
a) Die höchste Temperatur von 20 °C wurde gegen 15 Uhr gemessen, die niedrigste Temperatur von etwa 5 °C wurde kurz nach 4 Uhr gemessen.
b) Alle Temperaturen kann man nur ungefähr angeben.

Uhrzeit	0:00	1:00	2:00	3:00	4:00	5:00
Temperatur (in °C)	16,5	16	14	10	8	10,5

Uhrzeit	0:00	1:00	2:00	3:00	4:00	5:00
Temperatur (in °C)	12	13,5	15	16,5	17,5	18

Uhrzeit	0:00	1:00	2:00	3:00	4:00	5:00
Temperatur (in °C)	18,7	19	19,5	20	18	18

Uhrzeit	0:00	1:00	2:00	3:00	4:00	5:00
Temperatur (in °C)	17,5	17	16	14	14	14

S. 112, 7.

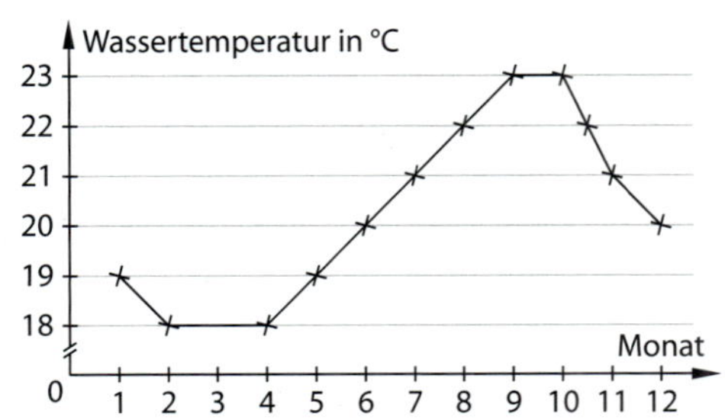

S. 112, 8.
$K = 39 + 0{,}23 \cdot (163 - 150) = 41{,}99$
Familie Blum muss 41,99 € bezahlen.

S. 113, 9.
a) Proportionale Zuordnung,
Proportionalitätsfaktor: 0,7

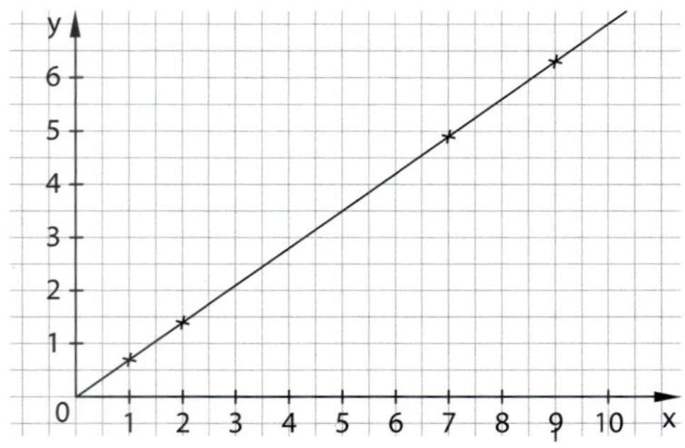

b) Antiproportionale Zuordnung, Produktgleichheit (45) liegt vor.

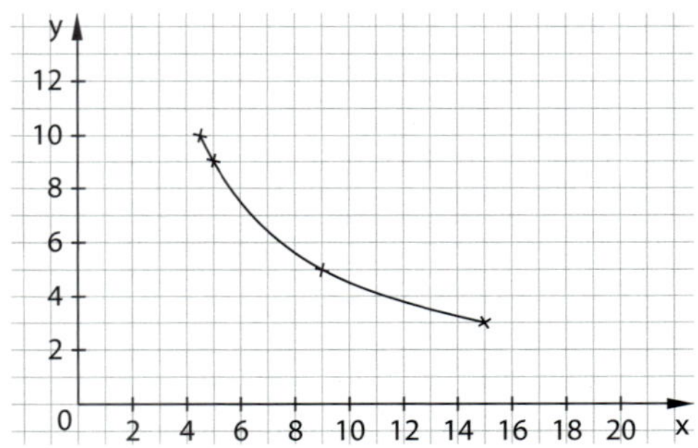

c) Es liegt weder eine proportionale noch eine antiproportionale Zuordnung vor.

S. 113, 10.
a)

x	1	2	3	6	7	8
y	2	4	6	12	14	16

b)

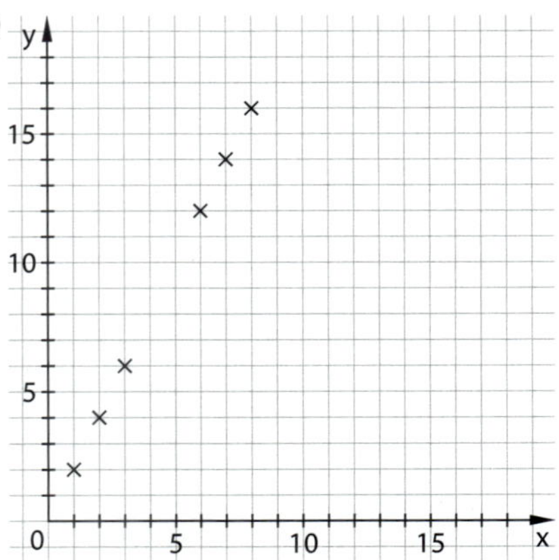

S. 113, 11.
a)

x	5	18	16	12
y	2,5	9	8	6

b)

x	5	8	9	12
y	14,4	9	8	6

S. 113, 12.
a) weder proportional noch antiproportional
b) weder proportional noch antipropotional (wegen des Grundpreises)
c) proportional
d) antiproportional
e) proportional
f) antiproportional

S. 113, 13.
$14 \cdot 32 = 16 \cdot x \Rightarrow x = 28$
Sie können täglich 28 € ausgeben.

S. 113, 14.
a)

Länge a	1 m	2 m	3 m	4 m	8 m	10 m	18 m
Breite b	36 m	18 m	12 m	9 m	4,5 m	3,6 m	2 m

b) $A = 36\,m^2$
c) $a = 2{,}4\,m$
d) $a = 6\,m$
e)

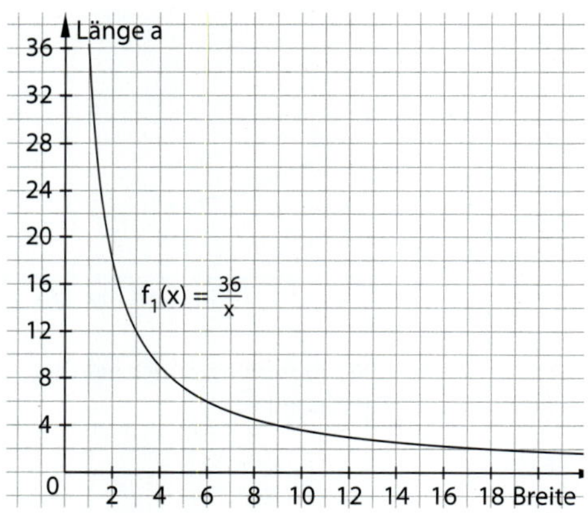

Vermischtes

S.113, 15.
a) $a = 3$ b) $a = -3$ c) $a = 6$ d) $a = \frac{1}{3}$
e) $a = -1$ d) keine Zahl möglich

S.113, 16.
nach 6 Minuten: 80°C
nach 9 Minuten: 110°C

S.113, 17.
A: 1. Quadrant B: 2. Quadrant
C: y-Achse D: 4. Quadrant
E: x-Achse E: 3. Quadrant

Prüfe dein neues Fundament (S. 144/145)

S. 144, 1.
a) nicht eindeutig, da mehrere Schüler die gleiche Höhe gesprungen sein können
b) eindeutig, einer Anzahl Eiskugeln ist nur ein Preis zugeordnet

S. 144, 2.
a)

x	−2	−1	0	1	2	3	4
f(x) = 1,5x + 1	−2	−0,5	1	2,5	4	5,5	7

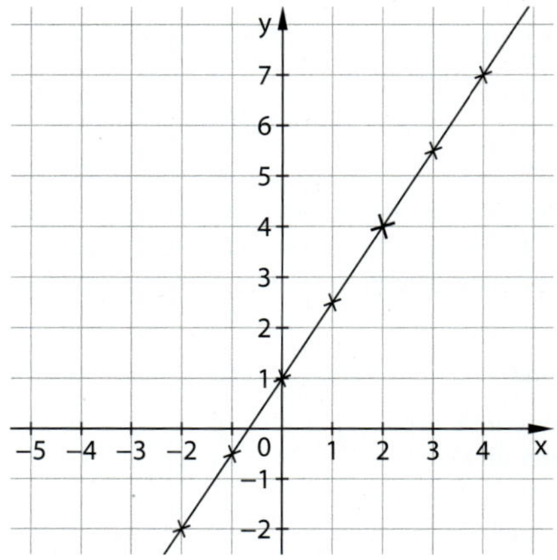

b)

x	−2	−1	0	1	2	3	4
f(x) = −2x + 1	5	3	1	−1	−3	−5	−7

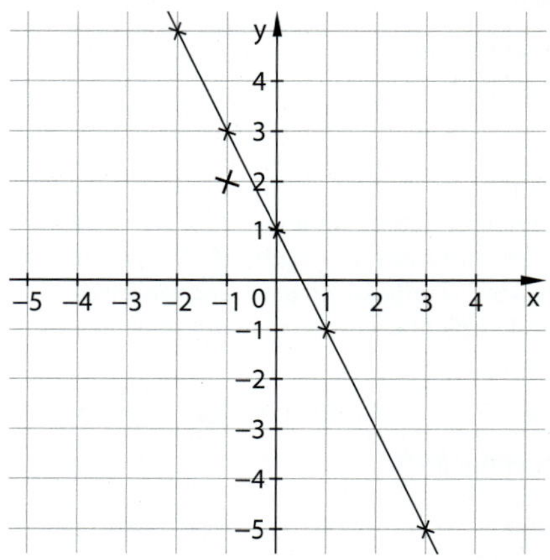

c)

x	−2	−1	0	1	2	3	4
f(x) = 0,5x − 1	−2	−1,5	−1	−0,5	0	0,5	1

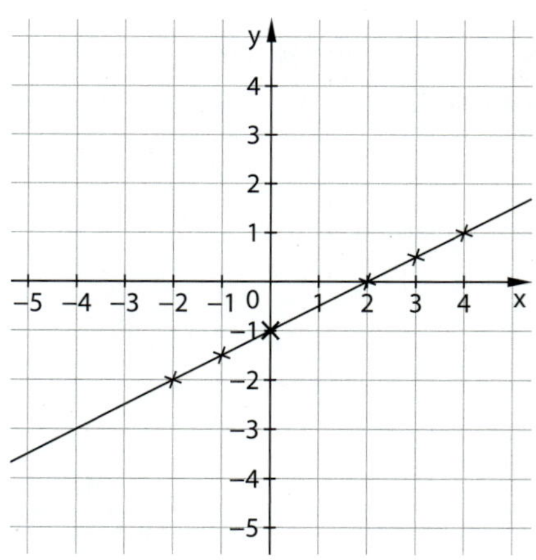

S. 144, 3.

a) $f(x) = -2\mathbf{x}$ b) $f(x) = x$ c) $f(x) = 2\mathbf{x}$

S. 144, 4.

a)

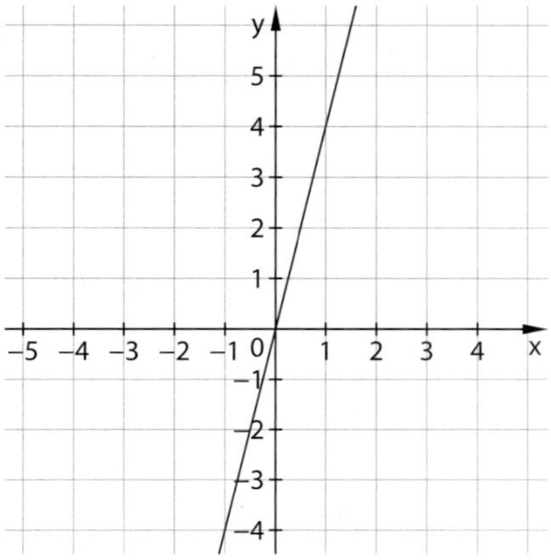

b)

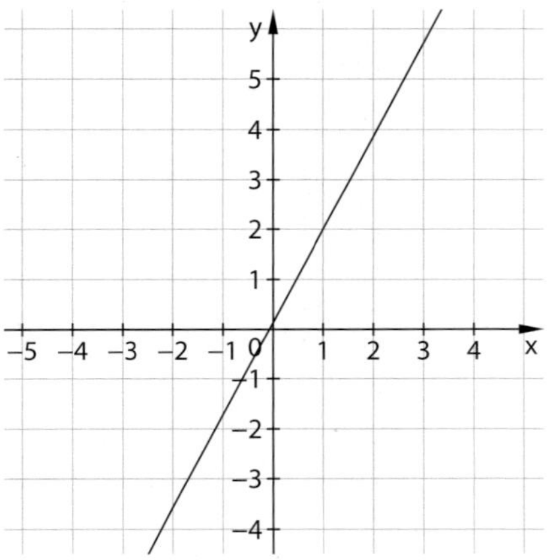

c)

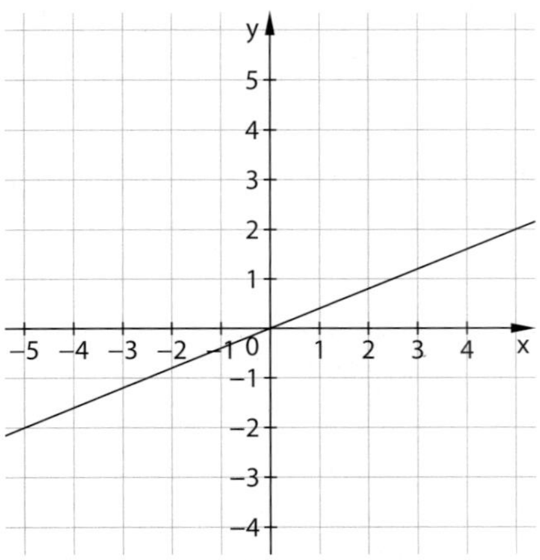

d)

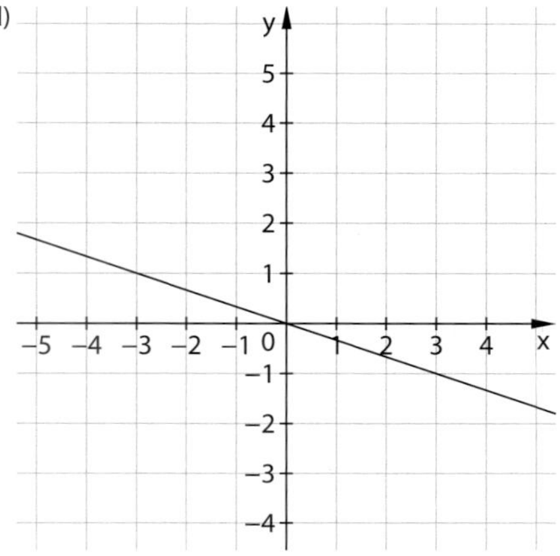

e)

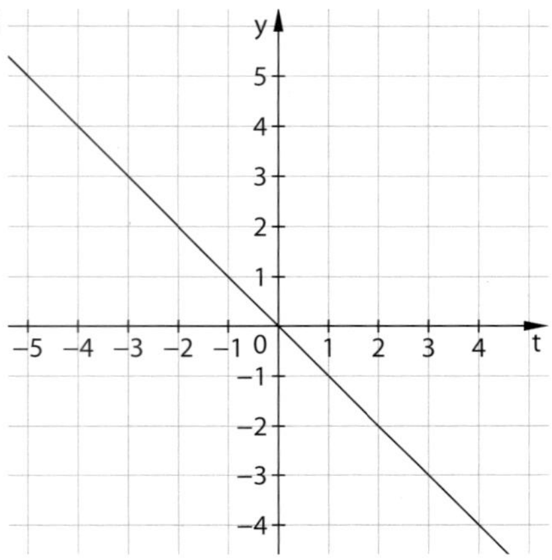

S. 144, 5.

a) Die Tabelle gibt Werte für das Auto mit einem Verbrauch von 8 Litern auf 100 km an.

b) Der Graph stellt die Werte für das Auto mit einem Verbrauch von 8 Litern auf 100 km dar.

S. 144, 6.

a)

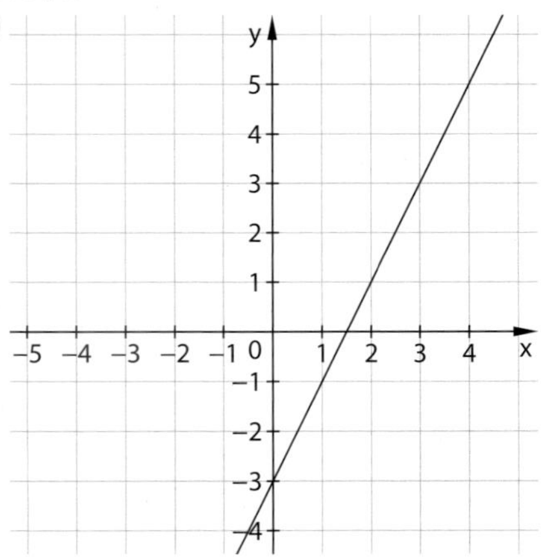

b)

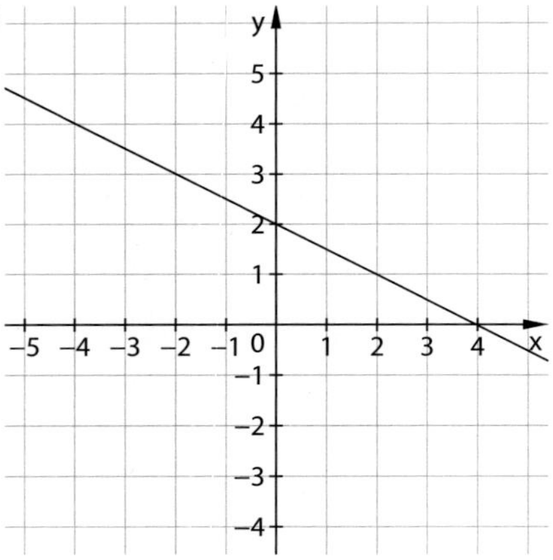

c)

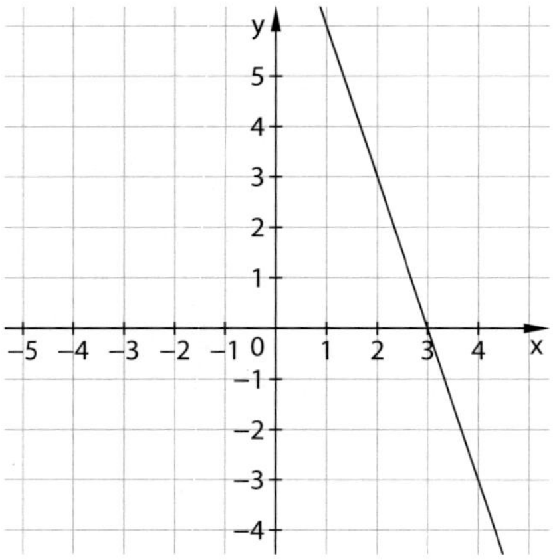

d)

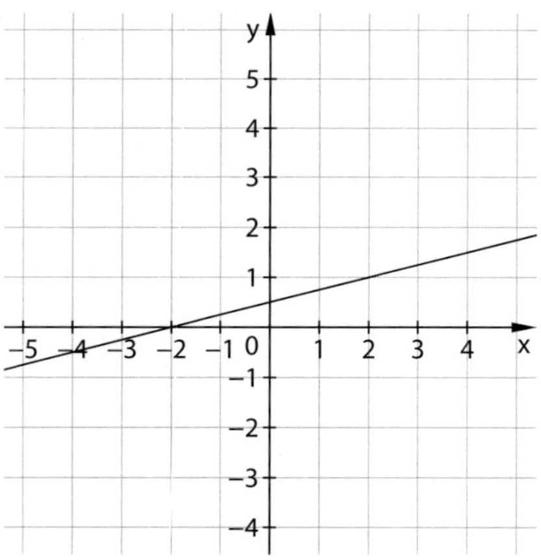

S. 144, 7.

a) $f(x) = 0{,}5x - 1$ b) $f(x) = -\frac{1}{3}x + 1$

c) $f(x) = 1{,}25x + 1{,}5$

S. 144, 8.

a) $f(x) = 0{,}5x + 3$ b) $f(x) = \frac{5}{12}x - \frac{3}{2}$

c) $f(x) = -\frac{8}{3}x - 1$ d) $f(x) = -2{,}6x - 23$

S. 145, 9.

a)

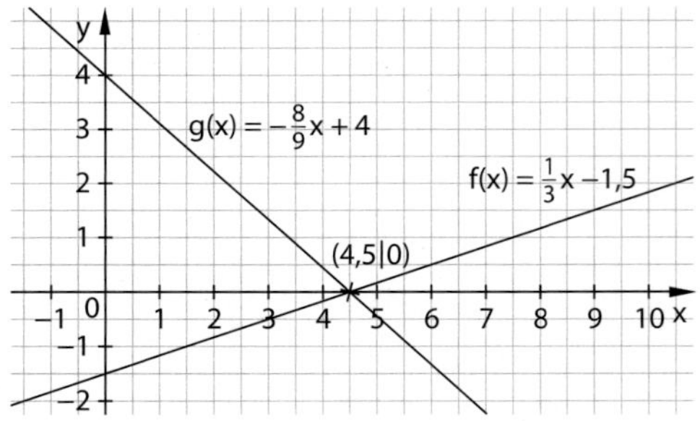

Nullstelle: $x = 4{,}5$

b)

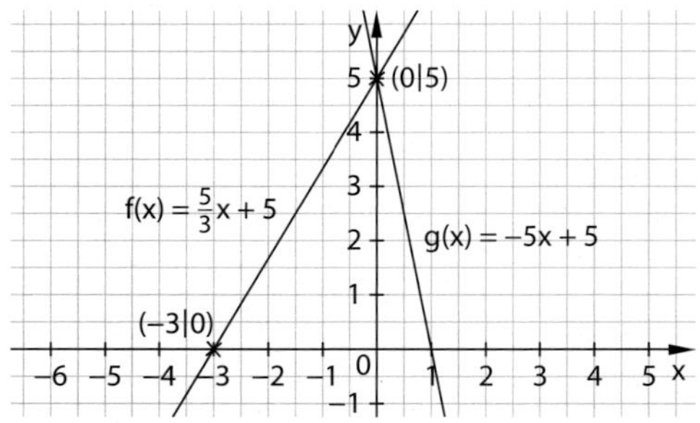

Nullstelle: $x = -3$

c)

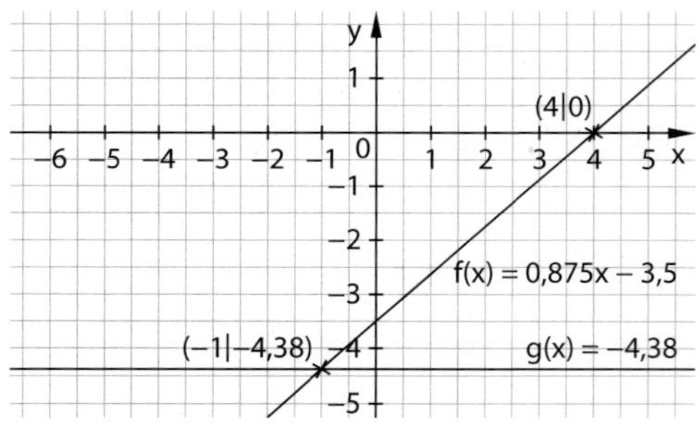

Nullstelle: $x = 4$

d)

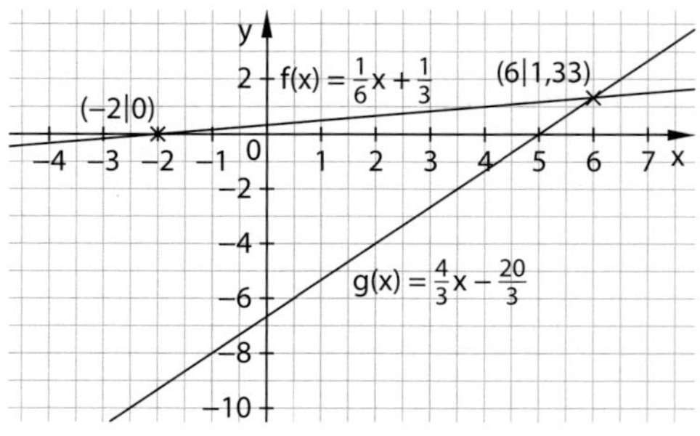

Nullstelle: $x = -2$

S. 145, 10.

a) $x = 3$ b) $x = 5$

c) $x = -2$ d) $x = 6$

S. 145, 11.

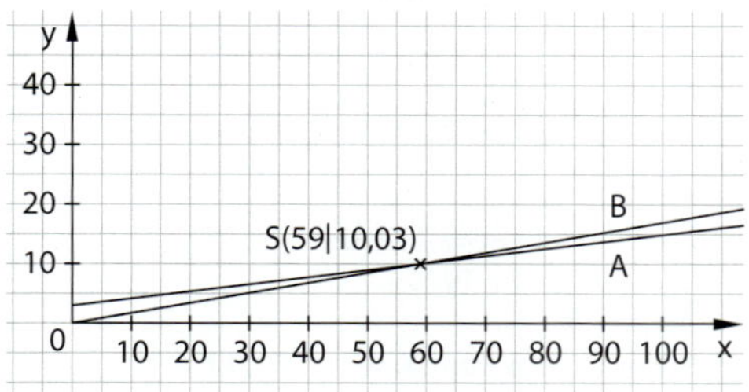

Bis 58 Abzüge ist Anbieter B günstiger, bei 59 Abzügen kostet es bei beiden Anbietern das Gleiche, ab 60 Abzügen ist Anbieter A günstiger.

S. 145, 12.

a) $x = 60$; die Höhe des Flugzeugs beträgt nach 60min 0, dann ist es also gelandet.
(Zu Beginn befand sich das Flugzeug in 12 000m Höhe, es sank 200 Meter pro Minute)

b) $1000 = -200\mathbf{x} + 12\,000 \Rightarrow x = 55$. D. h. 5 Minuten vor der Landung beträgt die Flugzeughöhe 1000m.

S. 145, 13.

Funktion plotten, Schnittpunkt mit der x-Achse ablesen.

$0 = \frac{99}{100}x + \frac{100}{99} \Rightarrow x = -\frac{100}{99} : \frac{99}{100} \approx -1{,}020\,304\,051$

Petra konnte den Wert durch Ablesen nur näherungsweise bestimmen.

Wiederholungsaufgaben (S. 145)

S.145, 1.

a) 43900 b) 108,0 c) 4,790

S.145, 2.

Der gemessene Abstand entspricht in der Realität einer Luftlinie von 300km.

S.145, 3.

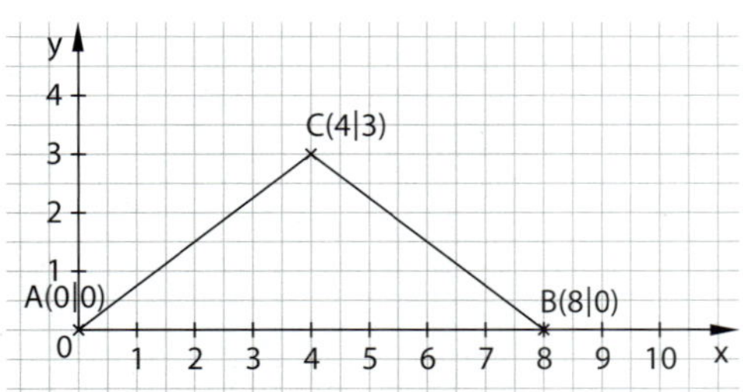

Flächeninhalt: $A = 12\ cm^2$

Umfang: $u = 18$ cm

S.145, 4.

a) $\frac{43}{30}$ b) $\frac{7}{30}$ c) $\frac{1}{2}$ d) $\frac{25}{18}$

S.145, 5.

$x + 10y - 2$

S.145, 6.

Arithmetisches Mittel: 172 cm, Maximum: 183 cm, Minimum: 157 cm, Modalwert: 176 cm

S145, 7.

a) $x = 4$ b) $x = -\frac{4}{3}$ c) $x = \frac{2}{3}$ d) $x = -2$

Lösungen zu Kapitel 5: Lineare Gleichungssysteme

Dein Fundament (S. 148/149)

S. 148, 1.

a) −9 b) −2,3

c) 1 d) −8

e) −12 f) 4

g) 6 h) 6

S. 148, 2.

a) falsch, 39 b) falsch, 30

c) falsch, 28 d) falsch, −34

S. 148, 3.

a) Term > 0: z. B. $x = 1$; Term < 0: z. B. $x = -4$;
Term = 0: $x = -3$

b) Term > 0: z. B. $a = 5$; Term < 0: z. B. $a = -1$;
Term = 0: $a = 4$

c) Term > 0: z. B. $a = -1$; Term < 0: z. B. $a = 1$;
Term = 0: $a = 0$

d) Term > 0: z. B. $x = 1$; Term < 0: unmöglich;
Term = 0: $x = 0$

S. 148, 4.

a) $-\frac{7823}{1100} \approx -7{,}11$ b) $\frac{615}{212} \approx 2{,}90$

c) $-\frac{325}{242} \approx -1{,}34$ d) $\frac{59}{35} \approx 1{,}69$

S. 148, 5.

a) $x = 1{,}5$: $y = 4{,}5$; $x = 3$: $y = 9$

b) $x = 1{,}5$: $y = 2$; $x = 3$: $y = 1$

c) $x = 1{,}5$: $y = 2{,}25$; $x = 3$: $y = 9$

d) $x = 1{,}5$: $y = -5$; $x = 3$: $y = -8$

S. 148, 6.

a) $x = 5$ b) $x = 1$

c) $x = 8$ d) $x = -6$

e) $x = \frac{3}{2}$ f) $x = -2$

g) $x = 0$ h) $x = 0$

S. 148, 7.

a) $b = \frac{A}{a}$ b) $a = \frac{u}{4}$

c) $h_c = \frac{2A}{c}$ d) $\gamma = 180° - \alpha - \beta$

e) $a = \frac{u - b}{2}$ f) $G = \frac{V}{h}$

g) $k = \frac{y}{x}$ h) $x = k \cdot \frac{1}{y}$

S. 148, 8.

a) $x = 7 - y$; $y = 7 - x$ b) $x = -3y$; $y = -\frac{1}{3}x$

c) $x = y + 3$; $y = x - 3$

d) $x = 6 - y$; $y = 6 - x$

S. 148, 9.
x: Anteil von Frau Blum in €
$x + 2x + \frac{1}{2}x = 21\,000$
Frau Blum: 6000 €; Frau Friedrich: 12 000 €;
Herr Müller: 3000 €

S. 148, 10.
x: Vermögen des Vaters in Gulden
$\frac{1}{4}x + \frac{1}{5}x + \frac{1}{6}x + 92 = x$; $x = 240$

S. 149, 11.

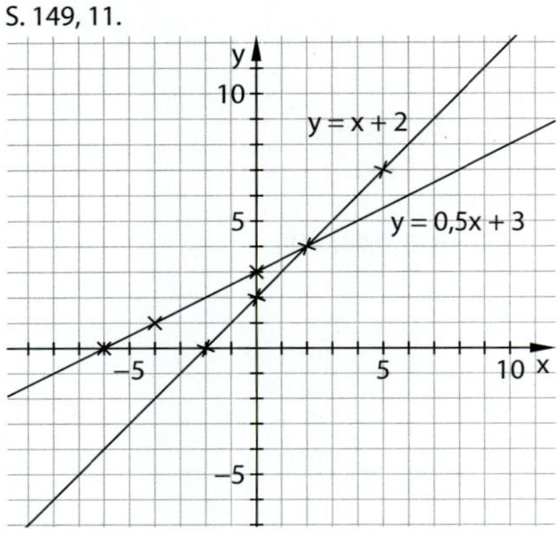

S. 149, 12.
①: f_3; ②: f_1; ③: f_2; ④: f_4

S. 149, 13.

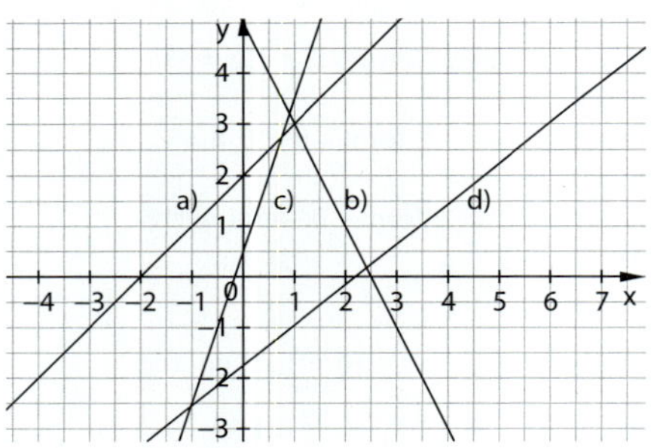

S. 149, 14.
① Der y-Achsenabschnitt ist gleich. $f(x) = -\frac{1}{3}x + 1$;
$g(x) = x + 1$; $h(x) = -2x + 1$; $i(x) = \frac{1}{2}x + 1$
② Alle Graphen haben die gleiche Steigung.
$k(x) = x + 1$; $l(x) = x - \frac{1}{2}$;
$m(x) = x - 1{,}5$; $n(x) = x - 3$

S. 149, 15.
a) ③ und ④ b) Nach 180 Minuten.

S. 149, 16.

x	−1	0	1	2	3
f(x) = x + 1	0	1	2	3	4

x	−1	0	1	2	3
g(x) = 2x − 1	−3	−1	1	3	5

Vermischtes

S. 149, 17.
a) fehlerhaft, richtig: $2x = 5x - 1$
b) fehlerhaft, richtig: $x = 2x + 3$
c) richtig d) richtig

S. 149, 18.
Der Oberflächeninhalt vervierfacht sich.

S. 149, 19.
a) Herr Blum fuhr etwa 13,8 km.
b) Frau Blum zahlte 19,32 €.

Prüfe dein neues Fundament (172/173)

S. 172, 1.
a) x: Anzahl der gekauften Getränke ; y: Anzahl der Gebäckbeutel
$x \cdot 1€ + y \cdot 2€ = 40€$ (Falls das gesamte Geld ausgegeben wird.)

b)

x (Getränke)	0	2	4	6	8	10	12
y (Gebäckbeutel)	20	19	18	17	16	15	14

x (Getränke)	14	16	18	20	22	24	26
y (Gebäckbeutel)	13	12	11	10	9	8	7

x (Getränke)	28	30	32	34	36	38	40
y (Gebäckbeutel)	6	5	4	3	2	1	0

c)
(20|10) ist eine Lösung, da $20€ \cdot 1€ + 10 \cdot € \cdot 2€ = 40€$
(10|20) ist keine Lösung, da $10 \cdot 1€ + 20 \cdot 2€ = 50€ \neq 40€$
(36|2) ist eine Lösung, da $36 \cdot 1€ + 2 \cdot 2€ = 40€$

S. 172, 2.
a)
1) Passt zu dieser Situation
2) Passt zu dieser Situation
3) Passt nicht zu dieser Situation, da die Variablen nicht übereinstimmen
4) Passt zu dieser Situation
b) L kann keine Lösungsmenge sein, da der Preis eines Brötchens nicht negativ sein kann.
Lösung: {(0,75|0,55)}

S. 172, 3.

a)

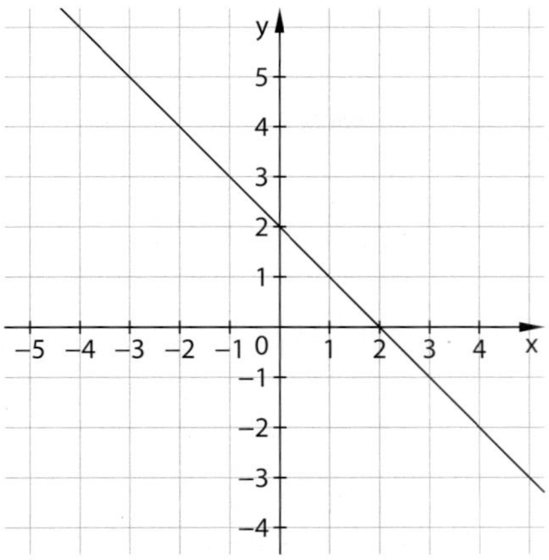

Drei mögliche Lösungen:
x = 0; y = 2
x = 2; y = 0
x = 1; y = 1

b)

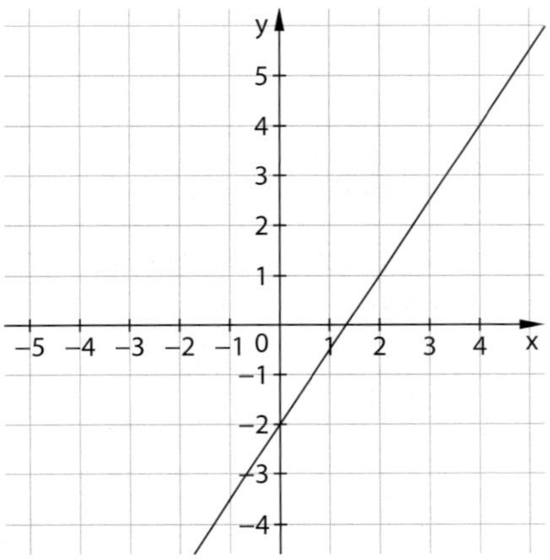

Drei mögliche Lösungen:
x = 0; y = −2
x = 2; y = 1
x = 4; y = 4

c)

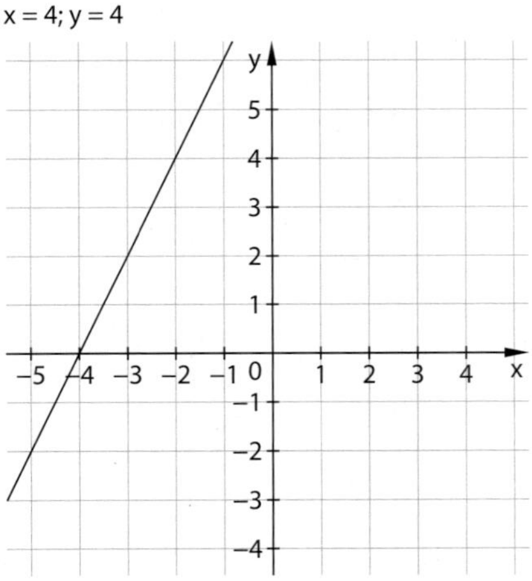

Drei mögliche Lösungen:
x = −2, y = 4
x = −3, y = 2
x = −4; y = 0

d)

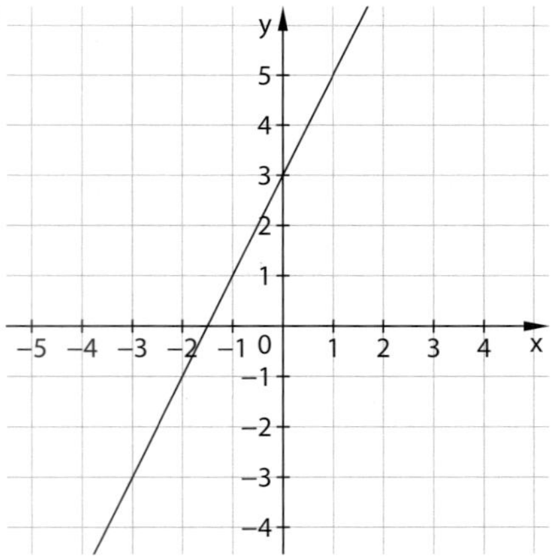

Drei mögliche Lösungen:
x = 0; y = 3
x = −1; y = 1
x = −2; y = −1

S. 172, 4.

$$\left| \begin{array}{l} x + 2y = 5 \\ 3x - y = 1 \end{array} \right|$$

S. 172, 5.

a)

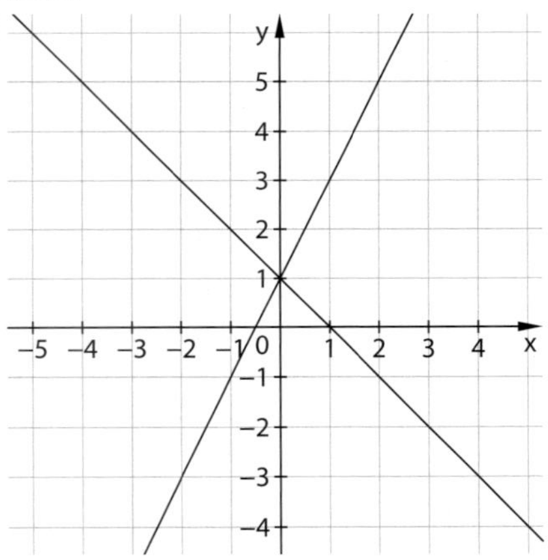

x = 0; y = 1

b)

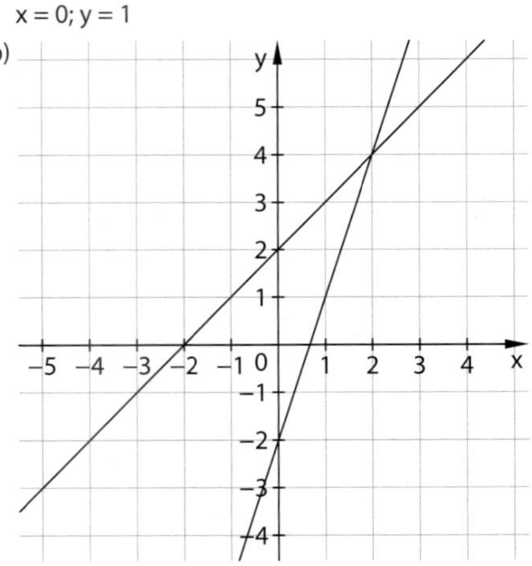

x = 2; y = 4

c)

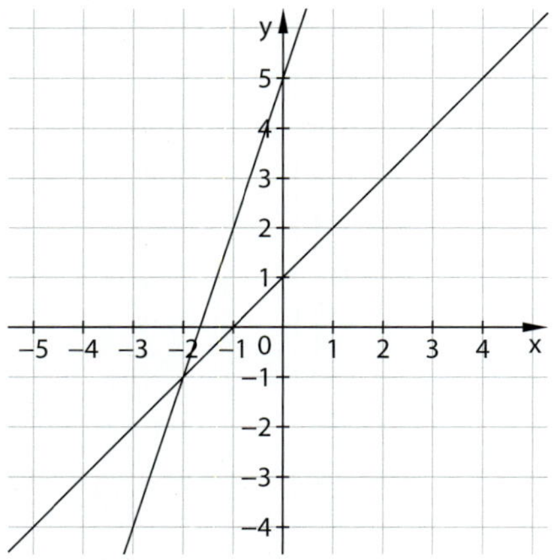

$x = -2, y = -1$

d)

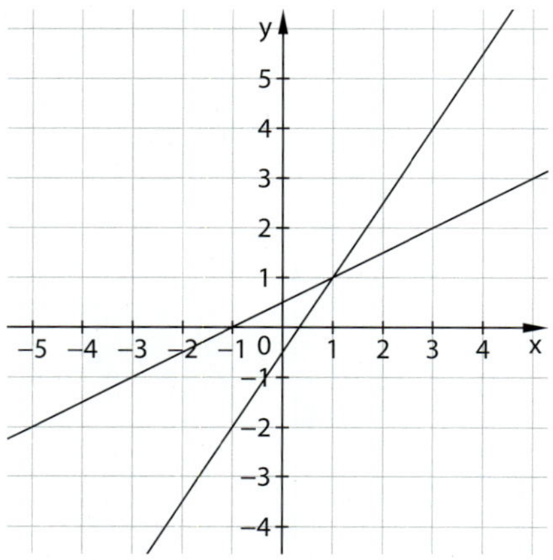

$a = 1; b = 1$

S. 172, 6.

a) $x = 1;\ y = 3$ b) $x = -2;\ y = 3$
c) $x = -3;\ y = 5$ d) $x = -1;\ y = 2$
e) $x = 2;\ y = 2$ f) $x = 3;\ y = -1$
g) $x = -1;\ y = 4$ h) $a = 6;\ b = 0$

S. 172, 7.

a) unendlich viele b) keine
c) keine d) unendlich viele

S. 172, 8.

a) $x = 1;\ y = 1$ b) keine Lösung
c) $u = -8;\ v = -8$ d) keine Lösung
e) $x = 8{,}4;\ y = 0{,}8$ f) $a = -2;\ b = 12$
g) unendlich viele h) $x = 12;\ y = -5$

S. 173, 9.

Das Grundstück ist 45 m mal 18 m groß.

S. 173, 10.

a) Die beiden Zahlen lauten 46 und 4.
b) Die beiden Zahlen lauten 8 und 17.
c) Alle Zahlen x und y, deren Summe 23 ist. Also $L = \{(x|y) \mid x + y = 23\}$.

S. 173, 11.

$2 \cdot a + 2 \cdot 1{,}5 \cdot a = 1{,}8;\ a = 0{,}36\,m$

S. 173, 12.

$x \cdot 203 + y = 39{,}16$

$x \cdot 267 + y = 49{,}40$

Lösen des linearen Gleichungssystems ergibt eine Grundgebühr von 6,68€ und einen Preis pro kWh von 0,16€.

Wiederholungsaufgaben (S. 173)

S. 173, 1.

a) 2000 m b) 2000 ℓ
c) 0,00 487 t

S. 173, 2.

a) $u = 6a + 4b$ b) $u = 100\,cm$

S. 173, 3.

a) A: $\frac{1}{10}$; B: $\frac{4}{10} = \frac{2}{5}$; C: $\frac{7}{10}$; D: $\frac{11}{10} = 1\frac{1}{10}$

b) A: $\frac{3}{12} = \frac{1}{4}$; B: $\frac{4}{12} = \frac{1}{3}$; C: $\frac{6}{12} = \frac{1}{2}$; D: $\frac{10}{12} = \frac{5}{6}$

c) A: $\frac{1}{3}$; B: $\frac{5}{3} = 1\frac{2}{3}$; C: $\frac{5}{2} = 2\frac{1}{2}$; D: $\frac{11}{3} = 3\frac{2}{3}$

S. 173, 4.

$\alpha_1 = 160°; \alpha_2 = 30°; \alpha_3 = 20°; \alpha_4 = 30°; \alpha_5 = 30°$

S. 173, 5.

a) 0,9 b) –9,9
c) –24,3 d) $-\frac{5}{6}$

Lösungen zu Kapitel 6: Mehrstufige Zufallsexperimente

Dein Fundament (S. 176/177)

S. 176, 1.

a) $\frac{1}{2} = 0{,}5 = 50\,\%$ b) $\frac{3}{4} = 0{,}75 = 75\,\%$

c) $\frac{7}{10} = 0{,}7 = 70\,\%$ d) $\frac{3}{50} = \frac{6}{100} = 0{,}06 = 6\,\%$

e) $\frac{18}{20} = \frac{9}{10} = 0{,}9 = 90\,\%$ f) $\frac{12}{40} = \frac{3}{10} = 0{,}3 = 30\,\%$

S. 176, 2.

a) $\frac{2}{10} = \frac{1}{5}$ b) $\frac{25}{100} = \frac{1}{4}$ c) $\frac{2}{100} = \frac{1}{50}$

d) $\frac{125}{1000} = \frac{1}{8}$ e) $\frac{72}{100} = \frac{18}{25}$ f) $\frac{6}{100} = \frac{3}{50}$

S. 176, 3.

a) $\frac{1}{100} = 0{,}01$ b) $\frac{25}{100} = 0{,}25$ c) $\frac{75}{100} = 0{,}75$

d) $\frac{40}{100} = 0{,}4$ e) $\frac{22}{100} = 0{,}22$ f) $\frac{30}{100} = 0{,}3$

S. 176, 4.

	a)	b)	c)	d)
Prozentangabe	10 %	20 %	4 %	80 %
Bruch mit Nenner 100	$\frac{10}{100}$	$\frac{20}{100}$	$\frac{4}{100}$	$\frac{80}{100}$
Bruch (gekürzt)	$\frac{1}{10}$	$\frac{1}{5}$	$\frac{1}{25}$	$\frac{4}{5}$
Dezimalzahl	0,1	0,2	0,04	0,8

	e)	f)	g)	h)
Prozentangabe	8 %	60 %	150 %	125 %
Bruch mit Nenner 100	$\frac{8}{100}$	$\frac{60}{100}$	$\frac{150}{100}$	$\frac{125}{100}$
Bruch (gekürzt)	$\frac{2}{25}$	$\frac{3}{5}$	$\frac{3}{2}$	$\frac{5}{4}$
Dezimalzahl	0,08	0,6	1,5	1,25

S. 176, 5.

a) $\frac{5}{36}$ b) $\frac{5}{6}$ c) $\frac{4}{27}$ d) $\frac{3}{28}$

e) $\frac{3}{8}$ f) $\frac{3}{256}$ g) $\frac{3}{8}$ h) $\frac{1}{10}$

i) $\frac{3}{40}$ j) $\frac{24}{25}$

S. 176, 6.

a) 0,4 b) 0,12 c) 0,075 d) 0,014

e) 0

S. 176, 7.

a) $\frac{4}{12}+\frac{3}{12}=\frac{7}{12}$ b) $\frac{5}{8}-\frac{2}{8}=\frac{3}{8}$

c) $\frac{6}{9}+\frac{5}{9}=\frac{11}{9}$ d) $\frac{1}{20}+\frac{2}{20}+\frac{8}{20}=\frac{11}{20}$

e) $\frac{2}{8}+\frac{3}{8}-\frac{4}{8}=\frac{1}{8}$

S. 176, 8.

a) $\frac{6}{12}+\frac{6}{12}=\frac{12}{12}=1$ b) $\frac{15}{56}+\frac{15}{56}=\frac{30}{56}=\frac{15}{28}$

c) $\frac{6}{12}+\frac{6}{12}=\frac{12}{12}=1$ d) $\frac{3}{30}+\frac{15}{30}=\frac{18}{30}=\frac{3}{5}$

e) $\frac{28}{56}+\frac{21}{56}=\frac{49}{56}=\frac{7}{8}$

S. 176, 9.

a) Das „Ziehen" von zwei Schuhen im Dunkeln hat Eigenschaften, die gegen ein Zufallsexperiment sprechen. Z.B. kann man anhand der Form die Schuhart ertasten und in der Regel sind die Schuhe im Schrank paarweise geordnet. Damit ist das „Ziehen" nicht rein zufällig, sondern beeinflusst.
b) Es handelt sich nicht um ein Zufallsexperiment. Am 24.12. (Heiligabend) ist immer schulfrei.
c) Es handelt sich um ein Zufallsexperiment. Jede Figur hat die gleiche Wahrscheinlichkeit, gezogen zu werden.
d) Es handelt sich nicht um ein Zufallsexperiment. Die von der Stoppuhr gezeigte Zahl hängt von der verstrichenen Zeit ab.

S. 177, 10.

a) Drei mögliche Ergebnisse:
„Das Glücksrad bleibt auf Orange stehen",
„Das Glücksrad bleibt auf Weiß stehen",
„Das Glücksrad bleibt auf Rot stehen" .
b) Zwei mögliche Ergebnisse:
„Die Münze zeigt Zahl",
„Die Münze zeigt Kopf".
c) Sechs mögliche Ergebnisse:
„Es werden zwei rote Murmeln gezogen",
„Es werden zwei gelbe Murmeln gezogen",
„Es werden zwei grüne Murmeln gezogen",
„Es wird eine rote und eine grüne Murmel gezogen",
„Es wird eine rote und eine gelbe Murmel gezogen",
„Es wird eine grüne und eine gelbe Murmel gezogen".

S. 177, 11.

Es gibt drei mögliche Primzahlen (1; 3; 5) und zwei durch drei teilbare Zahlen (3; 6). Somit ist P(Primzahl) $=\frac{3}{6}=\frac{1}{2}$ und P(durch 3 teilbare Zahl) $=\frac{2}{6}=\frac{1}{3}$

Daher wird mit größerer Wahrscheinlichkeit eine Primzahl gewürfelt.

S. 177, 12.

a) Es handelt sich um ein Laplace-Experiment. Beide Seiten einer fairen Münze haben beim Wurf die gleiche Wahrscheinlichkeit.
b) Es handelt sich nicht um ein Laplace-Experiment. Der Legostein ist nicht würfelförmig. Damit ist die Wahrscheinlichkeit, dass der Legostein beim Wurf auf einer größeren Seitenfläche landet, größer als die für eine kleinere Seitenfläche.
c) Es handelt sich nicht um ein Laplace-Experiment. Die Wahrscheinlichkeit, auf der Rückseite zu landen, ist bei der Reißzwecke kleiner, als die auf der Nadelspitze zu landen.
d) Es handelt sich um ein Laplace-Experiment. Die Wahrscheinlichkeit für jede mögliche Karte ist gleich groß.

S. 177, 13.

a) Es handelt sich bei Glücksrad ① um ein Laplace-Experiment, da alle Felder gleich groß sind und somit mit gleicher Wahrscheinlichkeit auftreten.
Bei Glücksrad ② ist die Wahrscheinlichkeit nicht für jede Farbe gleich groß. Somit handelt es sich nicht um ein Laplace-Experiment. Die Farbe Orange kommt beispielsweise häufiger vor, sodass die Wahrscheinlichkeit, Orange zu erzielen, größer ist.
b) Glücksrad ①: P(Gelb) $=\frac{1}{4}$ Glücksrad ②: P(Gelb) $=\frac{1}{8}$
c) Beispiel:

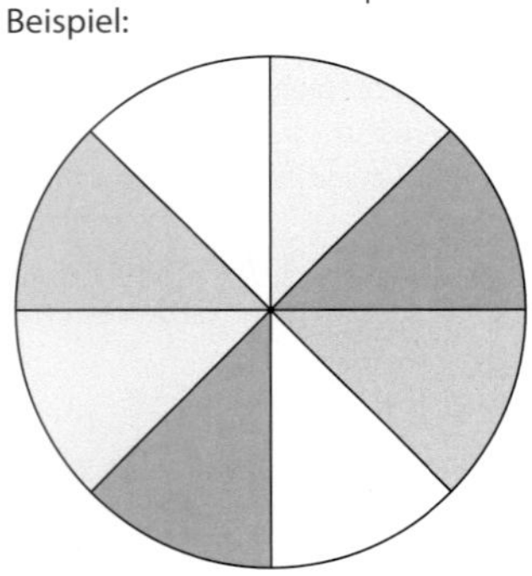

Zu beachten ist, dass der Anteil der Farben jeweils gleich groß sein muss.

S. 177, 14.

Beispiele:
a) Eine Münze wird geworfen.
b) Ein Spielwürfel wird geworfen.
c) Ziehen von Pik, Ass, Kreuz oder Herz aus einem Kartenspiel.
d) Zufälliges Wählen einer natürlichen Zahl von 1 bis 36.

S. 177, 15.

a) Es handelt sich nicht um ein Laplace-Experiment. Die Wahrscheinlichkeit, eine blaue Kugel zu ziehen, ist größer als die, eine rote Kugel zu ziehen.

b) P(blau) = $\frac{5}{7}$

c) Es müssen Kugeln hinzugefügt oder weggenommen werden, so dass es gleich viele blaue und rote Kugeln sind.

Vermischtes

S. 177, 16.

a) $50\,\% < 0{,}7 < \frac{9}{8} < 1\frac{3}{4}$

b) $1\,\% < 0{,}9 < 125\,\% < 1\frac{1}{2} < 1{,}7$

c) $0{,}1^2 < \frac{1}{10} < 0{,}75 < 120\,\% < 1\frac{1}{4}$

S. 177, 17.

Es gibt 10 Möglichkeiten für Flasche 1, 2 und 3:
(1; 1; 1), (1; 1; 2), (1; 2; 2), (2; 2; 2); (1; 1; 3); (1; 3; 3); (3; 3; 3); (2; 2; 3); (2; 3; 3); (1; 2; 3)

S. 177, 18.

Es gibt 27 Möglichkeiten:
111, 112, 113, 121, 122, 123, 131, 132, 133, 211, 212, 213, 221, 222, 223, 231, 232, 233, 311, 312, 313, 321, 322, 323, 331, 332, 333

Prüfe dein neues Fundament (S. 194/195)

S. 194, 1.

a) Frau Rubin kann zwischen vier Autos wählen: Dem roten Kleinwagen, der roten Limosine, dem roten Kombi und dem roten SUV.

b) Herr Groß hat die Wahl zwischen sechs verschiedenfarbigen Kombis.

c) Der Händler muss insgesamt $4 \cdot 6 = 24$ Autos ausstellen, damit jeder Wagen in jeder Farbe vertreten ist.

S. 194, 2.

a) Es gibt $4 \cdot 3 = 12$ verschiedene zweistellige Zahlen, die entstehen können.

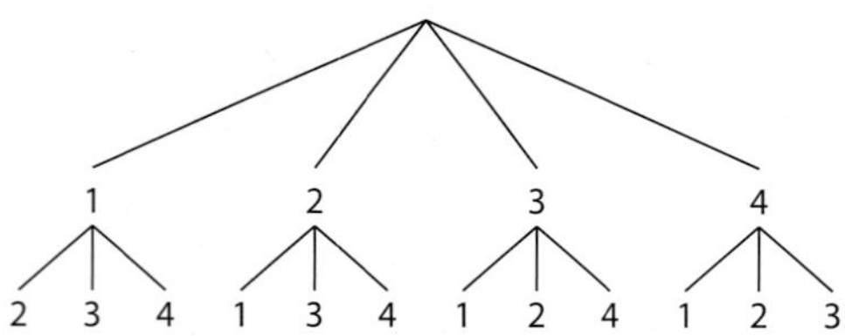

S. 194, 3.

Die Wahrscheinlichkeit, dass beide Glühlampen defekt sind, beträgt
$0{,}05 \cdot 0{,}05 = \frac{1}{400} = 0{,}0025 = 0{,}25\,\%$.

S. 194, 4.

a)

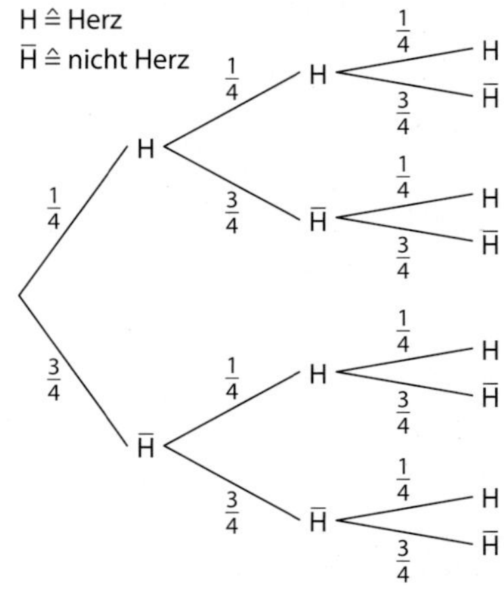

b) P(drei Mal Herz) $= \frac{1}{4} \cdot \frac{1}{4} \cdot \frac{1}{4} = \frac{1}{64} \approx 0{,}0156 = 1{,}56\,\%$

c) P(ein Mal Herz) $= \frac{1}{4} \cdot \frac{3}{4} \cdot \frac{3}{4} + \frac{3}{4} \cdot \frac{1}{4} \cdot \frac{3}{4} + \frac{3}{4} \cdot \frac{3}{4} \cdot \frac{1}{4} = \frac{27}{64} \approx 0{,}422 = 42{,}2\,\%$

S. 194, 5.

a)

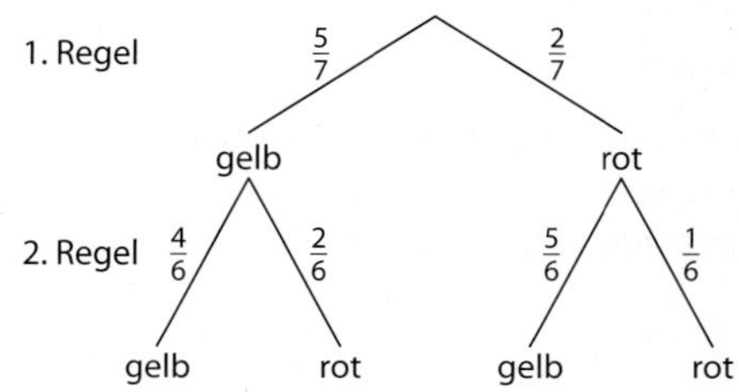

b) Nein, die Kugel wird nicht wieder zurück gelegt. Der Nenner wird bei der Wahrscheinlichkeit im 2. Durchgang um eins kleiner - also gibt es eine um eine Kugel kleinere Grundgesamtheit.

c) P(zwei verschiedenfarbige Kugeln) =
$\frac{5}{7} \cdot \frac{2}{6} + \frac{2}{7} \cdot \frac{5}{6} = \frac{10}{21} \approx 0{,}476 = 47{,}6\,\%$

S. 194, 6.

P(Augensumme ≥11) $= \left(\frac{1}{6} \cdot \frac{1}{6}\right) \cdot 3 = \frac{1}{12} \approx 0{,}0383 = 8{,}3\,\%$

Die Wahrscheinlichkeit, beim Werfen zweier Würfel eine Augensumme von mindestens 11 zu werfen, beträgt etwa 8,3 %.

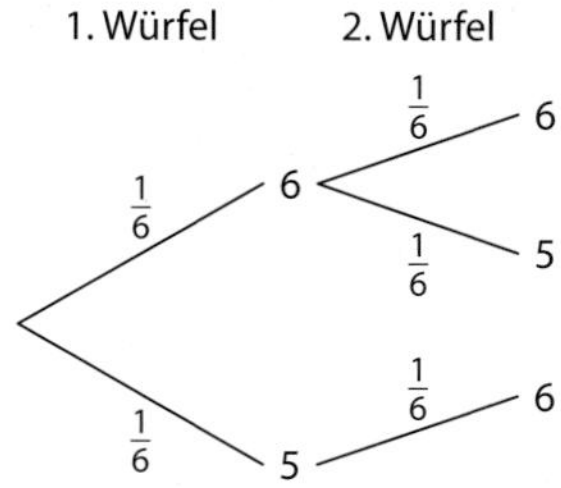

S. 194, 7.

a) E: Henri tippt sowohl den Erst- als auch den Zweitplatzierten richtig.

$P(E) = \frac{1}{10} \cdot \frac{1}{9} = \frac{1}{90} \approx 0{,}0111 = 1{,}11\,\%$

b) E: Henri tippt nur den Sieger richtig.

$P(E) = \frac{1}{10} \cdot \frac{8}{9} = \frac{4}{45} \approx 0{,}0888 = 8{,}88\,\%$

c) E: Henri tippt nur den Zweitplatzierten richtig.

$P(E) = \frac{1}{10} \cdot \frac{8}{9} = \frac{4}{45} \approx 0{,}0888 = 8{,}88\,\%$

S. 195, 8.

P(zwei gleichfarbige Socken) $= \frac{5}{11} \approx 0{,}4545$
$= 45{,}45\,\%$.

S. 195, 9.

Cansu hat unrecht.
Die Gewinnchance eines Kindes ergibt sich aus dem Produkt der zugehörigen Pfadwahrscheinlichkeiten. Diese können aus dem Baumdiagramm abgelesen werden.

P (1.Kind) $= \frac{1}{4}$

P (2.Kind) $= \frac{3}{4} \cdot \frac{1}{3} = \frac{1}{4}$,

P (3.Kind) $= \frac{3}{4} \cdot \frac{2}{3} \cdot \frac{1}{2} = \frac{1}{4}$

P (4.Kind) $= \frac{3}{4} \cdot \frac{2}{3} \cdot \frac{1}{2} \cdot 1 = \frac{1}{4}$

Somit haben alle Kinder die gleiche Chance.

S. 195, 10.

a) „mehr als zweimal Zahl" bedeutet „dreimal Zahl":

$\frac{1}{8} = 12{,}5\,\%$

b) „mindestens einmal Zahl" ist das Gegenereignis zu „dreimal Kopf": $1 - \frac{1}{8} = \frac{7}{8} = 87{,}5\,\%$

c) „höchstens zweimal Kopf" bedeutet „mindestens einmal Zahl": $\frac{7}{8} = 87{,}5\,\%$

d) $\frac{3}{8} = 37{,}5\,\%$

S. 195, 11.

P(mindestens eine Frage falsch) = 1 - P(alle Antworten korrekt) $= 1 - \frac{1}{81} = \frac{80}{81} \approx 0{,}9877 = 98{,}77\,\%$

Mit einer Wahrscheinlichkeit von 98,77% beantwortet Mira mindestens eine Frage falsch.

S. 195, 12.

Die Wahrscheinlichkeit für mindestens einmal Blau bei drei Drehungen liegt bei $1 - \left(\frac{3}{4}\right)^3 \approx 57{,}8\,\%$

Wiederholungsaufgaben (S. 195)

S. 195, 1.

$x = -1$

S. 195, 2.

$f_1(x) = 2x + 1$

$f_2(x) = -0{,}5x + 3$

$f_3(x) = -\frac{4}{3}x + 4$

S. 195, 3.

60 % der Klasse entspricht 15 Jungen.
Die Gesamtschülerzahl der Klasse sind dann:

60 % – 15 Schüler

1 % – $\frac{15}{60}$ Schüler

100 % – $\frac{15}{60} \cdot 100 = 25$

Die Klasse besteht aus 25 Schülern. Es gibt somit 10 Mädchen.

S. 195, 4.

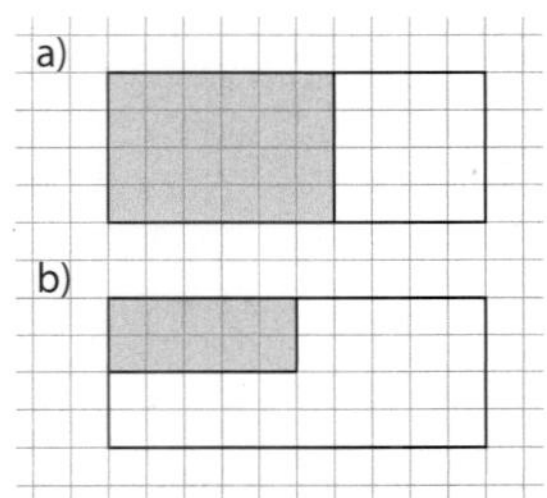

S. 195, 5.

a) $\frac{2}{7} + \frac{3}{8} = \frac{16}{56} + \frac{21}{56} = \frac{37}{56}$

b) $\frac{4}{5} - \frac{1}{4} = \frac{16}{20} - \frac{5}{20} = \frac{11}{20}$

c) $\frac{8}{9} : \frac{2}{9} = \frac{8}{9} \cdot \frac{9}{2} = \frac{72}{18} = 4$

d) $\frac{5 \cdot 2}{9} = \frac{10}{9}$

Stichwortverzeichnis

Bildquellenverzeichnis

Einband U1 Picture Alliance/euroluftbild.de/Gerhard Launer | **7** Fotolia/Freesurf | **12** Fotolia/Peter Atkins | **13** Fotolia/Digitalpress, o. | **13** Fotolia/Fotoschlick, u. | **17** Fotolia/egon1008 | **31** Shutterstock/Luuk de Kok, o. | **31** Shutterstock/Dziurek, u. | **32** Fotolia/Natallia Vintsik, o. | **32** Picture-Alliance/Eibner-Presse, u. | **33** Shutterstock/Upamano Wanchana, o. l. | **33** Shutterstock/Aleph Studio, o. r. | **34** Fotolia/mostafa fawzy | **35** Shutterstock/Elena Dijour | **39** Mauritius Images/Alamy | **41** Fotolia/Andrey Armyagov | **43** Picture-Alliance/allOver | **45** All Mauritius/Jean Schwarz | **47** Visum/Wolfgang Steche | **49** Fotolia/Wieselpixx | **62** Shutterstock/Homestudio | **65** Stephanie Benner/Berlin | **71** Shutterstock/ChameleonsEye | **74** Shutterstock/Pavel L | **75** Shutterstock/YanLev, o. | **75** Fotolia/Marla, u. | **79** Fotolia/Sergey Nivens | **83** Shutterstock/Kjetil Kolbjornsrud | **89** Shutterstock/Hasloo Group Production Studio | **98** Shutterstock/Poznyakov | **103** Gerlinde Keller, München | **111** Shutterstock/Samara | **113** Fotolia/Oleksandr Shevchenko | **115** Fotolia/Jan Reichel | **119** Fotolia/Christ Art | **125** Fotolia/Schlierner, o. | **125** akg-images/John Hios, u. | **126** Fotolia/ExQuisine | **127** Fotolia/brodehl | **133** Fotolia/Turi | **134** Shutterstock/worradirek | **136** Fotolia/Gudellaphoto | **137** Fotolia/Marco Speranza | **139** Shutterstock/Dubova | **140** Shutterstock/Nicku | **142** Fotolia/hansmuench | **143** Fotolia/Buesi | **144** Fotolia/unpict | **147** Shutterstock/Cristal Tann | **148** Shutterstock/Robert Kneschke | **150** Shutterstock/Monkey Business Images | **153** Gerlinde Keller, München | **154** Fotolia/irinafuks | **161** Fotolia/cynoclub, o. | **161** Shutterstock/Anna Kucherova, m. | **161** Shutterstock/William Perugini, u. | **164** Fotolia/Markus Mainka | **167** Shutterstock/MicroWorks | **170** Shutterstock/dinozzaver | **171** Shutterstock/ostill | **172** Fotolia/ikonoklast_hh | **175** Shutterstock/Branko Jovanovic | **176** Picture Alliance/Robert Schles, o. | **176** Fotolia/Michael Tieck, u. | **177** Fotolia/Kristina Afanasyeva | **178** Fotolia/Syda Productions | **179** Deutsche Bundesbank, o. | **179** Shutterstock/FotymaFotyma, u. | **180** Deutsche Bundesbank | **185** Fotolia/ARochau, o. | **185** Shutterstock/Amma Cat, u. | **190** Picture Alliance/dpa| **191** Cornelsen Schulverlage GmbH/Berlin, l. | **191** Cornelsen Schulverlage GmbH/Berlin, r. | **193** Shutterstock/MilanB, o. | **193** Fotolia/Wouter Tolenaars, u. | **194** GlowImages/Aflo Sport | **197** Fotolia/savalan | **198** Dr. Ulrich Rasbach, Asbach, r., m., l. | **199** Shutterstock/Ilaszlo, o. | **199** Shutterstock/Goodluz, u. | **202** Shutterstock/MilanB, o. | **202** Shutterstock/ConstantinosZ, u. | **203** Fotolia/karelnoppe | **211** Shutterstock/Jon Milnes | **U4** Reinhard Schmidt/Hennef